U0198949

水土保持技术史

基于内蒙古黄土丘陵沟壑区的视角

本书得到中国博士后科学基金资助项目“近百年内蒙古黄土丘陵沟壑区水土保持技术及其差异研究（2016M591417）”的支持。同时，本书是笔者在内蒙古师范大学科学技术史研究院的博士后工作报告的基础上成书的。

（1956—2011）

王　静　海春兴◎著

HISTORY OF SOIL AND WATER CONSERVATION TECHNOLOGY (1956—2011)

Based on the Perspective of the Gully Regions of Loess Hilly of Inner Mongolia

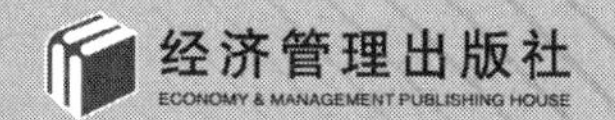

图书在版编目（CIP）数据

水土保持技术史（1956—2011）——基于内蒙古黄土丘陵沟壑区的视角 / 王静，海春兴著．—北京：经济管理出版社，2020. 8

ISBN 978-7-5096-7435-2

Ⅰ．①水…　Ⅱ．①王…　②海…　Ⅲ．①黄土高原—丘陵地—沟壑—水土保持—技术史—内蒙古—1956-2011　Ⅳ．①S157-092

中国版本图书馆 CIP 数据核字（2020）第 158459 号

组稿编辑：王光艳
责任编辑：魏晨红
责任印制：赵亚荣
责任校对：王淑卿

出版发行：经济管理出版社
（北京市海淀区北蜂窝 8 号中雅大厦 A 座 11 层　100038）
网　　址：www.E-mp.com.cn
电　　话：（010）51915602
印　　刷：北京晨旭印刷厂
经　　销：新华书店
开　　本：710mm × 1000mm / 16
印　　张：24.25
字　　数：449 千字
版　　次：2020 年 12 月第 1 版　2020 年 12 月第 1 次印刷
书　　号：ISBN 978-7-5096-7435-2
定　　价：98.00 元

前言

INTRODUCTION

中国水土保持发展历史悠久，当今我国及世界上有关水土保持的理论和技术，多为我国历史成就的延续和发展。我国黄土丘陵沟壑区是我国乃至全球水土流失最严重的地区，同时也是全国最先开始进行水土流失调查和治理的区域。其中，内蒙古黄土丘陵沟壑区属于农牧交错分布的生态敏感区，同时内蒙古又属于少数民族自治区，这些都使内蒙古黄土丘陵沟壑区具有独特的地域性。然而，目前缺乏从 20 世纪 50 年代到 21 世纪以来，内蒙古黄土丘陵沟壑区水土保持技术发展的相关研究，因此，急需对其进行深入、系统的研究。

本书基于中国博士后科学基金项目“近百年内蒙古黄土丘陵沟壑区水土保持技术及其差异研究”（2016M591417）的资助，在内蒙古师范大学科学技术史的博士后工作报告的基础上完成。本书通过广泛收集历史档案资料，采用文献研究、个案研究、实地调研、实验分析和对比研究等方法对 1956~2011 年内蒙古黄土丘陵沟壑区水土保持技术史进行系统研究，厘清在 1956~1962 年、1963~1978 年、1979~1985 年、1986~1996 年和 1997~2011 年 5 个历史时期水土保持技术的传承和创新，再从时间（纵向）和空间（横向）的角度，对比分析水土保持技术类型和标准的差异，探究水保技术随着实施年限的增加对土壤性质的影响，揭示影响水土保持技术发展的社会因素，为黄土丘陵沟壑区水土保持技术的进一步发展和实施提供理论支撑。具体工作如下：

（1）根据研究目的和意义，全面梳理我国古代水土保持史、民国至今水土保持史以及内蒙古黄土丘陵沟壑区水土保持史的研究进展，凝练出本书的研究目标、研究内容及创新，根据国家水土流失治理思想和水土保持技术实施重心的转折事件将 1956~2011 年划分为 5 个阶段：广泛应用多项水保技术阶段（1956~1962 年）、水保技术围绕建设基本农田为主阶段（1963~1978 年）、综合应用水保技术治理小流域阶段（1979~1985 年）、水保技术以治沟骨干坝为主阶段（1986~1996 年）、围绕生态环境建设为主全面发展水保技术阶段

（1997~2011 年），同时辨析不同历史时期使用的相关名词术语。

（2）研究概况和研究方法：内蒙古黄土丘陵沟壑区的主体部分是清水河县和准格尔旗，本部分详细地介绍了两个旗县的自然环境和社会经济情况，同时介绍本书采用的文献研究、个案研究、实地调研、实验分析和对比研究 5 种研究方法，同时重点介绍了实验分析方法中水土保持技术选择、野外采样区域的确定、野外采样和室内分析的方法，最后通过技术路线图说明全书的整体研究思路。

（3）首先分别详细论述 5 个历史阶段全国水土保持工作的发展状况、指导思想；其次具体分析内蒙古黄土丘陵沟壑区水土保持工作状况；再次针对当时研究区主要实施的水土保持技术规范和标准进行逐一梳理；最后进行横向和纵向的对比研究，纵向对比研究区某一时期与上一历史阶段水土保持技术的差异和技术进步，横向对比研究区和我国其他区域实施水土保持技术的差异，同时指出当时国外水土保持技术发展的状况。

（4）整体对比分析半个多世纪内蒙古黄土丘陵沟壑区水土保持技术的差异性。横向对比相同历史阶段准格尔旗和清水河县水土保持技术的差异及其根源，同时分析了相同水土保持技术在不同旗县实施的差异，以及不同水土保持技术对土壤水分和土壤养分的影响。纵向对比不同历史时期水土保持技术标准的变迁、水土保持技术的实施对保土和保肥效益的影响，以及不同历史时期水土保持差异的根源。

（5）本书提出四点研究结论，水土保持技术经历了分久必合、合久必分的曲折过程；水土保持技术取得了从地方规定到行业标准再到国家标准的阶梯式进步；社会人文因素导致水土保持技术的实施数量和侧重方向有所差异；水土保持技术的实施会显著提高土壤保水能力，保肥能力有待进一步研究，同时展望后续工作。

本书首次系统地对内蒙古黄土丘陵沟壑区水土保持技术史进行研究，详细考察水土保持技术规范和标准、技术在时间和空间上的差异，以及不同技术对土壤保水保肥的影响等问题，为黄土丘陵沟壑区及内蒙古水土保持工作提供了科学参考，并引发了对今后因地制宜地选择水保技术的思考。

目录
CONTENTS

5 应用水土保持技术综合治理小流域（1979~1985 年）

6 水土保持技术以治沟骨干坝为主（1986~1996 年）

绪 论

1.1 选题背景与意义

水和土是人类赖以生存的基本物质，是立国之本。我国是世界上水土流失十分严重的国家之一，严重的水土流失导致耕地减少，土地退化严重，生态环境恶化，加剧自然灾害和人民贫困，影响水土资源的有效利用，制约着经济社会的可持续发展[①]。水土保持对于改善水土流失地区的生产条件，修复生态环境，减少水涝、干旱、风沙等灾害，对当地的生态经济发展具有重要意义[②]。水土保持技术是控制水土流失、改善区域生态环境、提高农民生活水平、实现区域可持续发展的关键。

水土流失区无论是从自然、社会条件的特异性质来看，还是从水土保持蓄水保土、经济、社会、生态效益的多重性来看，不同水土流失区应实施不同的水土保持技术[③]。我国黄土丘陵沟壑区是我国乃至全球水土流失最严重的地区，同时也是全国最先开始水土流失调查和治理的区域，它的研究对于全国水土保持的发展都起着至关重要的作用。

黄土丘陵沟壑区主要分布在我国黄河的中游和黄土高原的北部地区，包括晋陕蒙接壤区、晋西陕北区、陇东陕北区和陇中宁南地区，面积约

---

① 余新晓，毕华兴．水土保持学［M］．北京：中国林业出版社，2013.

② 孟庆枚．黄土高原水土保持［M］．郑州：黄河水利出版社，1998.

③ 唐克丽．中国水土保持［M］．北京：科学出版社，2004.

22.74km²[①]。黄土丘陵沟壑区由于沟壑密度大、坡度陡，表层覆盖物为疏松的黄土，下层基础又多为易遭水蚀的红色土或砂页岩等，其面蚀和沟蚀发展都较剧烈[②]。内蒙古黄土丘陵沟壑区属于晋陕蒙接壤区的一部分，分布在黄河中游两岸，多年平均水蚀模数 5000~18800t/km²，每年入黄泥沙 1.8 亿吨，水土流失范围广，危害严重[③]，加之内蒙古是少数民族自治区，在具体实施国家某些法律、法规和政策时享有民族自治权，同时内蒙古黄土丘陵沟壑区属于农牧交错分布的生态敏感区，这些都使内蒙古黄土丘陵沟壑区具有独特的地域性。因而，水土保持技术的实施可能会有别于其他黄土丘陵沟壑区。内蒙古自治区在积极发展山区生产、迅速改变山区面貌和根治水害、兴修水利的迫切要求下，从 1956 年开始大规模地开展水土保持工作[④]。然而，目前缺乏从 20 世纪 50 年代至 21 世纪以来，内蒙古黄土丘陵沟壑区水土保持技术发展的相关研究，因此急需对其进行深入、系统的研究。

清水河县和准格尔旗隔黄河相望，是内蒙古黄土丘陵沟壑区的主体部分。通过文献可知，中华人民共和国成立后，全国各地开始大量的植树造林，但两个旗县在造林思想上已经存在明显差异，其中清水河县主要在政府的领导下，全民总动员进行春季造林（果树），以春耕生产和改造大自然为目标[⑤]；准格尔旗则在水土保持试验站和林科院带领下，选择具有保持水土效果的草木栖[⑥]、蒙古岩黄蓍[⑦]等固沙植物进行种植。1979~1989 年，在党的十一届三中全会以后，清水河县总结了生产教训，积极开展水土保持，实施隔坡梯田、水平沟、鱼鳞坑、淤地坝等多项工程技术，实施造林种草，草、灌、乔结合的林草生物技术[⑧]，在 1985 年 9 月 1~5 日召开了“内蒙古自治区首届水土保持经济效益学术讨论会”[⑨]。准格尔旗则开始以小流域（皇甫川）为单元进行集中、连片、规

---

① 傅伯杰，陈利顶，邱扬，王军，梦庆华．黄土丘陵沟壑区土地利用结构与生态过程［M］．北京：商务印书馆，2002.

② 河北农业大学园林化分校中专部．水土保持学（第 2 版）［M］．北京：中国农业出版社，1962.

③ 李旭．内蒙古生态环境恶化对黄河的危害及治理对策［J］．中国水土保持，2006（2）：12-14.

④ 内蒙古水利厅水土保持工作局．水土保持技术画册［M］．呼和浩特：内蒙古人民出版社，1960.

⑤ 中共清水河县委办公室通讯小组．清水河县春季造林翻番跃进［J］．内蒙古林业，1960（5）：7.

⑥ 苏廷．贫瘠山区的优良牧草——草木栖［J］．中国畜牧杂志，1965（2）：24-26.

⑦ 张义．优良固土植物——蒙古岩黄蓍［J］．人民黄河，1964（4）：35-36.

⑧ 高博文，项玉章．清水河县水土保持工作［J］．中国水土保持，1985（1）：38-39.

⑨ 内蒙古水利经济研究会．内蒙古自治区召开“水土保持经济效益学术讨论会”［J］．水利经济，1986（1）：54.

模治理，注重经济、社会和生态效益①。1990年后，水土保持开始重视防治水土流失，全面规划、因地制宜、综合治理，2012年准格尔旗被评为全国首个水土保持生态文明县②。通过上述分析可见，两个旗县水土保持技术在实施的思想和具体操作中确实存在一定差异，然而以往在研究实施水土保持技术时，我们更多地关注自然因素的影响，较少考虑社会经济等人文因素的差异对水土保持技术实施存在的影响。清水河县和准格尔旗在20世纪80年代前均属于国家级贫困县，到2011年清水河县的生产总值为492813万元，而准格尔旗达到8300235万元，是清水河县的17倍。在漫长的历史进程中，两个旗县社会经济发展的差异，会反过来影响其水土保持技术的实施。因此，迫切需要在这方面开展深入的研究，尤其是对于具有特殊地域性的内蒙古黄土丘陵沟壑区，深入研究该区域水土保持技术的实施理念、技术标准及发展脉络，剖析不同历史时期水保技术对现今的效益，以及社会人文因素对水土保持技术实施的影响，对今后水土保持发展具有非常重要的科学意义，同时也为内蒙古黄土丘陵沟壑区水土流失的治理提供借鉴和指导。

因此，本书从科技史学、社会学、水土保持学等多个角度应用史料整理、野外调查、人物访谈和实验分析等方法研究20世纪50年代至21世纪内蒙古黄土丘陵沟壑区水土保持技术变迁史，探究随着水土保持技术实施年限的增加，其土壤水分和养分的变化特征，揭示相同地貌条件下两旗县实施水土保持技术的差异根源，为黄土丘陵沟壑区水土保持技术发展提供数据支撑和理论依据。

1.2 研究进展

1.2.1 古代水土保持史研究

中国水土保持发展历史悠久，早在远古时代，黄河流域就有“平治水土”之说。从距今约3000年前的西周时期一直到明清时代，先后有保护水土草木及其整治的文献记载。当今我国及世界上有关水土保持的理论和技术，多为我

① 张孝亲，侯福昌，张德峰．准格尔旗皇甫川流域重点治理及其效益浅析［J］．人民黄河，1989（5）：54-57.

② 吴德，陈永乐．水土保持生态文明县（旗）：准格尔旗［J］．中国水土保持，2012（1）：1-4.

国历史上成就的延续和发展[①]。因此，在此有必要简述前人对古代水土保持史的研究。

1.2.1.1 著作

目前，关于古代水土保持史并没有专门的著作，只在一些水土保持专著或水土保持学教材中有部分关于水土保持发展历程的介绍。

1994 年，张家齐主编的《三晋水土保持纪略》第四章专门叙述了古代水土保持，详细介绍了水土保持思想和古代水土保持技术。古代先知们对水土流失现象并未停留在一般概念上，而是在实践中积极探索，与水土流失抗争，并从沟洫治水治田、土地合理利用、保护生态环境等各个角度提出许多符合水土流失防治规律的启迪性主张，形成了影响后世的水土保持观点。自西周至晚清的三千年间，居住在山丘从事农业生产的先民，为了保护和利用供以生息的土地，祈求丰裕的收获和稳定的食用来源，创造出许多与水土流失抗争的有效方法，如蓄水保土的农耕技术、引洪灌溉、打坝淤地、梯田、沟头防护、小型蓄水工程[②]。

1995 年王礼先主编的《水土保持学》第一章第二节介绍了商代防止坡地水土流失的区田法，类似于今天干旱地区农民应用的掏种体和坑田法；西汉时期出现了梯田雏形；战国时期出现了引洪淤灌、打淤坝；东汉时期，我国人民十分重视荒山造林、防止水土流失[③]。

2004 年唐克丽主编的《中国水土保持》第十章里介绍了历史上的中国水土保持，包括水土保持思想的理论和技术措施。其中，从远古到宋代有“平治水土”“沟洫治黄”、资源保护及土地合理利用之说的思想；北宋至明清时期，有治河论、垦田与沟洫治河论、“治水先治源”论、“汰沙澄源”论、森林抑流固沙论的思想。历史上有区田法、甽田法、梯田、引洪漫地、淤地坝、陂塘、封山育林、植树造林、营造防护林等水土保持措施[④]。

2010 年出版的《水土流失防治与生态安全》第四章介绍了古代水土保持思想有平治水土、沟洫治水治田、任地侍役、法自然。水土保持措施有甽田法、梯田、淤地坝、引洪漫地、沟头防护、植物措施[⑤]。

---

① 唐克丽．中国水土保持［M］．北京：科学出版社，2004.

② 张家齐．三晋水土保持纪略［M］．太原：山西经济出版社，1994.

③ 王礼先．水土保持学［M］．北京：中国林业出版社，1995.

④ 唐克丽．中国水土保持［M］．北京：科学出版社，2004.

⑤ 水利部，中国科学院，中国工程院．中国水土流失防治与生态安全［M］．北京：科学出版社，2010.

1.2.1.2 期刊论文

在中国知网中输入“古代水土保持”和“水土保持史”后收集到的有关古代水土保持研究的论文共25篇（见表1-1）。

表 1-1 有关古代水土保持内容的论述

序号	作者	题目	期刊名称	年份	卷
1	赵兴华	《古人论森林的防护作用》	《内蒙古林业》	1983	7
2	贾恒义	《中国古代引浑灌淤初步探讨》	《农业考古》	1984	1
3	汪子春、罗桂环	《我国古代对毁林恶果的认识》	《植物学通报》	1985	3
4	刘忠义	《我国古代水土保持思想体系的形成》	《中国水土保持》	1987	6
5	刘忠义	《我国古代水土保持法制的内容》	《中国水土保持》	1987	12
6	王满厚	《我国古籍中关于战国时期水土保持的记述》	《中国水土保持》	1987	5
7	朱光远	《区田我国古代丰产、保持水土的耕作措施》	《中国水土保持》	1988	11
8	贾恒义	《北宋引浑灌淤的初步研究》	《农业考古》	1989	1
9	宋湛庆	《我国古代田间管理中的抗旱和水土保持经验》	《农业考古》	1991	3
10	姚云峰、王礼先	《我国梯田的形成与发展》	《中国水土保持》	1991	6
11	张波、张伦	《陕西古代水土保持成就概述》	《古今农业》	1992	1
12	杨抑	《中国南方丘陵山区水土保持史考略》	《农业考古》	1995	1
13	李凤、陈法扬	《我国南方农作保土技术综述》	《中国水土保持》	1995	6
14	张芳	《清代南方山区的水土流失及其防治措施》	《中国农史》	1998	2
15	张宇辉、牛师东	《我国古代水土保持理论的产生与发展》	《山西水土保持科技》	2000	4
16	孔润常	《古代保持水土的生物措施》	《文史杂志》	2001	4
17	贾恒义	《中国古代植被与抗蚀性及抗冲刷性之探讨》	《农业考古》	2001	3
18	郑本暖、聂碧娟	《福建历史上的洪涝灾害与水土保持》	《福建水土保持》	2002	3
19	贾乃谦	《明代名臣刘天和的“植柳六法”》	《北京林业大学学报》	2002	Z1
20	张宇辉	《浅议我国历史上的水土保持技术》	《山西水土保持科技》	1998	1
21	樊宝敏、李智勇、李忠魁	《中国古代利用林草保持水土的思想与实践》	《中国水土保持科学》	2003	2
22	杨才敏	《古代水土保持浅析》	《水土保持科技情报》	2004	4
23	关传友	《论中国古代对森林保持水土作用的认识与实践》	《中国水土保持科学》	2004	1
24	张志勇	《我国古代的水土保持》	《山西水土保持科技》	2007	3
25	张蜜	《中国古代梯田的起源与发展》	《农村农业农民》	2015	5

通过对比分析古代水土保持史的期刊文献，发现其研究大致可以分成两类：一是主要论述古代有关的水土保持思想和理论；二是关于古代主要实施的水土保持技术（方法、措施）。

第一，古代水土保持思想理论：我国水土保持思想的形成，既是中华民族智慧的体现，也是春秋战国时期生产发展的反映。这些思想贯穿了我国水土保持历史的发展过程，对今天水土保持工作有极其深刻的指导意义，是我国水土保持事业的宝贵遗产。

（1）森林抑流固沙理论：古人认为森林不仅可以生产木材和其他林副产品，还可以在森林生长发育过程中改善环境条件，调节水土，保持水土的作用。如果任意破坏森林，不仅会使动植物资源枯竭，而且还会带来水土流失。

（2）"任土之法"的思想：这是我国较早的因地制宜地进行土地全面规划，综合利用的思想，至今仍然指导我们水土保持工作。

（3）沟洫治黄理论：即引洪淤灌，从河道的谷口开渠引水，分水分沙，减轻下游洪水灾害和泥沙下泄淤积河道。

（4）治水先治源理论：治理经常泛滥成灾的河流时，首先从它的源头治理起，然后依次考虑中游和下游。

（5）"授地职而待其政令"的思想：建立健全的机构，加强对农田、山林的管理工作。

第二，古代水土保持技术（方法、措施）。我国是世界上水土流失最严重的国家之一，又是一个历史悠久的农业大国，在长期的生产活动中，我国劳动人民积累了丰富的治理水土流失的经验。

（1）引浑灌淤（引洪淤灌）：《宋史·河渠志》和《汉书·沟洫志》记载，在黄河中下游实施，合理利用水沙资源。

（2）水利工程：沟头防护、淤地坝、修建塘坝。

（3）保土耕作：区田法、圳田法、代田法、垄作、深耕、草田轮作、套作等。

（4）梯田：以便于耕作和保水保肥，增加产量，在公元16世纪至20世纪40年代梯田的建设与治山治水结合。

（5）抗旱的水土保持措施：耙劳镇压保墒、深刨壅土畜墒、压雪冬灌添墒、筑埂开厢留墒、省水畦田。

（6）小型蓄水工程：蓄水池和水窖。

（7）植树造林保持水土：封山护林、荒山造林、营造防护林。

1.2.2 民国至今水土保持史研究

对于民国至今中国水土保持的相关研究主要以概述不同历史阶段水土保持发展状况为主，集中在相关专著的中国水土保持发展历程部分。

2004 年的《中国水利百科全书 · 水土保持分册》将中国水土保持事业划分为三个阶段：起始阶段（1923~1949 年）。由于长期战乱，破坏森林植被，水土流失十分严重，1923 年，南京金陵大学任承统等利用现代科学的理论和方法在山西、山东开展水土流失状况的调查。试验推广阶段（1950~1978 年）。由于水土流失严重，水旱灾害连年发生，国家提出了防旱、抗旱运动大力推行水土保持工作，主要以治理黄土高原为重点，在黄河中游开始了水土保持试验站。普及发展阶段（1979 年以后），水土保持得到了空前发展，1982 年发布《中华人民共和国水土保持工作条例》，1991 年颁布的《中华人民共和国水土保持法》，使中国的水土流失防治工作走上了法制化、规范化和科学化的轨道[①]。

2010 年的《中国水土流失防治与生态安全》[②]和 2013 年余新晓和毕华兴主编的《水土保持学》[③]中将水土保持发展历程分为五个阶段：①萌芽起步阶段（民国至 1949 年）。国内政局动荡，战事频繁，黄河水患频发，水土流失加剧，建立了相关专职机构，并结合西方现代科学技术，开展关于水土保持的科学实验。②示范推广阶段（20 世纪 50~70 年代）。围绕发展山区生产和治理江河等需要，党和政府将水土保持作为一项重要工作来抓，号召开展水土保持工作。在大跃进阶段以基本农田建设为主成为以后相当长一个时期内水土保持工作的主要内容。③小流域综合治理阶段（20 世纪 80 年代）。由基本农田建设转入小流域为单元进行综合治理轨道。④依法防治阶段（20世纪90年代）。1991 年，《中华人民共和国水土保持法》正式颁布实施，水土保持工作走上依法防治的轨道。⑤全面发展阶段（1997 年以后）。水土保持生态环境建设工作受到国家前所未有的重视以及全社会的广泛关注。

2004 年唐克丽的《中国水土保持》将中国水土保持发展分为三个阶段：①民国至 20 世纪上半叶时期，以水利学家提出黄河河患的症结主要在于泥沙，将黄河上中游水土保持纳入治黄方略。② 20 世纪 50~70 年代。③ 20 世纪 80 年代以后[④]。

---

① 王礼先 . 中国水利百科全书 · 水土保持分册［M］. 北京：中国水利水电出版社，2004.

② 水利部，中国科学院，中国工程院 . 中国水土流失防治与生态安全［M］. 北京：科学出版社，2010.

③ 余新晓，毕华兴 . 水土保持学［M］. 北京：中国林业出版社，2013.

④ 唐克丽 . 中国水土保持［M］. 北京：科学出版社，2004.

2012年雷廷武和李法虎的《水土保持学》[①]和2006年杨光等的《中国水土保持发展综述》[②]将我国水土保持划分为三个阶段：20世纪初期至20世纪中叶为起步阶段；20世纪50~80年代末期为大力发展阶段；20世纪90年代以后为发展提高阶段。

郭廷辅将我国近百年来水土保持发展划分为四个阶段[③]：①启蒙、探索阶段（1920~1949年）。1940年黄河水利委员会在防止土壤侵蚀科学研究会上首次提出了“水土保持”一词，水土保持作为一个近代专用术语被证实加以使用。1949年后，国家对水土保持工作十分重视，立即将它纳入国民经济建设的轨道。②示范推广、全面发展阶段（1950~1978年）。③以小流域为单元综合治理，生态效益与经济效益紧密结合阶段（1979~1989年）。在20世纪50~80年代，国家召开了三次水土保持工作会议，逐渐形成了水土保持农业技术、工程技术和生物技术三大类技术[④]，创新了水土保持技术路线，以小流域为代表的水土保持治理开始广泛推广[⑤]。④以防治为主，依法防治水土流失和深化水土保持改革，发展小流域经济的阶段（1990年至今），1991年6月19日，中国第一部《水土保持法》诞生了，水土保持工作进入了法制化阶段，标志着中国水土保持技术进入新时期。

根据上述分析，2010年的《中国水土流失防治与生态安全》和2013年余新晓和毕华兴主编的《水土保持学》中将我国水土保持发展历程分为五个阶段，划分更全面、更细致，因此本书以其全国水土保持发展的划分结果作为大背景依据，再根据历史档案，划分出本书研究区水土保持技术发展的历史分期。

1.2.3 内蒙古黄土丘陵区水土保持史研究

黄土丘陵沟壑区主要分布在我国黄河的中游和黄土高原的北部地区，其中内蒙古黄土丘陵沟壑区分布在黄河中游两岸。目前并未检索到单独研究内蒙古黄土丘陵区水土保持史的著作和期刊论文。书中将检索范围放宽到黄河和黄土高原水土保持史或水土保持志，有如下相关研究：

---

① 雷廷武，李法虎．水土保持学［M］．北京：中国农业大学出版社，2012.

② 杨光，丁国栋，屈志强．中国水土保持发展综述［J］．北京林业大学学报（社会科学版），2006（5）：72-77，92-99.

③ 郭廷辅．21世纪水土保持展望［J］．中国水土保持，2000（2）：3-7.

④ 王越．我国水土保持的历史沿革与发展对策［J］．中国水土保持，2001（11）：5-7.

⑤ 张富．黄土高原丘陵沟壑区小流域水土保持措施对位配置研究［D］．北京林业大学博士学位论文，2008.

1993 年黄河水利委员会黄河中游治理局编著的《黄河水土保持志》将黄河流域水土保持治理措施分为四大类：坡耕地治理、荒地治理、沟壑治理和小型蓄水工程，并且分别对每种技术措施的沿革、治理成就和具体实施技术进行了详细的论述[①]。

陕西省地方志编纂委员会于 2000 年出版的《陕西省水土保持志》[②]、山西水土编纂委员会于 2002 年出版的《山西水土保持志》[③]都全面系统地介绍了研究省份的水土流失、治理方略、防治技术措施、重点治理开发项目、科技与教育、投入效益、国际交流与合作、水保机构、先进集体与个人等内容，水土保持县志记述了水保历史，同时引思成败得失。

张家齐在 1994 年出版的《三晋水土保持纪略》详细介绍了山西水土流失概括、论述了古代和现代水土保持思想和技术，并将水土保持技术划分为水土保持工程措施、植物措施和耕作措施进行细致阐述[④]。

孟庆枚在 1996 年出版的《黄土高原水土保持》将黄土高原水土保持发展历程划分为 1957 年前、1958~1979 年和 1980 年后三个阶段，论述了不同历史时段水土保持的成就、效益、作用和地位[⑤]。

高芸在硕士学位论文《"以粮为纲"政策的实施对陕北黄土丘陵沟壑区水土保持工作的影响》中研究了陕北黄土丘陵沟壑区 20 世纪 50~80 年代水土保持技术，从淤地坝和梯田建设入手，从技术层面探讨其对粮食增产和水土保持效益和作用，并用科技史的眼光回顾了淤地坝和梯田在绥德县的修建史和技术变迁史[⑥]。

根据上述分析可知，黄土丘陵沟壑区水土保持史的研究区域主要是大范围的黄河流域或黄土高原，或是山西和陕西等具体省份，对于位于晋陕蒙的接壤区的内蒙古黄土丘陵沟壑区鲜有研究。研究内容都侧重介绍研究区实施的水土保持技术和影响因素，但对于不同历史时期水土保持技术如何变迁、技术实施年限的增加对土壤性质的影响是否存在差异，以及相似地貌条件下不同地区实施相同水土保持技术是否存在差异都研究甚少。

---

① 黄河水利委员会黄河中游治理局．黄河水土保持志［M］．郑州：河南人民出版社，1993.

② 陕西省地方志编纂委员会．陕西省水土保持志［M］．西安：陕西人民出版社，2000.

③ 山西水土编纂委员会．山西水土保持志［M］．郑州：河南黄河水利出版社，2002.

④ 张家齐．三晋水土保持纪略［M］．太原：山西经济出版社，1994.

⑤ 孟庆枚．黄土高原水土保持［M］．郑州：黄河水利出版社，1996.

⑥ 高芸．"以粮为纲"政策的实施对陕北黄土丘陵沟壑区水土保持工作的影响［D］．陕西师范大学硕士学位论文，2007.

1.2.4 综述小结

通过分析上述已有的研究基础可知，前人对我国水土保持技术史研究已有一定的成果，但从文献梳理来看，针对具体研究区域（内蒙古黄土丘陵沟壑区）的水土保持技术史研究还有待系统和深入。

首先，前人对于我国水土保持思想及其实施的技术已有许多研究，但对于相同水土保持技术在不同历史阶段演变过程的系统研究较少，因此，本书系统研究五个不同历史时期水土保持技术的类型、数量、面积和标准等的差异，并结合水土保持技术指导思想，探究水土保持技术的演变。

其次，水土保持技术的实施可以有效地改善水土流失状况，提高土壤保水保肥的能力，但目前鲜有对长时间尺度下（大于 20 年）水保技术的效益研究。因此，本书通过史料分析、野外和室内实验，纵向对比水土保持技术随着实施年份的增加，其土壤水分和土壤养分的变化，试揭示水土保持技术的实施对土壤保水和保肥效益的改善程度。

最后，目前，水土保持技术研究主要侧重研究自然因素和水土保持技术的关系，对于相似自然地貌条件下，社会经济等人文因素是否影响水土保持技术实施的研究很少，而且针对内蒙古黄土丘陵区水土保持史的研究几乎没有。因此，本书通过史料整理和实地调研，并结合已有的研究成果，侧重横向对比相似地貌条件下清水河县和准格尔旗在相同历史时期实施水土保持技术是否存在差异，从而逐步挖掘出导致技术实施差异的根源。

1.3 研究目标、研究内容及创新

1.3.1 研究目标

本书通过研究半个多世纪（1956~2011 年）以来内蒙古黄土丘陵沟壑区（以清水河县和准格尔旗为主）水土保持技术发展史，厘清 1956~1962 年、1963~1978 年、1979~1985 年、1986~1996 年和 1997~2011 年五个历史时期水土保持技术的传承和创新，从时间（纵向）和空间（横向）的角度，对比分析水土保持技术类型和标准的差异，探究水保技术随着实施年限的增加对土壤保水保肥的影响，揭示影响水土保持技术差异的社会因素，为黄土丘陵沟壑区水土保持技术的进一步发展和实施提供理论支撑。

1.3.2 研究内容

1.3.2.1 研究不同历史时期水土保持技术的发展

本书通过史料收集，逐一梳理内蒙古黄土丘陵沟壑区在1956~1962年、1963~1978年、1979~1985年、1986~1996年和1997~2011年五个历史阶段的水土保持技术，剖析内蒙古黄土丘陵沟壑区不同历史时期水土保持技术的变迁史，重点探究每个历史时期水土保持技术的指导思想、典型水保技术的标准及其与当时国内外其他区域的差异，从而总结典型水土保持技术在不同历史阶段的传承和创新以及新技术的应用。

1.3.2.2 纵向和横向对比水土保持技术的差异

本书选择梯田、坝地和林地三个典型的水土保持技术作为研究对象，通过实地调研、野外采样和室内分析土壤性质，横向对比分析同一历史时期清水河县和准格尔旗水土保持技术实施的数量、面积以及土壤水分和养分的差异，纵向对比五个历史阶段技术标准的变化、土壤性质的演变特征，从而明确在空间和时间上实施水土保持技术的现实意义。

1.3.2.3 探究水土保持技术实施差异的根源

本书依据国家宏观政策、法律法规的制定、重点项目的实施、专门机构的建立等提出推动不同历史时期水土保持技术实施差异的原因，同时结合不同历史阶段清水河县和准格尔旗的社会经济条件、科技人员、水土保持组织和机构、人文素养等社会统计数据，揭示不同历史阶段导致清水河县和准格尔旗水土保持技术存在差异的根源。

1.3.3 创新点

本书以内蒙古黄土丘陵沟壑区为研究对象，通过史料考证、田野调查、历史比较和统计分析等研究方法，采用多学科交叉的思路，研究五个历史时段内蒙古黄土丘陵沟壑区水土保持技术的发展，重点评价不同历史时期相同水土保持技术对现今的水保效益的差异，同时探讨同一历史时段相同地貌条件的清水河县和准格尔旗水土保持技术实施的差异及导致技术实施差异的社会因素。研究具有一定的创新之处，具体如下：

1.3.3.1 多学科角度进行研究

从科学技术史学角度出发，按照五个历史时段（1956~1962年、1963~1978年、1979~1985年、1986~1996年和1997~2011年）研究近半个多世纪内蒙古黄土丘陵沟壑区水土保持技术的发展；从水土保持学角度出发分类研究梯田、坝地、林地三类水土保持技术，对比三类技术随着实施年限的增加对土壤性质影响的差异性；从社会学角度出发研究不同历史时段对应的社会经济、技术人才、方针政策等社会因素对具体实施水土保持技术存在的影响。

1.3.3.2 纵向和横向的历史比较

本书纵向对比五个历史时段内蒙古黄土丘陵沟壑区水土保持技术的发展脉络，对比不同历史时期水土保持技术的效益，揭示出随着时间的变迁，水土保持技术、理念的动态变化和时代进步；横向深入对比研究相似地貌条件的清水河县和准格尔旗在同一历史时期水土保持技术实施中存在的差异，同时试着寻找影响技术发展的社会因素，为因地制宜地治理水土流失提供科学依据。

1.4 研究阶段的历史分期

1.4.1 历史分期

历史本身是一个连续的过程，要想理解和认识研究期的历史画卷，对历史时期进行划分成为历史学善用的一种研究方法。在厘清 1956~2011 年内蒙古黄土丘陵区水土保持技术发展，为进一步推动水土保持发展，理性认识不同历史时期水土保持技术和相关事件，揭示历史过程中不同阶段的发展差异，有必要对半个多世纪进行历史分期，开启认知。

1.4.2 分期依据

通过梳理大量的历史文献资料，按照水保技术实施理念和侧重点的不同，将半个多世纪划分为五个时间段，其中 1956~1962 年主要是在广泛应用多项水保技术；1963~1978 年水保技术围绕建设基本农田为主；1979~1985 年综合应用水保技术治理小流域；1986~1996 年水保技术以治沟骨干坝为主；1997~2011 年以生态环境建设为主全面发展水保技术。

1.4.2.1 多项水保技术广泛应用阶段（1956~1962 年）

1956 年 3 月，经国务院批准成立了“内蒙古自治区水土保持工作局”，正式开展大规模的水土保持工作。其中在 1960 年内蒙古水利厅水土保持局编绘了《水土保持技术画册》的前言中指出，从 1956 年起，内蒙古大规模地开展了水土保持工作[①]。准格尔旗在报送1956年上半年控制水土流失面积总结中提到："本年度开展水土保持工作是一新颖而艰巨工作。"[②] 而且两旗县和内蒙古档案馆目前能收集到的最早的关于水土保持的档案也是在1956年，因此本书研究的起始时间选择为1956年。

1958~1960年，研究区水土保持工作发展高涨，多项水土保持技术广泛应用，但从1961年起，中央对国民经济实行了"调整、巩固、充实、提高"的八字方针，水土保持部门和其他许多地方、部门一样，精简机构，紧缩编制。1962年后，由于我国政治经济形势，研究区水土保持的历史档案突然减少，相关的学术论文也减少，因此1962年作为第一历史阶段的截止时间。

1.4.2.2 水保技术以建设基本农田为主阶段（1963~1978年）

1963年4月18日，《国务院关于黄河中游地区水土保持工作的决定》中建议制定自己的水土保持规划，内蒙古水土保持工作也在缓慢复苏。1964年，毛泽东主席发出"农业学大寨"的号召，水土保持以基本农田建设为主的工作方针得到进一步强化。但紧接着受"文化大革命"的影响，研究区大部分水土保持机构和人员被解散，水土保持事业受到很大干扰和破坏，但这一时期水土保持技术以基本农田建设为中心仍得到贯彻发展，水土保持工作归属于农田水利部门，主要的水土保持技术有梯田、坝地、林草措施。至1978年，一直认为水土保持技术应以建设基本农田和造林种草为主。

1.4.2.3 应用水保技术综合治理小流域阶段（1979~1985年）

从1979年开始，水土保持由基本农田建设为主转为以小流域为单元进行综合治理，小流域综合治理是水土保持工作的新发展。这一时期研究区积极开展试验研究和治理工作，对水土保持机构、科研单位、试验站、工作站都加以整顿，如1979年"准格尔旗皇甫川流域农牧林水综合治理试验站"改为"准格尔旗皇甫川流域水土保持试验站"[③]。1980~1985年研究区承担了国家科委下达的"皇甫川流域水土流失综合治理农林牧全面发展试验研究"重点科研项目，五年的时间完成了十九项水土流失小流域综合治理试验研究项目。这一时期，国家和当地政府对水土保持工作投入了大量的经费支持，从1980~1985年经费一路飙升，其中准格尔旗1985年水土保持投资的补助经费为217.1万元，比1980年增加了46%。

---

① 内蒙古水利厅水土保持局．水土保持技术画册［M］．呼和浩特：内蒙古人民出版社，1960.

② 准格尔旗档案馆．关于报送我旗一九五六年上半年控制水土流失面积［Z］.1956（23-1-10）.

③ 准格尔旗档案馆．关于皇甫川试验站改成的通知［Z］.1979（96-2-14）.

1.4.2.4 水保技术以治沟骨干坝为主阶段（1986~1996 年）

1986 年，水利电力部颁发了《水土保持治沟骨干工程暂行技术规范（SD175-86）》，水土保持治沟骨干工程首次列为国家基本建设项目，这是国家对水土保持工作的重视。1986~1996 年内蒙古自治区以治沟骨干坝为主，其中 1986~1991 年，治沟骨干工程都在十项以上，1992 年以后治沟骨干工程项目迅速地递减成个位数。但从国家投资金额来看，1992~1996 年平均单项骨干坝投资金额是 1986~1991 年的 2 倍左右。另外，内蒙古黄土丘陵沟壑区 1986~1996 年实施的水保治沟骨干工程的数量一直占内蒙古总项目的一半以上。

1996 年，由国家技术监督局发布了“中华人民共和国水土保持国家标准”，包括《水土保持综合治理规划通则（GB/T15772-1996）》《水土保持综合治理技术规范（GB/T16453-1996）》《水土保持综合治理验收规范（GB/T15773-1996）》《水土保持综合治理效益计算方法（GB/T15774-1996）》。国标的出台，标志着我国水土保持技术走上了规范化治理的道路。

1.4.2.5 以生态环境建设为主全面发展水保技术阶段（1997~2011 年）

1997 年 9 月，国务院在延安召开了水土保持、生态建设现场会，水利部组织编写了《全国水土保持生态建设规划》并纳入《全国生态环境建设规划》中。1998 年，国务院批准实施《全国生态环境建设规划》，并将其纳入国民经济和社会发展计划，要求各地因地制宜地制定本地区的生态环境建设规划，投入生态环境建设。同年，《全国生态环境建设规划》对 21 世纪初期我国水土保持生态环境建设做出了全面部署，根据规划到 2010 年实现初见成效。

2010 年 1 月 14 日，国务院为贯彻落实科学发展观，实现水资源可持续开发、利用和保护，发布《国务院关于开展第一次全国水利普查的通知》，决定于 2010~2012 年开展第一次全国水利普查。普查的标准时点为 2011 年 12 月 31 日。此外，2011 年 9 月 29 日，水利部以水保〔2011〕507 号文件正式命名准格尔旗为全国水土保持生态文明县（旗）。因此，本书选择研究的历史时间节点为 2011 年。

1.5 有关概念界定

本书涉及的一些名词术语在不同的历史时期使用时存在差异，为了便于读者理解，下面做简要的梳理说明。

1.5.1 水土保持

世界水土保持问题之研究，最初是为飞沙及河川泛滥危害所引起[①]。“水土保持”一词来源于美国，原名为“土壤保持”或“保土”。1929 年，美国联邦政府研究土壤冲刷问题，防止农民遭受严重损失，开始进行防冲运动。在 1935 年 4 月 27 日，国会通过《水土保持法》，规定农业部设立水土保持局专司水土保持事宜。土壤保持或保土引入中国后受到水利和森林方面专家的欢迎，为了解释其工作的意义，将“保土”二字改为“水土保持”[②]。1940 年，在黄河水利委员会与金陵大学农学院、四川大学农学院召开的防止土壤侵蚀的科学研究会上首次提出了“水土保持”一次，水土保持开始成为专门术语[③]。

20 世纪 40 年代，对水土保持定义的核心词汇是储蓄水分，保持土壤，防止冲刷，增加农作物生产，避免灾害发生。如 1942 年的《水土保持常识》认为，水土保持是设法储蓄或增加土中水分，防止土壤冲刷及耕地之减少，增加农作物之生产，并免除洪患[④]；1944 年的《何为水土保持》认为，水土保持是能够实现管理和利用水源及土壤，不使其流失，以免发生破坏的作用[⑤]。

蓄水保土即为保持水土是在 1947 年《蓄水保土浅说》中提出的。中国是一个多灾多难的国家，而这些灾难是由于连年的水旱灾害，土地因侵蚀而荒废，各河流不能很好地利用反而为害，以及农村经济的衰败等原因的组合而成，这些都是因为水土流失造成的。蓄水保土是为了避免和防止上述原因导致的水土流失，用各种方法将水储蓄在土壤里，使土壤不被侵蚀[⑥]。

1949 年，陈恩凤在《水土保持学概论》中提到，侵蚀土壤最烈或最广泛的因子为水，能调试水之流动，则可保土不被冲失，可知保水即为保土。再之地面土壤一经保全，植物始终生长，两者皆为地面最重要之保水物质，及保土亦所谓保水。相互因果不可分离，故名水土保持[⑦]。

20 世纪 50~70 年代，关于水土保持定义突出的变化是研究对象集中针对丘陵和山区，水土保持定义更倾向于实施保持水土的方法，水土保持增加了改造自然，发展生产的目的，表明水土保持不单指增加农地产量，还开始重视

---

① 徐善根．水土流失畦试验法之探讨［J］．农业推广通讯，1943，5（3）：44-46.

② 傅蕴绮．水土保持浅说［J］．地政通讯，1948，3（1）：25.

③ 王礼先．水土保持学［M］．北京：中国林业出版社，1995：7.

④ 施成熙．水土保持常识［J］．行政水土院委会季刊，1942，2（4）：5-13.

⑤ 退思．何为水土保持［J］．现代农民，1944，7（3）：4-6.

⑥ 水利部水利示范工程处．蓄水保土浅说［M］．上海：书林书局，1947.

⑦ 陈恩凤．水土保持学概论［M］．北京：商务印书馆，1949：1.

林、副、渔各项生产。如1958年《水土保持》中对水土保持定义为用封山育林、造林、种草、改良耕作技术、修梯田、培修等高沟埂和修筑谷坊、池塘等办法来涵养水源，减少地表径流，防止土壤侵蚀①。目的是增加地面覆盖和土壤吸水能力，保持土壤肥力，防止水土流失，有效地防止农田灌溉和排水系统，蓄水池、水库以及河道的淤积，并把湍急的山洪变为细水长流，从根本上消灭水、旱、泥沙等自然灾害，并充分合理利用水土资源，积极发展农、林、副、渔各项生产。

20世纪80年代至90年代初，水土保持定义中明显的特征是增加了预防水土流失，而并非单纯地防止或治理。1982年《水土保持》一书认为，水土保持简单地说，就是预防和治理水土流失，保护水土资源，维持和提高土壤生产力②。1991年《中华人民共和国水土保持法》对水土保持定义为，水土保持是指对自然因素和人为活动造成水土流失而采取的预防和治理措施③。

20世纪90年代后，水土保持定义更加完善，注意到水土保持不仅仅是防治，还增加了保护、改良和利用水土资源，重视水土资源的各项效益。1998年《中国大百科全书·农业卷》中水土保持的定义是防治水土流失，保护、改良和合理利用山丘区和风沙区水土资源，维护和提高土地生产力，以利于充分发挥水土资源的经济效益和社会效益，建立良好的生态事业④。

2004年《中国水利百科全书·水土保持分册》中水土保持定义为防治水土流失，保护、改良和合理利用水土资源，维护和提高土地生产力，以利于充分发挥水土资源的生态效益、经济效益和社会效益，建立良好的生态环境事业⑤。

水土保持的概念由初期的土壤保持逐渐发展到今天的土壤保持和水的保持，从单一强调土壤侵蚀引起土地退化到同时强调土壤侵蚀环境与全球生态环境的关系。水土保持不只是土地资源，还包括水资源。保持的内涵不只是保护，还包括改良与合理利用。不能把水土保持理解为土壤保持、土壤保护，更不能等同于侵蚀控制。

本书对于水土保持定义采用《中国水利百科全书·水土保持分册》，从更加完善的定义出发，更好地认识水土保持过程中采取的技术及其发展脉络。

---

① 湖南农业，林业，水利厅．水土保持［M］．北京：中国水利电力出版社，1958.
② 郭廷辅，高博文．水土保持［M］．北京：农业出版社，1982.
③ 全国人民代表大会常务委员会．中华人民共和国水土保持法［M］．北京：法律出版社，1991.
④ 中国大百科全书编委会．中国大百科全书·农业卷［M］．北京：中国大百科全书出版社，1998.
⑤ 王礼先．中国水利百科全书·水土保持分册［M］．北京：中国水利水电出版社，2004.

1.5.2 水土保持办法、水土保持措施、水土保持技术

通过阅读文献，发现水土保持技术有三种表述方式：水土保持办法、水土保持措施、水土保持技术。

（1）水土保持办法（水土保持方法）。20 世纪 30 年代至 50 年代中期，水土保持办法的来源主要分为三类：一是通过专家们野外勘察、测量和调查所得的当时现存的保持水土的办法；二是通过水土保持实验站和结合当地实际情况实施水土保持方法；三是通过翻译国外水土保持相关书籍，整理其实施的水土保持办法。

李仪祉先生在 20 世纪 30 年代调查西北水土经济时指出沟洫和土坝的方法解决黄土区农业水利问题①。施成熙在《水土保持常识》中细致地描述了已有的水土保持的实施办法：谷坊、阶田引水沟与竹编篱；开辟沟洫、改良耕种；植林种草②。1944 年，罗德民在考察西北水土保持时提到当时现存的水土保持方法：等高耕作、条作、梯田、开沟于岸下蓄水、植树于梯田岸下、沟洫。同时提出了一些针对性的水土保持方法：针对荒沟陡坡植树造林、针对沟壑与荒沟修筑谷坊、淤坝、植草种树③。任承统在1945年《水土保持与治黄》中针对丘陵及黄土台地蓄水救旱的方法有改造水土梯田、等高农作、合理间作与轮作、沟洫；保土防冲的方法有种植苜蓿于坡地边缘、培植深根草本于地埂及沟岸；修筑阶田蓄水保土；对沙漠主要以植物固沙防止风沙④。

1945 年，傅焕光在《水土保持与水土保持事业》中提到甘肃天水实验区实施的水土保持方法：宽沟蓄水、等高条状梯田、坡地内壁掘沟、淤地坝、河岸造林等方法⑤。《蓄水保土浅说》中提到蓄水保土实施办法：土地的合理利用、种草植物、改良耕作方式、实施沟洫法、利用工程方法、整地的处理⑥。1954 年，《水土保持图解》中介绍了在西北山区和高原实行的保塬、固沟、护坡、防沙等保持水土办法⑦。

1945 年，张任在整理美国实施的水土保持中提到控制沟壑的建筑物：瓦

① 沙玉清 . 西北水土经济研究的重要［J］. 李仪祉先生纪念刊，1938：44–51.

② 施成熙 . 水土保持常识［J］. 行政水土院委会季刊，1942，2（4）：5–13.

③ 罗德民 . 行政院顾问罗德民考察西北水土保持初步报告［J］. 行政水利院委会月刊，1944，1（4）：36–48.

④ 任承统 . 水土保持与治黄［J］. 中农月刊，1945，6（8）：99–101.

⑤ 傅焕光 . 水土保持与水土保持事业［J］. 东方杂志，1945，41（6）：31–33.

⑥ 水利部水利示范工程处 . 蓄水保土浅说［M］. 上海：书林书局，1947.

⑦ 西北行政委员会水利局 . 水土保持图解［M］. 西安：西北人民出版社，1954.

管洩水口、涵洞跌水进水口、槽式跌水、谷坊。水土保持方法有等高耕作、条作、梯田①。1947年，鲍迪之翻译的美国《水土流失与保持》中提到，水土保持方法有合理利用土地、防止侵蚀（主要以增加覆盖为主）、恢复土地②。陈恩凤收集北美与国内材料编著的《水土保持学概论》中系统地介绍了土壤侵蚀防止方法、梯田修筑方法、切沟防止方法、风蚀防止方法、浪蚀防止方法、公路侵蚀防止方法③。

（2）水土保持措施。20世纪50年代后期至70年代，各地区根据实际实施水土保持情况，对水土保持实施的方法进行分类，逐渐形成了比较系统的水土保持措施并进行推广和应用。

第一类：根据具体治理地点进行分类。如1958年吉林省《水土保持简易技术手册》中将水土保持措施分为山坡耕地治理、撂荒地治理、沟壑治理、平原水土保持措施、河岸和防风固沙措施④。1956年，江西省《水土保持工作手册》中改缓地面坡度、修建防止冲刷的水利工程、增加地面植物、改进耕作技术、预防冲刷发生、治理崩山和塌岸⑤。1958年，湖南省《湖南的水土流失及其防治措施》针对各类地区情况采取防治措施，如沟壑区、坡地、茶林、荒山、溪流两岸、采矿区⑥。

第二类：根据治理采用的方法分类。如1958年国务院水土保持委员会办公室编著的《黄河中游水土保持技术手册》中介绍了黄河中游陕、甘、晋水土保持措施分为四类：农牧业技术改良措施、农业改良土壤措施、森林改良土壤措施、水利改良土壤措施⑦。1958年湖南省《水土保持》⑧、1964年河南省方城县出版的《水土保持》⑨、1959年中国林业出版社出版的《水土保持学》⑩、1960年内蒙古水利厅《水土保持技术画册》⑪中介绍水土保持措施分类同上。

---

① 张任．水土保持——考察美国水利报告［J］．水利委员会季刊，1945，3（4）：7-24.

② 鲍迪之．水土流失与保持［J］．安徽农讯，1947，6：8-10.

③ 陈恩凤．水土保持学概论［M］．北京：商务印书馆，1949.

④ 吉林省水土保持委员会办公室．水土保持简易技术手册［M］．长春：吉林省出版社，1958.

⑤ 江西省水利厅．水土保持工作手册［M］．南昌：江西人民出版社，1956.

⑥ 中共湖南省委水利规划会议．湖南的水土流失及其防治措施［M］．北京：中国水利电力出版社，1958.

⑦ 国务院水土保持委员会办公室．黄河中游水土保持技术手册［M］．北京：中国水利电力出版社，1958.

⑧ 湖南省农业厅，林业厅，水利厅．水土保持［M］．北京：中国水利电力出版社，1958.

⑨ 方城县水利局．水土保持——水利工程技术教材［M］．方城：方城县水利局印，1964.

⑩ 华东华中区高等林学院教材编委会．水土保持学（初稿）［M］．北京：中国林业出版社，1959.

⑪ 内蒙古水利厅水土保持工作局．水土保持技术画册［M］．呼和浩特：内蒙古人民出版社，1960.

在后期逐渐又细化分类，如1959年中科院水土保持考察队将黄河中游地区水土保持措施分为五类措施：田间工程、农业措施、林业措施、牧业措施、水利措施[①]。1962年农业出版社出版的《水土保持学》水土保持措施在上述五类基础上增加了风沙区综合治理措施、农牧防护林和沿海防护林[②]。

（3）水土保持技术。20世纪80年代开始水土保持治理措施明显的特点是对小流域的综合治理。在治理技术上更加注意针对小流域进行综合治理。

1988年出版的《水土保持技术规范》提出了针对坡耕地治理技术、荒地治理技术、沟壑治理技术、小型蓄排饮水工程、风沙治理技术、崩岗治理技术标准[③]。国家标准的出台，表明水土保持治理的方法或措施已经成为规范性的技术。20世纪80年代后期开始独立出版关于水土保持农业技术、水土保持林学技术、水土保持工程技术的专著。同时，在该时期针对矿区、公路、城市等区域实施了水土保持技术。20世纪90年代后增加了遥感、GIS等新技术在水土保持中的应用。

水土保持技术经历了三个发展阶段，初期水土保持技术表达方式为水土保持办法或方法，只是单独介绍某种保持水土的方法；中期随着防治水土流失的方法在不同地区实验和推广，形成了水土保持措施分类体系；后期在小流域综合治理理念的指导下，技术标准化和新技术的应用，使水土保持技术趋于完善和规范。

本书研究的历史时期介于20世纪50年代至21世纪，为了与历史时期更好地贴合，本书采用不同历史时期的表述习惯，分别用“措施”和“技术”两个名称，但都指本书的核心关键词“水土保持技术”，在此特做出说明。

---

① 中国科学院黄河中游水土保持综合考察队．黄河中游黄土地区水土保持手册［M］．北京：科学出版社，1959.

② 河北农业大学园林化分校中专部．水土保持学（第2版）［M］．北京：农业出版社，1962.

③ 水利电力部农村水利水土保持司．水土保持技术规范［M］．北京：中国水利电力出版社，1988.

研究区概况及研究方法

2.1 研究区概况

本书依据赵羽、金争平、史培军、郝允充等主编的《内蒙古土壤侵蚀研究——遥感技术在内蒙古土壤侵蚀研究中的应用》(1989年),确定了内蒙古黄土丘陵区主要包括准格尔—清水河黄土、残积丘陵(编号20)(见表2-1)。同时,内蒙古水蚀危害度等级大于15(水蚀危害最高级)的地区正好落在准格尔—清水河黄土、残积丘陵区,对应图2-1中Ⅶ等级。因此,本书最终确定了内蒙古黄土丘陵区的研究区域为准格尔旗和清水河县两个旗县(见图2-1)。

表2-1 内蒙古地貌分区系统[①]

区	亚区	地区
山地	寒冻风化、侵蚀剥蚀山地	1. 大兴安岭北段中、低山地 2. 大兴安岭南段中、低山地
	侵蚀剥蚀山地	3. 冀北中、低山地 4. 阴山东段中、低山地

① 赵羽,金争平,史培军,郝允充等.内蒙古土壤侵蚀研究——遥感技术在内蒙古土壤侵蚀研究中的应用[M].北京:科学出版社,1989.

续表

区	亚区	地区
山地	侵蚀剥蚀、干燥剥蚀山地	5. 阴山西段中、低 山地 6. 桌子山中、低山地 7. 贺兰山高、中、低山地
	干燥剥蚀山地	8. 庆阳山中、低山地 9. 龙首山北侧中、低山地 10. 色尔乌拉山中、低山地
丘陵	侵蚀剥蚀、寒冻风化丘陵	11. 大兴安岭北段东侧残积、坡积丘陵 12. 大兴安岭北段西侧残积、覆沙丘陵
	侵蚀剥蚀丘陵	13. 大兴安岭南段东侧残积、坡积丘陵 14. 大兴安岭南段西侧残积、覆沙丘陵 15. 冀北山地东段北侧黄土、残积丘陵 16. 冀北山地西段北侧覆沙、残积丘陵
	侵蚀剥蚀、风蚀（积）丘陵	17. 中蒙边境残积丘陵 18. 阴山东段北侧覆沙、残积丘陵 19. 阴山西段北侧覆沙、残积丘陵 20. 准格尔—清水河黄土、残积丘陵 21. 东胜—和林覆沙、残积丘陵
	干燥剥蚀丘陵	22. 阿拉善北缘洪果尔残积丘陵 23. 阿拉善西端吉尔德查残积丘陵
高平原	侵蚀剥蚀、风蚀（积）高平原	24. 呼伦贝尔波状、残积高平原 25. 呼伦贝尔层状、覆沙、残积高平原 26. 锡林郭勒波状残积高平原 27. 锡林郭勒层状覆沙、残积高平原
	干燥剥蚀、风蚀（积）高平原	28. 乌兰察布波状残积高平原 29. 乌兰察布层状覆沙、残积高平原 30. 鄂尔多斯波状残积高平原 31. 鄂尔多斯层状覆沙、残积高平原 32. 阿 拉善东部波状残积、覆沙高平原 33. 阿拉善西部波状残积、覆沙高平原 34. 额济纳古三角洲层状残职、覆沙高平原
平原	冲积、冲洪积平原	35. 岭东嫩江沿岸冲积平原 36. 西辽河冲积平原 37. 呼—包冲积、冲洪积平原
	洪冲积、风蚀（积）平原	38. 河套冲洪积、风积平原 39. 额济纳河风积、洪积、冲积平原
沙地	风蚀（积）、洪积沙地	40. 呼伦贝尔风积、洪积沙地 41. 科尔沁风积、洪积沙地 42. 小腾格里风积、洪积沙地 43. 库布齐沙带东段风积、洪积沙地 44. 毛乌素风积、洪积沙地

续表

区	亚区	地区
沙漠	风蚀（积）、干燥剥蚀沙漠	45. 库布齐沙带西段风积沙漠
		46. 鄂尔多斯（毛乌素沙区西段、河东沙区）风积、残积沙漠
		47. 乌兰布和风积沙漠
		48. 亚玛雷克—海里风积、残积沙漠
		49. 腾格里风积沙漠
		50. 巴丹吉林风积、残积沙漠

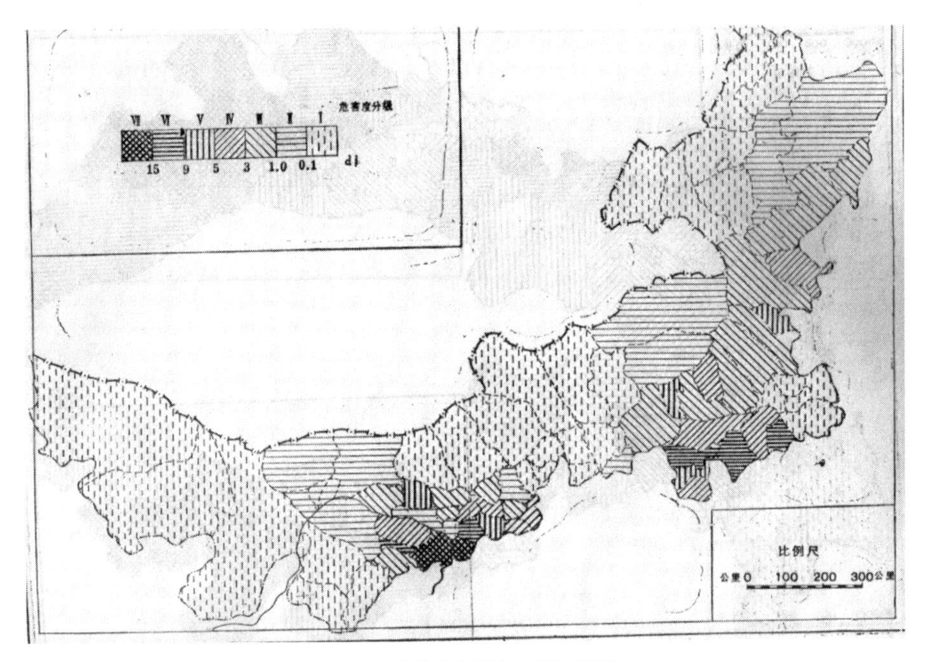

图 2–1　内蒙古水蚀危害程度评价

为了全面了解研究区概况，本书从研究区自然环境和社会经济两部分进行介绍。

2.1.1 自然环境

2.1.1.1　准格尔旗

准格尔旗位于内蒙古自治区西南部，地跨北纬 39° 16′~40° 20′，东经 110° 05′~111° 27′。准旗北部、东部被黄河环抱，黄河流经本旗 197km。北部与土默特右旗、托克托县隔河相望，东邻清水河县和山西偏关县，南部与山西省河曲县、陕西省府谷县为界，西与伊金霍洛旗、东胜市、达拉特旗接壤。距离内蒙古自治区首府呼和浩特市 206km[①]。

准格尔旗矿产资源极为丰富，被誉为内蒙古西部的“金三角”地带。旗境东西 18 个乡内蕴藏着丰富的煤炭资源，总储量约 520 亿吨。

准格尔旗的山、沟、沙丘、平原是绿化和造林的理想之地。200 多年前，旗境以森林茂密、古木参天、鸟语花香而著称。后因乱砍滥伐，形成水土流失，岩石裸露，光山秃岭。1949 年后，广大农民在党的领导下从治理沙化和水土流失入手，开展了植树运动，营造三北防护林、黄河护岸林、小流域综合治理。

（1）气候。准格尔旗属温带大陆性气候，光照充足，四季分明，气候特点为冬季漫长而寒冷，夏季炎热短促。气温春秋变化剧烈，全年降雨少而集中，多集中在 7～9 月三个月，降雨年际变化大。年日照时间为 3000h 以上，年平均气温在 6.2～8.7℃。1 月平均气温在 –12.9～10.8℃，7 月平均气温 25～29℃，年无霜期 145d，年降雨量为 400mm 左右，蒸发量年平均值为 2093mm，是降雨量的 5 倍，年均湿润度 0.3~0.34。多年平均风速为 1.9~3.4m/s。

（2）土壤。准格尔旗土壤包括栗钙土、风沙土、潮土、盐土、黄绵土。其中，栗钙土是准旗分布最多的土壤，面积 490.27 万亩，占总土地面积的 45.5%。旗境内栗钙土主要分布在库布齐沙漠以南，黄土丘陵沟谷以北一带，土壤质地为沙壤或轻壤、中壤。有机质含量为 0.55%、全氮 0.043%、速磷 2.3PPM、速钾 75.5 PPM。

（3）植被。旗境受自然环境的影响，植被外貌上充分显现出干旱草原景象。以木本植物而言，西南部以针叶林为代表，东北部以杨柳榆等阔叶林为代表。旗内植被稀疏，草地退化快，产草量低。

（4）地形地貌。准格尔旗地处鄂尔多斯高原东南部。海拔高度 820~1584.6m。南北长 116.5km，东西宽 115.2km，总面积 7692km^2，整个地形西北高，东南低，由西向东逐渐倾斜。准格尔旗境内地貌类型复杂，大部分地区沟谷发育、沟网纵横密布，地表被切割，呈支离破碎状。北部为黄河冲积平原及二级台地，土地平坦，一望无际，为准格尔旗的产粮区，南部山高谷深，群山起伏，岩石裸露，为典型的丘陵沟壑区。

根据旗境南北地貌差异，可划分为四类地貌类型：

黄河南岸平原区（Ⅰ）：位于旗境北部边缘，介于库布齐沙漠与黄河之间，总面积 578km^2，占全旗总面积的 7.8%，是由于黄河及其他支流沉积物填充而成的原层细沙及粒土状冲积平原。本区地形平坦，海拔高度 987.7~1095.1m。

北部库布齐沙漠区（Ⅱ）：位于旗境北部，介于黄河南岸平原与中部

① 准格尔旗志编纂委员会 . 准格尔旗志［M］. 呼和浩特：内蒙古人民出版社，1993.

丘陵沟壑区之间，该区总面积 900km^2，占全旗总面积的 11.7%，海拔高度 1027~1421m。

中部丘陵沟壑区（Ⅲ）：位于本旗中部，总面积为 3061km^2，占全旗总面积的 40%，海拔高度 1038~1585m，由于水土流失严重，沟谷密布，基岩裸露于地表。

南部黄土丘陵沟壑区（Ⅳ）：位于旗境南部，与晋、陕黄土高原相连。由于黄土堆积过程汇总沉积了下伏埋藏的各种古地貌形态，它本身又是未固定的土状堆积物，再加上水蚀和风蚀作用，使本区沟谷发育速度很快，沟谷深切，地表支离破碎，出现了明显的不同特征，即塬、梁、峁、坪等。它们既有孤立分布的，又有相互连接的，总面积为 2527km^2，占全旗面积的 34%。

2.1.1.2 清水河县

清水河县位于内蒙古自治区中部，属呼和浩特市管辖。地理坐标在北纬 39° 35′ 00″–40° 12′ 30″ 、东经 111° 18′ 45″ –112° 07′ 30″ 。全县境南北长 85km，东西宽 80km，总面积 2822.59km^2。东南以长城为界，与山西省右玉、平鲁、偏关三县区毗邻，西以黄河为界，与准格尔旗隔黄河相望，北邻和林格尔县，西北与托克托县交界。县城城关镇，北距自治区首府呼和浩特市 130km，西距准格尔旗薛家湾镇 80km①。

1949 年 6 月 13 日，清水河县全县解放。1950 年改隶绥远省萨县专区。1952 年 11 月 27 日，萨县专员公署撤销，清水河县隶归集宁专员公署。1954 年 3 月 5 日，集宁专员公署撤销，改为平地泉行政区人民政府，清水河县随之改隶平地泉行政区人民政府领导。同年，撤销绥远省建制，所辖地区划归内蒙古自治区。1958 年 4 月，划属内蒙古自治区乌兰察布盟管辖。1995 年 12 月，划归内蒙古自治区呼和浩特市管辖至今。

（1）气候。清水河县地处中温带，属典型的温带大陆性季风气候，四季分明。冬季寒冷少雪，春季温暖干燥多风沙，夏季受海洋性季风影响炎热而雨量集中，秋季凉爽而短促，气温年较差大，光照充足，热量丰富。县内平均气温 7.1℃，平均最高气温出现在 7 月，为 22.4℃；平均最低气温出现在 1 月，为 –1.5℃。日平均大于或等于 10℃的积温，历年平均为 2961.4℃。全年日照时数为 2445.1~3357.9h，全年太阳总辐射量为 136.75kcal/cm^2。全县多年平均降水量 413.8mm，全年降水时间集中在 6~9 月，占全年降水量的 80%。年平均风速为 2.6m/s，一年中春季风速最大，冬季最小。

（2）土壤。清水河县境内土壤分布为栗钙土、栗褐土、灰褐土、潮土、风

① 清水河县志编纂委员会．清水河县志［M］．呼和浩特：内蒙古文化出版社，2001.

沙土、沼泽土、盐土、石质土 8 个土类，11 个亚类，33 个土属，113 个土种。全县栗褐土面积为 174035 公顷，占总土地面积的 61.9%，是县内主要的土壤类型，分布在沿清水河两岸、杨家川、北堡一带的黄土丘陵上，地形以梁状丘陵为主，地形破碎，冲沟发育，水土流失严重，有的被侵蚀沙化。栗褐土中属于侵蚀栗褐黄土的面积为 127269 公顷，占总面积的 45.2%，其中轻度侵蚀的的栗褐黄土占总面积的占 4.9%，中度侵蚀占总面积的 3.8%，重度侵蚀占总面积的 30.9%。

（3）地形地貌。清水河县地处黄河中上游黄土丘陵区，境内丘陵起伏，沟壑纵横，山岭连绵，其地势东南高，西北低，平均海拔 1373.6m。由于长期受流水的侵蚀和切割，高原面貌被破坏，地表千沟万壑，纵横交错，呈现出波状起伏的低山丘陵地形。沟网密度为 4.02km/km^2，相对高差大于 50m，侵蚀模数 7000~8000 立方米 / 年，是黄河中上游地区水土流失最严重的旗县之一。县境内由于受构造和岩性的控制，以清水河谷为界，南北两地地质地貌和水文地质条件差异很大。县境内丘陵区占 73%，山地占 26%，滩地河谷占 1%。构成了以低山丘陵为主体，低缓丘陵、丘陵沟壑、土石山和冲积平原并存的地貌类型。

低缓丘陵主要分布在清水河以北的喇嘛湾、王桂窑、五良太一带，海拔 1000~1200m，区域构造属山间凹陷地带。地表起伏不大，冲沟比较发育。

低山丘陵区分布于清水河两岸的杨家窑、盆地青和韭菜庄、北堡、暖泉、桦树墕、单台子等乡的大部分地区。海拔 1300~1700m，相对高度 100~200m，山背狭窄，山坡陡峭，切割严重。“V”形和“U”形沟谷多呈树枝状和放射状的分布。

丘陵沟壑区包括小庙子、窑沟、小缸房大部分地区和单台子、桦树墕的部分地区。该区黄土覆盖层明显加厚，深达 100m。浅处平均不少于 20m，海拔 1300~1400m，相对高度 100m 左右，山顶浑圆，斜坡多为凸字形，坡脚在 10~20°。谷网发育，当雨水降落地面，先是沿坡流动，形成片流，使大量表层土随水流走，造成片蚀。随着坡度增加流速加大，并发生分异兼并而成的小河流汇集在低凹处。水层变薄，冲刷能力强，形成了沟槽，这阶段的沟谷成为切沟（沟宽、河谷为 1~2m，横截面呈“V”形，沟槽较明显）。切沟逐渐发展，沟底切至基岩时，侧蚀作用增强，沟坡往往发生崩塌和滑坡等现象。同时沟槽显著加宽，沟槽中长期积累物质在洪汛到来时，便以泥石流、水石流的形式搬运出沟，在沟口堆积将地面分割成支离破碎的“梁”“峁”状岗丘和纵横交错的丘陵沟壑地形。除黄河沿岸一带沟谷切割较剧烈有泉水出露外，其余均为缺水区。

土石山区多为县境东南部的北堡、暖泉、西南部的桦树墕、单台子部分地区以及沿黄河两岸地势陡峭的石灰山地较低的山麓地带。地面黄土覆盖一般为10~20m，局部较陡的地段则有基岩出露，特点是石厚土薄、植被较好、土壤侵蚀较轻，是较好的放牧之地。

冲积平原区主要分布在清水河、浑河、古勒半几河、黄河等各河谷及山间沟谷洼地中，谷宽500~1000m，断面为“V”形或“U”形。河谷平原面积零散，河床由于泥沙堵塞造成床谷不能固定，经常出现截弯取直，形成许多曲线形状。

2.1.1.3 水土流失情况

研究区的水力侵蚀强度是内蒙古自治区最严重的区域，土地存在侵蚀的面积占总土地面积的90%，其中极强度侵蚀所占比例最大，准格尔旗为34.02%，清水河县为54.83%（见表2-2）。研究区的自然环境是导致土壤侵蚀严重的主要因素之一。

表2-2 准格尔旗和清水河县水力侵蚀统计

侵蚀等级	侵蚀模数（$t/km^2 \cdot a$）	准格尔旗		清水河县	
		面积（平方千米）	比例（%）	面积（平方千米）	比例（%）
微度侵蚀	<200 500 100	20.00	0.29	27.47	0.98
轻度侵蚀	200 500 100~2500	317.08	4.64	114.61	4.10
中度侵蚀	2500~5000	593.60	8.69	146.98	5.26
强度侵蚀	5000~8000	1080.69	15.83	373.80	31.28
极强度侵蚀	8000~15000	2322.78	34.02	1531.78	54.83
剧烈侵蚀	>15000	1458.11	21.36	—	—

资料来源：赵羽，金争平，史培军，郝允充等．内蒙古土壤侵蚀研究——遥感技术在内蒙古土壤侵蚀研究中的应用［M］．北京：科学出版社，1989.

（1）土壤因素。研究区土壤以栗钙土、黄绵土、风沙土等类型为主。黄绵土结构疏松，孔隙大，颗粒分散，垂直节理明显，抗冲击能力差，遇暴雨而发生崩塌侵蚀。栗钙土土层薄，有机质含量低，遇大雨或暴雨常形成较大的地表径流。风沙土土质疏松，植被覆盖度低于40%，加上冬春雨雪少，气候干燥，遇大风起沙，形成大面积的风蚀沙化。

（2）气象因素。寒暑剧烈，温差大。地表土壤由于经常周期性的热胀冷缩，促使大量碎屑风化物的形成，易导致风蚀水蚀。降雨强度大，研究区平均年降雨量350mm，其中7~9月降雨量占全年降雨量的60%~70%，而且多以大雨和暴雨的形式出现，加上土壤的渗透力、植被的缓冲力差，形成了大量的地表径流，大量肥沃的地表土壤被洪水携带流入黄河。

（3）植被因素。研究区受自然因素和人为因素的制约，植被稀疏低矮，森林覆盖率低，再加上草场超载放牧，造成牧草再生困难。植被截流降水、缓冲降水和抗击力弱，降雨后，地表径流汇集时间很短，地形条件又推波助澜，使水流速度加快，冲刷力强，水土流失严重。

（4）地形因素。研究区属丘陵沟壑区，大于或等于 3° 的坡地有 1023 万亩，占总土地面积的 90.4%，而且大多为陡坡，加上土壤渗透力、植被缓冲力弱，遇到大雨就会山洪暴发，冲走地表肥土层，形成崩塌侵蚀，沟壑面积不断扩大。

研究区土壤土质松散，沙性大，有机质含量低，多风少雨，降雨集中而强度大，植被以牧草为主，低矮稀疏，地形属丘陵沟壑区，沟壑纵横，地表支离破碎，生态环境脆弱。

2.1.2 社会经济

一个地区的社会经济因素随着社会的发展、科学技术的进步而发生着翻天覆地的变化。本书选取 2011 年准格尔旗和清水河县社会经济统计数据为例[①]，初步了解两个旗县社会经济的情况。如表 2–3 所示。

2.1.2.1 基本情况

准格尔旗土地面积为 7692km^2，是清水河县土地面积的 2.7 倍，相应的准格尔旗的 2011 年末总人口和年末总户数都为清水河县的 2 倍左右。根据统计数据，两个旗县在乡村和城市人口比例存在显著差异。准格尔旗乡村人口占总人口的 33%，乡村户数占总户数的 27%；清水河县乡村人口占总人口的 60%，乡村户数占总户数的 45%。从全社会就业情况也可以看出，准格尔旗三大产业从业人数分别占总就业人数的 20%、35%、45%；清水河县三大产业从业人数分别占就业人数的 57%、13%、30%，表明准格尔旗以第二产业和第三产业为主，清水河县以第一产业和第三产业为主。其中，准格尔旗第二产业和第三产业人数分别是清水河县的 8.1 倍和 4.9 倍。通过分析两个旗县的基本情况，可知准格尔旗城镇发展水平高，农村人口大量涌入城镇，从事第二产业和第三产业；而清水县还是以农村农地为主的生产生活方式。

2.1.2.2 国民经济综合指标

2011 年准格尔旗的生产总值、人均生产收入、全社会固定资产投资、财政预算收入、支出等 19 项经济指标均高于清水河县。其中，准格尔旗的第二产业的生产总值、全社会固定资产投资、地方财政一般预算收入分别是清水河

① 内蒙古统计局 . 内蒙古统计年鉴［M］. 北京：中国统计年鉴出版社，2012.

县的 22.3 倍、23.9 倍和 36.9 倍。通过对比经济指标发现，两个旗县在 2011 年经济悬殊非常大，准格尔旗的经济发展水平远远高于清水河县。

2.1.2.3 农业、工业及建筑业

农村牧区经济发展方面：除了准格尔旗有效灌溉面积显著高于清水河县，其他方面两个旗县差异不大。工业及建筑业方面：准格尔旗工业总产值和建筑业总产值分别是清水河县的 33.8 倍和 396.8 倍，表明两旗县在农牧业经济方面差异不大，在工业及建筑业方面差异非常显著。

2.1.2.4 科技教育卫生

准格尔旗中小学在校人数、医疗、福利等方面都高于清水河县，表明随着经济的快速发展，准格尔旗的社会生活条件也明显高于清水河县。在 2010 年准格尔旗已经位于全国百强县的第 89 位，而清水河县是全国贫困县。上述指标表明，准格尔旗在综合经济指标、工业及建筑业、科技教育卫生等方面都优于清水河县，两个旗县在社会经济发展方面存在明显差异。

表 2-3 2011 年准格尔旗和清水河县社会经济统计数据

指标	清水河县	准格尔旗	准格尔旗 / 清水河县
行政区域土地面积（平方千米）	2859	7692	2.7
人口和就业			
年末总人口（人）	147007	312632	2.1
#男性（人）	76360	158777	2.1
乡村人口（人）	88101	102815	1.2
年末总户数（户）	54096	134555	2.5
#乡村户数（户）	24593	36539	1.5
出生人口（人）	1855	3987	2.1
死亡人口（人）	224	1123	5.0
全社会就业人员（人）	57616	182945	3.2
第一产业（人）	32928	36617	1.1
第二产业（人）	7826	63421	8.1
第三产业（人）	16862	82907	4.9
在岗职工人数（人）	8642	29880	3.5
乡村劳动力（人）	50003	57393	1.1
#农林牧渔业（人）	32596	27992	0.9
国民经济综合指标			
生产总值（万元）	492813	8300235	16.8
第一产业（万元）	53629	81272	1.5
第二产业（万元）	235228	5234245	22.3

续表

指标	清水河县	准格尔旗	准格尔旗 / 清水河县
#工业（万元）	196128	4794359	24.4
第三产业（万元）	203956	2984718	14.6
人均生产总值（元）	33637	230516	6.9
全社会固定资产投资（万元）	199878	4785443	23.9
按登记注册类型分			
#国有（万元）	98491	1441008	14.6
集体（万元）	1000	16084	16.1
有限责任公司（万元）	88279	1339136	15.2
股份有限公司（万元）		357501	
私营企业（万元）	7948	61342	7.7
外商及我国港澳台投资企业（万元）			
按城乡渠道分			
城镇（万元）	199878	4761571	23.8
农村（万元）		23872	
一般预算收入（万元）	21187	781531	36.9
一般预算支出（万元）	96653	578281	6.0
个人储蓄存款余额（万元）	169657	1347410	7.9
在岗职工工资总额（万元）	31311	183654	5.9
在岗职工平均工资（元）	37213	61464	1.7
城镇居民人均可支配收入（元）	19188	30579	1.6
农牧民人均纯收入（元）	5350	10093	1.9
农村牧区经济			
耕地面积（公顷）	62629	76100	1.2
农作物总播种面积（公顷）	62639	69219	1.1
#粮食作物播种面积（公顷）	41872	40617	1.0
有效灌溉面积（公顷）	2104	27114	12.9
农牧业机械总动力（万千瓦）	15.11	27.45	1.8
化肥施用折纯量（吨）	11256	9300	0.8
农村用电量（万千瓦小时）	973	3244	3.3
农林牧渔业总产值（万元）	88912	138463	1.6
粮食产量（吨）	62010	87106	1.4
油料产量（吨）	12036	2589	0.2
甜菜产量（吨）		481	
猪牛羊肉产量（吨）	9849	13505	1.4
#猪肉产量（吨）	2305	8066	3.5
牛肉产量（吨）	429	237	0.6

续表

指标	清水河县	准格尔旗	准格尔旗 / 清水河县
羊肉产量（吨）	7115	5202	0.7
羊毛产量（吨）	653	579	0.9
年末牲畜存栏头数（万头只）	32.67	55.16	1.7
# 大牲畜（万头只）	1.95	1.41	0.7
羊（万只）	27.08	48.17	1.8
猪（万头）	3.64	5.58	1.5
规模以上工业			
工业企业单位数（个）	15	109	7.3
# 内资企业（个）	14	107	7.6
工业总产值（万元）	304951	10296900	33.8
内资企业（万元）	302596	10244500	33.9
国有企业（万元）		619700	
集体企业（万元）	4493	16600	3.7
股份合作企业（万元）		1934300	
联营企业（万元）			
有限责任公司（万元）	198861	4148100	20.9
股份有限公司（万元）	96873	449000	4.6
私营企业（万元）	2369	3076800	1298.8
其他企业（万元）			
港澳台商投资企业（万元）		52400	
外商投资企业（万元）	2355		
工业企业增加值（万元）			
工业企业资产总计（万元）	259871	16569719	63.8
工业企业负债合计（万元）	156401	8687650	55.5
工业企业产品销售收入（万元）	291938	10577800	36.2
工业企业利润总额（万元）	43949	2578793	58.7
建筑业			
建筑企业单位数（个）	1	13	13.0
建筑企业从业人员（人）	115	5361	46.6
建筑业总产值（万元）	2612	965828	369.8
交通运输邮电通信业			
公路里程（千米）	596	2820	4.7
邮电业务总量（万元）	5593	59000	10.5
本地电话用户（户）	9922	60253	6.1
科技教育卫生			
各类专业技术人员（人）	1856	9224	5.0

续表

指标	清水河县	准格尔旗	准格尔旗 / 清水河县
幼儿园数（所）	2	32	16.0
学龄儿童入学率（%）	100.0	100.0	1.0
小学学校数（所）	21	25	1.2
小学专任教师数（人）	491	1254	2.6
小学在校学生数（人）	6538	21927	3.4
普通中学学校数（所）	4	13	3.3
普通中学专任教师数（人）	312	1359	4.4
初中在校学生数（人）	3999	11475	2.9
高中在校学生数（人）	3200	5900	1.8
卫生机构数（所）	19	282	14.8
# 医院（所）	1	4	4.0
卫生院（所）	14	14	1.0
床位数（张）	286	1769	6.2
# 医院（张）	130	1239	9.5
卫生院（张）	127	431	3.4
卫生技术人员（人）	336	1604	4.8
# 医院（人）	104	1098	10.6
卫生院（人）	51	414	8.1

2.2 研究方法

本书研究以历史文献分析法为主，并采用个案分析法、实地调研和实验分析法、比较研究法相结合进行研究。

2.2.1 历史文献分析法

对内蒙古水土保持的历史文献进行收集、分析和提炼。为了避免研究文献的偏颇，将文献查阅的范围扩大到全国水土保持相关的著作、报刊和论文。根据史料记载、水保档案等一手材料，从中挖掘不同历史阶段内蒙古黄土丘陵沟壑区实施的水土保持技术。文献有从国家图书馆、呼和浩特市档案馆、内蒙古档案馆、内蒙古图书馆、内蒙古师范大学图书馆、准格尔旗档案馆、准格尔旗史志办、准格尔旗水土保持局、清水河县档案馆、清水河县水利局等地收集的原始资料，如政府文件、重要会议文件、技术手册、报纸、地方志等（见图2–2）；有从知网、万方数据库及网络上获取的二手研究资料（见图2–3），为客观地分析和认识1956~2011年内蒙古黄土丘陵沟壑区水土保持技术的发展历史提供了有力的依据。

图 2–2 清水河县和准格尔旗档案馆查历史档案

作者	题目	期刊名称	出版时间	期刊号	页码
李仪祉	水土经济	陕西水利月刊	1936	4（1）	1-18
李仪祉	水土经济（续）	陕西水利月刊	1936	4（2）	1-15
沙玉清	西北水土经济研究的重要	李仪祉先生纪念刊	1938	纪念刊	44-51
蒋杰	水土保持运动	农业推广通讯	1940	2（8）	2
任承统	甘肃水土保持问题之研究	农报	1940	6（28-3	0-4，6-8 F
任承统	甘肃水土保持实验区之勘察	西北研究	1941	3（7）	4-10
任承统	甘肃水土保持实验区之勘察（续）	西北研究	1941	3（7）	15-18
任承统	甘肃水土保持问题之研究	全国农林试验研究报	1941	1（3）	82-83
	吾国近年水土保持事业之概况	西南实业通讯	1940	2（5）	4
	对于今后水土保持事业之展望	西南实业通讯	1940	2（5）	5
凌道扬	现时西南各省农林水利建设中水土保扌	西南实业通讯	1940	2（5）	3-5
	甘肃天水区水土保持协进会组织章程草	农业推广通讯	1941	3（3）	82-83
任承统	黄河上游天水水土保持实验区三十年虔	农林新报	1941	10-12期	2-6
黄瑞采	陕甘水土保持考察简报	农林新报	1941	10-12期	8-17
	地用类：调查应办水土保持工作区（代	陕农月刊	1941	2（3）	48
任承统，袁义田	陕境沿渭水土保持实验区之勘察报告	陕农月刊	1941	2（3）	15-25
任承统，袁义田	陕境沿渭水土保持实验区之研究	农报	1941	6（1-3）	11-16
任承统，袁义田	沿渭河水土保持实验区之勘查报告	全国农林试验研究报	1942	2（23）	53-54
宋田文	西北黄土丘陵地之水土保持问题	行政水土院委会季刊	1942	2（1）	38-40

水土保持相关著作　1949年之前水土保持相关期刊　1950-1979年水土保持相

作者	专著名称	出版单位	时间
张含英	土壤之冲刷与控制	国立编译馆	1940
任承统	水土保持工作纲要		1942
谷正伦	保护水土浅说	甘肃省政府	1944
水利部水利示范工程处	蓄水保土浅说	水利部水利示范工程处	1947
陈恩凤	水土保持学概论	商务印书馆	1949
李积新	水土保持	商务印书馆	1950
黄文熙	黄河流域之水土保持	中央人民政府水利部南京	1950
黄文熙	黄河流域研究资料汇编	中央人民政府水利部南京	1950
东北行政委员会农业局特	山地果园水土保持及平底栽培情况	中华书局	1953
苏伟	水土保持	陕西人民出版社	1954
中央人民政府农业部水土	水土保持工作的政策与实践	中华书局	1954
四川省人民政府水利厅	怎样进行水土保持	四川人民出版社	1954
西北行政委员会水利局	水土保持图解	西北人民出版社	1954
西北黄河工程局	水土保持工作讲话	陕西人民出版社	1955
全国水土保持工作会议秘	全国水土保持工作会议汇刊	全国水土保持工作会议秘	1955
时逸之	关于实现根治黄河水害和开发黄河	陕西人民出版社	1955
广东省林业厅	林业资料汇编-4-全国水土保持	广东省林业厅	1955
河北省水利厅	水土保持	河北人民出版社	1956
吉林省水土保持委员会办	水土保持知识	吉林人民出版社	1956

国家图书馆整理　Sheet1　Sheet2　Sheet3

图 2–3 收集国家图书馆水土保持书籍 435 本并下载
1949~2011 年水土保持论文 43810 篇

2.2.2 个案分析法

通过整理档案，列出不同历史时期实施的水土保持技术，选取不同历史阶段实施的典型的水土保持技术进行分析，对水土保持技术实施的地区、技术标准、技术效益评价等进行分析，总结其特点。本书选取的典型水土保持技术考虑三方面：一是尽量是当时历史时期实施较多的技术；二是能代表当时水土保持技术发展成果的；三是在黄土丘陵沟壑区普遍适用的技术，作为不同历史时期技术发展的延续。

2.2.3 实地调研法

通过档案整理，了解不同历史时期主要在哪些地方实施水土保持，再前往清水河县水利局和准格尔旗水保局询问和确认档案中所列的地名是否为重点实施水土保持的地点。在工作人员的带领下前往样点进行实地的访谈，了解当地居民对水土保持技术实施后的影响。另外，再试图寻找当时配合实施水保技术的居民和工作人员，了解水保技术实施的过程，以及实施水保技术对当地居民生活、生产环境是否有切身感受和他们对水保技术的态度。

2.2.4 实验分析法

在研究区根据历史档案和实地调查，选取 5 个历史时期实施的梯田、坝地和林地的土壤（0~10cm、10~20cm 和 20~30cm），分别测定土壤水分，土壤饱和含水量、土壤田间持水量、氮含量、磷含量、钾含量、有机碳含量。选取样地时，尽量排除其他因素的干扰，如坡度、坡向、坡位。根据实验数据。本书从定量的角度分析了两旗县相同历史条件下实施相同水土保持技术下土壤水分和养分的差异，同时探讨了不同水土保持技术的土壤水分和养分随着实施时间的增加而发生的变化，从而为该地区选择最适宜的水土保持技术提供科学参考。

2.2.5 历史比较研究法

任何一个技术的产生和应用并不是独立存在的，与其时代背景与国家政策具有密不可分的关联。所以，在研究水土保持技术史时置于不同的历史背景条件下进行研究是非常必要的。本书分析同为黄土丘陵沟壑区的清水河县和准格尔旗在不同历史时期实施水土保持技术存在的差异，与之对应政策制度、社会经济条件、科学科研等人文社科因素的关系，以期获得较为深入的理解和认识。

本书拟从横向和纵向两个层面上进行比较研究。纵向层面上分析不同历史阶段在实施相同水土保持技术时的异同以及对现今产生的效益的差异，以增进不同阶段技术的传承和递进性。横向层面上着重分析相同水土保持技术在不同地区实施是否存在差异以及差异产生的根源，更好地理解我国如何因地制宜地实施水土保持技术。

2.3 研究思路

2.3.1 水保技术的选择

根据历史档案，1956～2011 年一直实施的水保技术如表 2-4 所示。选取的水土保持技术对象需要满足两点要求：①水土保持技术具有代表性且我国其他区域也有，便于横向对比。②水土保持技术保留完整，即现在仍能观察到，便于野外采样。通过表 2-4 可知，农地水土保持技术逐年变化，不能保留，无法对比不同历史时期的差异性；草本植物 3~5 年需要重新种植，因此不选择种草这种水土保持技术；引洪漫地受时间的影响，不好确定范围，因而不选择；水窖现在应用较少，且不好观察内部结构，也不选择。因此，本书选择了梯田、林地、淤地坝三种水土保持技术。

表 2-4　1956~2011 年实施的水土保持技术

水土保持技术	是否选取	选取依据
横坡耕作	否	农业耕作水土保持技术逐年变化，不能保留，因而无法对比不同历史时期的差异性
深耕		
带状间作		
套种		
增施有机肥		
合理密植		
垄作		
造林	是	随着时间变迁，可以保留，同时可依据树木的长势初步判定种植的年代
种草	否	草本植物 3~5 年需要重新种植，不能保留，无法对比
梯田	是	梯田在 20 世纪 80 年代以前属于农业改良技术，而且一直在用
淤地坝	是	淤地坝一直在沿用，而且在 20 世纪 90 年代还大力推行治沟骨干坝
谷坊	否	已有淤地坝作为工程技术的典型技术
引洪漫地	否	受时间的影响，不好确定范围
水窖	否	现在应用较少，且不好观察内部结构

2.3.2 野外采样区的确定

确定两个旗县具体野外采样位置的方法：①通过档案资料整理出 5 个时间段实施水保技术的具体乡镇或流域。②在一段时间内，某个区、乡镇或小流域至少三年以上都实施水保技术的，同时考虑该乡镇或小流域有实施水保技术的相应成果报告，从而初步确定了采样位置。③对于初步选定的乡镇或小流域需要和当地水保局（水保站）工作人员进行商榷，选择更为合理和典型的区域作为采样区。因此，本书最终确定的采样区如表 2–5 所示。

表 2–5 历史档案中两个旗县在不同历史阶段水土保持技术涉及的地名及次数

时期	清水河县		准格尔旗	
	实施点（提及次数）	最终采样区	实施点（提及次数）	最终采样区
1956～1962 年	五良太公社白其窑生产大队（5 次） 樊山沟水土保持工作站（4 次） 喇嘛湾农业社（4 次） 柳青（4 次） 祁家沟水土保持工作站（2 次） 碓臼平社（2 次） 支援社（2 次） 盆地青（2 次） 老牛坡社（1 次） 口子上社（1 次） 板申沟社（1 次） 贾家沟社（1 次） 潘家湾社（1 次） 城关（1 次） 八楞湾（1 次）	五良太公社白其窑生产大队	纳林区（8 次） 黑岱沟区（2 次） 沙圪堵乡（1 次） 大不连沟乡常胜社（1 次） 东孔兑区大塔乡常胜社（1 次） 南坪乡三合光荣社阴垚于坡（1 次） 海力色太乡五合社（1 次） 乌兰浪乡（1 次）	纳林区
1963～1978 年	窑沟公社柳青河大队（8 次） 小缸房（3 次） 窑沟公社大井沟大坝（2 次） 喇嘛湾（2 次） 畔子卯（2 次） 大井沟（1 次） 六头牌（1 次） 狮子塔生产队（1 次） 八岔沟生产队（1 次） 八龙湾大队的阳塔（1 次） 苏家梁（1 次） 海子沟（1 次）	窑沟公社柳青河大队	黑岱沟红台子大队（4 次） 海子塔公社（4 次） 五字湾公社（3 次） 忽吉兔沟（3 次） 羊市塔（3 次） 马栅（3 次） 伏路水保站（2 次） 大路公社（2 次） 东孔兑公社（2 次） 纳林伏路大队（2 次） 西营子公社（2 次） 德胜西公社王五沟大队（2 次）	黑岱沟红台子大队

续表

<table>
<tr><th rowspan="2">时期</th><th colspan="2">清水河县</th><th colspan="2">准格尔旗</th></tr>
<tr><th>实施点（提及次数）</th><th>最终采样区</th><th>实施点（提及次数）</th><th>最终采样区</th></tr>
<tr><td>1963~1978 年</td><td>五良太公社（1 次）
窑沟公社狼窝大队（1 次）
王桂窑（1 次）
桦树也公社黄好峁大坝（1 次）
暖泉公社四道平大坝（1 次）
杨家川（1 次）
北堡川（1 次）</td><td>窑沟公社柳青河大队</td><td>五字湾（1 次）
长滩乡（1 次）
四道柳（1 次）
沙圪堵（1 次）
川掌（1 次）
东布洞沟（1 次）
暖水（1 次）</td><td>黑岱沟红台子大队</td></tr>
<tr><td>1979~1985 年</td><td>北堡公社的北堡川和正峁沟（7 次）
小缸房公社畔峁子大队（1 次）
单台子大树沟流域（1 次）
王桂夭公社（1 次）
暖泉沟（1 次）
小庙子乡厂子背（1 次）</td><td>正峁沟</td><td>皇甫川流域西黑岱公社的川掌沟（6 次）
窟野河流域选定川掌公社的勿尔兔沟（2 次）
皇甫川流域水土保持试验站（1 次）
纳林（1 次）</td><td>皇甫川流域西黑岱公社</td></tr>
<tr><td>1986~1996 年</td><td>王桂窑范四夭流域（10 次）
正峁沟流域（3 次）
二道沟（1 次）
段兰夭（1 次）
红庙（1 次）
伍什图（1 次）
丰对坡（1 次）
杨家窑乡（1 次）
大石沟流域（1 次）
窑沟乡大西沟小流域（1 次）
浑河流域（1 次）</td><td>范四夭流域</td><td>五分地流域（5 次）
皇甫川流域西黑岱公社的川掌沟（5 次）
窟野河流域选定川掌公社的勿尔兔沟（5 次）
暖水沙棘片（3 次）
忽昌梁（2 次）
卜洞沟（1 次）
纳林沟（1 次）
西五色浪沟小流域（1 次）
沙圪堵（1 次）</td><td>五分地流域</td></tr>
<tr><td>1997~2011 年</td><td>北山小流域（3 次）
五良太小流域（2 次）
白旗窑小流域（2 次）
菠菜营小流域（2 次）
史兰太小流域（2 次）
青豆沟小流域（2 次）
台子梁小流域（2 次）
木瓜沟小流域（2 次）
咬刀兔小流域（2 次）
南山小流域（2 次）</td><td>北山小流域</td><td>暖水川（3 次）
窟野河流域（3 次）
皇甫川（2 次）
特哈拉川（2 次）
窟野河流域（3 次）
干擦板沟流域（2 次）
圪驼店沟流域（2 次）
特哈拉川（2 次）
勃牛川流域（2 次）
石兰会沟（1 次）
小巴汗图沟（1 次）
海子塔的布尔什涝（1 次）
西黑岱（1 次）
布尔陶亥生态修复（1 次）
纳日松镇（1 次）</td><td>暖水川</td></tr>
</table>

2.3.3 样品采样、测定和访谈

2.3.3.1 采样点信息

在确定采样区后，2017 年 7 月 13 日至 8 月 8 日请当地水土保持局（水务局）工作人员带领前往采样区，在采样区选择梯田、坝地和林地三类水土保持技术的样地进行采样，采样点考虑海拔、坡位（坡中）等因素，尽量选择地貌部位相近条件的采样点，最终确定具体采样点，如图 2–4、图 2–5、表 2–6 和表 2–7 所示。

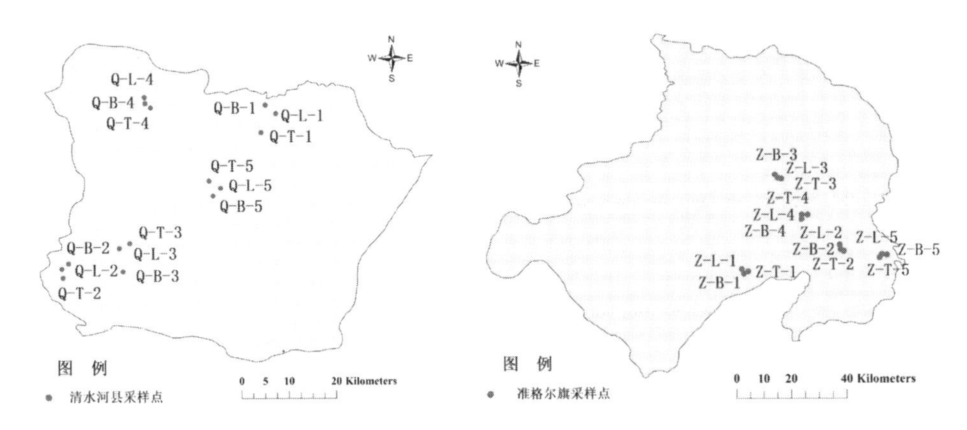

图 2–4 清水河县采样点位置

图 2–5 准格尔旗采样点位置

表 2–6 清水河县采样点信息

年代	地名	水保技术	编号	经度	纬度	高程（m）	植被
1956 ~ 1962 年	白旗窑	梯田	Q-T-1	111° 46.361E	40° 00.897N	1259	玉米
		坝地	Q-B-1	111° 46.854E	40° 03.942N	1180	玉米
		林地	Q-L-1	111° 41.699E	39° 54.744N	1175	杨树
1963~ 1978 年	柳青	梯田	Q-T-2	111° 23.453E	39° 45.844N	1152	土豆
		坝地	Q-B-2	111° 23.759E	39° 56.000N	1104	荒地
		林地	Q-L-2	111° 23.500E	39° 45.777N	1124	杨树
1979~ 1985 年	正茆沟	梯田	Q-T-3	111° 31.266E	39° 48.583N	1492	土豆
		坝地	Q-B-3	111° 30.496E	39° 45.453N	1214	玉米
		林地	Q-L-3	111° 30.070E	39° 48.026N	1473	杨树、松树
1986~ 1996 年	范四夭	梯田	Q-T-4	111° 33.131E	40° 04.396N	1195	玉米
		坝地	Q-B-4	111° 33.021E	40° 04.478N	1192	玉米
		林地	Q-L-4	111° 33.022E	40° 04.800N	1269	杨树、松树

续表

年代	地名	水保技术	编号	经度	纬度	高程（m）	植被
1997~2011年	北山	梯田	Q-T-5	111° 40.380E	39° 55.530N	1200	土豆
		坝地	Q-B-5	111° 41.613E	39° 54.809N	1164	玉米
		林地	Q-L-5	111° 40.821E	39° 53.830N	1235	松树、杏树

表 2-7 准格尔旗采样点信息

年代	地名	水保技术	编号	经度	纬度	高程（m）	植被
1956~1962年	伏路村	梯田	Z-T-1	110° 56.785E	39° 34.977N	1071	杏树、松树
		坝地	Z-B-1	110° 55.824E	39° 34.880N	960	玉米
		林地	Z-L-1	110° 55.708E	39° 35.105N	1000	杨树
1963~1978年	红台子	梯田	Z-T-2	111° 15.487E	39° 38.803N	1204	杏树
		坝地	Z-B-2	111° 14.820E	39° 39.115N	1166	玉米
		林地	Z-L-2	111° 14.796E	39° 39.131N	1164	杨树
1979~1985年	西黑岱沟	梯田	Z-T-3	111° 02.434E	39° 52.775N	1228	种松树
		坝地	Z-B-3	111° 02.637E	39° 52.551N	1163	玉米
		林地	Z-L-3	111° 02.935E	39° 52.483N	1169	杨树、柳树
1986~1996年	五分地	梯田	Z-T-4	111° 07.499E	39° 45.390N	1114	土豆地
		坝地	Z-B-4	111° 08.087E	39° 45.599N	1103	玉米
		林地	Z-L-4	111° 07.499E	39° 45.371N	1121	杨树、杏树
1997~2011年	暖水川	梯田	Z-T-5	111° 31.618E	39° 39.694N	1265	沙棘、杂草
		坝地	Z-B-5	111° 31.302E	39° 39.660N	1259	沙棘
		林地	Z-L-5	111° 31.356E	39° 39.661N	1265	杨树、沙棘

2.3.3.2 样品采集

野外确定采样土壤数量：2 个旗县 ×（5 个历史时期 × 3 个水保技术 × 3 个重复 × 3 个土层），共计 270 个土样。

土样：在选定采样点利用小铲取表层 0~10cm、10~20cm、20~30cm 土样各 200g 左右，农地采样时尽量避免施肥的影响。土样放入自封袋内并进行标号，带回内蒙古师范大学地理科学学院土壤实验室，风干后测定土壤养分，共计土样 270 个。

环刀土样：利用已事先编号的环刀，取 5~10cm、15~20cm、25~30cm 的原状土，共计环刀土样 270 个。

采样点涉及梯田、坝地和林地三类水土保持技术，采样现场如图 2-6、图 2-7 和图 2-8 所示。

图 2-6　梯田（杏树）采样

图 2-7　淤地坝玉米地采样

图 2-8　林地采样

2.3.3.3 样品测定

样品带回实验室测定了三层土壤的有机碳、碱解氮、速效磷和速效钾。测定方法参照《土壤农化分析》[①]，其中有机碳采用重铬酸钾容量法测定、碱解氮用碱解扩散法测定、速效磷采用碳酸氢钠提取—钼锑抗比色法测定、速效钾采用乙酸铵提取—火焰光度法测定。

土壤含水量：先称装有原状土的环刀湿重，再带到内蒙古师范大学地理科学学院土壤实验室，利用烘箱烘干，称干重，计算土壤含水量。

土壤饱和含水量：将装有原状土的环刀放入平底水盆中，使环刀内土样达到饱和，称装有原状土的环刀重，后放入 105 ℃ 下烘 24 小时以上称干重，其土壤含水量视为该土壤饱和含水量。

土壤田间持水量：将装有原状土的环刀放入平底水盆中，使环刀内土样达到饱和，然后把环刀连同滤纸放在装有风干土的环刀上，使其吸水 8 小时后，称装有原状土的环刀重，后放入 105 ℃ 下烘 24 小时以上称干重，其土壤含水量视为该土壤田间持水量。

2.3.3.4 实地调查访谈记录

在采样点附近找当地居民进行调查访谈（录音笔记录），主要目的是了解当地居民对水土保持技术实施后的影响。另外，试图寻找当时配合实施水保技术的居民和工作人员了解当时水保技术实施的过程，以及实施水保技术对当地居民生活、生产环境是否有切身感受和当时实施水土保持技术的方法（见图 2–9、图 2–10 和图 2–11）。

图 2–9 实地调研访谈

① 鲍士旦 . 土壤农化分析［M］. 北京：中国农业出版社，2000.

图 2-10　实地走访水土保持试验基地

图 2-11　实地观测水土保持项目

2.4 技术路线

本书的技术线路如图 2-12 所示。

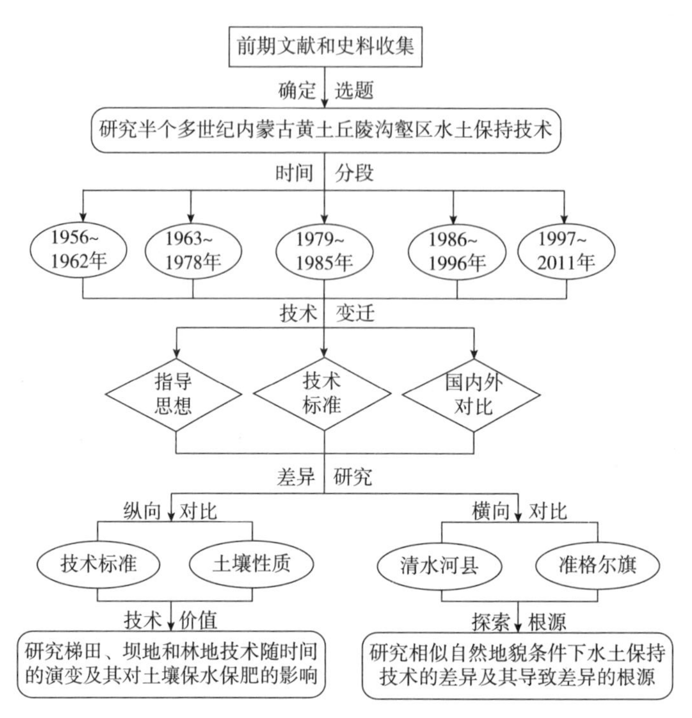

图 2-12　本书的技术路线

多项水土保持技术广泛应用阶段（1956~1962年）

3.1 全国水土保持围绕发展山区生产和治理江河全面展开

中华人民共和国成立后，围绕发展山区生产和治理江河的需要，党和政府很快将水土保持作为一项重要的工作来抓，并大力号召开展水土保持工作。在经过一段时间的试验及推广后，随着农业合作化的高潮，水土保持工作迎来了一段全面推广发展的黄金时间，并迎来了水土保持发展的高潮。

3.1.1 水土保持逐步推广

1955 年 10 月，水利部、林业部、农业部和中国科学院在北京联合召开第一次全国水土保持工作会议，参加会议的有全国除新疆、西藏外的 23 个省（市、区），北京市以及黄河、淮河、长江 3 个流域机构，包括农林水和科研部门代表 124 人，连同中央各有关参加会议的代表共 180 人。会议提出了水土保持工作的方针："在统一规划、综合开发的原则下，紧密结合合作化运动，充分发动群众，加强科学研究和技术指导，并且因地制宜，大力蓄水保土，努力增产粮食，全面地发展农林牧业生产，最大限度地合理利用水土资源，以实现建设山区、提高人民生活、根治河流水害、开发河流水利的社会主义建设的目的。”这个方针紧跟形势发展要求，指出了开展水土保持工作的方式方法，明确了开展水土保持工作的目的，是符合当时水土保持工作发展需要的。

1955年，毛泽东主席在《中国农村的社会主义高潮》一书中，醒目标出“看，大泉山变了样子！”高度评价了大泉山水土保持的创举和典型。在第一次全国水土保持工作会议的推动下以及大泉山运动、合作化运动的深入开展，水土保持工作从点上向面上逐步推广发展，涌现出一大批治理典型。

1957年5月，国务院全体会议决定成立“国务院水土保持委员会”，同期，山西、甘肃、内蒙古、陕西4个省（区）先后建立了水土保持局。水土流失严重的地区大多成立了水土保持专管机构，或指定了专人负责。从中央到地方机构建设的加强，进一步强化了水土保持工作的组织领导。

1957年12月召开了全国第二次水土保持工作会议，全国各省（区）水利水保部门的负责人和科技人员参加了会议，提出了水土保持工作方针，即在全国“治理与预防兼顾，治理与养护并重”，在水土流失地区“依靠群众发展生产的基础上，实行全面规划，因地制宜，集中治理，连续治理，综合治理，坡沟兼治，治坡为主”。这个方针是在全国合作化基本完成的条件下提出来的，突出了综合治理、集中连续治理，强调了预防管护。

1957年7月，国务院发布了《中华人民共和国水土保持暂行纲要》，这是我国第一部从形式到内容都比较系统、全面、规范的水土保持法规。明确划分了各业务部门担负水土保持工作的范围，并指出山区应该在水土保持的原则下，使农、林、牧、水密切配合，全面控制水土流失，同时对水土保持规划和防治水土流失的具体方法、要求以及奖惩等内容都做了明确规定（见附录3）。

3.1.2 水土保持掀起高潮

1958年，在全国第二次水土保持会议后8个月，国务院水土保持委员会又在甘肃省武山县召开全国第三次水土保持会议。会议进行了将近1个月，参观了3个省、15个县（市）的治理现场，是一个规模较大的现场会议。会议提出的水土保持工作方针是：“继续贯彻全面规划，综合治理，集中治理，连续治理，坡沟兼治，治坡为主的方针，在依靠群众、发展生产的基础上，要做到治理与预防并重，治理与巩固结合，数量与质量并重，达到全面彻底保持水土，保证农业稳定，保证高产。”会议还提出了最高要求的水土保持标准，即“山区园林化、坡地梯田化、沟壑川台化、耕地水利化”。

会议对当时水土保持的形势做了过高的估计，认为从全国第二次水土保持工作会议到第三次会议，虽然时间只有 8 个月，但已经出现了大跃进的加速胜利的新形势；认为在去冬以来农业大跃进的形势里，共产主义大协作的新事例不断出现，因而证明水土保持工作和其他各项工作一样也是能够大跃进的。在这种形势下，会议提出了“就全国范围来说水土保持的任务是苦战三年，两年扫尾，五年内达到基本控制”的过高目标。

在大跃进的形势下，以黄河流域为重点，各地普遍都提高了水土保持工作目标和标准，甚至是水土保持科研工作也要求开展技术革命运动，加快技术革新。在黄河水利委员会召开的黄河流域第二次水保试验现场会上还提出了水土保持科研工作要实现“十化”的目标，即水土保持典型高标准化、雨量水位自记化、测流取沙机械化、实验室电气化、计算图标化、科学技术大众化、先进经验普及化、规划设计经验合理化、工程施工工效化、造林种草快速化。

1958 年 4 月，周恩来总理视察三门峡水库工地，强调水土保持规划的重点在上游，不但要保持水土，而且要利用水土，水土保持对治黄的作用要减径流、拦泥沙、削洪峰。为贯彻这一指示，黄河水利委员会组织力量编写了《1958—1962 年黄河水土保持规划草案》，提出黄河中游龙羊峡至桃花峪总面积 60.7 万平方千米，包括陕西、甘肃、山西、内蒙古、青海、河南、宁夏 7 省区的 256 个县（旗、市）的全部或大部。区内大部为黄土覆盖，土壤疏松，丘陵起伏，坡陡沟深，植被稀疏，暴雨集中造成了严重的水土流失。全区水土流失面积约 43 万平方千米，占土地面积的 70.8%，其中山西省为 10.1 万平方千米、甘肃省为 12.6 万平方千米、内蒙古为 6.3 万多平方千米、山西省为 5.8 万平方千米，四个省合计 34 万平方千米，是全区水土流失面积的 80%。要在 2~3 年内实现山区园林化、坡地梯田化、沟壑川台化、耕地水利化。

3.1.3 水土保持停滞调整

从 1961 年起，中央对国民经济实行了“调整、巩固、充实、提高”的八字方针，水土保持部门和其他许多地方、部门一样，精简机构，紧缩编制。在 1961 年和 1962 年中，因为机构人员过度缩减，一些地方人员调离，资料失散，水土保持工作陷入无人管理的停滞状态。国务院水土保持委员会也在这次精简机构中，于 1961 年 8 月被撤销。

与此同时，乱砍滥伐、破坏植被的现象相当普遍。群众自发滥垦，遍及山区，很多地方都出现了毁林毁草、陡坡开荒、毁坏水利水保设施等现象，生态环境受到极大破坏，造成了新的水土流失。

3.2 内蒙古水土保持工作经历萌芽—高涨—低谷三个阶段

3.2.1 水土保持萌芽期（1956~1957 年）

3.2.1.1 建立分区治理思想

1956 年 4 月，内蒙古自治区水土保持办公室下发了《内蒙古自治区一九五六年水土保持工作计划任务》的指示，将全区划分为水土流失重点旗县和水土流失一般旗县，其中，准格尔旗和清水河县都作为黄河流域水土保持重点治理的旗县（见图 3–1）。

在当时为了做好水土保持工作提出了几点具体方法：①建立工作基点站，作为各地大量训练农牧技术员的学校。其中，伊盟三个（乌审旗、达拉特旗、准格尔旗）、平地泉行政区四个（卓资、清水河、凉城、兴和）、乌盟一个（固阳）、昭盟两个（赤峰、巴林左旗）。②建立机构培养干部。1956 年，组织干部和农民 3000 名赴大泉山参观实习三天，同时召集合作社干部和有经验的农民举办短期训练班。③加强科学研究。1956 年，在准格尔旗伏路公社建立了第一所试验站，推进研究水土流失规律，在土壤侵蚀区推行农牧林各项措施的效果观测试验研究①。

1、水土流失重点旗縣：

黄河流域——烏審旗、达拉特旗、准格尔旗，固阳、卓資、清水河、武东、和林、托克托，土默特旗、郡王旗、东勝縣，中后联合旗、烏拉特前旗、石拐溝礦区，包头市郊区。

遼河流域——巴林左翼旗、赤峯、庫倫旗、克什克騰旗、阿魯科尔沁旗、翁牛特旗、敖汉旗、烏丹、奈曼旗。

永定河流域——兴和縣、丰鎮縣。

图 3–1 《内蒙古自治区一九五六年水土保持工作计划任务》中规定的重点水土流失旗县②

①② 准格尔旗档案馆. 内蒙古自治区人民委员会转发《内蒙古自治区一九五六年水土保持工作计划任务》的指示［Z］. 1956（23–2–36）.

1957 年在内蒙古生产规划骨干培训课程上，提出根据不同类型土地安排不同的措施。针对内蒙古地貌特征划分为黄土丘陵沟壑区、黄土高原沟壑区、土石山区、风沙区四大类型。其中，内蒙古黄土丘陵沟壑区，应着重“在坡面修梯田，地边埂，挖水窖，沟中打坝淤地，陡坡造林种草等措施”[①]。

3.2.1.2 鉴定水土保持技术的范围和内容

1957 年 5 月，内蒙古自治区水土保持工作局为了便于填写水土保持统计报告表，给出了水土保持技术的范围和内容[②]，将水土保持技术分为三大类：农牧业措施、林业措施、水利措施。具体的定义和内容如下：

①农牧业措施：是指为了水土保持或是主要为了水土保持为目的所进行的田间工程、种草、改良牧场、改良耕作等措施。

田间工程：梯田、地边埂、等高埂、封沟埂、水簸箕。

种草：种植草木栖、苜蓿、柠条、沙蒿等草类。

牧场改良：指改善天然牧场放牧管理，这指封山育草、划定四季放牧地、补种牧草、放牧制度等。

改良耕作：垄作区田、顺垄改横垄、混种作物等。

②林业措施：是指蓄水保土而营造不同的带状林、片状林及封山育林等措施。

造林：一切乔灌木，为了蓄水保土成片或带状营造各种防护林（护田林、护坡林、护岸林、沟底防冲林、沟头防护林、防风固沙林等），一般零星植树及风景林不应包括在内。

封山育林：包括封山育林、封坡养草育林及风沙养草育林等措施。

果园：是指成片栽种的各种果树（一亩以上），但零星果树不应计内。

③水利措施：是指为了水土保持或是主要为了水土保持为目的所进行的谷坊、淤地坝、沟壑土坝、沟头防护、旱井、蓄水池、鱼鳞坑、引洪漫地等。

谷坊：又名闸口沟，主要修筑在小的沟谷中，包括土谷坊、石谷坊和插柳谷坊。

淤地坝：是指结合淤地而修筑的土坝，坝高为 3 米以上，10 公尺（米）以下者。

沟壑土坝：是指 10 公尺（米）以上的大型拦泥蓄水土坝。

沟头防护：是指防治沟头前进的工程，如封沟埂，沟头沟，台阶式跌

---

① 准格尔旗档案馆 . 农林水土保持各厅局首长在内蒙古生产规划骨干培训课程上的报告［Z］. 1956（23–1–10）.

② 清水河县档案馆 . 为布置填报 1957 年水土保持统计报告表的通知［Z］. 1957（14–8）.

水等。

旱井：又名水窖，用以储存雨水。

蓄水池：又名旱池、卧牛坑、截水坑，利用村边、地边或沟边或沟头川上低地作为水池。

引洪漫地：又名水满地、淤洪澄地，指利用洪水在不能耕种的河滩上游造耕地。但饮用山洪而灌溉农田者不包括在内。

水土保持技术（措施）的名词在各地的叫法很不一致，往往相同措施叫法却不同，给统计工作和技术经验交流带来很多困难，为了今后的名词逐步得到统一，1957 年 11 月国务院水土保持委员会办公室初步整理出一个水土保持名词统一解释（草稿）（见附录 3）。

3.2.1.3 全方位推动水土保持工作的开展

1956 年是农业合作社开始的第一年，内蒙古开始掀起水土保持运动，采取了多种方法来推动内蒙古水土保持工作的开展。

（1）广泛宣传贯彻方针政策。通过干部会、农业座谈会、群众会、访问等形式广泛宣传贯彻方针政策和水土保持的重大意义，提高群众意识[①]。

（2）参观交流和技术培训。1956 年，清水河县培训了 303 名农民水土保持技术人员（包括去大泉山参观的农民在内），带动广大农民开展农牧林水利综合治理的水土保持工作[②]。1957 年，清水河县除了参观本县祁家沟水土保持站的工程，还在春季由县长带领，组织 27 个农民到山西省水泉堡参观了水土保持工程，通过座谈会学工程技术[③]。准格尔旗1956年也组织农民去大泉山进行了参观[④]。准格尔旗两个区进行了水利、水土保持训练班培训[⑤]。其中，黑岱沟区 1957 年 12 月 18 日开始，到 24 日结束，共计 7 天。原计划 120 人参加，由于各种原因，最终有 27 人参加。水土保持讲授的内容为：水土保持农业部分、水土保持水利部分、水土保持林业部分。水土保持工作由于参与人数较多，需要计算，学员仅能掌握 70%~80%[⑥]。

（3）制定和执行劳动定额。清水河县樊山沟社的定额：每个工修地边埂 3.6 丈长，每 1~2 个工修一个土谷坊，以队集体包工，每天地头聘工，保证工

---

① 清水河县档案馆 . 关于报送秋季水土保持造林、水利座谈会总结的报告［Z］. 1957（14–8）.

② 清水河县档案馆 . 清水河县 1957 年水土保持工作计划（草案）［Z］. 1956（14–8）.

③ 清水河县档案馆 . 关于报送 1957 年水土保持工作的初步总结和典型经验总结的报告［Z］. 1957（14–8）.

④ 准格尔旗档案馆 . 关于报送我旗一九五六年上半年控制水土流失面积［Z］. 1956（23–1–10）.

⑤ 准格尔旗档案馆 . 水利、水土保持训练班总结［Z］. 1957（23–2–54）.

⑥ 准格尔旗档案馆 . 黑岱沟区水利、水土保持训练班总结［Z］. 1957（23–2–54）.

程质量进行分工。水土保持劳动定额要考虑土质、取土远近、操作难易等条件确定定额高低[①]。

（4）水土保持业务费。每年旗县提前做出水土保持经费的预算，同时每个季度都需要报送水土保持业务费用[②]。1957年拨给清水河县的治黄专款，属于中央预算，黄河水保费35500元，用于购买工具、材料和发放工资[③]。1957年拨给准格尔旗黄河流域水土保持费用12000元，用于试办一两项小型水利如淤地坝，农牧措施费和农民训练班费等[④]。

（5）建立水土保持检查提纲。为了提高传授技术，促进工作，采取逐个农社认真检查水土保持工作的方法。明确提出了“水土保持工作是如何开展的？是否有专人带领？多少人参加？人们对水土保持的认识如何？是否农牧林水综合治理还是采取单一工程治理？”等43个问题[⑤]。

（6）培养水土保持劳动模范。劳模既是生产骨干也是旗帜，在今后生产建设中必须不断扩大这支队伍，各级领导和全体农村工作干部，要把培养劳模工作当成一项任务[⑥]。1957年，准格尔旗纳林区、乌兰沟乡、五色浪乡永兴社、大不连沟常胜农业社、五合农业社等多个乡社汇报水土保持个人模范材料和水土保持集体劳模材料[⑦⑧⑨⑩⑪]，同时制定了给予劳模的奖励机制[⑫]（见图3–2）。

（7）工作总结。每年度不仅县级水土保持站对半年和一年水土保持工作进行总结，而且还要对下一年工作做计划，同时各合作社对一年的水土保持工作进行汇报（见图3–3）。

---

① 清水河县档案馆.关于报送1957年水土保持工作的初步总结和典型经验总结的报告［Z］.1957（14–8）.

② 清水河县档案馆.平地泉行政区人民委员会水土保持办公室关于调整1957年水土保持事业费的通知［Z］.1957（40–2–37）.

③ 清水河县档案馆.关于使用水保费的计划的函［Z］.1957（40–2–37）.

④ 准格尔旗档案馆.伊克昭盟水土保持委员会为汇黄河流域水土保持费及开展水土保持工作的通知［Z］.1957（23–4–48）.

⑤ 清水河县档案馆.清水河县57年上半年水土保持工作检查提纲［Z］.1957（14–8）.

⑥ 清水河县档案馆.清水河县第五届农牧林水利水土保持劳动模范代表大会总结［Z］.1957（14–8）.

⑦ 准格尔旗档案馆.大不连沟常胜农业社水土保持模范资料［Z］.1957（23–2–54）.

⑧ 准格尔旗档案馆.东孔兑区大塔乡常胜农业社水土保持个人模范材料［Z］.1957（23–2–54）.

⑨ 准格尔旗档案馆.纳林三和农业社水土保持积极分子材料［Z］.1957（23–2–54）.

⑩ 准格尔旗档案馆.纳林五色浪乡永兴农业社劳模材料［Z］.1957（23–2–54）.

⑪ 准格尔旗档案馆.乌兰沟乡水土保持个人模范先进材料［Z］.1957（23–2–54）.

⑫ 准格尔旗档案馆.关于征发57年水土保持奖励条件报送模范成绩材料［Z］.1957（23–2–54）.

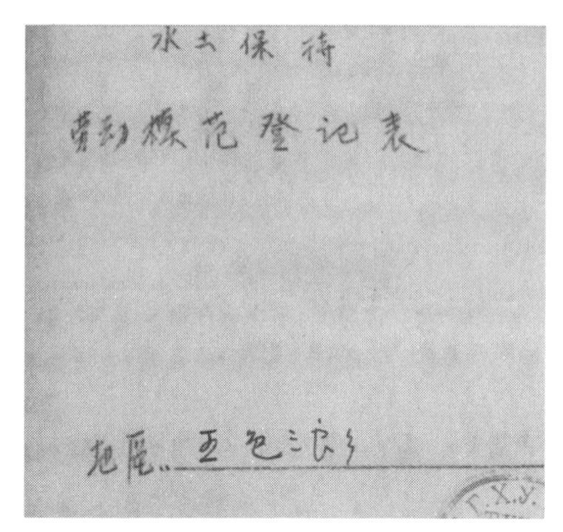
水土保持

劳动模范登记表

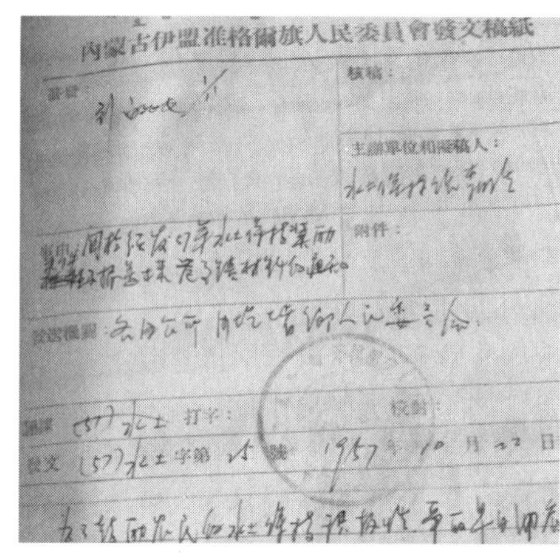
内蒙古伊盟准格爾旗人民委员會發文稿紙

核稿：

主辦單位和擬稿人：

附件：

图 3-2　水土保持劳模登记表和水土保持奖励条件[①②]

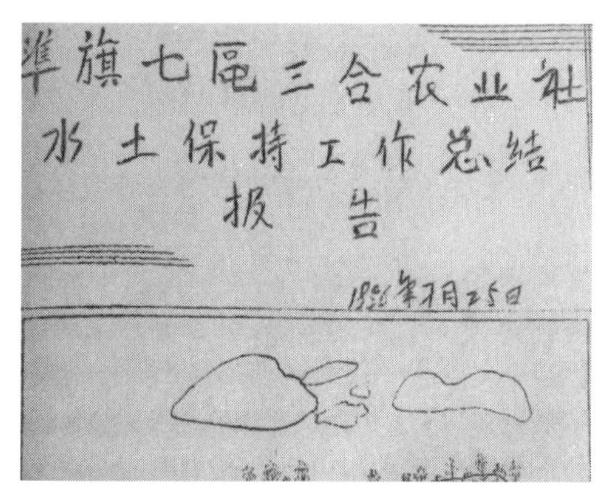
准旗七尾三合农业社

水土保持工作总结

报告

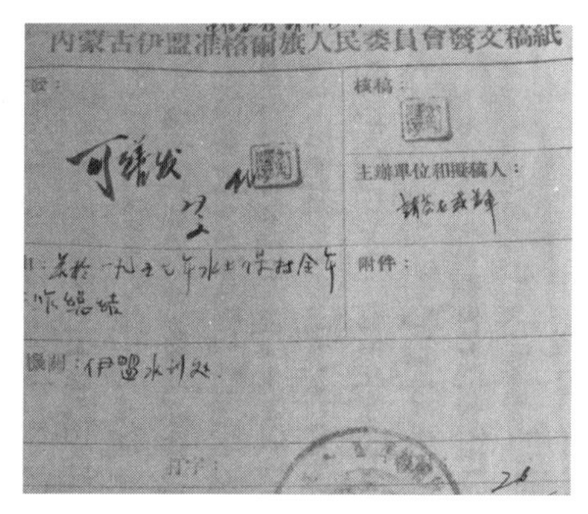
内蒙古伊盟准格爾旗人民委员會發文稿紙

核稿：

主辦單位和擬稿人：

附件：

图 3-3　水土保持工作总结报告

3.2.2　水土保持高涨期（1958~1960 年）

3.2.2.1　成立综合性管理机构

1958 年 1 月，成立了“内蒙古自治区山区建设和水土保持委员会”。1958 年 1 月 24 日，根据上级通知精神，清水河县掀起了群众性的开展水利、水土保持和山区建设的高潮，必须建立一个统一的强有力的领导机构，为此，清水河县县委和人民委员会共同决定成立清水河县水利、水土保持、山区建设委员

① 准格尔旗档案馆．水土保持劳模登记表［Z］. 1957（23-2-54）.

② 准格尔旗档案馆．关于征发 57 年水土保持奖励条件报送模范成绩材料［Z］. 1957（23-2-54）.

会[①]（见图 3–4）。1958 年 12 月 2 日，清水河县人民委员会将以前的祁家沟水土保持站改为祁家沟农牧林水综合试验站（见图 3–5）[②]。

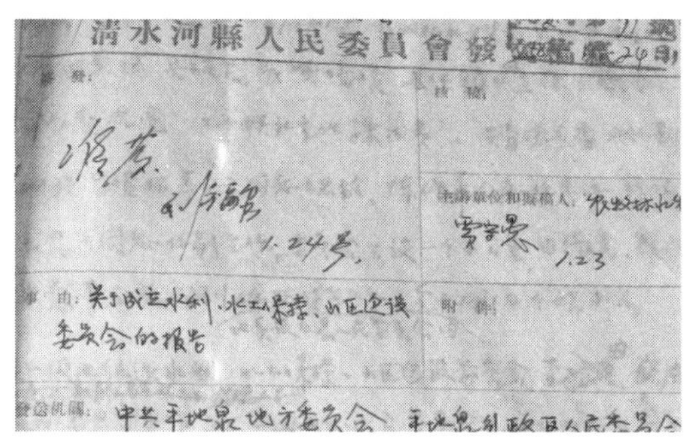
清水河縣人民委員會發

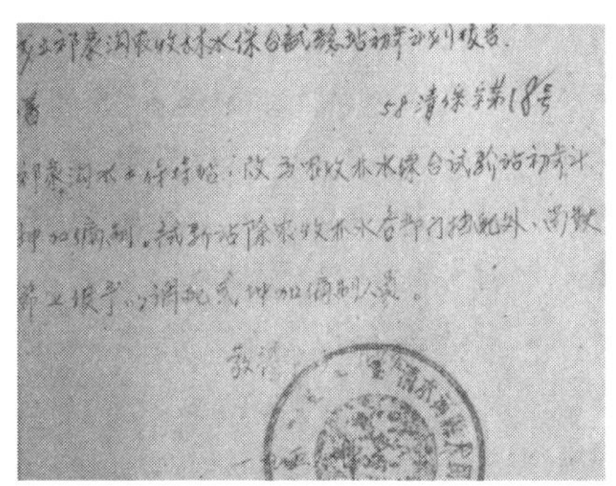

图 3–4　成立水利、水土保持、山区建设委员会[③]

图 3–5　祁家沟农牧林水综合试验站[④]

综合性机构的成立，表明这一阶段在水利、水土保持、农牧林统一规划下，共同结合的治理山区建设，更加重视水土保持的服务性和综合性。从 1959 年开始，水土保持内容的发文机构，由原来的清水河县人民委员（见图 3–6）改为清水河县农牧林水局（见图 3–7），表明水土保持工作由专门的机构和单位进行管理。

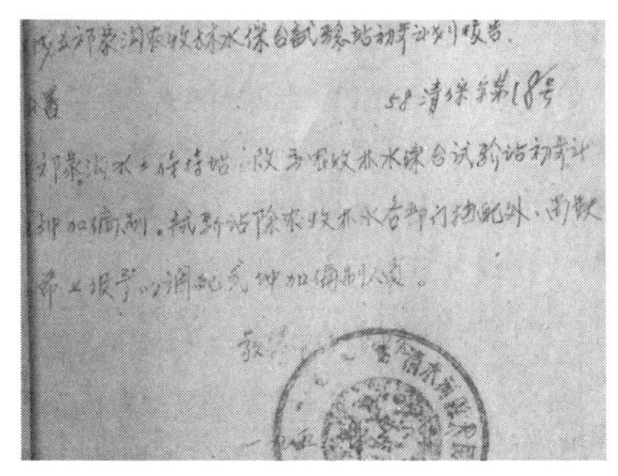

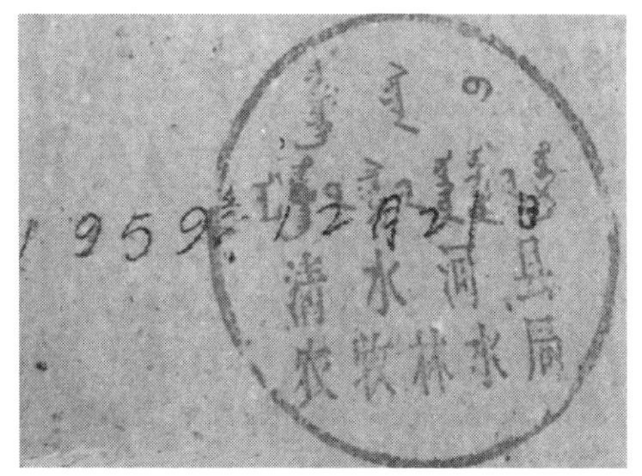

图 3–6　清水河县人民委员会章

图 3–7　清水河县农牧林水局章

①③　清水河县档案馆 . 关于成立水利、水土保持、山区建设委员会的报告［Z］. 1958（40–1–50）.

②④　清水河县档案馆 . 清水河县人民委员会成立祁家沟农牧林综合试验站初步计划报告［Z］. 1958（40–1–50）.

3.2.2.2 制定水土保持技术措施

1958年，内蒙古水利厅水土保持工作局将《水土保持技术措施》以内部资料形式发放到各县（市）。文件中提出：水土保持是改造大自然和根治水土流失的一项艰巨工作，同时也是提高山区、丘陵区、农牧林业生产水平和人民物质生活的根本措施。因此必须贯彻中央“三主”方针和“综合治理，集中治理，连续治理，坡沟兼治，治坡为主，工程措施与生物措施密切结合”的方针，并且要按全国水保第三次会议提出的高标准“山区园林化、坡地梯田化、沟壑川台化，耕地水利化”来治理。水土保持措施必须是综合的。

水土保持有四道防线，第一道防线是农业技术措施，包括牧草措施在内。一方面增加土壤透水性能，防止流失。另一方面就地充分利用降水增加生产，所以它是最经济的措施。第二道防线是田间工程，可拦截农业技术措施所没有控制的水土。第三道防线是造林，它不但能就地控制宜林地所发生的水土流失，并且能减低风害，调节径流，保护农田牧场，荒山秃岭为青山绿水。第四道防线是一系列沟谷水工建筑物，因此在制定水土保持工作计划安排上应全面考虑。工程措施是创造保持水土的小地形，生物措施是增加植被防止水土流失最有效的措施，它可与机械制造中高标号钢和建筑部门中高标号水泥来相比，因此其他自然因素和人为创造小地形等在不同程度上促使土壤侵蚀的发展，或不可能完全制约侵蚀的发展，而植被永远是防治侵蚀发展的一个重要因素。

按照我区地广人稀的具体条件，在农耕地内主要是以改变地形为主，在荒山荒坡上以及侵蚀沟主要是增加植被为主，对一些条件较好的沟道，可以采取沟底川台水库化的水库群的方法，来提供山区丘陵区发展多种经济的有利条件。在荒坡治理的同时应配合一些工程措施，其目的主要是利于植物生产，凡在单纯搞工程措施，而植物措施未配合上的地区，急需将生物措施配合上（见图3-8）。[①]

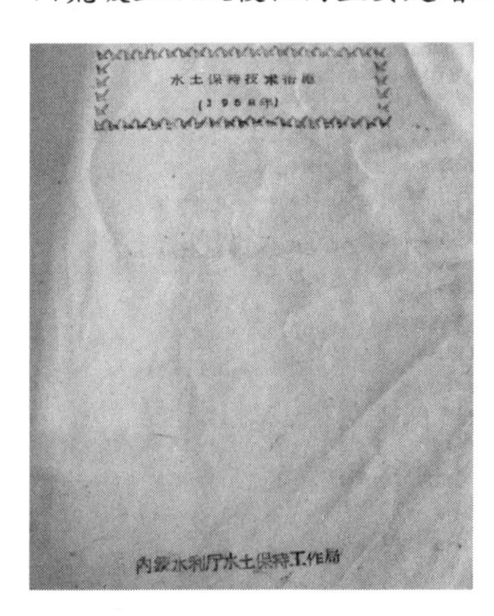

图3-8 水土保持技术措施

1960年，内蒙古水利厅水土保持局为了适应工作需要，进一步提高工程质量，加强技术交流，总结了黄土丘陵地区几年来进行水土保持工作的经验，并参考有关资料，编绘了《水土保持技术画册》。画册中将内蒙古划分为黄土丘陵沟壑区、土石山区、高原丘

① 准格尔旗档案馆．水土保持技术措施［Z］. 1958（23-4-21）.

陵区、沙质丘陵区、干旱草原区、生草浅山区、风沙区七个类型，给出了不同类型的综合治理措施方法，其中黄土丘陵沟壑区：这类地区的特点是沟深、坡陡，丘陵起伏、沟壑纵横，植被缺乏，水土流失极为严重，暴雨多，经常发生干旱，农作物产量低。在进行综合治理时，应以生物措施为主，以农牧业增产为目的，着重培地埂、修梯田，提供农耕技术，结合沟道修谷坊，打坝，淤地，进行坡地灌溉和峁坡、峁顶、荒坡、荒沟结合挖鱼鳞坑、水平沟、水平阶地营造防护林。在地广人稀地区采取封山育林、封坡育草。草田带状间作，因地制宜地修水窖、涝池、小水库等引水上山工程（见图 3-9）[①]。

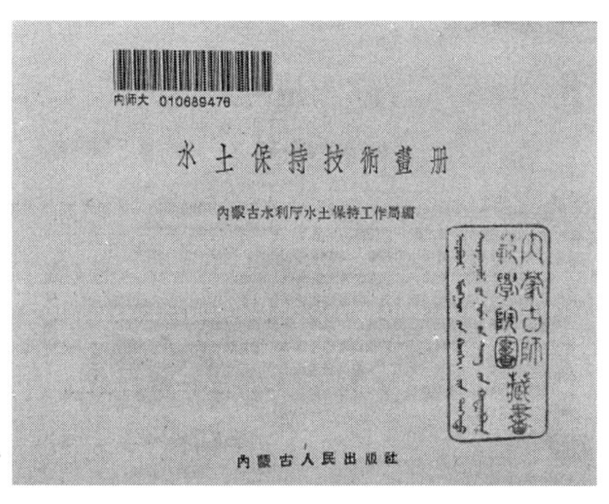

图 3-9　水土保持技术画册

1958 年，清水河县祁家沟农牧林水综合试验站开始研究关于农业土壤改良的措施，同时对比水土保持工程措施[②]。1959 年 8 月，内蒙古治区林业厅治沙造林综合勘测设计队典型设计分队，图文并茂地给出了《内蒙古自治区丘陵水土保持经济林区典型设计》和《内蒙古自治区鄂尔多斯防护林区造林典型设计》两个专业的、全面的水土保持林业技术措施[③④]（见图 3-10）。

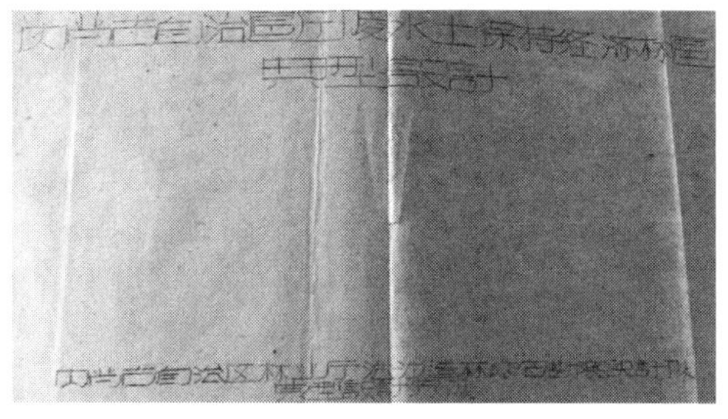

图 3-10　水土保持林业技术措施

① 内蒙古水利厅水土保持工作局 . 水土保持技术画册［M］. 呼和浩特：内蒙古人民出版社，1960.

② 清水河县档案馆 . 清水河县人民委员会成立祁家沟农牧林综合试验站初步计划报告［Z］. 1958（40-1-50）.

③ 准格尔旗档案馆 . 内蒙古自治区丘陵水土保持经济林区典型设计［Z］. 1959（23-4-26）.

④ 准格尔旗档案馆 . 内蒙古自治区鄂尔多斯防护林区造林典型设计［Z］. 1959（23-4-26）.

3.2.2.3 统计基本信息

1959年，清水河县和准格尔旗分别统计了水利、水土保持系统人工基本信息（见表3–1）。两个旗县水土保持站工作人员为11~12人，都为男性，文化程度集中在高小，政治面貌主要为党员。其中，两个旗县在文化程度方面存在明显差异，准格尔旗有中专文化程度工作人员，而清水河县没有，且初小文化占比高。

表3–1 1958~1959年水土保持站工作人员基本信息

旗县	人数	女性人数	少数民族	文化程度				政治面貌		
				中专	高小	初中	初小	党员	团员	群众
清水河县	11	0	0	0	4	3	4	5	2	4
准格尔旗	12	0	0	1	10	1	0	6	2	4

注：清水河县数据来源于《1959年土壤改良和工作统计表》①；准格尔旗数据来源于《1959年准格尔旗土壤普查鉴定及土地利用规划方案》②。

1959年开展全区群众性土壤普查鉴定及土地利用规划：农村人民公社化后，各地迫切要求作出规划，为今后全面更大发展打下基础，要求各盟旗（县）人民公社在今年3~6月普遍进行一次以旗县为单位，以人民公社为基础、以农耕地为主群众性的土壤普查鉴定和土地利用规划工作。③通过1959年群众性的土壤侵蚀调查可知：清水河县和准格尔旗侵蚀类型均属于黄土丘陵区，侵蚀区所属河流为黄河流域（见表3–2）。通过表3–2可知，清水河县荒山荒丘牧场的侵蚀面积为2502778亩，占侵蚀区面积的70%；准格尔旗荒山荒丘牧场的侵蚀面积为4779508亩，占侵蚀区面积的64%。平均每年侵蚀深度，两旗县都在1厘米左右。对于坡耕地来说，清水河县侵蚀面积为779736.3亩，占侵蚀区面积的22%；准格尔旗坡耕地侵蚀面积为922469亩，占侵蚀面积的12%，两个旗县坡耕地每年侵蚀深度大约为1.50厘米。1959年，两个旗县主要是荒山荒丘牧场的侵蚀面积最大，其中清水河县的沟侵蚀情况较准格尔旗严重。

表3–2 1959年土壤侵蚀情况调查

旗县	侵蚀区面积（亩）	荒山荒丘牧场			坡耕地		沟侵蚀情况		
		植被情况	侵蚀面积（亩）	年平均侵蚀深度（厘米）	侵蚀面积（亩）	年度侵蚀深度（厘米）	一般沟宽（米）	一般沟深（米）	年平均侵沟加深度（厘米）
清水河县	3577678	稀	2502778	1.17	779736.3	1.76	54.9	69.9	17.6

① 清水河县档案馆.关于报送我县水土保持部门统计表的报告［Z］. 1959（40–2–85）.

② 准格尔旗档案馆.准格尔旗人民委员会关于农、牧、林、水统计报表［Z］. 1958（23–4–24）.

③ 准格尔旗档案馆.关于开展全区群众性土壤普查鉴定及土地利用规划方案［Z］. 1959（23–4–29）.

续表

旗县	侵蚀区面积（亩）	荒山荒丘牧场			坡耕地		沟侵蚀情况		
		植被情况	侵蚀面积（亩）	年平均侵蚀深度（厘米）	侵蚀面积（亩）	年度侵蚀深度（厘米）	一般沟宽（米）	一般沟深（米）	年平均侵沟加深度（厘米）
准格尔旗	7518895	稀	4779508	1	922469	1~1.5	30	20	50

注：清水河县数据来源于《1959 年土壤改良和工作统计表》[①]，准格尔旗数据来源于《1959 年准格尔旗人民委员会关于送去土壤普查鉴定及土地利用规划方案》[②]。

3.2.3 水土保持低谷期（1961~1962 年）

1960 年 8 月，经内蒙古自治区人民委员会批准，成立水土保持学校，隶属自治区水土保持工作局，由试验站站长兼任校长，1961 年更名为内蒙古水土保持学校，教职工从水保局和试验站抽调专人担任，招收学生 150 名。从 1961 年起，中央实行了“调整、巩固、充实、提高”的国民经济方针，水土保持部门和其他许多地方、部门一样，精简机构，紧缩编制。1962 年 8 月水土保持学校被撤销，学生大部分回乡，少量安置。

在这一阶段，内蒙古准格尔旗档案中没有水土保持工作的历史记录，内蒙古清水河县水土保持工作主要是开展春季和秋季水保造林[③④]，这可能是由于内蒙古水土保持局清水河县工作组在 1961 年 3 月中旬来清水河县工作 9 个月[⑤]，起到了一定的推动作用。

3.3 内蒙古黄土丘陵沟壑区多项水土保持技术（1956~1962 年）

本书有关 1956~1962 年内蒙古黄土丘陵水土保持技术参考了 6 个历史资

---

① 清水河县档案馆 . 清水河县土壤改良和工作统计表［Z］. 1959（40–1–71）.

② 准格尔旗档案馆 . 准格尔旗人民委员会关于送去土壤普查鉴定及土地利用规划方案［Z］. 1959（23–4–27）.

③ 清水河县档案馆 . 关于上报我县 1961 年春季水保造林总结的报告［Z］. 1961（40–2–114）.

④ 清水河县档案馆 . 关于秋季造林水保运动安排意见［Z］. 1961（40–2–114）.

⑤ 清水河县档案馆 . 内蒙古水土保持局清水河县工作组工作情况总结［Z］. 1961（40–2–114）.

料，如表 3-3 所示。其中，农牧业改良土壤措施和水利改良土壤措施主要参考了《水土保持技术措施》和《水土保持技术画册》。森林改良土壤措施主要参考内蒙古治区林业厅治沙造林综合勘测设计队典型设计分队编写的《内蒙古自治区丘陵水土保持经济林区典型设计》。

表 3-3　1956~1962 年内蒙古黄土丘陵水土保持技术参考资料

序号	题目	编写单位	出版社 / 来源	年份
1	水土保持技术措施①	内蒙古水利厅水土保持工作局	准格尔旗档案馆	1958
2	《水土保持技术画册》②	内蒙古水利厅水土保持局	内蒙古人民出版社	1960
3	内蒙古自治区丘陵水土保持经济林区典型设计③	内蒙古治区林业厅治沙造林综合勘测设计队典型设计分队	准格尔旗档案馆	1959
4	内蒙古自治区鄂尔多斯防护林区造林典型设计④	内蒙古自治区林业厅治沙造林综合勘测设计队典型设计分队	准格尔旗档案馆	1959
5	祁家沟农牧林水综合试验站的初步计划⑤	清水河县人民委员会	清水河县档案馆	1958
6	清水河县喇嘛湾公社邬家圪塄大队水土保持效益调查报告⑥	清水河县人民委员会	清水河县档案馆	1961

3.3.1 农牧业改良土壤措施

农牧业改良土壤措施是改变山区地形和增加山坡植被、实现坡地梯田化和牧草的高产、达到农业增产和发展山区牧业的重要而有效的措施，也是控制坡面水土流失的重要措施。在当时农牧业改良土壤措施包括修梯田、地埂、地边埂、软埝、改良天然牧场、封坡育草、轮封轮牧、人工种植牧草等。培地埂、修梯田、改良天然牧场、人工种植牧草是农牧业改良土壤的最基本的措施。在内蒙古自治区地广人稀的条件下，彻底改变山区农业低产、牧草缺乏的状况，使农牧业获得高额而稳定的增产，应该有效地推行上述技术措施。现根据历史资料，分别介绍上述农牧业改良土壤措施。

3.3.1.1　培地埂

地埂种类包括软地埂、地埂和地埂套软埝，当时还分别给出地埂的图示和

① 准格尔旗档案馆 . 水土保持技术措施［Z］. 1958（23-4-21）.

② 内蒙古水利厅水土保持工作局 . 水土保持技术画册［M］. 呼和浩特：内蒙古人民出版社，1960.

③ 准格尔旗档案馆 . 内蒙古自治区丘陵水土保持经济林区典型设计［Z］. 1959（23-4-26）.

④ 准格尔旗档案馆 . 内蒙古自治区鄂尔多斯防护林区造林典型设计［Z］. 1959（23-4-26）.

⑤ 清水河县档案馆 . 清水河县人民委员会成立祁家沟农牧林综合试验站初步计划报告［Z］. 1958（40-1-50）.

⑥ 清水河县档案馆 . 清水河县喇嘛湾公社邬家圪塄大队水土保持效益调查报告［Z］. 1961（40-2-51）.

说明，如表 3–4 所示。

表 3–4　地埂的类型、图示和说明

种类	图例	说明
软地埂		占地少，费工小，适于缓坡，埂内为松土可利用
地埂		又叫硬地埂，不受坡度限制，占地较多
地埂套软埝		质量较坚固，占地少，但费工，埂内为松土可利用

地埂培法：培地埂需要先等高线清基，分次分层上土，每次为 0.2m，踏实后为 0.15m。培埂取土，最好从埂下方取土，培地埂后，必须根据埂前预计情况加高，一般每次加高 0.3~0.6m，此外还给出了地埂规格：顶宽 0.3m，内坡比 1∶1，外坡比 1∶0.3，如图 3–11 所示。

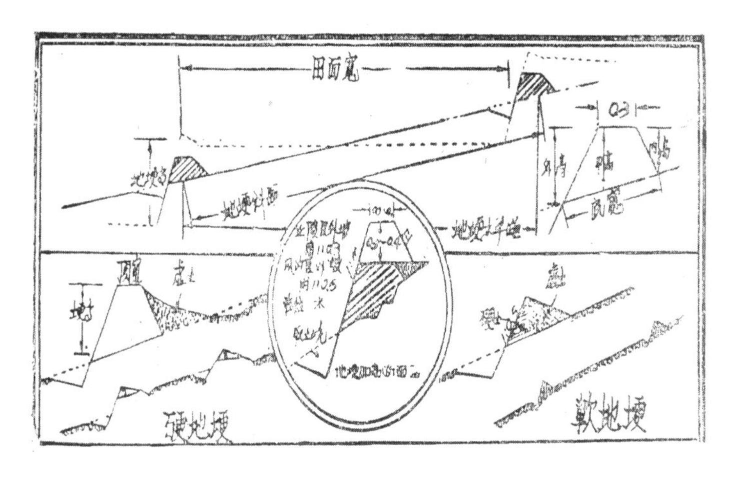

图 3–11　地埂规格

对于各种地埂在经过凹地时都应加高培厚，埂间可加软埝，以便分段蓄水，埂的外坡可种苜蓿、马莲、爬根草等固坡。地埂修成后需要逐年加高，利用山西离山水土保持试验站数据，各种坡地及地埂间距、坡地变成平地所需耕翻次数如表 3–5 所示。

表 3–5　耕翻次数　　单位：次

埂距（米）	使用农具		10°~15°	15°~20°	20°~25°	25°~30°
10	山地犁	培埂	46	75	114	112
		不培埂	51	72	89	106
5	山地犁		12	20	26	30

清水河县喇嘛湾公社邬家圪塄大队在1961年通过试验，计算出地埂增产收益（见表3-6）。试验设计中同一区号的同一作物受地埂影响区和不受地埂影响区的土壤、施肥量、耕作方法、播种期、下籽量、作物品种、中耕次数、收割期等因素均相同。3项作物有地埂的增产量之和为714.3斤。区号中C和D都种植了山药，C和D有地埂山药的增产率分别为112斤/亩和323斤/亩。其中,D区增产幅度明显大于C区，主要是因为去地埂区中D的坡度为8° 30′，而C的坡度为5° 30′，表明地埂在坡度越大的地方，水保效益越明显，同时在坡度越陡的区域，地埂的距离应越小。

表3-6　地埂增产收益统计

作物类别		莜麦	小麦	山药		
编号		A	B	C	D	平均
埂距（m）		32.2	48.3	24.1	15.14	19.62
受地埂影响区	宽度（m）	7.58	18.71	3.4	2.5	2.95
	面积（亩）	0.234	0.55	0.051	0.035	0.043
	产量（斤）	14.2	33.0	41.8	27.5	34.65
	单产（斤/亩）	60.6	60.0	818.0	786.0	802.0
去地埂影响区	面积（亩）	0.17	0.47	0.132	0.108	0.12
	产量（斤）	10.0	27.0	93.2	50.1	71.63
	单产（斤/亩）	58.8	57.4	706.0	463.0	584.5
	坡度	7° 10′	4° 00′	5° 30′	8° 30′	7° 00′
增产率（斤/亩）		1.8	2.6	118.0	323.0	217.5
面积比		1：47.25	1：2.58	—	—	1：6.65
总面积（亩）		318.5	223.1	—	—	416.5
影响区总面积（亩）		75.1	86.4	—	—	62165
增产总量（亩）		135.2	224.6	—	—	13640
单位增产总量（斤/亩）		0.424	1.050	—	—	32.74

注：统一编号的统一作物其受地埂影响和不受地埂影响区的土壤、施肥量、耕作方法、播种期、下籽量、作物品种中耕次数，收割期等因素均相同。三项作物增产总量之和714.3斤。

3.3.1.2　速成水平梯田

土坎水平梯田是一种速成水平梯田，梯田面上的埂高0.2m。一次修平梯田应注意表土还原。将梯田分成若干段，先用犁耕松，用刮土板将地表0.4~0.5m厚的肥土刮起堆在一旁，然后底土搬家，待上下大致水平后将表土均匀铺回，还可用“蛇蜕皮”法修筑，即将上一梯田表土铺到下一梯田表面，最上一块就多施肥。土坎梯田的规格如表3-7所示。

表 3-7　土坎梯田规格

坡度	地埂高度（米）	地坎外坡	田面宽（米）	每亩梯田土方量（公方 / 亩）
5°	1.0	1∶0.3	10.7	88.8
	1.5	1∶0.3	16.3	128.5
	2.0	1∶0.3	22.9	169.0
7.5°	1.0	1∶0.3	6.8	92.0
	1.5	1∶0.3	10.5	130.5
	2.0	1∶0.3	14.3	170.5
10°	1.0	1∶0.3	4.9	95.2
	1.5	1∶0.3	7.6	132.5
	2.0	1∶0.3	10.4	172.0
12.5°	1.0	1∶0.3	3.7	99.0
	1.5	1∶0.3	5.9	134.8
	2.0	1∶0.3	8.1	173.6
15°	1.0	1∶0.3	3.0	102.6
	1.5	1∶0.3	4.7	137.2
	2.0	1∶0.3	4.5	175.3

石埂梯田的做法与土坎梯田一样，只是在砌筑地埂时，先将坝基挖成外高里低的浅槽，砌石要嵌砌紧密，上下层及左右缝要错开，边砌边在旁边用土夯实，根据地埂高低的不同，可采取竖砌、平砌和拱砌三种形式（见图 3-12）。

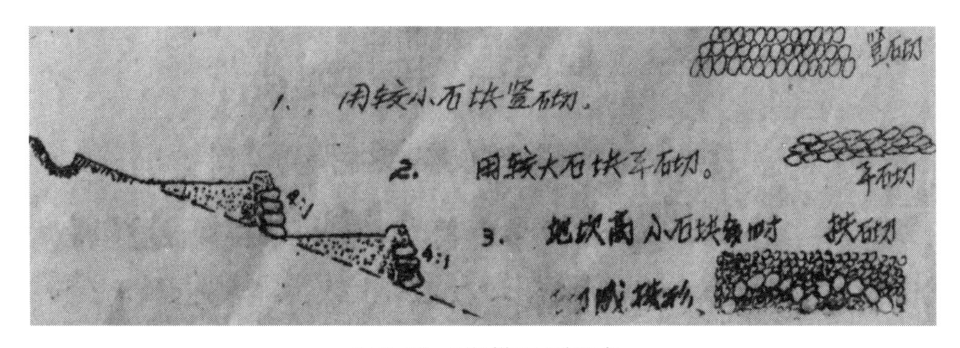

图 3-12　石埂梯田三种形式

清水河县喇嘛湾公社邬家圪塄大队在 1961 年通过试验，对比了水平梯田和坡地粮食产量的差异（见表 3-8）。试验选取的两个梯田，梯田 A 是 1956 年春修筑的，田面宽 4~6 米，田带长 60~100 米，田坎高 60~100 厘米；梯田 C 是 1960 年 5 月修筑的，田面宽 5 米，田带长 14 米。采用梯田种植高粱和山药的单产是坡地的 1.6 倍，表明梯田可以有效地保持水土和养分，提高产量。

表 3-8　水平梯田和坡地粮食产量的差异

作物	高粱		山药	
措施	梯田	坡地	梯田	坡地
区号	A	B	C	D
地形	原坡 8°	坡度 8°	原坡 20°	坡度 8°
土壤	白钾土	白钾土	二沙土	白钾土
耕作法	犁耕	犁耕	犁耕	犁耕
前茬	山药	山药	60 年修成	山药
亩肥（斤 / 亩）	9000	6000	1470	1350
中耕次数	2	2	2	2
面积（亩）	6.3	7.0	0.102	0.07
下籽量（斤 / 亩）	1.2	1	92	70
单产	137.2	88	831	517.2
总产	874	616	86	36.1

注：当地群众认为二沙土较白钾土肥力差；一般来说谷茬地产量略低些。

3.3.1.3　辅助措施

田间辅助工程包括软埝、水簸箕和埝窝地三种类型。

（1）软埝：用于马鞍形梯田和缓成坡式梯田中，加速形成水平梯田。其规格如图 3–13 所示。

软埝规格表

坡度	埝高	内外坡	埝距	说明
3° 以下	0.3-0.4	1:3-1:4	20-30	内外坡不能太陡，坡不能太高
3° -5°	0.4-0.5	1:4-1:5	15-20	
5° -8°	0.5	1:5	15	

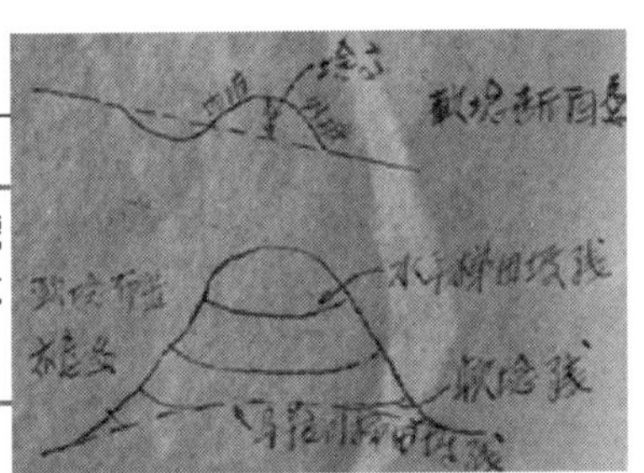

图 3–13　软埝规格

（2）水簸箕：是在田间低凹处修筑的小土坝，一般是田间的辅助工程（见图 3–14）。其作用是可以分段截流，避免低洼地冲刷成沟，保障梯田地埂的安全。淤平后，便于梯田连片。修筑方法是顺着坡地凹槽，自上而下隔一节修一道土埂，然后分层填土、夯实。在埂一端土壁上留溢水口。水簸箕应根据埂前淤积情况随时加高。修筑规格：水簸箕埂宽 0.4~0.6 米，埂高 0.6~1.2 米，埂的外坡为 1∶0.3，内坡为 1∶1。

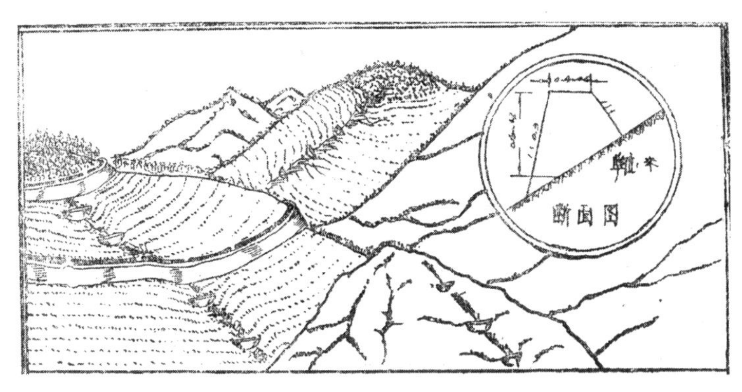

图 3-14　水簸箕示意图

（3）埝窝地：是在黄土山区沟掌部分低凹浅沟中修筑的一种工程。为埂底连片在纵向比降 <20% 的浅的低凹处修筑，也可在沟掌处修筑。埝窝地的规格和水簸箕相同。

3.3.1.4　牧业措施

在划分为牧场的山坡，必须采取有效的措施，增加覆被，制止水土流失。将规划好的牧场划分为若干小区，即轮牧区和封育区。

（1）划分牧场，轮封轮牧。山区牧场面积不小，但产草量却不高，且水土流失严重，这就是由于不合理的放牧制度引起的，因此应根据单位面积合理的载畜量，采取划分轮放区和割草区，实施按年、按季或按月的轮封轮牧制度，以及冬季多备饲料，早春延迟放牧等办法，使牧场得到应有的恢复期。

（2）补种牧草。如果由于水土流失严重，虽经封禁但不能很快地恢复植被时，必须补种牧草。可用犁代状整地，撒播的方法，时间应在 4 月下旬至 8 月上旬；若作粗放撒播，以 7 月最好（见表 3-9）。

表 3-9　牧草种植方法

地区		一般地区	风沙地区
播种期	适宜季节	4~7 月	5 月中旬至 7 月
	最优季节	4 月下旬至 5 月中	7 月
播种量（斤 / 亩）		3~5	同前
种子处理		用碾轻碾，先暴晒 2~3 日，再用温水浸泡 1~2 日	同前
播种方法	方法	撒播或开沟条播	同前
	行距	30~45cm	同前
土壤厚度		3~5cm	同前
整地		播前整地，打碎土块，播后清压	沙地不整地

（3）建立饲料基地。选择条件较好的荒坡或退耕地广种牧草，对发展畜牧

业和保持水土都有重要意义，适于山区生长的优良牧草有草木栖、苜蓿、野豌豆、苏丹草、鹅冠草等。清水河县祁家沟农牧林水保试验站给出改良牧场，主要包括种植苜蓿、草木栖、羊柴、野豌豆、山黑豆。

3.3.1.5 农业技术措施

作为水土保持第一道防线的农业技术措施是防止水土流失、改良土壤、保证农田增产的基本措施。它能使雨水就地渗透，防止地表径流所造成的严重的土壤侵蚀，可增加土壤的吸水性能，从而提高作物产量。根据经验并结合研究部门的试验结果，提出以下几种措施：横坡耕作、深耕、轮作、等高带状间作、间作套种、合理密植、起垄种植、增施有机肥料等。尤其是深耕、增施有机肥、深耕成为当时普遍使用的技术措施。

（1）增施肥料：肥料主要来源于农家肥、土化肥，少部分来源于化肥。

（2）深耕：可以增加土壤透水性，缓解径流，蓄水保墒，防止水土流失；可使土壤疏松，有利作物根部的生长，还可防治病虫害，因而是改良土壤、增加产量的重要措施。基本农田深耕 60 厘米，一般农田深耕 30 厘米。

（3）轮作：就是在一块地上轮换种植各种不同的作物，群众称作倒茬。合理轮作可以使深根、浅根的不同作物充分利用土壤里不同深度的养分，常常轮作的地，土壤疏松，可以蓄水防旱，保证增产。清水河县祁家沟农牧林水保试验站给出根据区域种植作物的不同，实行 3 年的轮作制，当地常见的轮作方式为第一年、第二年为草木栖，第三年为作物（谷子、玉米或者小麦）。轮作有两种类型：一种是农作物的轮作；另一种是农作物与牧草轮作，也叫草田轮作。

（4）间作套种：是一种简单易行的水土保持耕作措施。间作是把两种作物分行同时播种，套种是作物正在生长期间，在行内再种上另一种作物。应采用深耕作物与浅耕作物或疏生作物与密生作物间作，这样能合理利用土壤内的肥料，削弱雨水对地面的冲击力。

套种时选配作物的原则是选播种期与收割期不同的作物，使地面长期有植物保护。间作与套种均能防止雨点对地面的直接冲击，阻挡径流，防止水土流失，能充分利用土地，增加作物的复种面积，增加产量。当时研究区常见的是苜蓿和其他农作套种或间作，苜蓿与荞麦混种比例为 2∶5；苜蓿与小麦混种比例为 1∶4；苜蓿与油料混种比例为 1∶7.5；苜蓿与谷子混播为 1.5∶1.1。

（5）合理密植：增加植物覆盖，减少冲刷，充分利用地力，提高单位面积产量，是水土保持增加生产的主要措施之一。密植应根据地力、雨量等情况在原有基础上增加单位面积株数，掌握合理密植。清水河县祁家沟农牧林水保试验站总结出在原来的基础上由 30 厘米，适当缩小为 20 厘米，并在各类作物原下籽的基础上增加播种量 1.5~2 倍，克服稀稠不均、缺苗断垄的弊端。

3.3.2 森林改良土壤措施

森林改良土壤措施是水土保持、增加农业生产和改造自然环境的主要措施之一。森林改良土壤的措施，主要包括梁峁造林、沟谷造林、河岸造林、固沙造林、护路林。

森林保持水土的作用，主要是减低地表径流的速度，使地表径流转变为地下水，减缓风速，使土壤表面不受风的吹蚀。所以有人把森林叫作“天然蓄水库”，就是这个道理。要想使森林起到保持水土、防风固沙的作用，就必须按照不同的侵蚀部位和不同的侵蚀类型，因地制宜地给予适当的配置。

3.3.2.1 造林

1959 年 8 月 20 日，内蒙古自治区林业厅治沙造林综合勘察设计队典型设计分队给出《内蒙古自治区丘陵水土保持经济林区典型设计》，共 41 种类型，本书选择黄土丘陵区 11 种造林类型，从造林对应的地貌和土壤特征、不同造林类型的混交等 7 个方面进行梳理。

（1）造林对应的地貌和土壤特征。黄土丘陵区不同造林类型对应的地貌和土壤特征如表 3–10 所示。

表 3–10 黄土丘陵区不同造林类型对应的地貌和土壤特征

编号	造林类型	部位	土壤	地类
1	用材林	各种斜坡	发育在黄土母质上中度或轻度侵蚀、沙壤质栗钙土和黑垆土	
2	果树林	斜坡（向阳坡坡脚）	发育在黄土母质上有中度或轻度侵蚀沙壤质栗钙土或栗钙土型暗色土（黑垆土）	
3	经济林	斜坡	发育在黄土母质上中度或轻度沙壤质栗钙土和黑垆土	撂荒地、荒地、退耕地
4	分水岭防护林	黄土丘陵梁顶	栗钙土（黄土）或栗钙土型暗色土（黑垆土）	
5	水流调节林带	斜坡	发育在黄土母质上中度或轻度侵蚀沙壤质栗钙土或黑垆土	撂荒地、荒地、退耕地
6	主（支）沟边缘防护林	斜坡	发育在黄土母质上中度或轻度侵蚀沙壤质栗钙土或黑垆土	撂荒地、荒地、退耕地
7	沟坡防护林	侵蚀沟小于 60°	栗钙土和黑垆土，有强度和极强度侵蚀母质裸露	
8	沟底防护林	侵蚀沟底	冲击堆积物	
9	护岸林	冲击台地（河两岸和沟两岸）	在粉沙母质上发育的厚层沙壤质碳酸盐栗钙土	
10	护路林		栗钙土、黑垆土或盐渍土	荒地、农田
11	渠道防护林	冲击台地	栗钙土和盐渍土	荒地、农田

（2）不同造林类型的混交。黄土丘陵区不同造林类型的混交图式如表3-11所示。

表3-11　黄土丘陵区不同造林类型的混交图式

编号	造林类型	图式	树种
1	用材林		纯林 小叶杨（ ）
2	果树林		纯林 苹果（ ）
3	经济林		纯林 文冠果（ ）
4	分水岭防护林		乔灌木混交 白桦（ ） 山杏（ ） 柠条（ ）
5	水流调节林带		乔灌木混交 白桦（ ） 沙枣（ ） 柠条（ ）
6	主（支）沟边缘防护林		乔灌木混交 白桦（ ） 柠条（ ）

续表

编号	造林类型	图式	树种
7	沟坡防护林	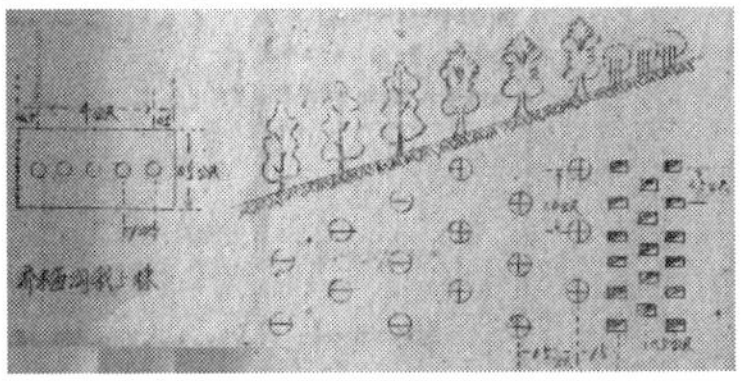	乔灌木混交 小叶杨（ ） 白桦（ ） 柠条（ ）
8	沟底防护林	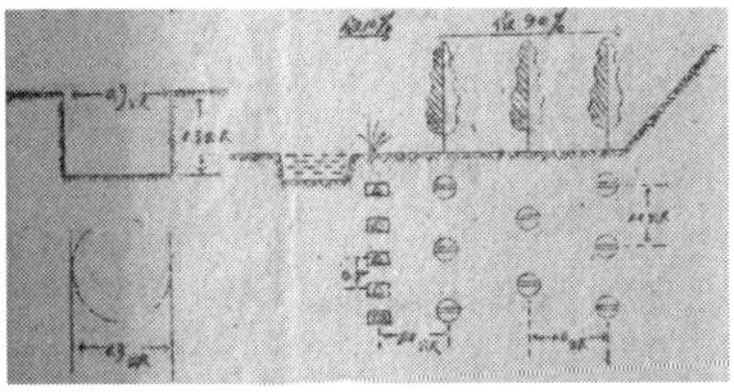	乔灌木混交 旱柳（ ） 杞柳（ ）
9	护岸林	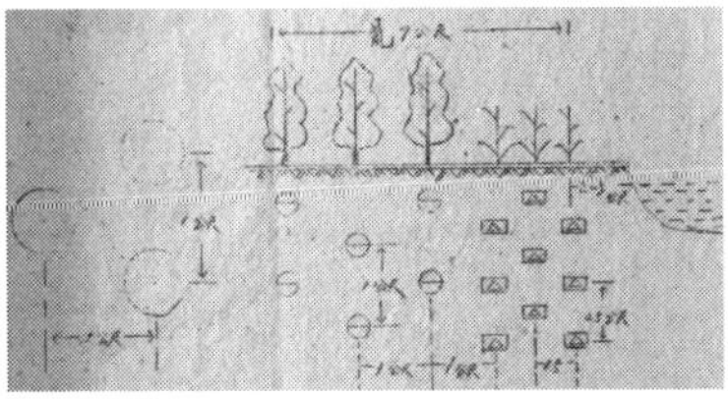	乔灌木混交 小叶杨（ ） 杞柳（ ）
10	护路林	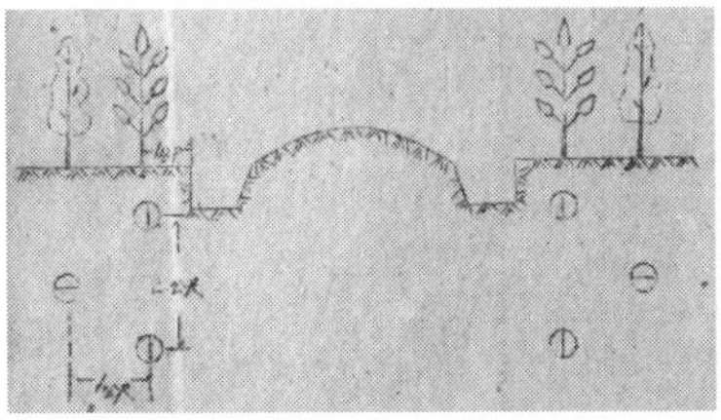	乔灌木混交 小叶杨（ ） 糖槭（ ）
11	渠道防护林		乔灌木混交 旱柳（ ） 小叶杨（ ）

（3）每公顷造林需用种苗。统计当时主要的乔灌木为小叶杨（5次）、白桦（4次）、沙棘（2次）、杞柳（2次）、旱柳（2次）、柠条（2次），苹果（2次）。如表3-12所示。

表 3-12　每公顷造林需用种苗统计

编号	造林类型	树种名称	混交比（%）	行数	苗龄（年）	每公顷原树（棵）	每穴栽种点数	每穴需用苗数（棵）	每公顷造林需用苗数（棵）	每公顷补植需要苗数（棵）
1	用材林	小叶杨	100		2	1333	1	1	6666	1333
2	果树林	苹果	100		2~3	400	1	1	400	40
3	经济林	文冠果	100		2	2500	1	1	2500	375
4	分水岭防护林	白桦		4	2	1906	1	1	1906	382
		山杏		2	2	953	1	1	953	191
		柠条		5	1~2	4762	1	1	4762	953
5	水流调节林带	白桦		5	2	385	1	1	1925	385
		沙枣		2	2	154	1	1	770	154
		柠条		6	2	460	1	1	4600	920
6	主（支）沟边缘防护林	白桦		4	2	4000	1	1	4000	800
		沙棘		7	2	14000	1	1	14000	2800
7	沟坡防护林	小叶杨	33		2	400	5	1	2000	400
		白桦	33		2	400	5	1	2000	400
		沙棘	34		2	412	10	1	4120	824
8	沟底防护林	旱柳	90		2	9000	1	1	9000	1800
		杞柳	10		2	2000	1	2	4000	800
9	护岸林	小叶杨	50		2	5000	1	1	5000	1000
		杞柳	50		2	20000	1	2	40000	8000
10	护路林	小叶杨	50		2	2500	1	1	2500	375
		糖槭	50		2	2500	1	1	2500	375
11	渠道防护林	旱柳	50		2	2500	1	1	2500	500
		小叶杨	50		2	2500	1	1	2500	500

（4）造林整地方式。整地时间：雨季前 5 月进行（用材林、果树林、经济林、分水岭防护林、水流调节林带、主（支）沟边缘防护林、沟坡防护林）；春季 3~4 月下旬（护岸林、护路林、渠道防护林）；随造林随整地（沟底防护林）。除了沟底防护林，其他类型都是“品”字形配置。如表 3-13 所示。

表 3-13　造林整地图示

编号	造林类型	整地图	整地方式（规格）
1	用材林		三角形水平沟整地（长 5.0 米，宽 0.5 米，深 0.2 米，水平沟上下中心距 1.5 米左右，间隔 0.5 米）

续表

编号	造林类型	整地图	整地方式（规格）
2	果树林		人工反坡梯田整地（长 1.5 米，宽 1.0 厘米，深 0.3 厘米，底土松土 0.3 米，断续间隔 3.5 米，上下中心距 5 米）
3	经济林		人工进行梯田整地（长 1.5 米，深 0.2 米，宽 1 米，上下水平中心距 2 米，左右间隔 0.5 米）
4	分水岭防护林		畜力带状整地（带间距 0.5 米、带宽 1 米，株缘两行 1 米，深 0.2~0.25 米）
5	水流调节林带		人工三角形水平沟整地（长 5 米，宽 0.5 米，深 0.2 米，上下水平中心距 0.5 米，林缘灌木 1 米，左右水平沟间距 0.5 米）
6	主（支）沟边缘防护林		人工穴状整地（直径 0.3 米、深 0.3 米）
7	沟坡防护林		三角形水平沟整地（沟长 5 米，宽 0.5 米，沟内松土深 0.2 米，上下中心距 1.5 米，左右水平沟间距 0.5 米）
8	沟底防护林		穴状整地（直径 0.3 米，深 0.4 米）
9	护岸林		人工穴状整地（直径 0.3 米，深 0.3 米）
10	护路林		人工穴状整地（直径 0.3 米，深 0.3 米）
11	渠道防护林		人工穴状整地（直径 0.3 米，深 0.3 米）

（5）造林时间、方法和要求（见表 3-14）。造林时间是秋季 9~10 月的类型有用材林、果树林、经济林、分水岭防护林、水流调节林带、主（支）沟边缘防护林、沟坡防护林；春季 3~4 月下旬造林：护岸林、护路林、渠道防护林。

造林方式：直接人工种植有用材林、经济林、分水岭防护林、水流调节林带、主（支）沟边缘防护林、护路林、渠道防护林；嫁接种植有果树林；插条造林有护岸林、护路林。

造林要求：栽时根系舒展、压实。直接人工种植的需要选择 1~2 年或 2 年生实生苗。

表 3-14　造林时间、方法和要求

编号	造林类型	时间	方法	要求
1	用材林	10 月上中旬	植树造林，行距 15 米，株距 10 米	用 1~2 年生实生苗，根部伸展埋土踏实，埋土在根部上 2 厘米即可，植树穴深 35 厘米，直径 30 厘米
2	果树林	9 月下旬或 10 月上旬	用 1~2 年嫁接苗植树造林，株行距各 5 米	根部舒展，栽时比原土部深 2~3 厘米，踏实
3	经济林	10 月上中旬	植树造林，株行距各 2 米	用 2 年实生苗，栽时注意根部舒展，覆土高出根部 2~3 厘米，踏实，植树穴宽 0.3 米，深 0.35 米
4	分水岭防护林	9 月下旬或 10 月上旬	植树造林，行距 15 米，林缘灌木 1 米，株距乔木 1 米，灌木 0.5 米	用 2 年生苗植苗造林，根系舒展，覆土高出苗 1~2 厘米，植树穴直径 0.3 米，深 0.35 米，踏实
5	水流调节林带	10 月中旬造林	植树造林，行距 1.5 米，林缘灌木 1.0 米。株距乔木 1.0 米，灌木 0.5 米	栽时注意根部舒展，埋土踏实，埋土在根部上 2 厘米即可
6	主（支）沟边缘防护林	10 月上中旬	植树造林。在距离沟边最近的三行灌木的行距和株距为 0.5 米，其后的行距乔木 1.0 米，灌木 0.5 米；株距乔木 1.0 米，灌木 0.5 米	用 2 年生健壮苗，栽时根部舒展，埋土后踏实，覆土高出根部 3 厘米即可
7	沟坡防护林	9 月下旬	植树造林，行距 1.5 米；株距乔木 1.0 米，灌木 0.5 米	用 1~2 年生实生苗，栽时根部舒展，埋土后踏实
8	沟底防护林	4 月上旬，采用插条造林	插条造林，乔木每穴 1 株，灌木每穴 2 株；行距 2 米；株距灌木 0.5 米，乔木 1 米	用 2 年生粗 2~3 厘米的健壮柳条，截成长 30 厘米，两端削成马耳形，斜插入土内，地面露出 2~3 厘米，埋土踏实
9	护岸林	4 月下旬	同上	同上
10	护路林	3 月下旬或 4 月上旬	植树造林，株距 2.0 米，行距 1.0 米	2 年生实生苗，栽时注意苗根舒展，埋土踏实，埋土高出原地 2~3 厘米

续表

编号	造林类型	时间	方法	要求
11	渠道防护林	3 月下旬或 4 月上旬	同上	同上

（6）幼苗抚育。造林后抚育管理是造林成败的重要条件，幼林抚育包括对土壤管理（松土和除草）和对地埂田面进行整修。松土除草的次数取决于造林地区的土壤气候条件和所采用的造林树种。在黄土地区，乔木一般生长缓慢，松土除草工作需要延长到 3~5 年，最初 1~2 年应特别加强。松土除草的次数，第一年可为 3 次，第二年为 2~3 次，第三年为 1~3 次。

1）造林后抚育三年，共 5 次（护路林、渠道防护林）。

第一年两次：分别在 5 月下旬、8 月中旬进行。

第二年两次：分别在 5 月下旬、8 月中旬进行。

第三年一次：5 月下旬进行。

2）造林后抚育三年，共 6 次（用材林、分水岭防护林、水流调节林带、主（支）沟边缘防护林、沟坡防护林、沟底防护林、护岸林）。

第一年三次：分别在 5 月上旬、7 月上旬、8 月下旬进行。

第二年二次：分别在 5 月中旬、8 月中旬进行。

第三年一次：5 月下旬进行。

3）造林后抚育三年，共 9 次（经济林）。

每年三次，分别在 5 月上旬、7 月上旬、8 月下旬进行。

4）造林后抚育五年，共 15 次（果树林）。

每年三次，分别在 5 月上旬、7 月上旬、8 月下旬进行。

（7）补植率。造林后须进行幼林检查，如果死亡率在 10% 以下且分布均匀时，可不进行补植；如果死亡率在 10% 以上或成片死亡时，都要进行补植，补植苗木年龄要与造林苗木年龄相同。最好能做到死一棵，补一棵；死一片，补一片。

设计补植率 20%，造林后一年在缺苗点用原树种 1~2 年生苗木补植（用材林、水流调节林带、主（支）沟边缘防护林、沟坡防护林、护岸林）。

设计补植率 10%，造林后一年在缺株穴内用原树种 3 年生苗木补植（果树林）。

设计补植率 10%，造林后一年春季在缺株点用原树种 2 年生苗木补植（渠道防护林）。

设计补植率15%，造林后一年在缺株穴用原树种2年生苗补植（经济林、分水岭防护林、沟底防护林、护路林）。

3.3.2.2 封山育林

凡是划为林地的山坡都应有计划地封禁起来，逐渐恢复植被，为日后造林工作创造有利条件。在已生长的零星幼树苗或附近有母树的地方，用封山育林的方法达到恢复森林的目的。为解决当地农民烧炭和沤绿肥的需要，必须定期开放，轮封轮牧，严禁刨草根、铲草皮。

封山育林就是把有散生树木能天然下种的残林荒山及有根萌芽或野生小苗的山林封闭起来，使其繁育成林。应结合国家长远利益和群众当前利益，划定封禁区、放牧区、柴区。同时要建立组织，成立护林委员会或封山育林小组，并健全各种制度。封山育林的方式有长期封、分期轮封、季节封三种。封开山时间为：春、夏封山，秋、冬季开山（见图3-15）。

图3-15 封山育林

3.3.3 水利改良土壤措施

水利改良土壤措施的主要作用在于拦蓄地表径流，防止冲蚀、变水害为水利，为农牧林业生产大面积稳定丰收提供保证。水利改良土壤措施主要包括旱井（水窖）、涝地（蓄水池）、沟头防护、淤地坝、沟壑土坝（小型水库）、谷坊、沟台地、引水上山、引洪漫地、道路治理等。

3.3.3.1 沟头防护和蓄水池

沟头防护和蓄水池的目的是保护沟头及附近地区的耕地、村庄、道路不受洪水冲刷，防止地形再次破碎，同时还可利用拦蓄的雨水供人畜饮水、灌溉农田，发展农业。

沟头埂修在沟壑最上游的沟头（支毛沟包括在内），埂址一般距沟深的一倍以上处修筑。如沟深5m，则埂址距沟头5m处为埂底。

一般在邻近分水岭边缘的埂面浅凹之处以及山窝、山凹、旱地边缘、村庄道旁或在水平沟地埂集流的低凹处等地方开挖蓄水池。一般规格为：长3m，宽 3m，深 2m，底宽 2m，坡长 1∶0.25。其中土埂和涝池配合的沟头防护，如图 3-16 所示。

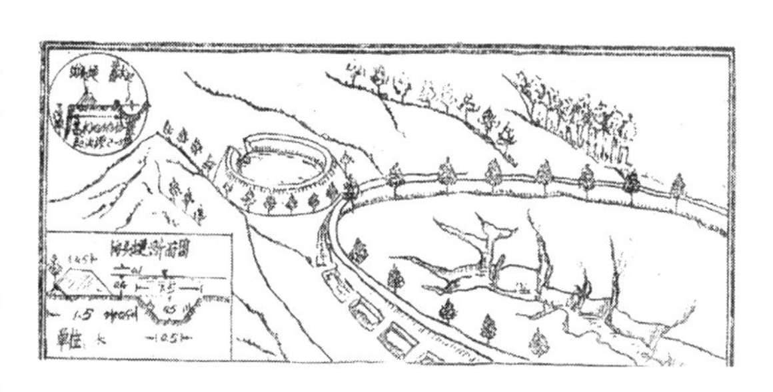

图 3-16 沟头防护示意图

3.3.3.2 谷坊

谷坊修筑在较小的沟道里，是防止沟底下切、稳定沟壑的重要措施，并且由于逐渐淤垫成为沟平地，还可用于发展生产。谷坊的坡度根据沟床土质情况决定，以不发生冲刷为原则，这样谷坊便可以布置得稀一些。谷坊有土谷坊、石谷坊和插柳谷坊等很多种类（见图 3-17），应本着就地取材的原则决定修筑谷坊的种类，相应的谷坊规格如表 3-15 所示。

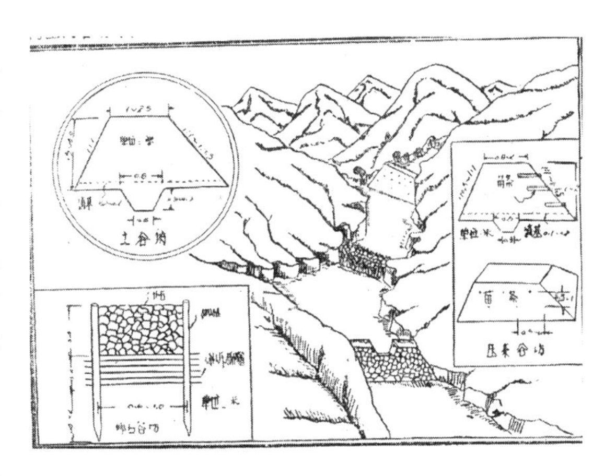

图 3-17 不同类型的谷坊

谷坊适于修在坡度＜10°的沟道内，谷坊位置应在肚大口小、沟底河岸坚实的地方。一条沟里谷坊个数＝沟长 × 低坡 ÷ 谷坊高。谷坊与谷坊间的距离，根据谷坊的高度和沟底的纵坡来确定。原则是上一个谷坊的底脚与下一个谷坊的顶成水平，也可修成 1% 左右的小斜坡。上下量谷坊的间距＝谷坊高 ÷（沟底坡度 -1/100）（见表 3-16）。

表 3-15 谷坊规格 单位：米

类别	高	顶宽	迎水坡	背水坡
土谷坊	1.5~4	1.0~1.5	1∶1 ~ 1∶1.5	1∶1
压条土谷坊	1~2	0.8~1.2	1∶1 ~ 1∶1.5	1∶1
卵石谷坊	1~2	1~1.2	1∶0.5 ~ 1∶1	1∶0.5
块石谷坊	1~3	1~1.2	1∶0.5 ~ 1∶1	1∶0.5

表 3-16 谷坊间距 单位：米

沟底坡度 \ 间距 \ 谷坊高		2	3	6
5%	2° 50′	50	75	150
6%	3° 20′	40	60	120
7%	4° 00′	33	55	100

续表

沟底坡度 \ 间距 \ 谷坊高		2	3	6
8%	4° 40′	29	43	86
9%	5° 10′	25	38	75
10%	5° 40′	22	30	66
11%	6° 20′	20	30	60
12%	6° 50′	18	27	54
13%	7° 20′	17	25	50
14%	7° 50′	15	23	46
15%	8° 30′	14	21	42

（1）土谷坊。本研究区以土谷坊为主，顶宽 1~2.5m，高 1.5~4m，迎水坡 1:1~1:1.5，背水坡 1 : 1。当时已经考虑到谷坊溢水口的设计（见图 3–18），同时已经考虑了黄土丘陵沟壑区和土石山区两种类型下，土谷坊溢洪道的受水面积、水深和底宽的规格，如表 3–17 所示。

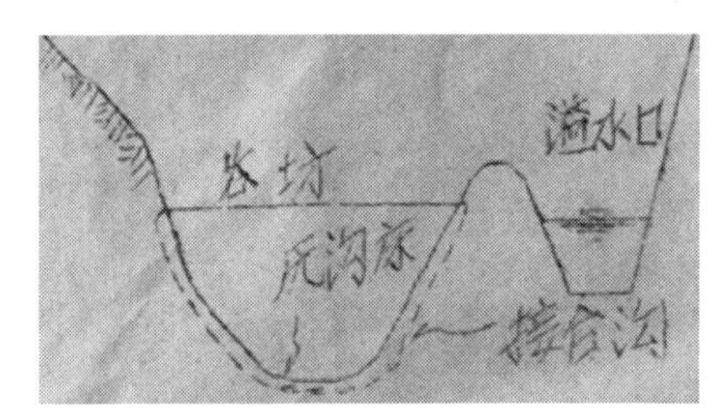

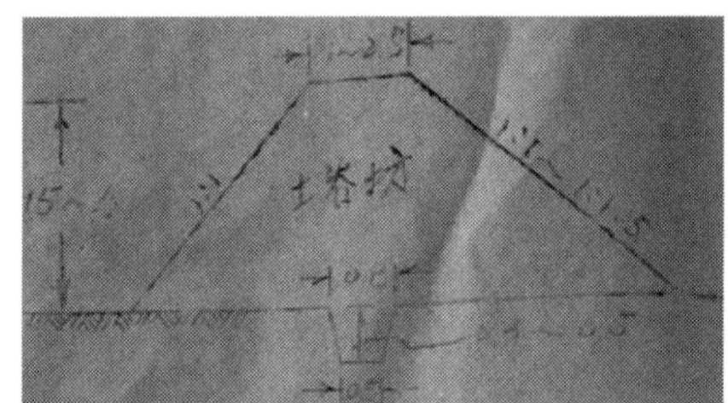

图 3–18　土谷坊规格及溢水口位置

表 3–17　土谷坊溢洪道断面规格　　单位：米

受水面积	黄土丘陵区		土石山区		备注
	水深	底宽	水深	底宽	
15	0.2	0.3	0.2	0.6	侧坡 1 ： 0.25 由于资料欠缺，无法详细考虑，仅供参考溢洪道截面。 石谷坊稍小于土谷坊
45	0.2	1.0	0.3	0.8	
75	0.3	0.8	0.4	0.7	
105	0.3	1.0	0.4	1.0	
150	0.4	1.3	0.6	0.8	

（2）石谷坊。在石山区沟道有长流水，而且石料方便，汛期洪水量大，水流急，这种情况无论是石沟或土沟床都可以修石谷坊，不但可以固沟，个别情

况还可以用它来提高水位进行洪灌。

第一类：干砌卵石谷坊（见图 3-19）：用沟床中堆积原石来砌筑，如是土沟床，必须加筑。土沟床要挖到老土上，淤积沟床要挖到底盘上，石沟床要挖到风化层。谷坊表层选长形的卵石和谷坊表面垂直钉砌，而且要防治缝隙的砌法，同时内部要用大小卵石混合堆砌。为了加强抗冲能力，谷坊中间应向上游弯曲。

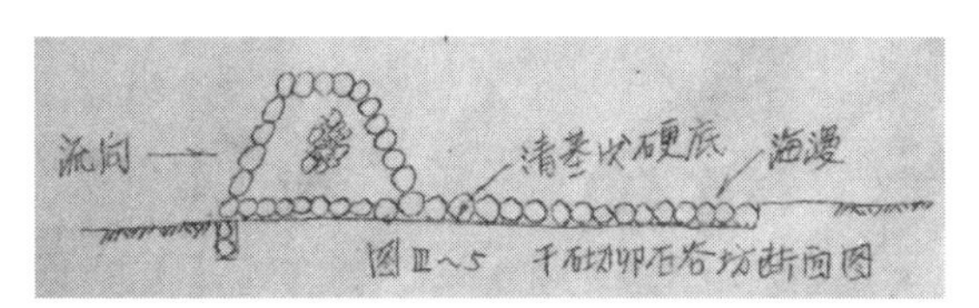

图 3-19　干砌卵石谷坊断面

第二类：干砌块石谷坊：一般在石沟床就可以开石修筑，它能抬高水位，有时与道路、桥结合起来进行，具体施工要求大体同干砌卵石谷坊，此种谷坊顶要用大条石砌筑，并留出灌溉用水的放水口，但在灌溉渠道上需设计退水道，以防多余水无出路。它的断面形式如图 3-20 所示。

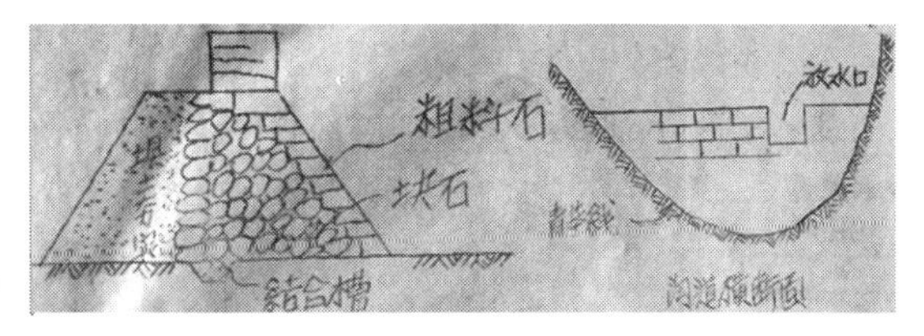

图 3-20　干砌块石谷坊断面

（3）插柳谷坊。在多柳地区土沟床上最宜修筑，它是工程措施与生物措施的结合体，其优越性其他谷坊不可比。一般常用高插柳和低插柳两种，前者用于水量大的沟道里，选用直径 3 厘米左右的枝条，弄成 1~1.5 米的栽子。低插柳用 1 米长的栽下端，削成斜面，与沟向垂直，每道 5~10 行，行距 1 米，株距 0.3 米，行与行交错栽植入土深栽入长 2/3。插柳谷坊横断面，如图 3-21 所示，其布设形式有普通式插柳谷坊（见图 3-22）和跌水式插柳谷坊两种（见图 3-23）。

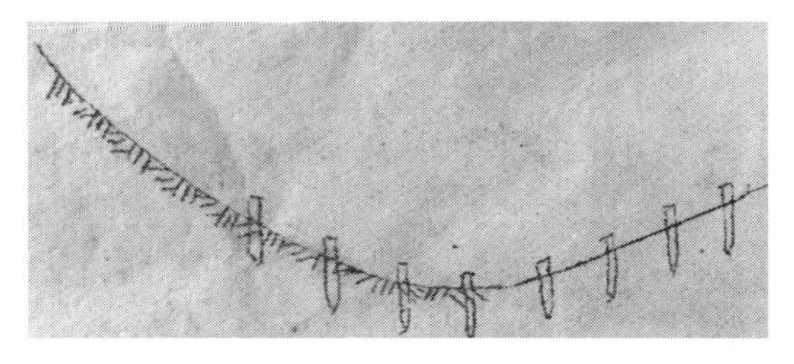

图 3-21　插柳谷坊横断面

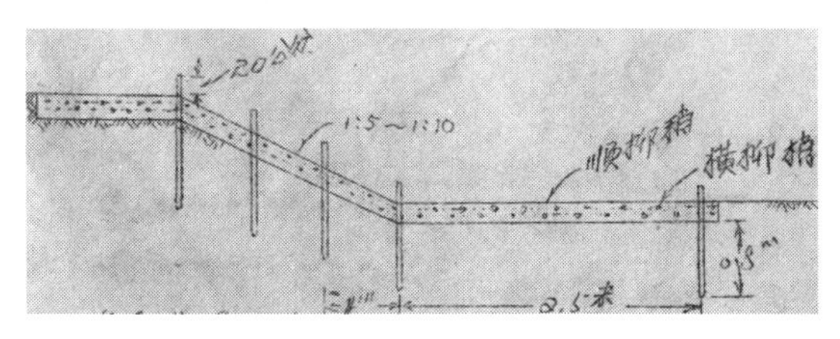

图 3-22　普通式插柳谷坊

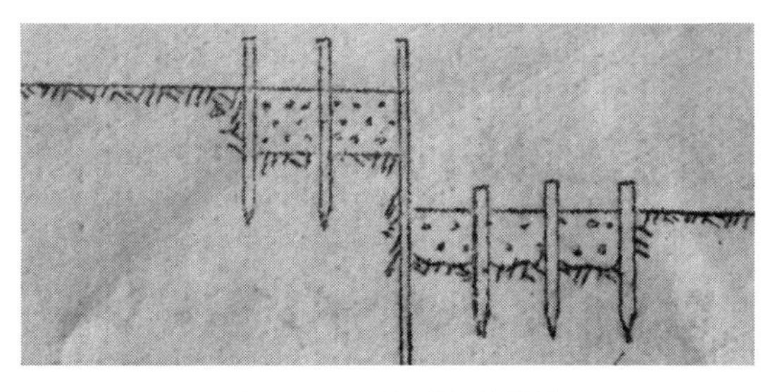

图 3-23　跌水式插柳谷坊

3.3.3.3 沟壑土坝

沟壑土坝又称小型水库，在水土保持工作中它是大型工程，多修在黄土丘陵沟壑区和原地阶地地区的荒沟里。沟壑土坝应从生产出发，尽量做到能灌溉、发电、防洪、发展水产，在侵蚀严重地方起拦泥作用（见图 3–24）。

选择土坝坝址的原则：①地形上要肚大口小，即坝体断面小，库址范围大。②坝址地形上有溢洪道和输水洞，可以布置适宜的位置。③坝址土石质坚硬良好。两岸坝基不透水或少透水。④效益相助，便于灌溉、发电、水产等。回水区淹没损失小。施工方面，工程材料近。

设计要点：①就地取材，应以土石结构为主，坝型简单，容易施工和仿效，在可能的条件下尽量采用均质土坝为宜。②管理方便。在淤积快的地区，要考虑到坝的加高方便。当流量不大，岸坡有坚硬土质或岩石时，溢洪道采用明渠陡坡式为宜。③坝轴线应放在两岸坡度较缓而均匀、上下顺直且无大沟壑的位置，并且溢洪道和输水渠分别尽可能布置在两岸。

计算：按水利厅勘测设计院所印的水库设计进行计算。在内蒙古人民出版社出版的《水土保持技术画册》中给出了沟壑土坝的集雨面积与溢洪道大小尺寸关系、坝顶宽的规定、坝坡的规定。

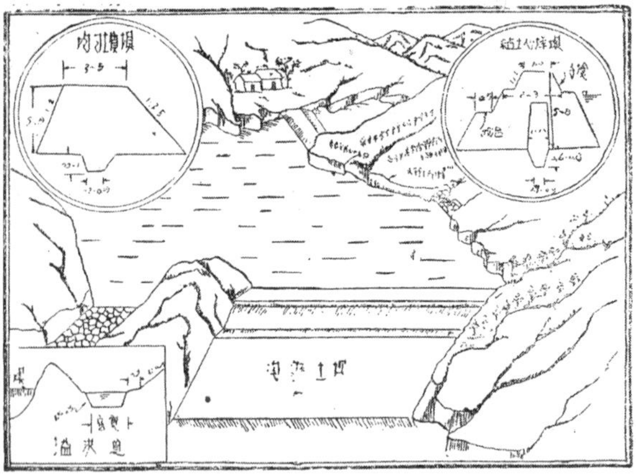

图 3–24 沟壑土坝

3.3.3.4 水窖（旱井）

水窖（旱井）适用于地下水源缺乏和引水上山、自流灌溉困难的地区，一般用水窖蓄雨水、雪水，除解决人畜饮水问题外，还能灌溉农田，同时也能起蓄水保土的作用，其地点应选择在土质坚硬地区。水窖位置应距崖边较远，且没有树林的地区为宜。一般常用的有锅扣缸式和缸扣缸式两种（见图 3–25）。

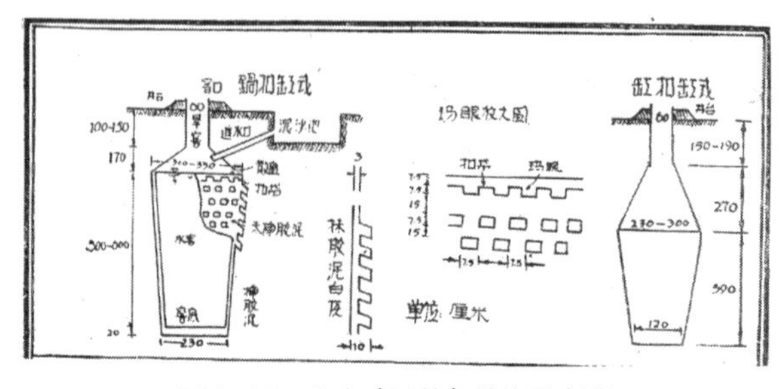

图 3–25 水窖（旱井）结构示意图

3.3.3.5 引洪漫地

（1）引河流、沟道的洪水淤漫。在河（沟）道适当地点开渠引水自流，或者蓄土石坝、柳椿坝来提高水位，引洪入渠，自流淤灌，坝高一般 2~10 米。另外，可按灌水情况开挖渠道，将洪水引入川地或缓坡地进行淤漫；淤漫滩地时，可在较宽的荒滩上修围埝，埝上留有进出水口，并在上游修拦水坝或顺水坝。围埝多用块石干砌式卵石堆砌，埝高一般为 0.5~1 米，内外坡度为 1∶1 或 1∶1.5（见图 3–26）。

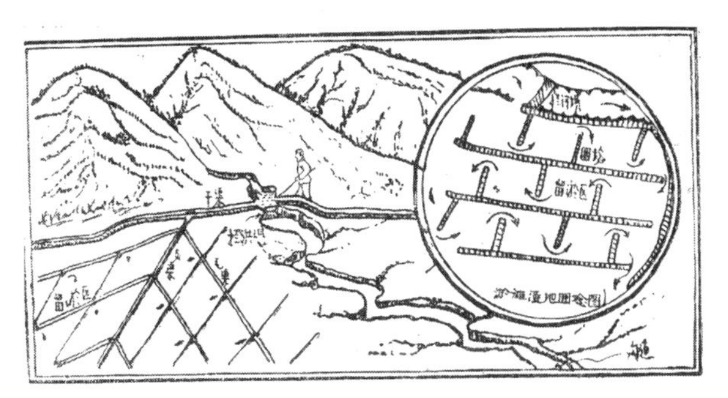

图 3–26　引河流、沟道的洪水淤漫

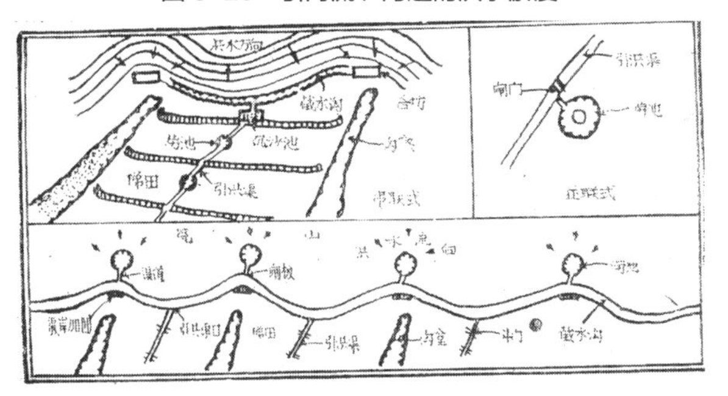

图 3–27　引荒坡及道路上的洪水淤漫

（2）引荒坡及道路上的洪水淤漫。在土石山区，荒山较多，耕地分布在山麓，可在荒坡与耕地连接处修截水沟、涝池，拦截由荒山坡上流来的洪水，然后开引洪渠，将截水沟、涝池内拦截的洪水引入农田进行淤灌。在道路上可修挡水埂、涝池，把拦蓄在挡水埂、涝池的洪水引入道路两旁的梯田和地埂内进行淤漫（见图 3–27）。

3.4 国内外水土保持技术发展与对比

国家图书馆中收集到的文献中 1956~1962 年我国水土保持著作有 41 本，国外翻译水土保持著作 2 本，共 43 本著作。其中，以水土保持技术命名的著作 12 本，出版时间主要集中在 1957~1960 年这 4 年里，也正好是我国水土保持发展的高潮阶段（见表 3–18）。在知网搜索到水土保持相关论文 120 篇，其中关于水土保持技术有 17 篇。值得一提的是在 1960 年黄河水利委员会水土保持处在《人民黄河》上连载了 7 篇黄河中游水土保持技术措施讲座。

为了更好地厘清内蒙古黄土丘陵区 1956~1962 年水土保持技术在当时的发展情况，通过对比黄河中游地区、全国各地区以及国外的经验，来剖析内蒙古水土保持技术的发展状况。

表 3-18　1956~1962 年水土保持技术的著作

名称	编者	出版社	年份	目录
《水土保持技术画册》	内蒙古水利厅水土保持工作局	内蒙古人民出版社	1960	目录 第一章 概论 一、[illegible]……（1） 二、[illegible]……（2） 三、[illegible]……（3） 第二章 [illegible] 一、[illegible] 二、[illegible] 三、[illegible] 四、[illegible] 五、[illegible] 六、[illegible] 第三章 [illegible] 一、[illegible]……（15） 二、[illegible]
《水土保持技术教材》	黄河水利委员会水土保持处	河南人民出版社	1960	目录 第一课 水土保持工作的重要意义……（1） 第二课 地埂、软埝、埝窝地……（4） 第三课 水平梯田、坝埂梯田……（7） 第四课 改良耕作……（11） 第五课 造林……（14） 第六课 [illegible]……（17） 第七课 种草……（19） 第八课 沟头防护、谷坊……（23） 第九课 [illegible]……（25） 第十课 小水库……（29） 第十一课 水窖、水塘……（33） 第十二课 山地灌溉……（42） 第十三课 土方计算……（45）
《水土保持林的栽种》	布拉乌捷	科学出版社	1959	目录 [illegible] [illegible]……103 [illegible]土壤改良……105 [illegible]……111 附录……117 参考文献……127
《湖南的水土流失及其防治措施》	中共湖南省委水利规划会议	水利电力出版社	1958	目録 Ⅰ、概述……3 Ⅱ、各类地区水土流失的情况及防治措施……4 一、[illegible]……4 二、[illegible]……13 三、[illegible]……23 四、[illegible]……25 五、[illegible]……30 六、[illegible]……33
《黄河中游水土流失技术手册》	国务院水土保持委员会办公室	水利水电出版社	1958	目录 [illegible]

续表

名称	编者	出版社	年份	目录
《陕西省水土保持技术画册》	陕西省水利厅	陕西人民出版社	1958	目录 绪言……(3) 第一章 概说……(6) 一、水土流失的危害……(8) 二、水土保持的方针政策……(8) 第二章 綜合治理……(10) 一、丘陵沟壑区……(10) 二、高塬沟壑区……(12) 三、土石山区……(14) 四、风沙区……(16) 第三章 農業技術改良土壤措施……(18) 一、等高耕作……(18) 二、[illegible]……(18) 三、[illegible]……(20) 四、[illegible]……(22) 五、[illegible]……(24) 六、[illegible]……(26) 七、[illegible]……[illegible] 八、[illegible]……[illegible] (一)[illegible]……[illegible] (二)[illegible]……[illegible] (三)[illegible]……[illegible] 九、水平防冲沟……[illegible] 十、[illegible] 关于[illegible]的一种方法……[illegible] 第四章 [illegible]……[illegible] 一、梯田……[illegible] (一)土埂……[illegible] (二)石埂……[illegible] 二、[illegible]……(44) 三、[illegible]……[illegible] (一)[illegible]……[illegible] (二)[illegible]……(48)
《水土保持与林业技术》	王英才	山西人民出版社	1958	目录 第一章 植树造林对保持水土和增加农业生产的意义……(1) 第一节 山西省水土流失情况及其原因……(1) 第二节 [illegible]……(2) 一 森林可以防止水土流失和冲刷……(2) 二 森林可以[illegible]……(3) 三 森林可以防止风沙保护农田……(4) 四 森林可以[illegible]……(5) 五 森林可以[illegible]……(6) 第二章 树种的选择和配置……(6) 第一节 要选择什么树种……(6) 一 选择适合于造林地气候的树种……(6) 二 选择适合于土性及造林地位置的树种……(7) 三 选择适合于造林目的[illegible]的树种……(7) 第二节 造林树种的配置……(8) 第三章 造林的密度……(10) 第一节 如何确定林木的密度……(10) 第二节 [illegible]……(11) 第四章 造林技术的主要环节……(12) 第一节 [illegible]……(12)
《关于中国水土保持农业技术措施的作用》	M. M. 札斯拉夫斯基	水利电力出版社	1958	目录 引言……1 一、关于[illegible]……3 二、[illegible]……9 三、关于[illegible]水土保持工作……[illegible] 四、关于[illegible]……43
《水土保持简易技术手册》	吉林省水土保持委员会办公室	长春新生印刷厂	1958	目录 一、修地埂……(1) 二、[illegible]……(3) 三、[illegible]……(5) 四、[illegible]……(6) 五、[illegible]……[illegible] 六、护坡林……(7) 七、[illegible]……(9) 八、[illegible]……(10) 九、截水沟……(12) 十、蓄水池……(13) 十一、谷坊……(14) 十二、[illegible]……(15) 十三、水土保持工程的管理养护……(16) 封面照片说明 [illegible]
《谷坊》	陕西省水利厅、黄河水利委员会西北工程局	陕西人民出版社	1958	目錄 一、谷坊的作用……(1) 二、谷坊的种类和修筑法……(1) (一)不透水谷坊……(4) 土谷坊 石谷坊 (二)透水谷坊……(10) 插柳谷坊 [illegible]谷坊 木石谷坊 [illegible]谷坊 三、谷坊的管理与养护……(14) 附：沟头防护修筑法……(15) 一、沟头防护的作用……(15) 二、沟头防护的种类和修筑法……(15) 三、注意事项……(17)

续表

名称	编者	出版社	年份	目录
《淤地坝》	陕西省水土保持局西北黄河工程局	陕西人民出版社	1957	目录 （一）选择打坝的地形和地点……（1） （二）打坝……（3） （三）护坝和淤地……（7） （四）如何淤种坝地……（10） （五）工程结合的必要性……（11） （六）必须说明一点……（12）
《怎样修梯田》	安徽省水土保持委员会	安徽人民出版社	1957	目录 一 修梯田的好处……1 二 梯田的种类……2 三 怎样修梯田……4 四 测等高线的工具和方法……8 五 梯田宽度的确定……11 六 梯田施工……13 七 排水设施……16 八 梯田的管理养护……19 九 计算土方的简单方法……21

3.4.1 黄河中游黄土丘陵地区水保技术差异

本研究区属于黄河中游，因此本书选择水土保持方面权威发文机构（1958年国务院水土保持委员会办公室编的《黄河中游水土保持技术手册》）和实践科研成果（1959年中国科学院黄河中游水土保持综合考察队编著的《黄河中游黄土地区水土保持手册》）两部著作，来对比内蒙古黄土丘陵水土保持和相同地貌的其他区域技术发展的差异。

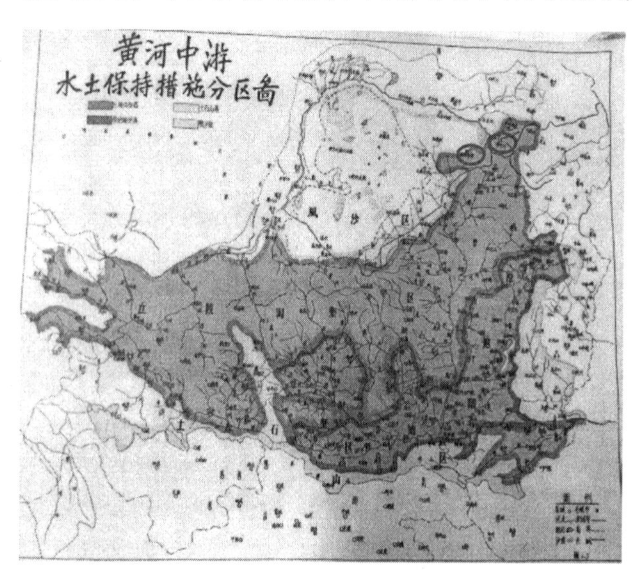

图 3-28　20 世纪五六十年代黄河中游水土保持措施分区图

图 3-28 是黄河中游水土保持措施分区图，其中研究区的清水河县和准格尔旗用圆圈标出，属于丘陵沟壑区。黄土丘陵沟壑区：这类地区规划治理的措施应该以培地埂、修梯田、提高农耕技术、增加粮食生产为主，结合沟道修谷坊、坝埝、进行坡地灌溉和营造防蚀林，来改

变原来干旱面貌。本书选择地埂、梯田、谷坊和造林四种水土保持技术来对比黄河中游黄土丘陵地区与内蒙古黄土丘陵水土保持技术细节的差异。

3.4.1.1 地埂

在《黄河中游黄土地区水土保持手册》中，对不同区域地埂确定的高度、地埂的规格、地埂土方数都给出了详细的表格。同时非常详细地介绍了地埂的修筑、怎样防止径流集中浅凹地冲垮地埂、培地埂时注意事项、地埂的加高和利用、道路规划，如下：

（1）地埂的培法。

测定等高线：等高线的测定可采用手水准或简单水准器。在地形坡度相当一致时，可按等高线设置地；但在坡度变化较大时，可加修正，即一面照顾到等高线，一面又避免田面宽度相差过于悬殊，致使不便耕种。

清基培埂：一般在雨后，把筑埂处与取土处的表土用锹推一边，并挖掉杂草，把坡地修成台阶，而后取土培埂。普遍分数层培修，每层复土厚约 20 厘米，踏实厚 15 厘米。除用脚踏平、踏实外，有些地区还用石杵（重 3 斤左右）夯实。

拍打牢固：把已踏实或夯实的地埂一边进行修补，一边用锹背、木棒或石杵等，由地埂内外侧自下而上拍打，使土层致密牢固，并合乎标准断面。硬埂套软埝式的地埂，是在硬埂基本做成以后，再在埂的顶部和前边撒些松土，使成 1 : 5 至 1 : 10 的内坡以便耕种。软埂是仅将埂的外坡踏实拍光，内边全部垫以松土。

加设横挡：于埂后每隔 10 米左右加一横挡，一面地埂顶部水平时径流汇集低处冲毁地埂。横挡高度应与地埂的顶部平（见图 3–29）。

（2）地埂的加高和利用。

坡地在初培地埂以后，还必须根据埂前淤积情况加高，使能长期有效地控制水土的流失，使坡地变成平地。一般每次加高 30 ~ 60 厘米，加高时应先铲除坝顶上的杂草和干土，然后踏实拍光，取土的位置，在埂低时从埂的下方取土，埂高时，从埂内取土，应距埂有一定的距离，最好在地埂与地埂间距的中点以上取土，以加速坡地变平的进程。

图 3–29　20 世纪五六十年代培修地埂和修建水平梯田

在培地埂时，可在地埂外坡结合培埂压植桑条、迎春花等灌木和柿树等深耕性乔木。有的地方还可在埂的顶部或外坡种植金针菜、苜蓿、豆类作物等。这样既能利用地埂增加群众收入，又能使地埂土质联结牢靠，免受雨水直接冲击。

（3）怎样防止径流集中浅凹地冲垮地埂。

为了防止径流集中浅凹地冲垮地埂，在经过低凹地方时，都应特别加高培埂，以防止集中的径流把它冲坏。还可以在坡面或沟头的浅沟上首先修水平梯田，其布设形式和水簸箕相似，但水平梯田的面积却比水簸箕后边的回水面积大得多。水平梯田的大小，主要根据集水面积的大小和暴雨情况而定。

水平梯田应按浅沟中心线自上而下逐级修筑，以达到分块分担容蓄的目的。

每年利用里切外垫的方式把左右两岸的土向浅沟中填，以逐步扩大水平梯田面积，最后使整个坡面等高连成连续的水平带，将斜坡地变成阶梯状的水平梯田。

（4）培地埂的注意事项。

在筑埂前必须将埂基的表土清除，再用心土培埂。

地埂的间距应按标准设计，不能太宽，否则降水后聚集的径流太多，可能漫顶而导致地埂坍塌。

地埂须沿等高线修筑，如不能完全做到，则在经过凹形坡时要适当加高加厚，使埂顶水平。每隔一定距离，加设横档，以防径流向凹形坡地聚集而冲毁地埂。

地埂内侧应按计算标准而有足够容量，以防因蓄水容积不够而产生漫溢。

在培地埂的同时应采用水土保持耕作法，如陶钵体、套犁耕作、垄作区田等，并改善栽培技术，尽量使径流就地截蓄。

修筑地埂的土质含沙量不宜太大。

田鼠打洞也是地埂破坏的主要原因之一，必须注意消灭田鼠。

如果土壤渗透性较差的地方，地埂上可修溢水口，溢水口一般比地埂低10～20厘米，从而防止地埂冲毁。

（5）道路规划。

梯田的道路既要便利通行，保证人畜行路安全，又要不引起冲刷，不多占用耕地，所以，就须根据地形，加以规划，田间道路的宽度一般可定为1–2米，其形式有两种：

穿过地埂设置：这种道路又有两种形式，一种是从下往上，到达地埂前，顺着地埂平行的斜向上走，此后地埂年年加高，埂外平行坡道也应随之加高，以便人畜行走。道路通过埂顶的地面，应该铺些石板或碎石，以免踏成深沟。另一种形式是在修道路必须挖断地埂时，如果不很好处理，埂内的泥水就要顺路流出，道路变成水口，梯田淤不起来，路也变成深沟。因此修这种路时，在地埂内夹着大陆的两旁，分别做一道隔墙，这种隔墙向路的一面可以安排成治理的，以免人畜踩踏，破坏墙面；向地的一面，可以做成缓坡，庄稼就一直可以种到墙顶附近，以免占地。地埂年年加高，隔墙也要跟着向上加。在道路上修软埝式的横埂，把路水引入地中分散在田面，此种横埂并不妨碍交通。

设在地埂的两侧：在地缝的两头沿畔上亦可布置道路，可以较笔直地上山，便利人畜行走，道路应离开沟边有一定距离，以种植沟源林带之用。

1956~1962 年研究区关于地埂的修筑，只是简单地介绍了地埂的培法、类型和规格［见 3.3.1 农牧业改良土壤措施（1）培地埂］，而在 1958 年国务院水土保持委员会办公室出版的《黄河中游黄土地区水土保持手册》中除详细介绍黄土丘陵沟壑区培地埂的方法外，还介绍了怎样防止径流集中浅凹地冲垮地埂、培地埂时的注意事项、地埂的加高和利用、道路规划等内容，而这些内容在当时的内蒙古黄土丘陵沟壑区并未涉及，可见当时知识和技术的传播受地域的局限，内蒙古黄土丘陵沟壑区培地埂的技术相对落后。

3.4.1.2 梯田

1959 年，中国科学院黄河中游水土保持综合考察队编著的《黄河中游黄土地区水土保持手册》中关于梯田部分，重点放在如何加速修平梯田（见图 3–30），重点提出两种方法：一是设计断面比较省工；二是改进工具，提高效率。

（1）设计断面比较省工。

缩小田面宽度：修梯田的土方数与用工数随着梯田宽度的变窄而减少，因此省工计，应当尽可能地缩小地面宽度。

如果梯田的宽度小于四五米，则可在梯田两端留 3 米左右宽的地头，以便耕作农具的转弯。假设用山地步犁进行犁地，先在最上一级梯田开始耕，到达尽头时，即经地头转至下一级梯田再进行耕地，然后又转至上一级梯田。这样来回数转就可把相邻两级梯田的地耕完。梯田两端

图 3–30　修水平梯田

3 米左右宽的地头上可种上苜蓿，并在沿坡向每隔梯田面两倍宽的距离，修筑软埝式的横埂以便把水引入每条梯田中。

为了要得到较宽的梯田面，亦可在每条梯田的上面暂留一定宽度的坡地不修，以后利用翻耕或多余劳动力再将其修成较宽的梯田，这样做时，第一年梯田外面须有较高的地边埂以蓄住坡地上流下来的雨水。这种形式的梯田，有人叫它复式梯田。

改进处理表土的方法或不处理表土：每亩梯田范围内把地面划分成若干条，最下第一条的表土不处理，直接修成水平或 3°–5° 的缓坡，然后把上面第二条地上的表土刮至这条已修成的梯田上铺平。这样一直修上去，仅最后一条缺表土，但可节省一些工。如果肥源较足，结合深翻土与灌溉，并选用马铃薯、蓖麻、豌豆等较适合的作物，虽不处理表土，第一年亦可增产。

第一年留 3°–5° 坡度：第一年不修成水平，而留有 3°–5° 坡度，用山地犁与三角刮土器培修软埝。这样水土流失已可控制，而第一年初修时可省些工，以后继续用山地步犁与三角刮土器翻耕修软埝，大概过二三年即可完全变成水平。如在 10° 的坡度上，将田面宽度 5 米的坡地修成水平梯田，每亩的土方数为 68.5 方，但若留有 5° 的坡度，每亩的土方数仅为 34.6 方，前者约为后者的 2 倍。

坡埂稍加培拍：修梯田时，培拍地埂每亩花 39.3–54.8 工，这是很大的一个数目。如果第一年修梯田时，地埂稍加拍打，即可省去大量的用工。

如果地埂稍加拍打，填土部分的边坡修至 45° 当无问题，而挖土部分的边坡仍可维持在 70°–80° 。第一年在填土坡上可以种植草木栖，既能起到护坡作用，所收草木栖又可作肥料。为了减少地坎占地百分数，把地坎上的土逐年刨下，铺在地上还可作肥料，一直刨至整个地埂的边坡为 70°–80° 时为止。

在修梯田的过程中，田面的下半部（即填土部分）已起到深翻的作用，并且土质也较好，而在地面的上半部则属于底土，质地坚实，有机质含量少，应进行深翻土或深耕。

（2）改进工具。

修梯田工具的改进是目前急需解决的一个问题，有待我们去总结。现在仅就已了解的，提出下面一些工具。

山地犁——山地犁是一种犁壁可转动的犁，适宜在坡地上耕作，可将土拨向下坡一边翻转，以促使梯田早日变平。目前在黄土地区已普遍推广的是 16 号犁。这种犁原系铁辕，比较沉重（16 公斤），先经米脂农业推广站及陕西农业机械研究所改进，把铁辕改成木辕，减轻了重量，犁身亦稍缩短，便于耕作。

三角刮土器——三角刮土器是用两块长 200 ~ 220 厘米、宽 25 厘米、厚 3 厘米的木板做成两翼，前边合拢成 30° 的角（30° 夹角的三角刮土器经试验证明在各种不同性质的土壤中都可顺利进行），并以横档把翼板固定住。制造时力求两翼夹角的准确，两翼的外面亦应相当平滑，这样可减少泥土的黏着而有利于工作。

使用三角刮土器的情形，它的一个翼板靠贴由犁犁成的沟壁，另一翼则行推土，使用人蹲在靠沟的翼板上，并用手加适当压力，以控制推土量与地埂的侧坡，同时还要注意牲口的行走方向。待达到行的尽头，使用人立起，手提刮土器同牲口转弯回头，以原来的运土翼板作为靠沟翼板，于是使用人又蹲于靠沟翼板上，继续工作。

“而”字形刮土板——在修梯田时，先用山地步犁把土壤耕松，然后一人扶着刮土板，由二人或牲口向下坡拉土。这种方法来修梯田，根据中国科学院黄河中游水土保持考察队在定西试验，在原地面坡度为 8.5° 的坡地上修田面宽 12 米、田面坡度 4° 的梯田，每亩需要 14.7 工，合成土方数，每工可做 7 公方（单挖土方）。

剷（铲）土器——上述刮土板的阻力是相当大的，因为土在地面移动有很大的摩擦力。为此可采用铲土器，来提高功效。这种铲土器可有两人拉动，亦可由牲口曳引，据甘肃武山县邓家堡农业生产合作社试验，使用这种铲土器（装有滚珠轴承），二人可等于四至六人，即效率可提高 2–3 倍。

单轨运土车——这种车的结构简单，造价便宜，易于掌握。每组应有两架这种车，由三人用铁锹挖土，投入车中，二人上下来回运土。这种车的运动部分应当装上轴承以提高功效。

绳索牵引机——修梯田的工具可用绳索牵引来带动。它的基本机构可分四部分：动力、传动机构、移动机构及农具。按照动力又可分为人力、畜力、机力、风力、水力、电力六种。目前黄土地区普遍应用的应以人力与畜力两种为主。

人力绳索牵引机的构造简单，在一个木架内装一立轴，绳即缠绕在这立轴上，或在立轴中部装一缠绳的鼓。立轴上端可插入 2–4 根横推杆，依靠人力推转将绳索绞动。如果使用畜力，只须换上如水车上连接牲口的转动装置即可。

关于如何采用绳索牵引机配合山地犁、三角刮土器和铲土器等农具来修梯田，有待进一步研究。现在只能提出在如下原则下以供参考：在修筑较狭条的梯田，于横坡向往下坡推土时，可以考虑使用山地犁与三角刮土器这类工具。在较宽的梯田，于顺坡向由上向下运土时，则可考虑使用铲土器这一类工具。

本书研究区在介绍速成修水平梯田［见 3.3.1 农牧业改良土壤措施（2）速

成水平梯田］时，只是简单描述了方法，并未介绍使用哪些工具修筑梯田，通过实地调研，了解到当时主要使用山地犁和刮土器修筑梯田。而1959年中国科学院黄河中游水土保持综合考察队编著的《黄河中游黄土地区水土保持手册》中不仅介绍了梯田修筑方法，而且更加关注工具的使用。这可能也是当时内蒙古黄土丘陵沟壑区修筑梯田相对落后的原因之一，没有关注当时其他区域的技术成果和工具使用。

3.4.1.3 谷坊

1959年中国科学院黄河中游水土保持综合考察队编著的《黄河中游黄土地区水土保持手册》中关于谷坊部分，主要介绍了谷坊的作用、种类、谷坊修建的范围及间距的确定、谷坊类型的选定、谷坊高度的确定、各种谷坊的修建方法。重点是介绍谷坊的修筑方法，如土谷坊：

清基：就是把修谷坊地面上的虚土、草皮以及腐殖质较多的土壤挖掉，露出坚实土层，然后再沿谷坊走线挖一结合，以便谷坊与基础紧密结合。

填土：基础清好后，再将底部坚实土面挖虚约5cm，即逐层进行填土及夯实，每层虚土厚约0.3米，夯实约0.2米，然后，将夯实面耙虚1～2cm，如土干时再酌予洒水，即可进行第二层填土。如此层层加高，则坝身坚固不易冲毁。筑坝土料以黄土最好，土料过干或过湿均不易夯实，一般以含水率达14%~17%，或用手能搓成团，并且土团落地即碎为适宜。

干挖溢洪道：土谷坊不允许洪水漫顶，所以谷坊做好后，必须在沟岸坚实土层上开挖溢洪道，以排出过量洪水，保证坝身安全。并给出溢洪道常见规格。

谷坊土方计算：计算土方可按沟道的形状不同采用不同公式，给出沟道横断面为长方形、V字形、梯形、抛物线形四类谷坊的土方计算公式。

1959年中国科学院黄河中游水土保持综合考察队编著的《黄河中游黄土地区水土保持手册》中关于谷坊部分优于研究区的主要原因是除了详细介绍谷坊的修筑外，还给出了谷坊土方量的计算公式。

3.4.1.4 造林

针对造林技术，黄河中游黄土丘陵沟壑区主要介绍了不同造林技术实施的地形特征、造林整地方式和树种类型。对于造林技术的介绍并没有内蒙古黄土丘陵沟壑区在1959年8月20日内蒙古自治区林业厅治沙造林综合勘察设计队典型设计分队给出的《内蒙古自治区丘陵水土保持经济林区典型设计》具体和详细。

通过了解当时黄河中游黄土丘陵沟壑区水土保持技术，可知当时研究区造林技术较其他黄土丘陵区有明显优势，而农业改良土壤措施和水利改良土壤措施存在明显劣势。

3.4.2 全国各省（区）水保技术差异

3.4.2.1 相同水土保持技术的差异

本书选择地埂和梯田两个水土保持技术进行对比其在全国不同地方使用的技术方法和规格。

（1）地埂的培法和规格。我们选取坡度为 10° 的地埂高为例（见表 3–19），对比中国不同区域在修筑地埂的规格。根据表 3–19 可知，地埂间距有两类：一类是 500 厘米（内蒙古、黄河中游、湖南），另一类大约是 1200 厘米（吉林、陕西）。地埂中心高度主要集中在 30 厘米，如内蒙古、黄河中游、湖南、吉林、河北、陕西偏高为 40 厘米。地埂底部宽 100 厘米左右，而河北和陕西偏低，为 80 厘米；埂顶宽为 35 厘米，我国各地方差异不大。埂内坡比为 1∶1，内坡坡度为 45°，全国都相同；但埂外坡比内蒙古、黄河中游、河北比值偏大，即地埂外坡坡度偏大 65°~70°，如内蒙古、黄河中游、河北，表明这些地区坡度大，因此修地埂间距小，且外坡的坡度较大，可保证阻挡洪水溢洪的效果。表明当时根据不同地方的地势特点，修筑地埂的规格存在很大差异。

表 3–19 不同地区地埂规格差异

地区	坡度（°）	地埂间距（cm）	埂中心高（cm）	埂底宽（cm）	埂顶宽（cm）	埂外坡（cm）	埂内坡（cm）
内蒙古①	10	570	40~60	93~120	30	1∶0.23~1∶0.3	1∶1
黄河中游②	10	500	38	100	35	1∶0.47（65°）	1∶1
湖南省③	10	500	40		30	1∶1（45°）	1∶1
吉林④	10	1200	40	100	35	1∶1.5	1∶1
河北⑤	10		29	70	30	1∶0.25	1∶1
陕西⑥	6~10	1500	37	87	40	1∶1	1∶1

同时，为了更好地了解技术实施的差异，对比了不同地区修筑地埂的方法和效果，如表 3–20 所示。内蒙古培土厚度踏实厚为 15 厘米，云南为 20 厘米，而黄河水利委员会编著的《水土保持技术教材》中培土踏实厚度为 2 厘米，可

① 准格尔旗档案馆 . 水土保持技术措施［Z］. 内蒙古水利厅水土保持工作局，1958.

② 中国科学院黄河中游水土保持综合考察队 . 黄河中游黄土地区水土保持手册［M］. 北京：科学出版社，1959.

③ 湖南省农业厅，林业厅，水利厅 . 水土保持［M］. 北京：中国水利电力出版社，1958.

④ 吉林省水土保持委员会办公室 . 水土保持简易技术手册［M］. 长春：长春新生印刷厂，1958.

⑤ 河北省水利厅农业田水利局 . 水土保持综合治理方法［M］. 保定：河北人民出版社，1957.

⑥ 陕西省水利厅 . 陕西省水土保持技术画册［M］. 西安：陕西人民出版社，1958.

能存在笔误。对于修筑时间，内蒙古、云南和湖南都提到需要在雨后进行修筑，而吉林和湖南还提到需要在闲时进行修筑。对于产量的对比，内蒙古修筑地埂可增产 10%，黄河水利委员会编著的《水土保持技术教材》中提到可以增产 20%~60%，吉林可以增产 20%~40%，表明内蒙古有地埂增产效果较其他区域低。对于培地埂的注意事项，在当时的内蒙古研究区并未涉及，而其他区域都有相应的注意事项（见表 3-20），表明内蒙古在修筑地埂时考虑其他问题较少，只是单纯地修筑地埂。

表 3-20　不同地区修筑方法和效果的差异

地区	培土厚度	修筑时间	产量对比	修筑中提及注意事项
内蒙古[①]	每层复土厚约 20 厘米，踏实厚 15 厘米	雨后	培地埂比不培地埂的坡地，一般当年即可增产 10% 左右	
黄河水利委员会[②]	每层土一般为 2 厘米，踏实厚 1.5 厘米	无说明	有地埂的坡地比不培地埂的坡地，一般当年即可增产 20%~60%	埂培好后，把表土撒在露出表土的地面上，以利于当年增产
湖南省[③]	无说明	利用早春或插秧后、或秋收后农忙稍闲时期，结合生产整地进行，这几段时间，一方面由于雨水较多，土壤比较湿润，培修容易，同时气候较好，避免了冬季施工中受霜雪冰冻等影响土埂质量；另一方面由于与生产整地结合进行，不但调剂了劳动力，也不至于影响生产		（1）计划土埂要两年以上才能变成水平梯田的，在土埂下边开挖一道截水沟，以拦截地面径流，增大土壤的湿润面积，提高坡地作物抗旱能力 （2）坡地下层几种不同地质的处理： ①坡地下层土壤深厚的，则逐年深耕，犁向外翻，用耙向低处拖 ②坡地土层若为乱石夹泥底的，则逐年结合农耕，以乱石砌坎，以泥面地 ③坡地土层若为碎石页岩夹泥底的，则逐年结合农耕，以砌坎和面地同时结合进行 ④坡地下层若为坚硬岩石底的，则不宜修建梯田或土埂

① 准格尔旗档案馆 . 水土保持技术措施［Z］. 内蒙古水利厅水土保持工作局，1958.

② 黄河水利委员会水土保持处 . 水土保持技术教材［M］. 郑州：河南人民出版社，1960.

③ 湖南省农业厅，林业厅，水利厅 . 水土保持［M］. 北京：中国水利电力出版社，1958.

续表

地区	培土厚度	修筑时间	产量对比	修筑中提及注意事项
吉林[①]	无说明	采用能培土的当时培土，不能培土的留出荒格，等忙季过去再培土的办法，打破了常规。这样做，可以常年培土，雨后不能下地也能培埂	培地埂比不培地埂的坡地，产量增加 20%~40%	（1）本区域利用苞米和高粱楂子代替土修筑楂格子，既顶用还省工，腐烂后又是很好的有机肥 （2）在凹形地方的土埂应该培厚些，但在地形变化不大的地方，应尽量照顾原垄，按绝对等高会出现许多断垄，不便耕作
陕西[②]	无说明	无说明	无说明	遇到弯曲地方时，就采用“大弯就势，小弯取直”的办法
云南[③]	每层复土厚约 34 厘米，踏实厚 20 厘米	雨后	无说明	埂底一定要比埂顶宽，埂子的边坡应当根据埂顶和埂底的宽度决定，自成一个斜坡

（2）梯田的规格和类型。由于地区不同，梯田可分为土坎梯田和石坎梯田。黄土山区多为土坎梯田，土石山区多为石坎梯田。我们选择地面坡度为 10°，设计田坎高度为 2.0 米，比较中国不同地区梯田的规格。根据表 3–21 可知，地坎外坡主要为 1∶0.3，内蒙古和其他区域无明显差异，田面宽度内蒙古为 10.4 米，与黄河中游、辽宁相近，大于湖南，小于河北和安徽。研究区每亩梯田土方量大于黄河中游和湖南。总体来说，研究区梯田规格与黄河中游地区相近，我国其他地区在修筑梯田时，规格差异没有地埂的差异大。

表 3–21　梯田规格对比

地区	地面坡度	设计田坎高度（米）	地坎外坡	田面宽（米）	每亩梯田土方量（公方 / 亩）
内蒙古[④]	10	2.0	1∶0.3	10.4	172.0
黄河中游（陕北、晋西、甘肃）[⑤]	10	2.0	1∶0.3	10.7	156
辽宁[⑥]	10	2.0	1∶0.3	10.2	
湖南[⑦]	10	2.0		9.60	145
河北	10	2.0	1∶0.25	11.4	
安徽	10	2.0		11.4	

① 吉林省水土保持委员会办公室 . 水土保持简易技术手册［M］. 长春：长春新生印刷厂，1958.
② 陕西省水利厅 . 陕西省水土保持技术画册［M］. 西安：陕西人民出版社，1958.
③ 云南省水土保持委员会 . 怎样进行水土保持［M］. 昆明：云南人民出版社，1957.
④ 准格尔旗档案馆 . 水土保持技术措施［Z］. 内蒙古水利厅水土保持工作局，1958.
⑤ 黄河水利委员会水土保持处 . 水土保持技术教材［M］. 郑州：河南人民出版社，1960.
⑥ 田德民 . 水土保持的治理方法［M］. 沈阳：辽宁人民出版社，1958.
⑦ 湖南省农业厅，林业厅，水利厅 . 水土保持［M］. 北京：中国水利电力出版社，1958.

同时，我们梳理了当时中国其他区域修筑的梯田的类型，并给出了图式、修筑说明、使用范围（见表 3-22）。当时我国其他区域除了水平梯田外，还修筑坡式梯田、石坎水平梯田、鱼鳞式梯田、苜蓿草埂（带）梯田、木桩式梯田、复式梯田、隔坡梯田、圳式梯田，这些梯田都修筑在特殊地区，且用特定的材料进行修筑。

表 3-22　梯田类型

类型	图式	说明	适用范围
坡式梯田	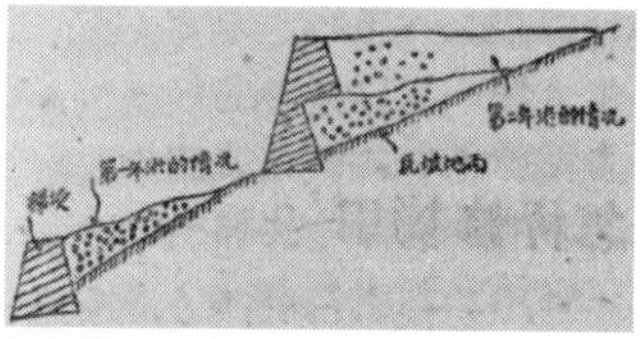	利用地埂逐年加高，逐年淤平，具有一定坡度	地多人少，劳力不足的地方
土坎水平梯田	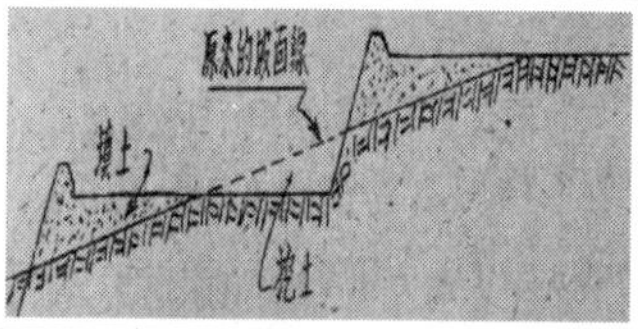	里切外填，取高垫底，一次修成水平	劳动力充足地区，黄河中游黄土山区多为土坎梯田（本书研究区）
石坎水平梯田	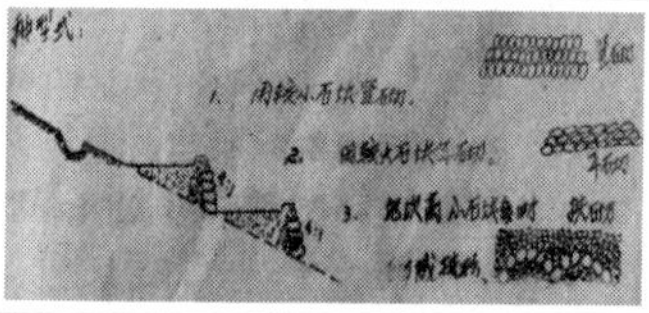	砌石相互咬合，上下层及左右缝要错开，边砌边在旁边用土夯实	土石山区石头多，可以就地取材
鱼鳞式梯田		修成突出的半圆形土壕或石坝，其形状像鱼鳞，故命名为鱼鳞式梯田	这种梯田不多，大部分在果树区
苜蓿草埂（带）梯田	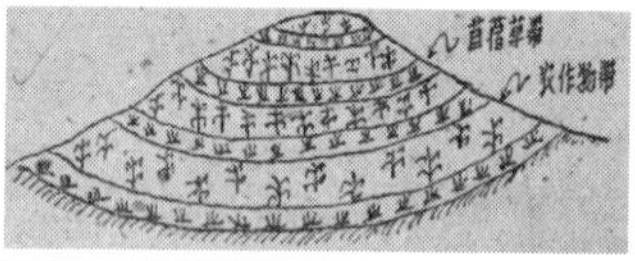	顺坡每隔 5~10 米农地，等高种植一条 1.5~4.0 米宽的苜蓿草带，经耕地时向下翻土逐渐变成水平梯田	在甘肃环县一带
木桩式梯田		用木桩沿等高线打下，在结合当地现有材料修筑地埂	为节省木材，现在不用此法修筑梯田
复式梯田	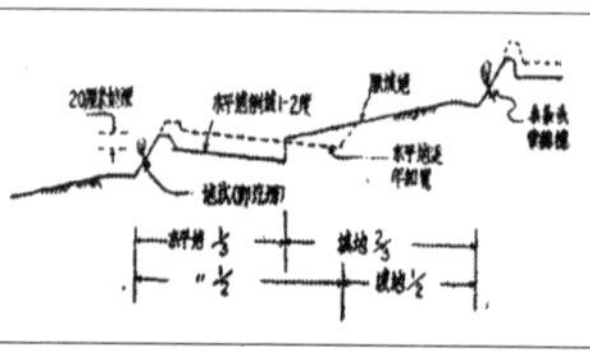	这种梯田面比较窄，又在不等高线上成行，因此修成一行或一两棵树为一块的水平梯田	在辽宁南部果树区常见，是在地形不规整的条件下修成的

续表

类型	图式	说明	适用范围
隔坡梯田		从下方取土培埂，并将下半部修成水平，上半部保留原坡面，种植农作物或牧草	1959 年二十四种措施
删式梯田		一般梯田宽度 5~8 米，第一年一般修成水平，以里切外垫为主，另一半坡面上的表土全部刮下来铺在水平地上，逐年加宽田面	1959 年复式梯田

3.4.2.2 特色地域的水土保持技术

（1）风沙区水土保持技术。

搭设沙障：在沙丘迎风坡 1/2 以下的坡面上，横对主风向，由下而上等高设置沙障。

铺草固沙：把农作物秸秆或杂草等每隔 1~2 米成带状铺设，带宽 1~2 米，与主风向垂直，在其中压上沙土。

黄土压沙：用黏性土混入铡碎的干草加水和成草泥，涂抹在沙丘表面，厚约 10 厘米。

种草固沙：选择条件较好的沙地，在雨后无风天气播种适宜生长的半灌木草种。

（2）南方土石山区土保持技术。

高粱秆堤：在土质深、石块不多的山地上，用高粱秆筑堤来防止水土流失，高粱秆腐烂后，还可以作为肥料。

挖山茅坑：在山坡上，选择一块不平坦而土质较厚，用人工开挖一个坑，用片石浆砌，表面用石灰涂抹。在坑内蓄水，天旱时可用于灌溉，平时将山上的野草及牛粪等积入坑中变成了很好的肥料。

挖泉水坎：根据地形在出泉水的地方，挖一个大坎，以控制水量，减少冲刷。

开排水沟：为了排泄雨水，在坡面开挖水沟。

割草铺地：夏季玉米中耕施肥后，玉米长得还很小，空隙很大，可割上嫩草把地铺起来，防止水土流失[①]。

---

① 国务院水土保持委员会，浙江省联合工作组.浙江省淳安县琴溪社的水土保持措施［J］.人民黄河，1958（2）：20–22.

（3）南方红壤丘陵区。

等高撩壕种植果树：撩壕距离为18尺，埂宽1.5尺，高1尺，壕宽2尺，深1尺，壕的两端作一小土埂以便蓄水，果树定植于壕的下方，距壕沟5尺（见图3-31）。①

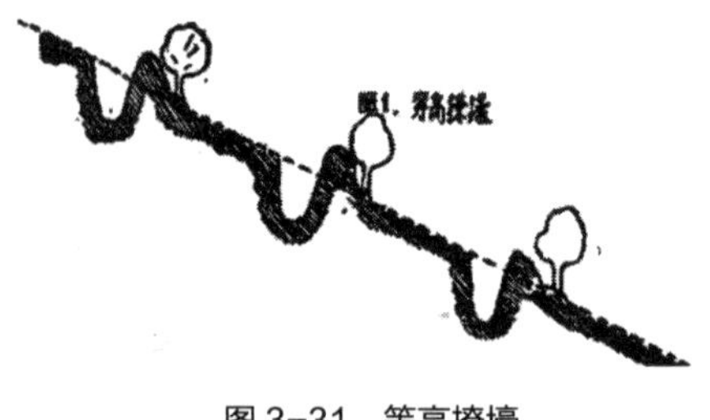

图3-31　等高撩壕

3.4.3 苏联对我国水土保持工作的影响

3.4.3.1　苏联专家参与我国水土保持工作

这一阶段，我国对于国外水土保持技术的认知和学习主要来源于苏联水土保持工作的专家。1954年春天，当西北水土保持科学试验研究工作正在摸索前进的时候，苏联地质土壤专家马舒柯复同志亲临现场，参观访问，提出了水土保持任务和对应措施。1955年5月，苏联科学院访华代表团团员苏联科学院地理科学研究所所长地理土壤专家格拉西莫夫院士，中国科学院院长顾问、土壤专家柯夫达院士来西北访问和调查。②

苏联水土保持专家M. H. 扎斯拉夫斯基参与我国1956年对黄河中游水土保持工作的考察，在两个月的时间里，到过黄河中游的榆林、绥德、榆次、沿安、平凉和天水等区，并在黄河中游水土保持进行了工作汇报③。M. H. 扎斯拉夫斯基在1958年全国第二次水土保持会议上报告了《中国的土壤侵蚀及其防治》④。1958年苏联专家П. С. 巴宁在全国第二次水土保持会议上做报告，题目为《坡地灌溉及水土流失地区土壤改良措施方面的几个问题》⑤。同时，水利部苏联专家组组长康些考尔涅夫做了工作报告。

1956年，苏联水土保持专家M. H. 扎斯拉夫斯基编写了《关于中国水土保持农业技术措施的作用》。著作中引用一些中国实验研究机构和试验站的观测资料、自己在中国考察期调查的资料，以及引用一些苏联科学研究机构的部分资料详细地谈了水土保持农业技术措施。

① 程万里，沈廷厚，刘竟良．山地果园水土保持试验［J］．湖北农业科学，1958（1）：40-44.

② 赵秦丹．感谢苏联专家对我们水土保持工作的指导［J］．新黄河，1956（2）：34-37.

③ M. H. 扎斯拉夫斯基．对黄河中游水土保持工作的报告［J］．人民黄河，1956（10）：35-45.

④ M. H. 扎斯拉夫斯基．中国的水土侵蚀及其防治——苏联专家M. H. 扎斯拉夫斯基在全国第二次水土保持会议上的报告［J］．人民黄河，1958（1）：44-59.

⑤ П. С. 巴宁．坡地灌溉及水土流失地区土壤改良措施方面的几个问题：苏联专家П. С. 巴宁在全国第二次水土保持会议上的报告［J］．人民黄河，1958（1）：41-44.

当时，苏联和中国采用着多种多样的保水保土的农业技术措施如横坡耕作和作物行间耕作、深耕、松土、深隙松土、保土轮作、适当密植、增加有机肥的施肥量、作物间作和混作、埂间播种、断续地开挖横沟、在休闲地和中耕作物地种植缓冲带、等高带状布置田坎、作物的沟播和垄作等技术。同时，肯定了当时中国水土保持工作："在世界上没有任何一个地方开展着像中国这样大规模的，有数千万农民参加的水土保持工作，并在工作中你们已经取得巨大的成绩。"①

3.4.3.2 苏联本国的水土保持技术

1956 年，苏联水土保持专家 M. H. 扎斯拉夫斯基编写了《关于中国水土保持农业技术措施的作用》。通过许多实例，说明在黄河、永定河流域和中国南方，在试种牧草方面已积累了一定的经验，但是，这个复杂的专题中许多问题还未得到足够的研究，而且试验的成果也未广泛利用到生产中。书中也介绍了苏联带状间作开垦坡地的方法种植牧草②（见图 3–32）。

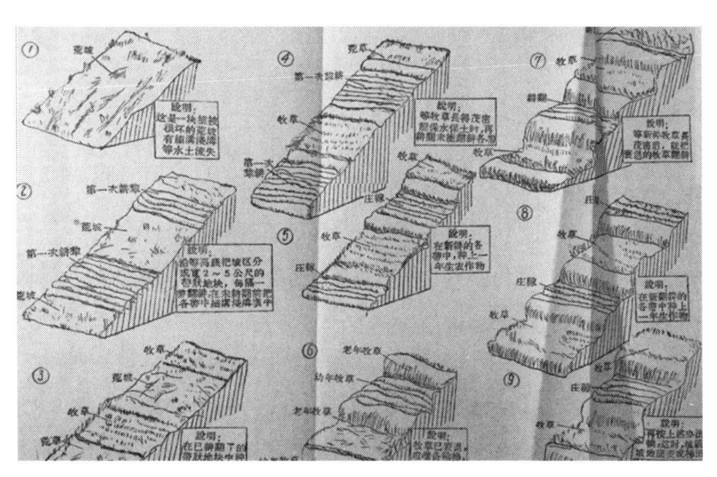

图 3–32　苏联带状间作开垦坡地的方法种植牧草

1957 年，A. 普列斯尼亚科娃、蒋长树在《人民黄河》期刊上介绍了全苏水土保持会议过程和苏联水土保持工作③。1958 年，C.C. 索保列夫，И.Φ. 萨多夫尼科夫在《人民黄河》上发表了 1955 年 12 月 12~16 日在莫斯科召开的第六

①② M. H. 扎斯拉夫斯基 . 关于中国水土保持农业技术措施的作用［M］. 北京：中国水利电力出版社，1958.

③ A. 普列斯尼亚科娃，蒋长树 . 全苏水土保持会议［J］. 人民黄河，1957（A1）：54–56.

④ C.C. 索保列夫，И.Φ. 萨多夫尼科夫 . 苏联防止水蚀和风蚀的措施［J］. 人民黄河，1958（2）：39–46.

次全苏水土保持会的总结，关于苏联防治水蚀和风蚀的措施，共给出了 25 条具体的水土保持技术措施④。

1959 年，布拉乌捷编写的《水土保持林的栽种》中介绍了苏联水土保持林包括集体农庄用林、水源调节林和果园林、沟壑防护林、沟边防护林、谷沟防护林、谷坊、池塘防护林六类。水土保持林技术主要是为了保护原有森林和草原及合理经营林业[①]。

3.5 小结

随着全国农业合作化的开展，1956 年开始内蒙古水土保持工作迎来了多项技术全面推广的黄金时间。在 1956~1962 年短短的 7 年时间里，国家召开了两次全国水土保持工作会议，制定了《中华人民共和国水土保持暂行纲要》，同时对水土保持技术名词进行了统一解释。这一阶段的内蒙古黄土丘陵沟壑区水土保持工作经历了萌芽（1956~1957 年）—高涨（1958~1960 年）—低谷（1961~1962 年）三个阶段。1956 年 4 月，内蒙古自治区针对地貌特征将全区划分为黄土丘陵沟壑区、黄土高原沟壑区、土石山区、风沙区四大类型，其中内蒙古黄土丘陵沟壑区将准格尔旗和清水河县列为水土流失重点治理旗县，为了更好地推进工作，研究区成立了县级的水利、水土保持、山区建设委员会。

1957 年明确了水土保持技术的类型和定义，当时水土保持技术分为三大类：①农牧业措施（梯田、地边埂、等高埂、封沟埂、水簸箕、种草、牧场改良、改良耕作）。②林业措施（造林、封山育林、果园）。③水利措施（谷坊、淤地坝、沟壑土坝、沟头防护、旱井、蓄水池、鱼鳞坑、引洪漫地等）共 19 项水土保持技术。1958 年内蒙古水利厅水土保持工作局制定了《水土保持技术措施》、1960 年内蒙古水利厅水土保持局编著了《水土保持技术画册》，明确了 19 项水土保持技术的基本类型、方法和规格，并提出针对黄土丘陵沟壑区水土流失制定了相应的四道水土保持技术防线：第一道防线是农业技术措施；第二道防线是田间工程；第三道防线是造林；第四道防线是一系列沟谷水工建筑物。

1956~1962 年，内蒙古黄土丘陵沟壑区水土保持技术类型相对于黄河中游黄土丘陵地区几乎一致，但针对单个技术的实施却存在显著的差异：①黄河中

① 苏科乌捷 . 水土保持林的栽种［M］. 北京：科学出版社，1959.

游其他黄土丘陵区的农牧业改良技术措施和水利改良土壤技术措施在施工过程中明显优于研究区，主要表现在其他黄土丘陵区除了有技术的规格，更重视技术的施工步骤、工具改进、管理维护等方面，而研究区只是简单地给出技术的规格和图示。②内蒙古的林业改良技术措施优于黄河中游其他黄土丘陵沟壑区。1959 年 8 月 20 日，内蒙古自治区林业厅治沙造林综合勘察设计队典型设计分队给出《内蒙古自治区丘陵水土保持经济林区典型设计》，共 41 种类型，分别从造林对应的地貌和土壤特征，不同造林类型的混交，每公顷造林需用种苗，造林整地方式，造林时间，方法和要求，幼苗抚育，补植率七个方面进行了详细的介绍。

相同的水土保持技术在我国不同区域实施时，其技术规格、方法等方面都存在显著差异，这主要是根据当地的地形、坡度和生产习惯决定的。当时水土保持工作主要关注黄河流域，还有风沙区和南方红壤等地。这一时期主要是苏联对我国水土保持工作有巨大的推动和促进作用，如苏联专家参与我国水土保持考察和重要的水土保持工作会议，同时也介绍了苏联本国的水土保持技术。

水土保持技术以建设基本农田为主（1963~1978年）

4.1 全国“以粮为纲”建设基本农田

20 世纪 60 年代初期，面对国民经济严重困难的局面，中央强调要贯彻执行国民经济以农业为基础，全党全民大办粮食的方针。此后，“以粮为纲”的方针贯穿于六七十年代农业生产。

1963 年 4 月 18 日，国务院关于黄河中游地区水土保持工作的决定中建议制定自己的水土保持规划，制定长期（如 20 年）、近期（如 5 年、10 年）和今明两年的治理规划。

1964 年，毛泽东主席发出“农业学大寨”的号召，水土保持以基本农田建设为主的工作方针得到进一步强化，同时，大寨的“艰苦奋斗、自力更生精神”和旱涝保收、稳产高产农田的建设经验也进一步推动了水土保持基本农田建设向更高标准迈进。

大寨是全国农业的典型，也是治理水土流失的典型。大寨是山西省昔阳县大寨公社的一个大队，原本是个贫穷的小山村，自然条件很差，土壤贫瘠，水土流失严重，产粮很少，为了改变自然面貌，1953~1962 年，在陈永贵的带领下，制定了十年整地规划。大寨治理水土流失、发展农业生产的做法：一是修建梯田，靠里切外垫、打桩筑埂、填土垒堰等方法，使小块变大块、斜坡变平地；二是闸沟淤地，他们在全村七条沟里全部分段打上坝，为了增加坝体承受洪水冲击能力，他们还发明了拱形坝；三是培育“海绵田”，他们对土地深耕深刨，秸秆还田，连年不断施用农家肥，增加保水性能、抗旱能力和土地肥力，旱涝保收，稳产高产，因其一脚踩进去，像踩在棉絮上一样，故名“海绵田”，在全国尤在北方得到了普遍推广。1963 年，大寨遭遇特大水灾，大寨人坚决“三不要”原则，自力更生，战胜了灾害，取得了胜利。此后，大寨的名声经毛泽东主席的号召传遍全国。

随着“文化大革命”的开始，大部分水土保持机构和人员被解散，水土保持事业受到很大干扰和破坏，但以基本农田建设为主的水土保持方针仍得到贯彻。1970 年 10 月，国务院在北京召开农业会议，强调“农业学大寨”，切实加强农田基本建设和水土保持工作，这是“文化大革命”开始后第一次抓农业生产的会议。在此会议的推动下，水电部召开了治黄工作座谈会，要求“四五”期间，每个社、队都要分期分批打歼灭战，一道道沟、一座座山进行治理，保持水土，变害为利，达到基本实现平均每人一亩旱涝保收、高产稳产农田的目标。

1973 年 4 月，经国务院批准，国家治黄领导小组、水电部、农林部在延安召开了黄河中游水土保持工作会议。明确了水土保持就是要从根本上改变农业生产条件，发展生产服务。“以土为首”建设高标准的基本农田，成为 20 世纪 70 年代水土保持工作的主要方针。1977 年，黄河中游水土保持工作第二次会议要求继续贯彻“以土为首，土水林综合治理，为发展农业生产服务”的方针，同时要求把农、林、牧三者放在同等地位，在一定程度上纠正了片面强调建设基本农田的偏颇。

以水、坝、滩地和梯田等基本农田建设为主要内容的水土保持，提高了单位面积产量，改善了农业生产条件，推动了农业的发展，取得了重要成就。据黄河水利委员会报送《黄土高原水土流失综合治理及区划意见》统计：截至 1978 年底，陕西、甘肃、山西、内蒙古、青海 5 省（区）黄河流域共建成水平梯田、条田、坝地等近 267 万 hm^2，造林 227 万 hm^2，种草 53.6 万 hm^2，人均达到“三田”0.05hm^2、造林 0.04hm^2、种草 0.01 hm^2。但以基本农田建设为主要内容的水土保持，因单纯进行整地工程建设，零零散散的未能形成综合防治体系，治理的效果并不好。

1978 年 11 月，《人民日报》发表了国家科委副主任童大林和中国科学院副秘书长石山关于黄土高原生产建设方向的两篇署名文章，提出黄土高原的生产建设方向应以林、牧为主，认为在黄土高原应大量退耕陡坡、造林种草，群众吃饭问题可从外面调进粮食，群众用林牧产品交换粮食，只有这样才能从根本上解决制止水土流失和改变贫困面貌的问题。两篇文章发表后，引起了一场长达两年多的争论。经过众多专家、学者的讨论，最后认识基本趋于一致，即黄土高原面积很大，应根据自然条件和社会经济条件的不同而因地制宜有所侧重，建设基本农田和大搞造林种草，相辅相成，互相促进，由广种薄收过渡到少种高产多收，实行粮食自给，农林牧全面发展，综合治理。

4.2 内蒙古水土保持在曲折中缓慢发展

1963 年 5 月，内蒙古自治区水土保持工作局改为自治区水土保持局。“文化大革命”期间自治区水土保持局撤销。1972 年 1 月，内蒙古革委会水利局下设水土保持处。之后，内蒙古水利厅一直内设水土保持处。1963~1978 年，内蒙古水土保持工作经历了缓慢复苏（1963~1965 年）——“文化大革命”影响（1966~1972 年）——逐渐恢复水利水保工作（1973~1978 年）的曲折变化。

4.2.1 水土保持工作缓慢复苏（1963~1965 年）

4.2.1.1 制定水土保持长期规划

1963 年 4 月 18 日，国水电 292 号文件《国务院关于黄河中游地区水土保持工作的决定》中规定：黄河中游重点治理地区的四十二个县（旗），都要制定自己的水土保持规划，根据本县（旗）的人口、劳力、水土流失的面积和程度，以及治理的难易等情况，制定长期的（比如二十年的）、近期的（比如五年的、十年的）和今明两年的治理规划。长期的规划可以是纲要式的，近期的规划要详细些，今明两年的规划要更详细些。制定规划的时候，要从下而上，从上而下，上下结合（见附录 4–1）。

本研究区属于黄河中游重点治理地区，其中准格尔旗给出 1963~1980 年 18 年水土保持规划，水土保持治理原则：依靠群众，发展生产的基础上，进行全面规划，综合治理，坡沟兼治，治坡为主的方针。从面上治理开始，治山、治沟、治坡、治风沙、治耕地，目的从植树造林、种牧草、淤泥澄地、兴修小型水利着手，全面治理。坚持坡耕地治理为主的综合治理；生物措施为主与工程措施相结合的方针。坚持水土保持与兴修恢复小型水利。坚持面的治理与点线治理并举的建设；常年建设和季节治理与当年受益结合，集体治理为主，个人为辅的建设，“谁治理、谁养护、谁受益”的按劳分配，培养典型治理与大面积治理相结合。在具体工作上应当以营造基本农田牧场和防护林带为主，大力搞好基本农田和草原建设的工作。有条件的社队实现农业半机械化和电气化进而达到大雨不成灾、无雨保丰收[①]。

规划中附有：① 1962 年各社情况表；②土地利用规划表；③主要措施工作量规划表；④ 1963~1965 年分年度治理任务规划表；⑤劳力分期规划表；⑥治理成果分析表；⑦粮食增长估算表。

准格尔旗县各乡社也都制定出水土保持的长期规划：《铧尖乡人民公社关于下达 1963~1980 年水保规划的通知》[②]《东孔兑公社水土保持二十年规划附表》[③]《常胜店大队水土保持十八年规划》[④]《准格尔旗马栅公社十八年水土保持规划》[⑤]《沙镇公社不拉大队水土保持二十年规划说明书》[⑥]《准格尔旗五子湾公社水土保持二十年规划试点方案》[⑦]《长滩乡公社十八年水土保持规划草案的报告》[⑧]《魏家峁人民公社关于报送我社十八年水土保持规划草案》[⑨]《黑岱沟公社水土保持 20 年治理规划草案》[⑩]《垚沟公社阳塔大队十八年水土保持规划草案》[⑪]等。

清水河县制定了 1963~1990 年长达 28 年的水土保持规划，其规划原则为：①从群众生产生活入手，因地制宜，因害设防，一般以引洪淤漫地、治理坡耕地为主，尽快地提高单位面积产量。同时为防风固沙，拦泥蓄水，解决三料不足，逐渐建立用材林、经济林、饲草基地，普遍发展防护林，并调节气候改造自然要积极进行造林种草。②在粮食尚未过关前，前五年不考虑退耕，后五年则根据引洪漫地的增加，则本着增加一亩退二亩坡度较大而产量低的坡耕地，以保证不减产并略有增产。③在保证不影响农业正常生产的前提下，抽出一定比例的劳力搞水土保持工作。④凡是当年或近期无效的各种水土保持措施，前

① 准格尔旗档案馆 . 黄河中游准格尔旗水土保持十八年规划（草案）（1963–1980 年）[Z]. 1964（23–4–42）.

② 准格尔旗档案馆 . 铧尖乡人民公社关于下达 1963–1980 年水保规划的通知 [Z]. 1963（23–4–41）.

③ 准格尔旗档案馆 . 东孔兑公社水土保持二十年规划附表 [Z]. 1963（23–4–38）.

④ 准格尔旗档案馆 . 常胜店大队水土保持十八年规划 [Z]. 1963（23–4–41）.

⑤ 准格尔旗档案馆 . 准格尔旗马栅公社十八年水土保持规划 [Z]. 1963（23–4–41）.

⑥ 准格尔旗档案馆 . 沙镇公社不拉大队水土保持二十年规划说明书 [Z]. 1963（23–4–41）.

⑦ 准格尔旗档案馆 . 准格尔旗五子湾公社水土保持二十年规划试点方案 [Z]. 1963（23–4–42）.

⑧ 准格尔旗档案馆 . 长滩乡公社十八年水土保持规划草案的报告 [Z]. 1964（23–4–38）.

⑨ 准格尔旗档案馆 . 魏家峁人民公社关于报送我社十八年水土保持规划草案 [Z]. 1964（23–4–38）.

⑩ 准格尔旗档案馆 . 黑岱沟公社管理委员会关于 1963–1982 年水土保持 20 年规划方案的前五年规划草案 [Z]. 1964（23–4–38）.

⑪ 准格尔旗档案馆 . 准格尔旗垚沟公社阳塔大队十八年水土保持规划草案 [Z]. 1964（23–4–38）.

五年尽可能不搞或少搞些，后五年适当的搞一些，前五年养护大于兴修，后五年修养并举。[①]

1963 年 2 月下旬，内蒙古水土保持局派人协助清水河县做了试点规划，从试点看：以点推出同类型各社队规划，然后经过各队由下而上进行整修、规划，再推出全县规划。如推出“清水河县王桂窑公社八楞湾大队水土保持规划试点小结”，因地制宜地参考[②]（见附录 4–2）。

4.2.1.2　成立水土保持专业队和水土保持委员会

1964 年，经国家批准，准格尔旗成立纳林水土保持专业队和忽吉兔水土保持试验站，并为了工作方便，于 1964 年 1 月 21 日启用纳林水土保持专业队和忽吉兔水土保持站公章[③]（见图 4–1）。

图 4–1　准格尔旗纳林水土保持专业队和忽吉兔水土保持站公章

1963 年清水河县成立白旗窑水土保持专业队（见图 4–2）和小庙子国办水土保持队，其中 63 年两个水保专业队各安置工人 73 人和 25 人[④]。清水河县水土保持委员会于 1964 年 1 月 12 日成立，主任委员由县委第一书记担任，共 16 人，水土保持委员会办公室属于农牧林水局内[⑤]。清水河县在 1965 年 8 月给乌盟水利水保提交汇报的报告中启用了“清水河县水利水土保持局”的专用章[⑥]（见图 4–3）。

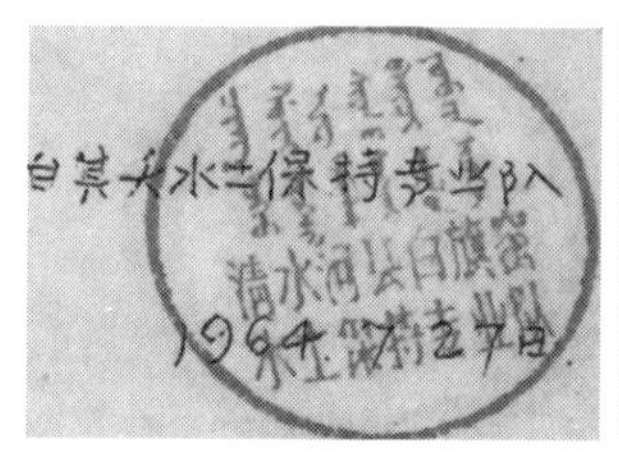

图 4–2　清水河县白旗窑水土保持专业队公章

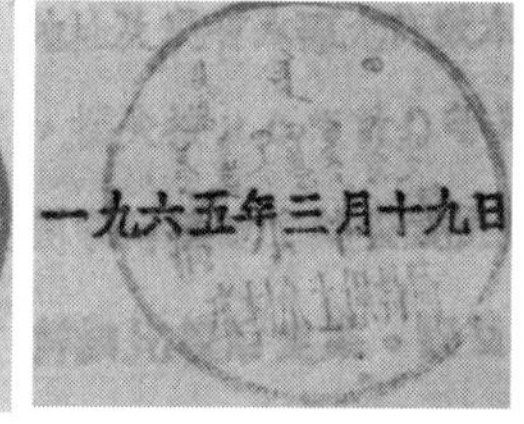

图 4–3　“清水河县水利水土保持局”专用章

① 清水河县档案馆 .1963–1990 年水土保持规划情况［Z］. 1963（14–1–9）.

② 清水河县档案馆 . 内蒙古自治区水利电力厅关于下发“清水河县王桂窑公社八楞湾大队水土保持规划试点小结”的函［Z］. 1963（14–1–9）.

③ 准格尔旗档案馆 . 关于启用纳林水土保持专业队、忽吉兔水土保持站公章的通知［Z］. 1964（23–4–45）.

④ 清水河县档案馆 . 关于我县国办水保专业队（站）安置职工情况的报告［Z］. 1964（40–2–243）.

⑤ 清水河县档案馆 . 清水河县农牧林局关于我县已成立水土保持委员会的报告［Z］. 1964（14–14）.

⑥ 清水河县档案馆 . 清水河县水利水保局关于我县清查整顿工作成果汇总的报告［Z］. 1965（40–1–277）.

4.2.1.3 农田水利技术占主导优势

这一阶段清水河县实施了大量农田水利工程措施，留下了许多历史档案：《清水河县五良太公社三十一号生产队以水利为中心大搞农田基本建设》[①]《喇嘛湾公社小石夭扬水站施工总结及今后施工安排意见》[②]《白旗窑水库 1965 年施工总结》[③]《白旗窑水库灌区清查整顿工作小结》[④]《清水河县白旗窑和五良太水库设计说明书》[⑤]《清水河县农牧林水局关于报送我县 1964 年工程设计任务书》[⑥]《关于报送我县 1963 年农业生产措施统计报表的报告》[⑦]《关于报送我县一九六三年农业基础资料卡片的报告》[⑧]《关于下达 1964 年农业增产技术措施意见的通知》[⑨]《清水河县农牧林水局关于我县土壤改良工作情况的报告》[⑩]《清水河县农牧林办公室关于我县一九五六年“三田”建设工作概况的报告》[⑪]《清水河县农牧林局关于我县 1965 年农业技术推广站工作总结的报告》[⑫]《1965 年万亩以上白旗窑水库灌区清查整顿资料汇编》[⑬]。

准格尔旗也有相关记载：《准格尔旗 1964~1970 年基本田建设和低产田改造规划意见》[⑭]《准格尔旗农业技术推广站关于 1964 年农业技术推广工作计划》[⑮]

---

① 清水河县档案馆 . 清水河县五良太公社三十一号生产队以水利为中心大搞农田基本建设［Z］. 1965（40–2–295）.

② 清水河县档案馆 . 喇嘛湾公社小石夭扬水站施工总结及今后施工安排意见［Z］. 1965（60–1–3）.

③ 清水河县档案馆 . 白旗窑水库 1965 年施工总结［Z］. 1965（60–1–3）.

④ 清水河县档案馆 . 白旗窑水库灌区清查整顿工作小结［Z］. 1965（60–1–4）.

⑤ 清水河县档案馆 . 清水河县白旗窑和五良太水库设计说明书［Z］. 1965（60–1–5）.

⑥ 清水河县档案馆 . 清水河县农牧林水局关于报送我县 1964 年工程设计任务书［Z］. 1964（14–10）.

⑦ 清水河县档案馆 . 关于报送我县 1963 年农业生产措施统计报表的报告［Z］. 1964（14–14）.

⑧ 清水河县档案馆 . 关于报送我县一九六三年农业基础资料卡片的报告［Z］. 1964（14–14）.

⑨ 清水河县档案馆 . 关于下达 1964 年农业增产技术措施意见的通知［Z］. 1964（40–1–226）.

⑩ 清水河县档案馆 . 清水河县农牧林水局关于我县土壤改良工作情况的报告［Z］. 1964（40–1–226）.

⑪ 清水河县档案馆 . 清水河县农牧林办公室关于我县一九五六年“三田”建设工作概况的报告［Z］. 1965（40–1–279）.

⑫ 清水河县档案馆 . 清水河县农牧林局关于我县 1965 年农业技术推广站工作总结的报告［Z］. 1965（40–1–279）.

⑬ 清水河县档案馆 .1965 年万亩以上白旗窑水库灌区清查整顿资料汇编［Z］. 1965（60–1–4）.

⑭ 准格尔旗档案馆 . 准格尔旗 1964–1970 年基本田建设和低产田改造规划意见［Z］. 1964（23–4–43）.

⑮ 准格尔旗档案馆 . 准格尔旗农业技术推广站关于 1964 年农业技术推广工作计划［Z］. 1964（23–4–43）.

《海子塔公社棕塔水库上游水保规划工程》[①]。

1963 年 11 月，中华人民共和国国家计划委员会、中华人民共和国农业部、中华人民共和国水利电力部、中华人民共和国财政部和中国农业银行联合颁发《关于小型农田水利补助费（包括水土保持费）和抗旱经费的使用管理试行规定的通知》[②]。根据这个规定可以看出水土保持的费用放在农田水利部分，第一次在正式文件中提到了"水土保持费"，但国家经费力度低于农田水利的建设。

研究区相关文件名称发生了变化，如"水土保持的年度工作报告"改为"水利水保年度工作报告"，"春季水保造林"改为"春季水利水保造林"，所有关于水土保持的文件都由以前使用的"水土保持"改为"水利水保"[③]或"水保水利"[④]。

通过 1964 年清水河县农田水利、水土保持年报表来看：水土保持实际支出为 36553 万元，农田水利实际支出 52926 万元，是水土保持费用的 2 倍。统计的主要水土保持技术只有梯田、地埂、水土保持林草、谷坊、淤地坝技术[⑤]。水库、旱井、引洪漫灌等在 1956~1962 年属于水利改良土壤措施，在 1963~1978 年属于农田水利工程技术；深耕、积肥、粮草轮作在 1956~1962 年属于农业改良土壤措施，在 1963~1978 年属于农业增产技术措施。水利改良土壤措施和农业改良土壤措施在 1963~1978 年不再属于水土保持技术的统计范围。

4.2.2 "文化大革命"对水土保持的影响（1966~1972 年）

4.2.2.1 以"水"为中心的农业基本建设

随着"文化大革命"的开始，大部分水土保持机构和人员被解散，准格尔旗上报恳请内蒙古水利水保处设法解决工资，否则人员经费开支不了[⑥]。水土保持事业受到很大干扰和破坏，但以基本农田建设为中心的水土保持方针仍得到贯彻。在 1966 年《准格尔旗农林水利局关于一九六六年农林水利工作的总结报告》中指出，农业技术生产大搞以水为中心的农田基本建设。抓住了十年九

① 准格尔旗档案馆 . 海子塔公社棕塔水库上游水保规划工程［Z］. 1964（23-4-43）.

② 中华人民共和国国家计划委员会，中华人民共和国农业部、中华人民共和国水利电力部，中华人民共和国财政部，中国农业银行 . 关于小型农田水利补助费（包括水土保持费）和抗旱经费的使用管理试行规定的通知［Z］. 1963（60-1-1）.

③ 清水河县档案馆 . 清水河县水保水利运动大会决议［Z］. 1965（60-1-4）.

④ 清水河县档案馆 . 清水河县水保水利运动大会简报［Z］. 1965（60-1-4）.

⑤ 清水河县档案馆 . 清水河县农牧林水局关于我县 1964 年农田水利、水土保持年度报表的报告［Z］. 1964（14-14）.

⑥ 准格尔旗档案馆 . 关于我旗水土保持事业经费使用情况的报告［Z］. 1966（23-4-52）.

旱的特点，贯彻“大寨精神”，小型为主，全面配套，狠抓管理，更好地为农牧业增产服务[①]。同样，1966 年清水河县下达了《一九六六年农业生产和技术安排的通知》，提出要狠抓水、主攻水，重点建设稳产高产田和保种保收田[②]。

4.2.2.2 造林

在“农业学大寨”的高潮中，造林工作取得了很大成绩。在 1972 年林业水保工作总结中提出：“为革命造林，为战备绿化和改造我旗山河的雄心壮志进一步树立，实现绿化祖国和实行大地园林化的指示已逐步成为广大群众的自觉行动。”[③] 为了进一步巩固和发展内蒙古大好形势，落实毛主席关于“以粮为纲，全面发展”的方针和“绿化祖国”“实现大地园林化”等知识，全区各乡各族革命人民，必须以战斗的姿态，跃进的步伐，立即行动起来，掀起一个轰轰烈烈、扎扎实实的造林运动。清水河县 1970~1972 年掀起了春秋季植树造林运动[④⑤⑥]。1966 年造林规划中指出，造林类型：农田防护林、水土保持防护林、公路防护林、水利工程防护林、四旁绿化林等，同时注重培育良种育苗技术[⑦]。

4.2.3 恢复水利水保工作（1973~1978 年）

4.2.3.1 水土保持工作新局面

在传达、贯彻黄河中游水土保持工作会议精神以后，水保工作出现了新局面。遵照毛主席关于“要把黄河的事情办好”“必须注意水土保持工作”大搞治山治水的群众运动[⑧]。内蒙古水土保持座谈会纪要中指出：清水河县必须尽快恢复水保站，把黄河的事情办好，决心要搞好水土保持工作。因此县委常委会议讨论决定：恢复小庙子水土保持试验站。该站原系 1963 年成立，在“文化大革命”中改为良种场，现已正式恢复为水土保持试验站，现有职工 35 人[⑨]。清水河县在这一时期，水土保持技术侧重淤泥堤坝工程的建设，1976 年

① 准格尔旗档案馆 . 准格尔旗农林水局关于我旗一九六六年农林水利工作总结报告［Z］. 1966（23–3–13）.

② 清水河县档案馆 . 关于下达一九六六年农业生产和技术安排的通知［Z］. 1966（40–1–318）.

③ 准格尔旗档案馆 . 关于七二年林业水保工作总结［Z］. 1972（23–3–19）.

④ 清水河县档案馆 . 关于立即开展群众性的秋季植树造林运动通知［Z］. 1970（40–2–369）.

⑤ 清水河县档案馆 . 关于开展春季植树造林运动通知［Z］. 1971（40–2–369）.

⑥ 清水河县档案馆 . 关于立即前期春季植树造林运动的紧急通知［Z］. 1972（40–2–369）.

⑦ 清水河县档案馆 . 造林规划指示说明［Z］. 1966（40–1–362）.

⑧ 准格尔旗档案馆 . 关于加强水土保持工作的通知［Z］. 1973（96–1–1）.

⑨ 清水河县档案馆 . 关于恢复小庙子水土保持站请予备案并核发经费的报告［Z］. 1973（60–1–12）.

先后开工建设了四座大型拦泥淤地坝试点工程，即窑沟公社大井沟大坝、单台子公社大树大坝、桦树也公社黄好峁大坝、暖泉公社四道平大坝[①]。

4.2.3.2 水利水保工作大检查

1973年4月3日到5月15日，清水河县组织了159人的水利检查组，对全县水利、水保工程进行了全面检查[②]，最后对1949~1972年清水河县水利工程检查进行汇总[③]。1976年内蒙古对水保工作进行了一次大检查，检查的要点为：水保工作取得了哪些新成绩、新经验、新变化？以兴修梯田为中心农田基本建设的规模、速度和质量如何？人修梯田与机修梯田相结合，当年受益与长远规划相结合方面主要经验是什么[④]？在进行大检查后，1976~1978年清水河县每年都进行水利数据汇总表的制定[⑤⑥⑦]。准格尔旗在1977~1978年制定了水利数据汇总表[⑧⑨]。

通过表4–1和表4–2可知：1977~1978年水利主要指标一共30项，其中水土保持技术包括水平梯田、闸沟打坝、水土保持造林、种草4项。1977年和1978年准格尔旗和清水河县主要实施的水土保持技术是水土保持造林和种草，1977年准格尔旗新增6.8万亩，清水河县新增7.1万亩。1977年准格尔旗相对于清水河县，更注重梯田的修筑，是清水河县新增梯田的3.4倍，清水河县更注重闸沟打坝澄地，是准格尔旗新增坝地的13.5倍。到1978年底，准格尔旗造林面积和种草面积为90.41万亩和40.41万亩，分别是清水河县的3倍和2.4倍。清水河县的水平梯田和闸沟打坝淤地为8.29万亩和5.39万亩，分别是准格尔旗的2.0倍和2.2倍。

表4–1 1977年水利主要指标统计年报

指标名称	单位	准格尔旗		清水河县	
		本年新增	累计达到	本年新增	累计达到
有效灌溉面积	万亩	0.1079	13.358	0.17	4.5996
保证灌溉面积	万亩	0.128	10.568	0.26	39.703
旱涝保收高产稳产农田面积	万亩	0.042	8.506		2

① 清水河县档案馆．关于大井沟等四座大型拦泥淤地坝试点工程建设的报告［Z］. 1976（60–1–33）.
② 清水河县档案馆．关于报送我县水利大检查的总结报告［Z］. 1973（40–1–460）.
③ 清水河县档案馆．清水河县水利工程大检查汇总表［Z］. 1973（40–1–460）.
④ 清水河县档案馆．关于进行一次全盟水保工作大检查的通知［Z］. 1976（60–1–33）.
⑤ 清水河县档案馆 .1976年清水河县水利数据汇总表［Z］. 1976（60–1–24）.
⑥ 清水河县档案馆 .1977年清水河县水利主要指标统计年报［Z］. 1977（60–1–31）.
⑦ 清水河县档案馆 .1978年清水河县水利主要指标统计年报［Z］. 1978（60–1–35）.
⑧ 准格尔旗档案馆 .1977年准格尔旗水利主要指标统计年报［Z］. 1977（96–1–5）.
⑨ 准格尔旗档案馆 .1978年准格尔旗水利主要指标统计年报［Z］. 1978（96–1–6）.

续表

指标名称	单位	准格尔旗		清水河县	
		本年新增	累计达到	本年新增	累计达到
本年改善灌溉面积	万亩	0.397	2.53	0.18	0.18
本年实灌面积	万亩		10.44	3.01	3.01
水土流失面积	平方千米		5013		2243
现有坡耕地面积	万亩		72.2		74.8
水土保持治理面积	平方千米	130	1188	88	363
①现有水平梯田面积	万亩	0.515	3.90	0.15	8.2422
其中梯田水浇地面积	万亩	0.087	1.07	0.113	0.213
②闸沟打坝澄地面积	万亩	0.37	1.55	4.99	5.39
③水土保持林面积	万亩	3.33	27.88	4.84	24.85
④实有种草面积	万亩	6.8	146.8	7.1	12.5
万元以上灌区	处		2		2
盐碱地面积	万亩		4.28		
盐碱地改良面积	万亩	0.079	0.9		
水库	座	29	149	13	38
排灌机械保有量及排灌面积	万马力	0.37	2.36/8.32	0.062	0.8356
机电井	眼	202	1404	64	470
固定机电排灌站	处	57	396	23	260
堤防	千米	57	280		5.1
水闸	座				
水轮泵站	台				
已解决山区人畜饮水	万人		0.69	0.64	0.94
小高抽	处			11	12
社队办苗圃	处		8	95	95
农田基本建设完成土石方	亿立方米	0.25		0.0703	
深翻土地面积	万亩	6.46		13.9	
平整土地面积	万亩	2.94		1.1	
造田造地面积	万亩	0.33	1.52	0.4	0.63
饲料基地灌溉面积	万亩				
灌溉饲料面积	万亩				
农区深机井	眼			6	46
供水基本井					

注：清水河县数据来自《1977 年清水河县水利主要指标统计年报》[①]；准格尔旗数据来自《1977 年准格尔旗水利主要指标统计年报》[②]。

① 清水河县档案馆 .1977 年清水河县水利主要指标统计年报 [Z]. 1977（60–1–31）.

② 准格尔旗档案馆 .1977 年准格尔旗水利主要指标统计年报 [Z]. 1977（96–1–5）.

表 4-2　1978 年水利主要指标统计年报

指标名称	单位	准格尔旗		清水河县	
		本年新增	累计达到	本年新增	累计达到
有效灌溉面积	万亩		13.19		4.5996
保证灌溉面积	万亩		10.0725	0.023	3.6655
旱涝保收高产稳产农田面积	万亩		5.9473		
本年改善灌溉面积	万亩	0.4032		0.3	
本年实灌面积	万亩	10.714		3.4	
水土流失面积	平方千米		5013		2243
现有坡耕地面积	万亩		72.6825		66.51
水土保持治理面积	平方千米		906.6		422.93
①现有水平梯田面积	万亩		4.123		8.2926
其中梯田水浇地面积	万亩		1.2416		0.213
②闸沟打坝澄地面积	万亩		2.4578		5.39
③水土保持林面积	万亩		90.4077		29.53
④实有种草面积	万亩		40.4077		16.73
万元以上灌区	处		3		2
盐碱地面积	万亩		7.4935		
盐碱地改良面积	万亩		0.6144		
水库	座		111		57
排灌机械保有量及排灌面积	万马力		2.636	0.0693	0.9049
机电井	眼	228	1535	35	492
固定机电排灌站	处		298		
堤防	千米		49.7		
水闸	座				
水轮泵站	台				
已解决山区人畜饮水	万人		0.96		0.94
小高抽	处				
农田基本建设完成土石方	亿立方米	0.1903		0.0394	
深翻土地面积	万亩	7.97		11.2	
平整土地面积	万亩	1.82		0.5683	
造田造地面积	万亩	0.2124		0.1083	
喷灌面积	万亩	0.0053			
饲料基地灌溉面积					
灌溉饲料面积	万亩				
开辟缺水草场面积	万亩				5
改善供水草场面积	万亩				5

注：清水河县数据来自《1978 年清水河县水利主要指标统计年报》[①]；准格尔旗数据来自《1978 年准格尔旗水利主要指标统计年报》[②]。

① 清水河县档案馆.1978 年清水河县水利主要指标统计年报［Z］. 1978（60-1-35）.

② 准格尔旗档案馆.1978 年准格尔旗水利主要指标统计年报［Z］. 1978（96-1-6）.

4.2.3.3 农田水利建设仍蓬勃发展

1973~1978 年，清水河县仍然实施了大量的农田水利工程[①]。

一方面是农田基本建设：《1975 年请示批准配备亦农亦水亦水保技术人员充实农田基本建设技术力量的报告》[②]《做好农田、牧草基本建设全面规划问题的通知》[③]《做好农田基本建设规划的通知》[④]《关于农田基本建设中加强安全施工的通知》[⑤]《做好农田水利造林绿化的通知》[⑥]《王桂窑万亩滩设计任务》[⑦]《王桂窑公社元子湾大队农田基本建设计划任务书》[⑧]《喇嘛湾万亩滩设计任务》[⑨]《清水河县五良太万亩滩工程设计任务书》[⑩]《我县四个万亩滩规划设计说明书报告》[⑪]。

另一方面是喷灌和水库工程：《1974 年，内蒙古自治区革委会转发了〈黄河内蒙古河套灌区近期建设与远景规划会议纪要〉》[⑫]《小缸房公社、畔卯子大队喷灌工程设计书》[⑬]《清水河县东庄滴灌工程设计任务书》[⑭]《单台子公社生产队滴灌试点报告》[⑮]《大井沟、老牛湾、畔卯子三项重点喷灌工程的报告》[⑯]《档阳桥水库干渠配套工程投资报告》[⑰]《二道河流水坝工程设计任务书》[⑱]《档阳桥、清水河县水泉汫水库设计任务书》[⑲]《清水河县康圣庄饮水工程设计任务书》[⑳]。

---

① 清水河县档案馆．关于今冬明春大搞农田牧区水利建设的通知［Z］. 1974（40–1–460）.

② 清水河县档案馆．请示批准配备亦农亦水亦水保技术人员充实农田基本建设技术力量的报告［Z］. 1975（60–1–26）.

③ 清水河县档案馆．做好农田、牧草基本建设全面规划问题的通知［Z］. 1975（60–1–19）.

④ 清水河县档案馆．做好农田基本建设规划的通知［Z］. 1975（60–1–19）.

⑤ 清水河县档案馆．关于农田基本建设中加强安全施工的通知［Z］. 1976（60–1–33）.

⑥ 清水河县档案馆．做好农田水利造林绿化的通知［Z］. 1976（60–1–33）.

⑦ 清水河县档案馆．王桂窑万亩滩设计任务［Z］. 1978（60–1–52）.

⑧ 清水河县档案馆．王桂窑公社元子湾大队农田基本建设计划任务书［Z］. 1978（60–1–52）.

⑨ 清水河县档案馆．喇嘛湾万亩滩设计任务［Z］. 1978（60–1–52）.

⑩ 清水河县档案馆．关于上报“清水河县五良太万亩滩工程设计任务书”的报告［Z］. 1978（60–1–52）.

⑪ 清水河县档案馆．我县四个万亩滩规划设计说明书报告［Z］. 1977（60–1–42）.

⑫ 清水河县档案馆．内蒙古自治区革委会转发了《黄河内蒙古河套灌区近期建设与远景规划会议纪要》［Z］. 1974（40–1–460）.

⑬ 清水河县档案馆．小缸房公社、畔卯子大队喷灌工程设计书［Z］. 1978（60–1–50）.

⑭ 清水河县档案馆．清水河县东庄滴灌工程设计任务书［Z］. 1978（60–1–52）.

⑮ 清水河县档案馆．单台子公社生产队滴灌试点报告［Z］. 1978（60–1–50）.

⑯ 清水河县档案馆．大井沟、老牛湾、畔卯子三项重点喷灌工程的报告［Z］. 1978（60–1–50）.

⑰ 清水河县档案馆．档阳桥水库干渠配套工程投资报告［Z］. 1977（60–1–24）.

⑱ 清水河县档案馆．二道河流水坝工程设计任务书［Z］. 1977（60–1–42）.

⑲ 清水河县档案馆．档阳桥、清水河县水泉汫水库设计任务书［Z］. 1978（60–1–52）.

⑳ 清水河县档案馆．清水河县康圣庄饮水工程设计任务书［Z］. 1978（60–1–52）.

内蒙古水保技术以梯田和林草技术为主

1964年，水土保持技术座谈会中明确了水土保持治理面积应该等于梯田、地埂、造林、封山育林（育草）、种草、坝地面积之和。农业耕作措施、引洪漫地、水地、旱井、涝池、沟头防护、谷坊及各项措施的整修面积等，只计算工作量，不计算治理面积。同时水土保持技术要计算拦泥效益，明确了每一个地区的拦泥总量是梯田、地埂、造林、种草、淤地坝、封山育林育草等措施拦泥量之和[①]。顾名思义，农业耕作措施不属于水土保持技术。内蒙古水土保持以修梯田、培地埂、造水土保持林、种草、打坝淤地等措施为主。

这一阶段水土保持技术的参考资料如表4-3所示，根据《1976年收购水保用草树籽的通知》可知，水土保持林草的品种主要是柠条和草木栖[②]，本书选择重点实施的水平梯田、柠条、草木栖、坝地四种水土保持技术进行介绍。

表4-3 1963~1978年内蒙古黄土丘陵水土保持技术参考历史资料

序号	题目	编写单位	来源	年份
1	水土保持丛书之一水平梯田	内蒙古自治区革命委员会水利局	内蒙古图书馆	1973
2	水土保持丛书之二草木栖	内蒙古自治区革命委员会水利局	内蒙古图书馆	1973
3	水土保持丛书之三柠条	内蒙古自治区革命委员会水利局	内蒙古图书馆	1973
4	一九六三试验研究工作阶段总结	伊克昭盟伏路水保试验站	准格尔旗档案馆	1963
5	准格尔旗伏路大队水土保持二十年规划说明书	伊克昭盟伏路水保试验站	准格尔旗档案馆	1964
6	关于转发长滩公社石兰会沟用堤水拉沙打坝经验总结材料的通知	准格尔旗革命委员会农牧林水利局	准格尔旗档案馆	1972
7	关于发送盟水利水土保持技术座谈会专题纪要的函	乌兰察布公署水利水土保持局	清水河县档案馆	1964
8	新修水平梯田大旱之年获增产	店也子生产队	清水河县档案馆	1965
9	关于报送八龙湾大队发展苜蓿生产的经验总结的报告	清水河县农牧林业局	清水河县档案馆	1965
10	关于报送大井沟拦洪淤地打坝第一期工程竣工小结的报告	清水河县水电局	清水河县档案馆	1976
11	关于迅速掀起机器修梯田新高潮的通知	清水河县革命委员会水利电力局	清水河县档案馆	1976

① 清水河县档案馆. 乌兰察布公署水利水土保持局关于发送盟水利水土保持技术座谈会专题纪要函［Z］. 1964（14-14）.

② 清水河县档案馆. 关于收购水保用草树籽的通知［Z］. 1976（60-1-33）.

4.3.1 水平梯田

1972 年内蒙古自治区水土保持工作会议上提出，到 1980 年丘陵山区每人修三四亩水平梯田的战斗号召，丘陵山区为了把粮食搞上去，必须变坡地为梯田，从根本上改变耕地的生产条件，把产量低且不稳定农田变为高产稳产的基本农田。

水土保持是丘陵山区农业学大寨的重要组成部分，为了建设高产稳产田，要狠抓水平梯田建设。水平梯田的基本作用在于蓄水保土，使坡耕地由“三跑”（跑水、跑土、跑肥）变为“三保”（保水、保土、保肥）。当时内蒙古自治区现有水平梯田大部分标准低，质量不高，但是产量一般能达每亩 200 斤左右，比坡耕地每亩产量六七十斤增加 2 倍以上。同时水平梯田具有面宽，等高水平的特点，为发展灌溉、机具上山创造了有利条件。当时存在的问题是技术指导跟不上。许多地区对修梯田不会找等高线，修得不水平，有的梯田中间高两头低、有的两头高中间低、有的地块里面高外面低、有的取土部分不深翻。总之，质量差，标准不高，仍有水土流失，没有完全起到保水、保土、保肥的作用。另外，梯田修好后没有实行科学种田，所以有些梯田增产不明显。为了加快修梯田的速度，1973 年内蒙古自治区革命委员会水利局编写了《水土保持丛书之一水平梯田》[①]，以加强技术指导，提高梯田的质量。

4.3.1.1 水平梯田规划

（1）什么地方修梯田：一般在 20° 以下，土层比较厚的坡耕地修筑水平梯田；20° 以上的陡坡耕地宜规划为牧场或林地。如果有些地方缓坡耕地较少，需要在陡坡耕地上修梯田，也要先修成缓坡耕地，再修成梯田。对不宜修梯田的农耕地，近期不能还林还牧的，要有计划地实行草田轮作。根据地形条件，在一块耕地上有的地方坡度较陡，为连成一片，也可以一次修成水平梯田。总之，要先修好地、缓坡地、离村较近的地。

（2）梯田规划要符合集中治理的原则：根据各生产队的自然条件，梯田要规划集中一些，要一面坡一面坡或一个小流域一个小流域地修，做到修一片成一片，修一坡成一坡，便于管理养护，发挥效益。

（3）梯田规划要与作物茬口结合考虑：根据各地经验，春、夏、秋各季节都可修梯田。因此，什么时候修哪块要与作物茬口统一考虑，如计划在夏季修梯田的地块，要安排种夏收作物，不要安排种大秋作物。

（4）梯田规划要考虑农业机械化和山区水利化的需要，合理布置梯田的道

① 内蒙古自治区革命委员会水利局 . 水土保持丛书之一水平梯田［M］. 1973.

路和渠系。道路要按当地农业机械通行规划，一般宽15~30米，陡坡段比降不要超过15%，转弯时要平缓，弯度不宜太急。修建道路一定要因地制宜，根据生产的需要，合理布设，必须防止新的水土流失。道路布设有以下几种形式：

走山坡：这种道路一般是修在宽阔的山坡上，道路布设在山坡梯田中间。如山低坡缓，道路呈斜线形；山高坡陡，可呈“S”形迂回上山（见图4–4）。

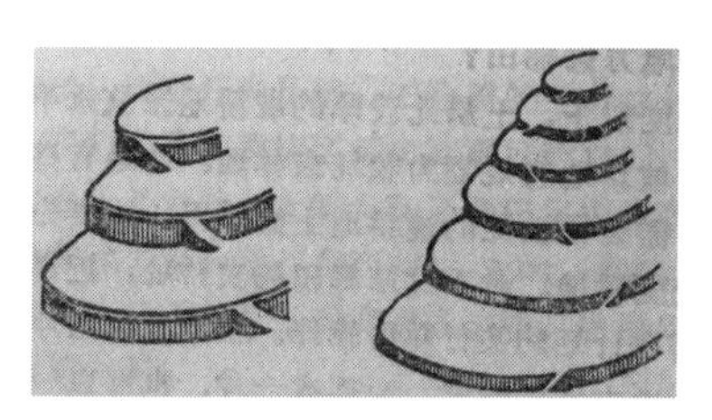

图4–4 梯田道路布设

走沟边：这种布设方法在内蒙古很常见，一般只要稍加修理就可以使用。为了拦水归田，防止路水冲坏道路，在道路和梯田埂之间要加修一个小土挡，将雨水引入梯田。

走沟底：在沟壑实现川台化时，可将道路修在川台地上，由沟口向上通行。

渠系规划：有灌溉条件的水平梯田要做好渠系布设。因梯田高差大，跌水多，一定要做好防冲措施，防止冲坏梯田。一般采用石块、石板做成台阶式跌水，也可用水泥管、瓷瓦管做成支流式，或用草皮、石块防冲，减缓渠道的跌差，跌水下要修消力池或用石块等消力。

（5）梯田布局：梯田布局要按照等高水平、连片的原则，因地形、地势修筑。在当时内蒙古自治区常见的地形有两种：

“馒头”状的山坡：这种山坡地要由上向下，一层一层地布设梯田。由于坡面的坡度不一样，有陡有缓，所以在规划时，要从陡坡开始，确定田面宽度，然后定好线再向左右延伸。

一面坡式：这种地形坡面比较大，而且向一个方向倾斜，坡面往往被冲成许多小水沟。在布设梯田时，要大弯就势，小弯取直，遇到凹地，埂线向下移动一两米；遇到凸地，埂线向上移一两米，这样就可以取凸填凹，裁弯取直。遇到小凹地形也可以采取梯田与涝池相结合的连环套方法。

4.3.1.2 水平梯田施工

（1）梯田规格：修水平梯田首先要决定田面宽度和田坎高度，取决于原来耕地的地面坡度和土壤情况，还要考虑到省工、耕作方便以及使用耕作机械的要求。根据内蒙古自治区各地的实践经验，梯田宽度应该根据坡度陡缓、土层薄厚、劳力多少、便于耕作、减少土方量等情况而定。以5~20米宽为宜，最窄处不小于3米，田坎高度一般不超过2米（见表4–4）[①]。

① 清水河县档案馆.乌兰察布公署水利水土保持局关于发送盟水利水土保持技术座谈会专题纪要的函［Z］.1964（14–14）.

表 4-4　水平梯田规格

地面坡度（度）	田坎高（米）	田面宽（米）	斜坡长（米）	田坎侧坡（度）
3~5	0.5	9.4~5.6	10.0~5.8	76~78
	0.8	15.1~8.9	16.0~9.0	76
6~10	1.0	9.2~5.4	10.0~5.8	74~76
	1.5	13.0~8.0	15.0~8.8	74~76
11~15	1.0	4.8~3.4	5.3~3.9	72~74
	1.5	7.2~5.6	7.9~5.9	72~74
16~20	1.5	4.7~3.6	5.2~4.4	70~72
	2.0	6.3~4.7	7.2~5.9	70~72
21~25	2.0	4.4~3.5	5.5~4.7	68

（2）梯田的施工方法。

定线：首先由分水岭或坡脚开始按等高线确定第一条田坎线，然后以第一条田坎线为准，根据设计的田面宽度和田坎高度，依次确定各条地坎线。每条地坎线必须保持等高，这是定线的关键。这样修出来的梯田才平，不至于因水流集中造成冲刷破坏。为保持田坎线等高，可使用一些简单的仪器、工具，如梯田找平器、测坡器、手水准等。

清基修坎：梯田坎修得好坏是保证梯田安全的关键，必须清除表土。为了当年增产，应尽量保留好原有的表土，准备修田坎和准备取土培埂地方的表土都应尽量保留。表土层清除厚度 15~20 厘米，可堆在梯田坎的上方和下方。清理埂基。田坎清基要干净，最好修成一倒坡的平台，宽 50~60 厘米，以便紧密结合，防止埂底钻洞或造成滑塌。取生土培埂时，取土部位应该在埂下方，当埂高超过 2 米时，从埂下方往上翻土不便，再从埂上方取土。地埂起土时必须踩平踏实，随上土，随脚踩，随拍打，达到光硬结实，埂顶水平。田坎侧坡大小根据土质和田坎高度决定，以不超过 80° 为宜。为拦蓄径流地边埂高应超过田面 0.3 米。

平整田面：平整田面时保留尽量多的表土对于梯田当年增产非常重要。实践证明，选用方法适当，不仅能够促进当年增产，保证梯田工程质量，而且能提高功效、节省劳力。根据各地群众经验，简单易行的施工方法有以下三种：

中间堆土法：适用于田面宽 5~7 米，地面坡度 15°~20° 的情况。这种方法施工简单，可保留表土 70% 左右。其施工步骤如下：把每台田面划分为上中下三段，将上下段的表土堆放到中部。采取下切上填，培筑田坎，里切外填和平整田面，到切土部位低于设计田面高程 0.3 米，深翻切土部位。把对方的表土取一半铺到切土部位，使堆表土处地面露出生土，从这里继续向下翻土，直到把田面的底土修平。田面修平后把表土摊匀在整个田面上（见图 4–5）。

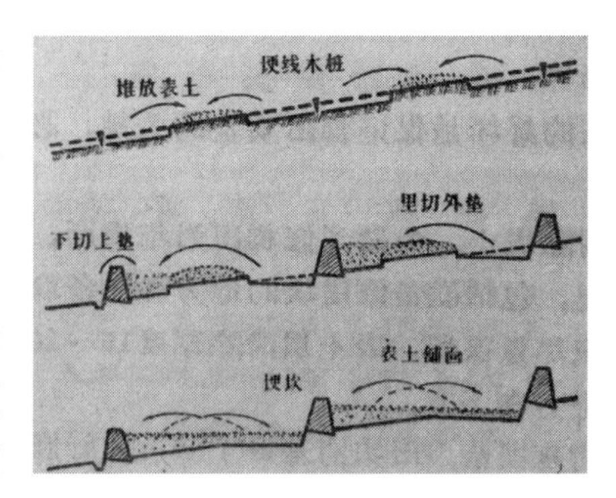

图 4–5　中间推土法

顺坡开沟法：适于田面较宽，地面坡度较缓的情况，这种施工方法可保留表土 70% 以上，其施工步骤如下：把田面顺坡划成若干带，分别作为取土带和堆土带，相间排列，带宽约 3 米。将埂线两侧及取土带的表土层刮下来，堆放在堆土带上。在埂线下方取土上翻培筑田坎，里切外填平整田面，使田面达到要求的水平，深翻切土部位。将相邻堆土带上的表土运到取土带上来，然后用同样的方法再将堆土带修平；深翻挖土部位。把表土均匀铺在田面上，做到表土还原（见图 4–6）。

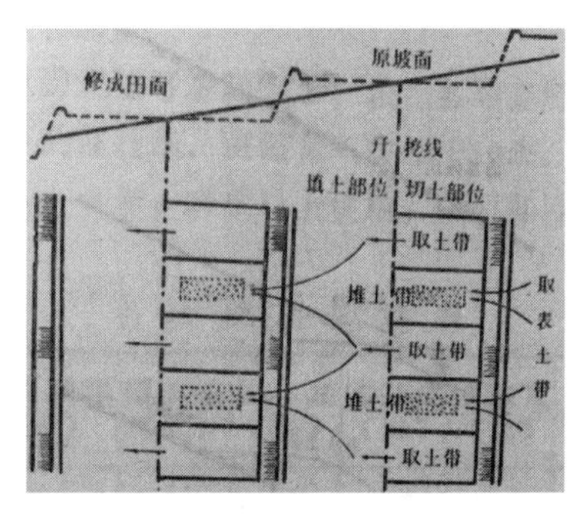

图 4–6　顺坡开沟法

逐台下翻法：也叫蛇蜕皮法。适于田间较窄（3~4 米），地面坡度较陡（20° 以上）的情况。具体方法是自下而上一台一台地修。清基筑坎后，采用里切外填，即挖上部垫下部的方法将田面修平，深翻切土部位。然后将上一台的表土全部刮到修好的下一台摊平、铺匀，接着筑坎修平深翻。以此类推，直至修到最上一台，最上一台没有表土，可把附近陡崖上的表土运来垫上，或多施有机肥，确保当年增产。这种方法的优点是保留表土多，可达 90%，如使用改革工具，可显著提高功效。清水河县建议修梯田应该保留表土，可采取“蛇蜕皮”的方法，用生土作埂，表土铺面，这样不会造成当年减产[①]（见图 4–7）。

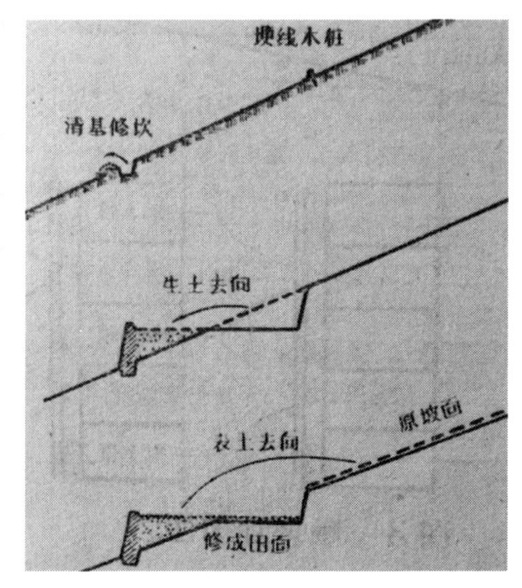

图 4–7　逐台下翻法

① 清水河县档案馆. 乌兰察布公署水利水土保持局关于发送盟水利水土保持技术座谈会专题纪要的函［Z］. 1964（14–14）.

（3）机械修梯田。机修梯田是一个新生事物，既是改变生产条件方向的问题之一，也是山区的迫切要求，可以实现农业机械化。使用机械修筑梯田可以大大提高功效，加快速度，特别是在地广人稀、劳动力少的内蒙古自治区，机械化施工更有其重要意义。

清水河县地处丘陵山区，机修梯田完成很差，远远赶不上形势发展的要求，要求各社队马上动员起来，将现有的机具，同时配合 60% 的劳力投入建设。要求每台拖拉机在今秋明春完成 200~300 亩的机修梯田。同时保证质量，达到真正的水平，修一亩成一亩，一道梁一道梁地完成。清水河县用 75 马力推土机试验修梯田，一天完成的工程量顶 100 个劳力。中国科学院西北水土保持生物土壤研究所最近试验成功一种叫“深翻平地法”的机械修梯田的方法，功效高、进度快、成本低、费用省。示范推广“深翻平地法”的全面向下翻土法和上下结合翻土的机修方法。“深翻平地法”方法是使用东方红 –75 型链轨式拖拉机一台、深耕三铧犁一部、培埂器一套，每小时可修梯田一亩，相当于五六十个人工，每个台班以七八个小时计，可修梯田 7~8 亩，相当于 350~480 个人工。用这种方法修一亩梯田，相当一亩地上来回耕地八九次，按目前拖拉机站代耕费平均每亩收费一元计算，修一亩梯田只需要八九元。要采用一机多用，白天修梯田，晚上搞机翻的方法①。

（4）老地埂的改造。坡耕地经多年的耕种，形成一条条的圪楞，近几年，各地群众又修了不少地埂和梯田，但是这些圪楞、地埂、梯田当中有许多不等高，仍属于“三跑”田，把这类耕地改造成水平梯田是一件十分重要的工作。老地埂的改造要从实际出发，因地制宜。总的要求田埂等高、田面平整，同时要考虑耕作上的方便。老埂改造大体有以下几种情况：

地埂比较完整，田面宽度也适中，只有地埂按等高线布设，形成横向坡，一面高一面低，或中间高两头低，但高差不大。这种情况应按等高线划定一标准埂线。以此为准，对旧有地埂做局部调整，然后平整田面，修成水平梯田。

地埂两端高差较大，可利用比较水平的一段与高程相近的邻台田块连接，必要时，留楔形田块。如田块较长，与邻近田块不好连接也可另修一台。

虽然修了地埂，但因径流集中冲刷，顺坡形成许多急流槽，横向呈波浪形。这样可把旧地埂稍加移动，凹处埂向下移一两米，凸处埂向上移一两米，然后取凸填凹，平整田面。

地埂建议可采取埂高 0.5 米左右，顶宽 0.35~0.5 米，底宽 0.7~2 米为宜。梯田埂上不适宜种植乔木树种小叶杨或旱柳（小叶杨或旱柳吸收了农田里的肥

① 清水河县档案馆 . 关于迅速掀起机器修梯田新高潮的通知［Z］. 1976（60–1–33）.

料，影响了农业增产），今后在梯田埂上建议改种灌木或牧草为宜[①]。

4.3.1.3 水平梯田的增产措施

坡耕地修成水平梯田，只是为高产创造了良好条件，要达到高产稳产，必须实行科学种田。

（1）建立“海绵地”：坡地修梯田是改土的基础，也是改土的重要内容。修梯田时要注意保留表土，修平后要深翻一尺以上，取土部分一般要深翻二尺左右，而且以后每三年左右深翻一次。有黑矾的地方，修梯田时每亩可施 10 斤左右，以加速土壤熟化。要不断加厚活土层，多施有机肥，把没有团粒结构的土壤变成有团粒结构的土壤。改良土壤要根据不同的土壤特点，采取不同的措施，不能千篇一律。黏土地，掺砂子和多施有机肥，就能改变土壤板结性质；反之，沙性大的土壤，掺黏土，也能改善土质。把各种土壤改造成有团粒结构的“海绵地”，为庄稼生产创造了良好条件。

（2）不断提高土壤肥力：内蒙古自治区一般梯田最缺乏的是氮肥和磷肥，施肥主要是为了补充和增加土壤中氮、磷、钾三种养料，如果梯田不施肥或施肥少，土壤氮、磷、钾就会逐年减少，土壤肥力下降，产量也会越来越低。人粪尿、厩肥、绿肥、堆肥都含有氮、磷、钾肥，所以梯田应该多施农家肥或种绿肥，以增加土壤养料和有机质。在新修的梯田上，最好多施粪，有利提高土壤温度和通气性，加速土壤熟化。新修梯田，挖土部分生土较多，要注意多施些肥料，有的地方叫作施偏肥。要使梯田年年提高产量，必须年年增施有机肥，讲究科学施肥，不断提高土壤肥力。梯田适当施些化肥，增产作用也很明显。

（3）狠抓水利：拦蓄梯田内的全部雨水，下到梯田里的雨水要全部拦蓄起来，一次降雨一百毫米，做到水不出田，就地渗入。截路水、村水、坡面雨水和山沟水灌溉，路沟打档，路面修土门槛，村口修引水渠，把水引入梯田或旱井内。路水、村水肥分较大，要尽可能利用起来。梯田以上的坡面水，用挖截水沟、环山渠、引水渠的办法，把水引入梯田灌溉，或引旱井，蓄水抗旱。环山渠、引水渠的比降一般以 1/300 为宜，比降大的要修筑跌水，有条件的，可修涝池，以缓水势。利用山沟水灌溉坡脚梯田，地高水低的，要做工程提高水位，引洪灌溉。沟长洪水大的，尽可能分散，多口引洪，以充分利用洪水。引路水、村水、坡面水、山沟水灌溉，要有专人负责，明确分工，组织好劳力，雨前做好准备，雨后注意修补工程，为下次引洪灌溉打好基础。

---

① 清水河县档案馆.乌兰察布公署水利水土保持局关于盟水利水土保持技术座谈会专题纪要的函［Z］. 1964（14）.

旱井又叫水窖，一个 30 立方米的旱井，可供三亩梯田的点浇用水两次，在一般旱年可以保收。黄土地区一般挖土抹泥而成；土石山区多砌石拱顶修筑，也有利用石洞石隙修凿补缝筑成。修一个装水三四十立方米的旱井，需用五六十人。旱井维护得好，能用上百年。下雨及时进水，水面将到井肩停止进水，严防洪水漫井。平时封严窖口，冬季压上秸秆防冻。水用完后，进行检查，及时修补，清除淤泥。旱井周围禁止种树，以防树根穿坏井壁。

截潜流：一般长的沙石沟，往往有潜流水（也叫伏流水）。可在明流较长的地段挖坑探查。查明后，在沟窄、底浅和引水或提水方便的地方修建截流坎，拦截潜流，引水入田。截潜流坝也可与拦洪坝结合起来，但引洪渠首先要和截潜流的出水口要分开，以防泥沙埋压出水口。

修塘坝、打井、建扬水站：凡有条件修塘坝、打井、建扬水站的地方，都要发动群众，依靠群众，自力更生地修好塘坝，把水蓄起来，打好井，把地下水取出来，建好扬水站，把水扬上来，千方百计地发展梯田灌溉。

（4）选中耐生土耐干旱的作物：新修梯田把土层打乱，生土翻到耕作层，对作物生长有影响。山区干旱，没有灌溉的地方，土壤水分较少，对作物生长也有影响。因此，选种耐生土、耐干旱的作物，对于新修梯田当年产量作用很大。根据各地经验，豆类和山药比较耐生土，糜、谷、荞麦也耐生土。当年也可以种草木栖，适当施些磷肥，草长得更好，秋天压青，第二年能长出好庄稼，新修梯田头一二年，如果没有大量肥料和灌溉，不宜种植玉米、高粱。

（5）合理密植：坡地修梯田以后，土、肥、水的条件逐步得到改善，合理密植，可以提高产量，在有灌溉条件的梯田，可以套种间作，提高复种面积，增加产量。

（6）加强管理，精耕细作：提高梯田产量的一个重要因素，是加强栽培管理，精耕细作，勤锄保墒，防治病虫害。要逐步改变耕作粗放的旧习惯，全面实行科学种田。

4.3.1.4 梯田测量

（1）为什么要进行测量：梯田技术中一个重要问题是如何修平，“三保”作用主要是因为梯田修的水平，要修得平就必须进行测量工作。测量工作不但能保证把梯田修平修好，而且可以最合理划分地块，从而达到节省劳力，便于耕作。

（2）梯田测量主要包括测地面的坡度、测地埂线和老地埂改造的测量。测坡度：在坡地上修梯田首先要把地面的坡度测出来，因为坡度陡、缓与梯田的宽窄和地埂的高低有直接关系。测坡度可以使用测坡板、手水准仪或其他测量仪器。地面顺直，地形变化不大，坡面短时，可选择一段有代表性的坡段测量。如果坡面较长可以在上、中、下段分别测出坡度和长度。地形复杂，在一个坡面上从上、到下从左到右坡度变化明显，应按照坡度变化的实际情况测几个坡面线，每个坡面线分段测出坡度和长度。测出坡度后，就可以选择合适的田块宽度和地埂高度，合理进行田块布局和田坎设计。

测地埂线：按照坡度确定田块宽度以后，就沿等高线方向测出地埂线。地埂线能不能测水平是梯田中很关键的一环，它直接关系到梯田的成功与失败，质量好和坏。在修梯田过程中制造了各式各样的土仪器、土办法，如三脚架水平器、半圆水平器、简易找平器（见图 4–8），它们共同的特点是制作简单，操作方便。用一根 10 米长的绳子，系在两根 2 米长的木棍上，系的高度根据操作人的身高而定，再用三根 40 厘米长的小木板做成一个等边三角形的找平器，在中心处吊一重物。使用时和丈地一样，甲乙交替前进，每次都必须使下垂的重物正好在找平器底角的正中，这样就保证多点在一个水平线上。

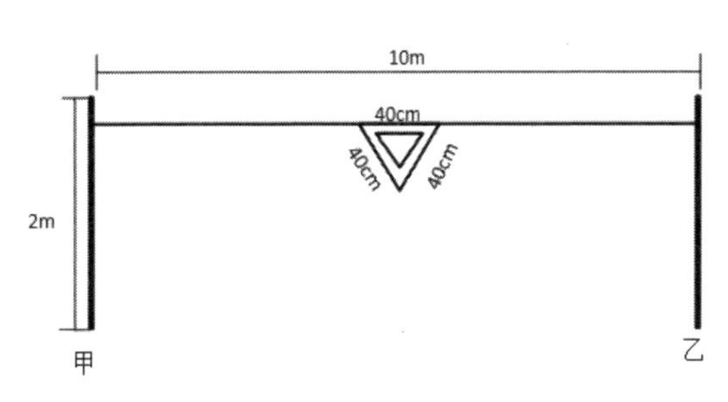

图 4–8　找平器示意图

另外，在有手水准仪的地方，也可以改装成木架手水准。把一个手持水准仪放在 1.5 米长的木棍上，也可以固定在花杆上。固定的方法是，在木棍或花杆的顶端加一个带槽的底座，槽的尺寸以能卡住手水准为准。使用时，把水准卡在槽上，木棍下端是一个铁尖子，可以插在地下。操作时需要两个人，一个人按照划分的地埂距离把手水准木棍插在地上，然后把手水准调平，使仪器上的水泡居中，这时另一个人就可以拿一把长 1.5 米的铁锹开始划线了。先拿铁锹把在手水准跟前量一下高低，做个记号，然后沿着等高线方向每走三五米，把锹立起来，看仪器的人通过瞄准孔，指挥这个拿锹的人移动，直到正好瞄准所做的记号时，就算找平了。这时可以让拿锹的人在地上挖一个土坑或堆个土堆，再往出走，以此类推下去，就可以做出很多记号，把这些土坑或土堆连起来就是一条水平埂线。

地埂线找平和地形有直接关系，不同的地形有不同的找平方法：

一面坡地形：地形变化不大，基本上是一个完整的坡面。这时地埂线找平比较简单，可以在坡面上沿等高线两端，用水平三脚架先找平，然后用绳子拉成一条直线，用锹打出线来就可以了，这种情况尽量照顾地埂顺直，田块整齐。

馒头状小山包：这种地形的等高线是一道道圆圈，所以修成的梯田应该是一层层地绕着山头转。地埂定线时应由上向下按确定的间距用三脚架或手水准绕山头划线。

复杂坡面：遇到复杂的坡面，定线时要根据地形，看地势，大弯就势，小弯取直。遇到圪梁向下弯，遇到洼地向上拐，配合一起测量定出埂线来。

（3）老地埂改造的测量：老地埂的改造，一般需要重新布局，平整田面，而且要利用部分老地埂，尽量省工。其测量工作分为三部分：首先测坡度；然后测老地埂高程和长度；最后根据布局，测出田坎线。测坡度，不但要测出原坡面的坡度，也要测出老地埂顶点之间的坡度和老地埂的高度。选择有代表性的坡面线施测。

测老地埂的长度和高程，也是有选择地进行，测上下和中间值，地形变化大时，把老地埂两端的高程测出来，把老地埂中比较等高的地段找出来。

4.3.2 柠条

这一时期内蒙古种植了不少柠条林，实践证明，柠条是一种生长快、适应性强的优良灌木，对保持水土、防风固沙和促进农牧业生产作用很大。柠条又叫锦鸡儿、拧角，是一种豆科多年生灌木，寿命可达百年以上，在当时内蒙古自治区共有 22 个品种，当时大部分种植的是小柠条，其次是大白柠条。柠条最大的特点是根系发达、萌生力强、生长旺盛、抗旱、耐寒、耐瘠薄、耐沙压，甚至在岩石裸露之处都能种植，适应性强，而且产量高，用途广，是固沙保土的好树种。

4.3.2.1 柠条在农业中的作用

（1）改变小气候：柠条枝叶繁茂，由柠条组成的林带、林网具有防风和改善农田小气候的作用。据准格尔旗纳林川调查发现，柠条林网内的风速比林外空旷地减低 20%，白天平均气温林网内比外空旷地高 1.2℃。夜间网内相对湿度比空旷地高 5%。林网内由于风速和湿度的变化，在林带高度 10 倍地方的土壤蒸发量比林外空旷地减少 54.6%。另外，林网内由于能够大量积雪和保持水土，所以林网农田中土壤水分显著增加，一亩地可多蓄水 11.43 立方米，这样就为农业增产创造了物质条件。

（2）固沙护田：柠条不怕沙压，呈带状种植，柠条能够降低风速，被风吹来的沙土就沿着林带堆积下来，形成一道道土埂（群众称作生物埂），这样既固定了流沙，又保护了农田。如伊盟准格尔旗郭家坪生产队的沙坪地，过去因为严重风蚀，每年无法播种，建成柠条林网后，五六年的时间不仅固定了沙坪，而且能够由过去农业绝收达到每亩产量四五十斤。山坡条带内的耕地小麦平均每亩产 122 斤，比没有种柠条前增产 62.6%。根据准旗沙镇公社石字湾、伏路大队的调查，种植 4 年的柠条沙埂高 21 厘米，5~6 年的高 39 厘米，25 年的高 1.1 米，40 年的高达 2.2 米，柠条生长越高，防风固沙效能越大。

由于柠条植株低矮，地埂栽植柠条对邻地作物的遮阴和受雨影响均不大。柠条根系主要分布在地埂范围内，固结地埂，进入农地之数量较少。实测距柠条地埂 1 米时，在长为 1 米时深为 0.5 米的土层中根系分布，其中 0.05 厘米根系主要分布在 0~15 厘米，0.5 厘米根系分布在 15~30 厘米，30~50 厘米无上述两个粗细的根系。另外，地埂种植柠条有助于其他植物生长，且距离地边埂远处作物生长的优于近处。如表 4-5 所示。

表 4-5　邻近有无柠条地埂的作物生长情况

调查地点			郭家坪（N500M）		元和内坪（S200M）		天和突评（S200M）		郭家坪（N200M）		伏路（N400M）	
调查日期			7.16		7.29		7.30		8.2		8.5	
作物种类			小麦		荞麦		糜子		黑豆		荞麦	
有柠条	株高（m）		1.0		1.0		1.1		0.9		1.0	
	冠幅（m）		1.2		1.0		1.5		1.0		1.4	
	林间走向		N70° 00′		N50° 00′		N30° 00′		N50° 00′		N30° 00′	
	指标（cm）		高	椿长	高	地径	高	地径	高	风向	高	地径
	距梗边距离（m）	0.5									17.0	0.4
		1.0	30.0	3.7	9.0	0.2	28.1	0.13	15.0	12.0	10.0	0.2
		2.0	32.4	4.0	8.4	0.2	23.1	0.5	22.0	25.0		
		3.0	34.0	4.8	8.4	0.2	23.3	0.5	22.0	25.0		
		4.0			7.5	0.2						
无柠条	距梗边距离（m）	0.5									17.0	0.35
		1.0	27.5	8.6			27.0	0.6			10.0	0.2
		2.0	30.8	4.3			23.0	0.5				
		3.0	33.4	5.0			23.5	0.5				
		4.0										

（3）改土增产：柠条根系发达，并含有大量的氮素和矿物质，根系腐烂后可使土壤增加有机质和团粒物质。另外，柠条根部附近有许多根瘤菌，能够固定大气中的氮元素，对于改良土壤，提高单产十分显著。根据伊盟地区的经验，种过三四年的柠条地，翻耕后种庄稼可以成倍增产，因此还可实行林粮轮作。

柠条每年以大量枯枝落叶加入农田，提高土壤肥力，实测四年产生单株柠条枯枝落叶 0.16 公斤，以密度按每米三株计，则每百米长单行柠条带每年可为农田增加枯枝落叶 48 公斤，若每条地埂埂坎都种植柠条一行，假设平均田面宽 20 米，则每公顷土地上每年可增加枯枝落叶 240 公斤，夏季利用枝沤压绿肥，也是解决肥料不足的途径。

（4）提供肥料：柠条枝叶繁茂，是理想的绿肥，给水地、坝地、梯田开辟了广阔的肥源。据陕西省介绍，每 100 斤柠条枝叶相当于 100~200 斤圈肥，柠条肥后劲很大，特别是花期肥效更好。

4.3.2.2 柠条在牧业中的作用

柠条是牛、羊的好饲料，枝梢和叶子可做饲料，种子经过加工处理可做精料，一年四季都能放牧，特别是每年入冬至开春前后，牧场常被积雪覆盖，牲畜尤其是羊因青贮饲料不足而显著跌膘，甚至引起死亡。此时柠条高出积雪之上，采下剥皮喂用或放牧，可以解决当时饲料不足困难；雨季牧草被溅上泥土，牲畜不爱吃，柠条生长高，溅不上泥，雨后易干，牲畜爱吃，柠条种子作动物饲料的营养价值同豆谷。

柠条的营养价值很高，叶子、枝条、树皮和种子都含有丰富的营养物质。柠条不仅质量好，而且产量高，据准格尔旗纳林地区种植柠条的经验可知，平均 1~2 亩柠条可养羊一只。

柠条对于改良荒山牧场和促进畜牧业的发展作用极大。准格尔旗郭家坪、付家坪、什俱牛塔等生产队种植 10500 亩柠条，羊群由初期的 840 只增加到 1964 年的 2061 只，增长 1 倍多。实践证明，在丘陵山区大力种植柠条是改良牧场和发展牧业生产的一项重要措施。

4.3.2.3 柠条的其他用途

（1）保持水土：荒山种植柠条，具有很强的保持水土能力。据试验结果表明，一般陡坡上四年生的柠条较荒坡减少径流量 73%，减少冲刷量 66%。柠条除了护坡之外，还可以营造沟壑防护林、护岸林、护路林、护渠林、护库林和用作梯田、引洪淤地生物埂，对防冲固土和保护水利、水土保持工程作用很大。

当地的梯田地埂在 1957~1958 年修筑以后由于劳力等未能及时经常进行维修，在暴雨和集中径流，大风等方面影响下，部分地埂已被淤平或冲毁，剩下的也被风雨剥蚀得破碎不堪，失效率达 20% 以上。柠条地埂是综合性防蚀措施之一。柠条以丛密的枝叶和强大的根系，在防止地埂被暴雨和大风剥蚀以及防风硬坎塌毁方面发挥了良好的作用。在柠条保护下，埂坡侵蚀量显著减少达 38.2%（见表 4-6）。

表 4-6　有无柠条地埂埂坎的侵蚀量

项目 区别	埂坡侵蚀（%）	侵蚀深度（cm）		侵蚀量（m^3/m^2）	减少（%）
		平均	最大		
无柠条	90	5.8	24	0.068	0
有柠条	80	4.2	7	0.042	38.2

注：柠条为四年生。

埂坡剥蚀的泥流被密生的柠条机械拦淤，同时径流随着根系迅速下渗，削弱了它的冲蚀能力使泥沙沉积在柠条根系周围，四年生柠条拦淤土层厚度达 30 厘米。实测四年生地埂栽植的柠条近地表 30 厘米土层内柠条根长 36.5 米，根量 49.2g。由于根系的固结，使埂坎免于塌毁，在过大集中径流漫顶的情况下，有柠条保护的地埂也难免损毁，但其损毁程度远较无柠条的地埂小（见图 4-9）。

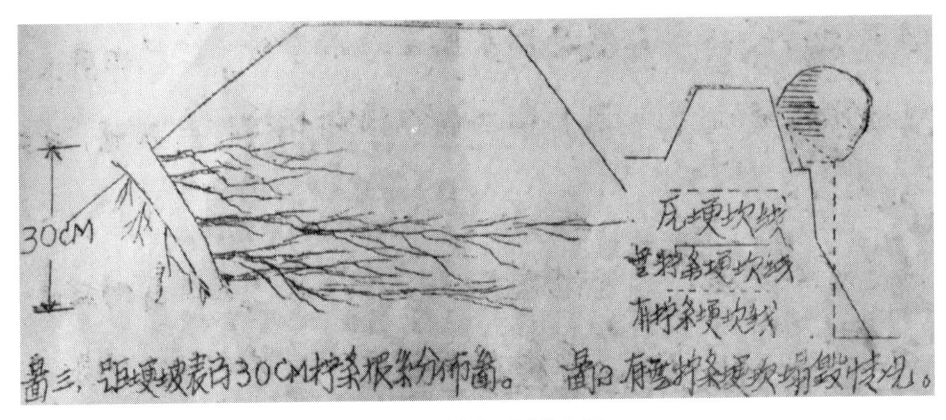

图 4-9　柠条根系固结作用

风害严重地段，尤其是与主风向垂直的地埂不仅受到暴雨冲蚀，同时也受到严重的风蚀。风季以后地埂往往被吹蚀得残缺不全失效。地埂迎风面有柠条地时，则由于柠条丛减低了风速，地埂被风蚀程度显著减轻，而且通过柠条带的拦淤逐渐自然培高。

实测四年生主风带积沙厚度达 10 厘米，30 年生以上柠条带主林带现成埂高达 2.9 米，底宽 26 米，副林地埂高达 1.8 米，底宽 12.5 米，如图 4-10 所示。

（2）提供燃料：柠条树皮内含有油脂，无论干湿都是很好的燃料。据当时群众经验，3 斤干柠条可代替 1 斤煤，30 斤干柠条可供 4~5 口人家烧一天，10 亩柠条可烧一年。以五年平茬一次计算，50 亩柠条可供一户人家年年烧用。

例如，准格尔旗付家梁生产队种了 6000 亩柠条，现在全队已解决了烧柴问题，用不着再花钱买煤、用车拉煤，这样既节约了社员的开支，又能腾出劳畜力投入农业建设。实测四年生单株柠条产条 1 斤左右，密度按每米三株计，每百米单行柠条带可产条 300 斤。

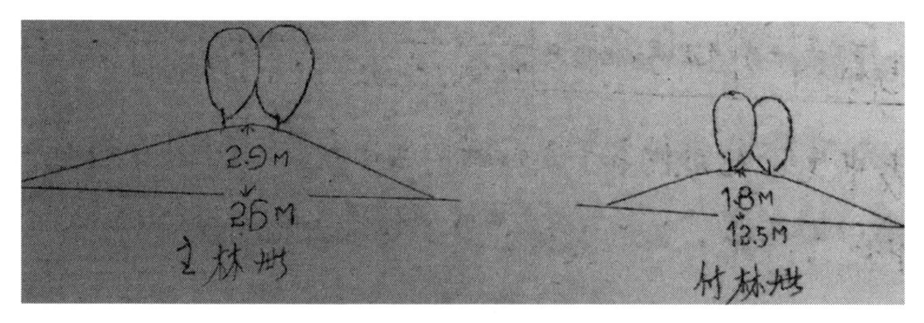

图 4–10　主副林地自然形成的埂堤

（3）多种利用：柠条开花早、花期长，可以发展养蜂事业来增加收入。柠条可编制筐、篓，皮可拧绳，节约集体开支，种子还可榨油。在水利工程的维修和防汛上，柠条也被大量使用。

4.3.2.4　怎样种植柠条

（1）种子的采集和处理：三年生柠条开始结实，平茬的植株，当年不结实，第二年末开始结实，柠条在 5 月下旬开花，花期半月左右，果实成熟在 7 月上旬，成熟期短宜及时采集，否则种子自行散落，造成损失。采集时间待豆荚呈黄褐色时或提前进行。手摘或用镰刀割下皮荚之枝冠与阳光下晒干收籽。柠条单株产籽 1 斤左右，种子虫害量达 40%~50%，置于阳光下暴晒消灭。采后晒干敲打，进行筛簸，种子宜置于干燥通风处，以免发潮造成霉烂，降低发芽率。

（2）播种方法和整地：播种前进行冷水浸泡 6~8 小时，排除干瘪和虫蛀种子，可加速发芽。柠条的覆土深度以一寸左右为宜。播种方式：方格网及地埂柠条均以播种为主，埂坎坡陡时则开穴播种，在荒坡不太大时，以等高条播，侵蚀沟、沙丘造林可采用撒播。营造方格网或荒坡地等高条播都宜耧播种，一耧两行，行距 0.33 米。

柠条虽适应性强，但在有条件的地方于播种前进行整地最为适宜。整地方法应根据地形和造林目的决定，平坦或在坡度较小的大块土地上，最好在造林的头一年用犁耕翻一次，进行块状或带状整地，深度为 10~15 厘米，在地埂埂坎上用锄开沟、条播，沟深 4~5 厘米，每百米播种量 0.04 公斤，3~4 年生每米保持 2~3 株。在不易犁耕的小块地或在水保工程上种柠条，用锹、镢挖穴、开沟点播，每亩播种 3~4 斤，在沙梁上种柠条，也可以不整地，直接条播或撒播（播种量每亩 6~7 斤）。

（3）播种时间：播种时间春夏秋均可，但雨季成活率高达 100%，宜在雨前或雨后播种，秋季播种不宜过晚，7~8 月为好。太迟常由于生长期短而不利于越冬。春季墒情好宜播种，但常因风大吹失种子。

（4）管理方法：平茬是促进生长的有效措施，并可获得枝条收入。平茬过的枝条直接从基部萌发，利于养分和水分吸收，基部萌发枝条，生长旺盛，加大了地面覆被和护土固埂能力。2~3 年生柠条即可进行平茬，每隔 2~3 年平茬一次，平茬时间应在生长季后，冬季或秋季进行，夏季平茬植株会干枯死亡，平茬部位宜在根茎以上，留茬不宜过高，2 厘米左右为宜，使其在土中萌条生长旺盛。

幼苗期间注意羊啃食，避免造成缺苗和影响生长。播种后头二三年，不准人为践踏和牲畜啃食，在条件较好、株高 1 米左右即可开始放牧。

4.3.2.5 柠条林带、林网田的布设方法

（1）林网田：主要设在沙坪地和缓坡大块耕地上，用以防风、固沙、固土，保护农田。主林带与风向垂直，副林带与主林带的交角在 80°~100°。主副林带纵横交错，把耕地分成网状格田，每块林网田呈长方形，面积 10~15 亩为宜。形成网格的柠条带，随着埂堤的自然培高，其防护范围也逐渐增大，网格内植被覆盖度也逐年增加，土壤肥力逐年提高，从而把原来荒瘠地也变成了耕地和牧草地。网格的规格如图 4–11 所示。

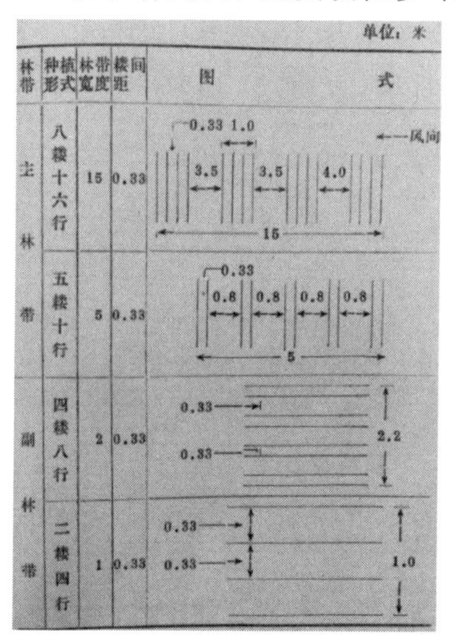
单位：米

林带	种植形式	林带宽度	楼间距	图式
主林带	八楼十六行	15	0.33	0.33 1.0 3.5 3.5 4.0 15 ←风向
主林带	五楼十行	5	0.33	0.33 0.8 0.8 0.8 0.8 5
副林带	四楼八行	2	0.33	0.33 0.33 2.2
副林带	二楼四行	1	0.33	0.33 0.33 1.0

图 4–11　柠条林网格配置形式及规格

（2）林带：主要设在牧荒坡，用来营造人工放牧林，改造天然草场。多为二楼四行或四楼八行，带宽 1~2 米，带距 3~5 米，以能放牧牛、羊为标准。

（3）生物地埂：网格状种植形式（见表 4–7），群众栽培已有四五十年的历史，主要布置在 1~3° 的缓坡上，主林带与主风（西北风）方向垂直，副林带与等高线相一致，组成面积为 0.63~1.10 公顷的网格，随着柠条的挡风阻沙和越埋越长的特性，逐年培高成埂，现有埂堤最高达 2.9 米。

表 4–7　柠条方格网规格

长度（米）	宽度（米）	面积（公顷）
125	50	0.63
125	55	0.68
125	77	0.96
125	88	1.10

4.3.3 草木栖

内蒙古自治区党委于 1971 年农业学大赛经验总结会议上指出：“我区人少地多，肥源不足，必须种草，实行粮草轮作。”在丘陵区有计划地扩大草木栖、苜蓿的种植面积，逐步达到占耕地面积的 20% 左右，种草要和种粮一样列入国家计划。为了适应草田建设迅速发展的需要，当时内蒙古自治区大力推广草木栖，因为草木栖和苜蓿[①]的种植和特性很相似，本书以草木栖为例介绍。

4.3.3.1 草木栖的特性

草木栖又叫马苜蓿、野苜蓿，是一种豆科牧草，在我国栽培和野生的共有九种，当时内蒙古自治区种植的主要是二年生的白花草木栖。它于第一年春季播种，当年生长高约 3 尺，严霜后缩根越冬，第二年早春，开始返青，生长高度常在 4 至 5 尺，有的可达 6 尺以上，阳历七月开花，花白色，八月间种子成熟，全株枯死。整个生育期大约 16 个月。

这种草木栖，具有抗旱、耐寒、耐盐碱的特性，适应性很强。在内蒙古自治区广大干旱区，无论是陡坡农田、荒山荒地、沟壑、河滩、黏土、沙土或贫瘠的土壤都能广泛种植，在土壤含盐量不超过 0.3% 的条件下，也能正常发育。由于草木栖适应性强，产量高，用途广，群众称为“宝贝草”。

4.3.3.2 草木栖的用途

（1）保持水土：草木栖枝叶茂盛，根系发达，覆被率大，具有很强的蓄水固土作用。根据当时实验结果表明，二年生草木栖，比同等坡度的撂荒地减少水的流失 61.5%，减少土壤流失量 90.8%；割草以后的根茬也具有保持水土作用，可以减少雨水和土壤流失 13.4%~77.8%。种在风沙区的草木栖，除了保持水土以外，还可以防风固沙，保护耕地，是促进农业发展的一项重要措施。

（2）肥地增产：草木栖根系庞大，两年内遗留在一尺厚土层内的根积量，每亩有 400~1000 斤，落在地面的枝叶可达 200~300 斤，这些残根和枝叶经过腐烂分解，变成腐殖质，能显著增加土壤的有机质含量。草木栖根部有许多根瘤菌，一亩草木栖的根系能摄取空气中的氮素 37.6 斤。另外，草木栖的主根很深，能把深层的土壤养分移到土壤表层，使土壤增加大量氮肥和其他矿质肥料。据土壤测定，种过两年草木栖，在一尺厚的表土内，平均有机质含量是 3.9%，比种草前增加 2.4 倍；土壤含氮量 0.21%，增加 50%。各地经验证明种过两年草木栖可以维持三年肥效，能长两年好庄稼，第一年增产 1~3 倍，第二年增产 50%~70%，第三年增产 30% 左右。草木栖的另一个特点就是能够消

---

① 清水河县档案馆 . 关于报送八龙湾大队发展苜蓿生产的经验总结的报告［Z］.1965.

灭杂草，尤其是能够根除像菅草、白草等人工不易消灭的多年生宿根草。山区的群众从实践中认识到，种过草木樨的耕地几乎没有杂草，而且土松、锄地省工，便于耕作。

（3）充作“三料”：①各种家畜的好饲料。草木樨营养丰富，产量高，枝叶可作饲料，种子代替粮食能作精料，牛、羊、马、驴、骡和猪等都喜欢吃，实践证明，喂过草木樨的牲口“毛光、体肥、力气大”。②烧炕、做饭的好燃料。在我区许多缺煤的丘陵山区，由于缺乏燃料，群众常用牲口粪烧炕、做饭，有的到山里砍柴、刮草皮，这样严重破坏天然植被，加重水土流失。大量种植草木樨以后，可迅速解决燃料问题。③农业上的好肥料。草木樨是压青、沤制绿肥和堆肥的好原料。据当时实验表明，用草木樨压青，旱坡地可增产17% 左右，水地可增产 30%。将割下来的青草就地沤肥，就地施肥，可解决人力、畜力运输的困难。除此之外，草木樨是良好的蜜源植物，草秆可以拧绳子、作纤维品和造纸原料，种子可制酒、制醋、榨油，大面积种植草木樨能够为发展多种经营开辟广阔途径。

4.3.3.3 草木樨的栽培技术

草木樨虽然适应性广，具顽强的生命力，但是，它和任何植物一样，只有在适宜的环境下才能更好地生长，才能获得高而稳定的产量。因此，种植草木樨应该像种庄稼一样，必须注意栽培技术。

（1）整地保墒：草木樨的种子很小，顶土力弱，幼苗生长缓慢。因此，在播种的前一年，应进行秋季深耕、耙，冬季“三九”耙地；第二年春季下种前再进行一次耙地。总之，保持土壤疏松、湿润最为理想，这是保障草木樨早出苗、抓全苗和高产稳产的关键一环，也是决定种草成败的主要因素，一定要切实做好，在一些无法用牲畜耕犁的沟坡、林间或破碎的土地上，可进行带状或块状开沟、挖穴整地，以利草木樨顺利出土。

（2）种子的处理：草木樨为蜡质种子，播后 50%~60% 不易发芽，所以播种前要进行处理。首先进行晒种，以促进种子的萌发力，然后用碾米的办法，把种子铺在碾盘上二三寸厚，碾去种壳，使种子易于透水，播种后，出苗早且整齐。如果是在晚秋或冬季播种，也可以不去种壳，带荚播种是极为适宜的。

（3）播种期：根据内蒙古春旱和无霜期短的特点，草木樨要早种。以土地刚解冻时至清明前为宜[①]，播种越早越好，最晚不要迟于立夏，否则会影响当年产草量和安全越冬。一般与农作物间混种的草木樨，可与小麦、胡麻等农作

① 清水河县档案馆.乌兰察布公署水利水土保持局关于发送盟水利水土保持技术座谈会专题纪要的函［Z］.1964（14-14）.

物同时播种，或者在小麦、胡麻锄过头遍以后再套种草木栖。据初步试验，草木栖寄籽播种是一种很成功的方法。于 11 月中下旬在整过的地上播种草木栖，当年可能有少量种子发芽被冻死，但大部分在土中越冬，第二年出苗早，生长旺，比春播提高发芽率 27% 左右，增产 15%。在不易犁耕的陡坡、沟壑或小块地上，种植应采用这种方法。这样既不与农业争劳力，又能提高草的成活率。

（4）播种方法：主要注意浅种，复土深度和胡麻一样，最深不要超过 1 寸。播种方法有条播、撒播和点播。有条件的地方，要尽量实行条播。因为条播便于耕作，功效快，产量高。

条播：在坡度较缓、地块较大的梯田、坡耕地和轮歇地上都可采用。在整好的地上用普通农用耧沿水平线播种，每亩下籽 4~5 斤，播后轻微地打一下。这样条播的草木栖，形成了垂直水流方向的小沟，对减轻径流、泥沙的作用更为有效。

撒播：在陡坡、地形破碎、林间或沙漠区采用。趁雨后或雨季内，先由人工撒下草籽，然后赶上羊群踩踏，使种子进入土内，这样一来，一个个羊蹄窝就变成了小蓄水坑，十分有利于种子的发芽。每亩播种量为 5~6 斤。

点播：用于陡坡、荒地和耕作困难的破碎地块上。播种时先用锹挖窝子，大约一尺远一个窝子，呈“品”字形，然后再把种子放在窝子内，复土半寸左右。

（5）田间管理：为了促进草木栖的良好生长，在第一年草高 5~6 寸时和第二年返青后应进行一次中耕松土。有条件的地方还可以进行多次锄地，收益更大。

（6）青草的收割：主要是掌握适宜的收草期和留茬高度。根据区内各地经验，当年生的草木栖在白露以后进行收割，足以保护茎芽，留茬高 5~6 寸；第二年，第一次在五六月收割，第二次在开花前收割最为适宜。

（7）种子采集：采集草木栖应该在其茎秆下部种子变成黑褐色，中部种子为深绿色，上部正在开花时采收最好。为了减少种子脱落，可利用阴天或早晨有露水时收获。

4.3.3.4 草木栖的利用

（1）饲草利用：草木栖可作青饲、放牧或晒成干草。由于它的植株各部分都含有香豆素，发出特殊的臭味和苦味。最初应在其他饲草中掺入少量，逐渐增加，经过一段驯饲，牲畜会越来越爱吃。

（2）草木栖的肥料利用：草木栖是很好的绿肥。使用省工，方法简单，增产显著，是基本农田高产稳产的可靠肥源。

（3）草木栖轮作套作：在地广人稀、肥料不足的地区，为了高产草木栖可以与农作物混种、套种、轮作倒茬。一般种草木栖的地，能连续种植两年好庄稼。当时轮作形式有以下几种：

三年轮作制。第一年种小麦（或胡麻）套种草木栖，当年收获小麦（胡麻），把草木栖翻入土中作绿肥；第二、第三年种粮食。

四年轮作制。第一年种小麦、莜麦或胡麻，带种草木栖；第二年种草木栖、第三第四年种粮食。四年内，一年种草、三年种粮食。

上述两种轮作形式，适用于人多地少的地区。因为单种草木栖，要占地两年，对粮食收入暂时有一定的影响。采用下面两种方法，既能当年多收粮食，又能改良土壤，为下茬农作物增产创造肥料基础。

四年轮作制。第一、第二年单种草木栖，第三、第四年种农作物，适用于人少地多，有两个轮歇地的地区。草木栖—草木栖—谷子（糜粟）—小麦（荞麦）；草木栖—草木栖—小麦（莜麦）—胡麻。

五年轮作制。第一、第二年单种草木栖，第三至第五年种农作物。适于轮歇地较少的地区。草木栖—草木栖—谷子（粟子）—小麦（莜麦）—胡麻（荞麦）。

4.3.4 坝地

4.3.4.1 拦泥淤地坝

筑坝的目的首先是尽快改变后增产，变荒田为良田，扩大耕地面积，增加粮食。所以，筑坝淤地，也是发展高产稳产的主要途径。其次是拦截泥沙，清水河县大井沟第一期拦洪淤地坝，坝高 25 米，总库容 129 万立方米，控制了 16 平方千米水土流失，制止沟床下切。大坝大量拦泥蓄水，附近人畜饮水困难问题也随之解决。

清水河县大井沟第一期拦洪淤地坝技术设计，是一项必不可少的工作，过去由于忽视这方面的工作造成了很大损失，从中吸取深刻教训，现在修筑大坝前，做了大量的调查工作：

首先是坝址的选择就比较复杂，经过多次勘测，又进行全面分析，最后将坝址选在大井沟的城沟梁和狼窝咀交会处的下游 150 米处，因为那里沟窄肚大，沟道平缓，工程量少，淤地多，土料充足，来土方便，节省用工。

第一期坝高 25 米，坡比：迎水面为 1∶2.25，背水面为 1∶1.75；坝顶宽 5 米，坝底宽 105 米；坝顶长 123 米，坝底长 27.3 米。据测算，最大洪峰流量为 82 立方米 / 秒，总库容 129 万立方米，控制流域面积 16 平方千米。施工时采用四台链轨拖拉机铲土压坝，大大提高了功效，一台拖拉机辗轧坝，其功效胜过 60~80 人打夯。因此，预计用工 30345 个，实际仅用工 24980 个，提前完成了大坝第一期工程。

大坝建成后，溢洪道还未开挖，解决的办法：一是开挖溢洪道的土料，直接上坝，以加固大坝。二是准备一部分提水工具（机、泵、管），等到坝内有了水，就利用水利充填办法，一则加固大坝，再则将两岸山坡上的土冲到坝内，加速淤地。另外，坝的一端发现有裂缝时，必须引起注意，及时予以补救。平时加强检查维修，汛期进行防洪抗险，确保大坝安全，并利用洪水澄地，尽快填平坝沟。

4.3.4.2 水打坝

开始做堤坝时是用小平板车运土，这一时期广大群众通过不断摸索发明了水打坝的方法，就是用柴油机把水提到高处让水把泥土冲起来，连泥带水流入水库的堤坝上，通过试验和实践证明，水打坝是切实可行的高效办法。

案例：准格尔旗长滩公社石兰会水库背面是个大沙梁，沙梁顶距离当时堤坝内的存水高 90 米，根据提水的高度，购买了 40 马力柴油机一台，20 马力以下柴油机五台，根据柴油机的吸程和拐程，把 40 马力柴油机安装成一级提水，把五台小柴油机安装成五级提水，从柴油机拐程水位处，顺着沙梁朝堤坝修一道小渠，在堤坝的四周挖起土堰埂，柴油机一开动，提起来的水就顺着修好的小水渠连水带泥流入挖好的土堰埂里，沙渠的泥土松软，坡度大，水流很急，流入堤坝上的泥浆浓度很高。为了再进一步增加泥浆的浓度，在水区两侧把土填入流水中，就这样不断地提水，不断地加高堤坝四周的土堰埂，使水库堤坝迅速增高。

用这种方法，每小时可增高堤坝 90 米，并且堤坝也非常结实，不需要再用石夯打，实践证明水打坝比 12 个人打过的要结实得多。用小平板车推土平均每人每天运土 4 立方米，用水打坝的方法，连挖土堰埂的人工和六台柴油机，平均每人每天运土 72 立方米，提高功效 18 倍。利用水打坝的方法也比较经济。原计划完成这项工程需要 32000 个工日，采用水打坝的方法只需要 14000 个工日，节省了 18000 个工日，既提高了功效，又节约了大量劳力。

4.3.4.3 打坝淤地注意事项

筑淤地坝是沟壑干旱地区建设稳产高产田的一个重要措施。但部分旗县打坝淤地时，没有开挖溢洪道，造成坝体不牢固，被洪水冲毁，建议今后应特别注意以下几个方面：①要很好地清基，夯实，挖有溢洪道，溢洪道尽量选择岩石层或洪黏土层上。②确定打坝间距和高度时，应按照来洪多寡分段拦蓄，节节控制的方法。③尽量避免选在疏松的塌积土上。④在汛期需要大量拦泥澄地的淤地坝，可以种植小麦和豌豆，以便抢在汛期前收获。如果已经淤成坝地，建议种植高粱或玉米等高产、高秆作物。

4.4 国内外水土保持技术发展和对比

通过整理1963~1978年关于水土保持的专著和论文发现，我国国家图书馆收藏的关于水土保持相关著作仅7种，知网收录的期刊论文仅44篇，16年间的科学研究的力度远远低于1956~1962年这7年，这主要是受“文化大革命”的影响。但是，这一时期仍然有它的闪光点，我们通过与1956~1962年水保技术的对比、国内其他区域水土保持技术的发展以及国外的关注程度来剖析这一时期水土保持技术。

4.4.1 与1956~1962年水土保持技术对比

4.4.1.1 水保技术减少，强调生物措施

1963~1978年水土保持技术最明显的特点是水保技术类型急剧锐减，水土保持技术主要侧重生物措施。1956~1962年水保技术包括农牧业改良土壤措施、森林改良土壤措施和水利改良土壤措施三大类，其中主要包括19种具体技术：培地埂、水平梯田、软埝、水簸箕、埝窝地、种植牧草、农业技术（深耕、施肥、轮作、间作、合理密植等）、造林、封山育林、沟头防护、蓄水池、谷坊、沟壑土坝、水窖、引洪漫地等。1663~1966年，统计的水土保持技术包括12项：梯田、地埂、洪水淤漫地、水土保持造林、水土保持种草、封山育林、封坡育草、小水库、淤地坝、谷坊、鱼鳞坑、蓄水池。受“文化大革命”和建设农田水利的影响，1967~1978年统计的水土保持技术只有4项：水平梯田、打坝澄地、水土保持林、种草。其他的技术都放入农田水利部分。因此，从上一历史阶段的19种水保技术到这一历史时期锐减到4种，水保技术减少了15种，而减少的这15种技术又分属于农业增产技术和农田水利技术两部分。

水保技术类型明显减少，但在水平梯田、打坝澄地、水土保持林、种草四种水保技术中突出地强调生物措施（水土保持林和种草），这是因为在1972年提出了绿化祖国和实行大地园林化的指示，水土保持技术的重心放到了生物措施上。而且生物措施中注意了选择具有水土保持价值的植物类型，在研究区主要选择了柠条和草木栖。

4.4.1.2 试验研究，注重机修

1963~1978年水土保持技术重视水平梯田、打坝澄地、水土保持林、种草四种，虽然在1956~1962年也有这四种水保技术，但已经都有了巨大的变革。

水土保持林草方面，开始注重选择具有水保效益的生物，而且值得一提的是，林草技术的结果，大部分都是通过大量的水土保持试验站的试验结果给出了生物的种植方法和水土技术的生物效益，而这些在 1956~1962 年并没有。

水平梯田和打坝澄地（淤地坝）相对于 1956~1962 年，这一时期更注重工程的详细施工方法、技术和产量的关系，以及技术实施中如何测量等，同时在修筑过程中引入了新生事物，使用机器进行修筑可以大大提高功效，加快速度。这一时期使用的机器有机引开沟犁、手扶拖拉机、推土机、铲土机等。同时，在以往打坝淤地的基础上发明了水打坝，大大地提高了筑坝的效率。

4.4.1.3 提前规划，事后养护

1963~1978 年水土保持技术除了提前规划，还注重技术实施后的养护管理工作，这主要是来源于国家政策的决策。在 1963 年 4 月 18 日国水电 292 号文件《国务院关于黄河中游地区水土保持工作的决定》中明确水土保持技术实施前要做好规划，需要做长期规划（二十年）、近期规划（五年、十年）和今明两年的规划。同时，为了明确规划的原则、方法以及具体内容，1963 年出台了旗县贯彻水土保持规划参考提要。在 1963~1965 年所有的乡社和旗县都对水土保持进行了长期规划，这是区别于 1956~1962 年的明显特征。

为了管理养护好现有的各项设施，不断加工提高，扩大效益，1964 年国务院水土保持委员会制定了《水土保持设施管理养护办法（草案）》，其规定现有的各项水土保持工程和设施，应贯彻“谁治理，谁受益，谁养护”的原则，组织有关干部、有水土保持经验的农民和牧羊人等，成立管理养护组织，制定管理养护的公约，负责督促检查水土保持工程设施的管理养护工作，并且要建立一定的责任制度，做到专人负责，经常养护，随坏随修。这也是区别于 1956~1962 年只管修筑工程和数量，对于已经建好的工程无专人管理，也没有养护，从而导致未达到理想的保持水土的作用。

4.4.2 国内其他区域水土保持技术发展

这一阶段，水土保持技术最突出的特点是重视林草的保水保土特性，因此，在期刊文献中介绍了 26 种可以用作保持水土的生物：草木栖、洋槐、黄花带、油茶林、沙枣、柠条、紫穗槐、酸刺、野枸杞、扁核木、马尾松、茇茇草、莿毬花、文冠果、金银花、柠檬桉、山毛豆、葛藤、大营草、象草、猪屎豆、银合欢、龙须草、红柳、蔓荆、大叶相思。这一时期的研究重点除了介绍生物措施外，开始慢慢从以前主要集中在黄河流域的水土保持治理转向其他区域。

4.4.2.1 茶园水保技术

这一时期，开始关注茶园的水土流失及其治理技术，有3篇期刊论文专门介绍了茶园的水保技术[①②③]。“全国茶叶会议纪要”指出：“一定要搞好茶园基本建设。”新茶园基本建设是多方面的，做好水土保持，防治水土流失是主要矛盾。采用了四种方法：

（1）采取“渗透”雨水措施：坡度在5°以上的山地，都要求建立等高梯层，并要求梯面外高内低。5°以内的山地，可不建梯级茶园，但必须随山势等高条植茶树。

（2）建立“堵挡”流水工程：梯壁的倾斜度与其挡力有关。梯壁倾斜以70°为宜，石头砌得可再大些，80°左右。心土夯筑可少些，60°为宜。梯壁不宜过高，以一米以内为好。

（3）建立“蓄存”雨水设置。茶园梯层内侧挖设“横蓄水沟”，其沟深0.8~1.0尺，沟底宽1.5尺，每隔1.5~2丈修筑一个略低于梯面的坚实小土坝，把雨水直接储存在横沟里。

（4）采用“等高沟状条栽”既是蓄存雨水又是挡水和渗透梯面积水的措施。其方法是在全园深垦的基础上挖深、宽各1.2尺左右的“栽茶沟”，沟底施基肥。栽茶后保留4~5寸的浅沟[④]。

4.4.2.2 沙地水保技术

风沙区水土流失治理，除了1956~1962年提到的防风固沙林草措施外，又提出了“引水拉沙”方法，利用河流、海子、水库的水源，引水开渠，以水冲沙、拉平沙丘，或拉沙筑坝，变荒漠为良田。引水拉沙是风沙区根治干旱、风沙、水土流失的有效措施。具体施工方法为：在连接水源的地方开一个宽0.5~0.7米的沙壕，引水入壕，将渠道通过的沙丘首先拉平，如果遇到沙弯，就筑埂淤沙，成为平台，然后利用导流和束水建筑物，冲出需要的渠道过水断面和渠底高程，这样水到渠成，一节一节地前进[⑤]。

4.4.2.3 紫色土水保技术

紫色土胶结力差，团粒结构差，持水力弱，加之坡度大，雨量集中，坡耕地水土流失严重。这一时期探讨采取多种水土保持技术进行治理，其中与黄土

---

① 周钦泽，林心炯，阮作宽，吴华造．茶园水土保持的初步研究［J］．茶叶研究，1965（3）：24–31.

② 横沟蓄水是茶园水土保持的一种好办法［J］．茶叶科学简报，1974（2）：8–9.

③ 谢庆梓．谈以水土保持为中心的新茶园垦殖措施［J］．茶叶科学技术，1974（3）：4–5.

④ 谢庆梓．谈以水土保持为中心的新茶园垦殖措施［J］．茶叶科学技术，1974（3）：4–5.

⑤ 陕西省水土保持局．水土保持［M］．北京：农业出版社，1973.

丘陵相同的技术有增加耕地覆被度（合理的间作、套作与密植）、横坡耕作、适时中耕等技术，还有该区域所独特的水保技术[①]。

（1）梯级种植（台阶种植）：它是在播种前结合田间整地工作，变坡地为横坡窄厢梯台进行种植。梯台宽度根据坡度大小、土层厚度、种植作物决定。一般 10°~15° 的坡度，土层厚度在 135 尺以上，开成 4 尺左右为宜。其特点除获得更多、更好的水分有下渗机会外，还有良好的通风透光生长条件。

（2）挑沙面土：把被暴雨冲下来的泥沙，还面于坡地中，补给坡地表土损失，维持坡耕地再生产能力，提高作物产量。它的作用是增厚土层，提高土壤抗旱能力，提高土壤肥力，拦蓄径流，保持水土。

4.4.2.4 石灰岩地区水保技术

石灰岩易被水溶解，特别是南方高温多雨条件下，喀斯特作用强烈，而喀斯特形成物进一步广泛地出现和增加，构成了当地普遍以强烈面蚀为主的侵蚀形态。在石灰岩地区主要实施的水土保持技术有农用地采用水平带状石埂梯地、果树用地采用小块石埂梯地、在岩隙实施人工种草和封山育林，如图 4-12 所示。还要采取一些农业改良土壤措施，如间作、套作、施肥等[②]。

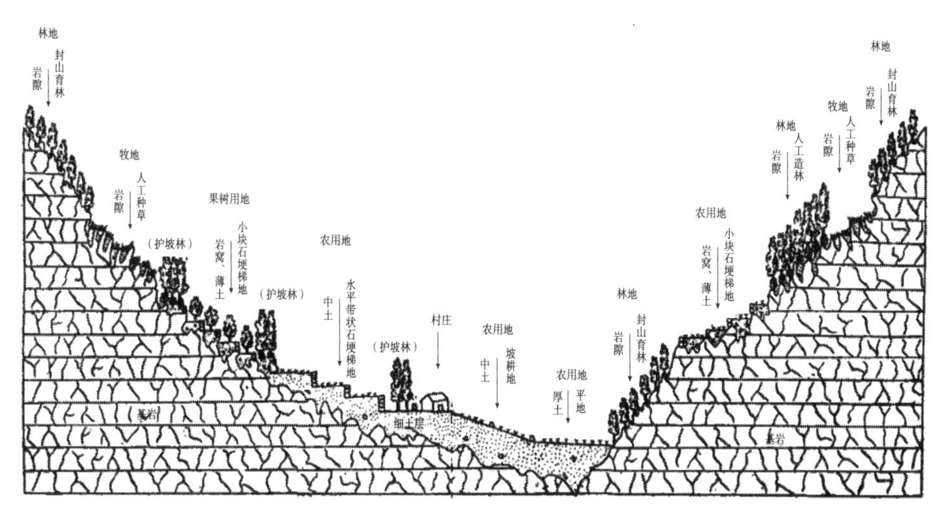

图 4-12 石灰岩地区主要实施的水土保持技术

① 陈康宁. 对四川紫色土遂宁地区农业（技术）水土保持措施的初步探讨［J］. 农田水利与水土保持，1964（3）：10-15.

② 刘志刚. 广西都安县石灰岩地区土壤侵蚀的特点和水土保持工作的意见［J］. 林业科学，1963（4）：354-360.

4.4.2.5 交通工程和厂矿水保防护

这一时期，陕西省已经开始注意交通工程和厂矿修建过程中水土保持工作。对铁路和公路主要采取加强铁路和公路沿线的综合治理：①保护路旁原有的森林、草皮。②在坡原地修梯田，在荒坡造林种草、沟道打坝堰，就地拦蓄雨水。③在路旁开挖边渠，将洪水引到一边排出。④治理滑坡的方法有盲沟排水、植树造林、块石护坡等。⑤营造护路林，植树造林，保护路基，荫蔽形成，避免路被水流冲蚀或流沙侵盖。

要加强厂矿周围的综合治理，绿化厂矿周围的山坡、沟道，在厂矿附近修建截水沟、排洪渠道、防洪堤等防洪排洪设施；妥善处理开矿的废土矿渣[①]。

4.4.3 国外水土保持技术发展

这一时期并不是只学习和了解苏联的水土保持技术，也开始关注日本、美国、英国等其他国家，但关注的水土保持技术类型主要是造林和种草，了解其他国家在实施水土保持造林种草技术上的新方法或新品种。

1966 年，日本林学会讨论治山治水防灾专业组指出，利用航空摄影进行崩坏（侵蚀）地区的调查。一方面要加强预防性，另一方面要积极开展保安林的改良工作。防治侵蚀应以扩大生产为目标，因此应以恢复植被为基础，并以改良土壤的物理性状为中心。日本在治山中重视肥料种树，同时在水平带或台阶上广泛采用混播，即不同种子与肥料、耕土混合直播，可以迅速绿化坡面，因此这种混播法被认为是一种有效的治山新技术。为提高森林的水源涵养和防护效用，在保安林中，应逐渐改变收集枯枝落叶的习惯[②]。

苏联在 1964 年出版的《高产林的营造经验》中介绍了林场中种植洋槐生长与土壤、混交类型的关系。认为在无林草原区水土条件不好的土壤上，最好营造洋槐纯林；在水分比较充足的地方，可以营造洋槐与灌木混交林[③]。

国外在坡面和堤岸上种植人工植被时，美国发明了液压喷射播种法，将草籽和化肥加水拌湿后，用液压喷射到坡地上，使草籽粘到地表上，长成植被。但这种方法只能在缓坡上和雨量不大的地区使用。日本发明了将草籽、肥料、土壤和其他土壤改良剂等混合在一起，然后用高速喷射的方法播种，将这些混合物喷射到坡地上。当混合物喷射到坡地表面后，再在其上喷射一层沥青，以

---

① 陕西省水土保持局 . 水土保持［M］. 北京：农业出版社，1973.

② 日本水土保持动态三则［J］. 林业快报，1966（1）：12.

③ 苏联营造洋槐林的经验［J］. 人民黄河，1966（1）：12.

保持水分和避免侵蚀。喷射两三天后，种子开始发芽，一周以后能穿过土壤和沥青表皮，由于土壤中混有充足的养分和水分，在生长季节，一个月内草类就能迅速地生长，形成良好植被，保住水土不致流失[①]。

4.5 小结

1963~1978 年内蒙古水土保持工作以建设基本农田为主，经历了缓慢复苏（1963~1965 年）—“文化大革命”的影响（1966~1972 年）— 恢复水利水保工作（1973~1978 年）的曲折缓慢发展。从 1963 年开始，位于黄河中游重点治理地区的清水河县和准格尔旗根据本县（旗）的人口、劳力、水土流失的面积和程度，以及治理的难易等情况制定自己的水土保持规划，同时两个旗县在 1964 年都成立了专业的水土保持专业队和水土保持委员会，这些举措都有力地推动了研究区水土保持工作的开展。从 1966 年开始，受“文化大革命”的影响，水土保持工作的档案几乎没有，只是在 1972 年国家提出“绿化祖国”后，清水河县才开始了轰轰烈烈的造林运动。1973 年研究区开始恢复水土保持工作，但这一时期水土保持和水利放在一起统称水利水保，表明虽然恢复了水土保持工作，但明显削弱了对水土保持工作的重视程度。

从 1964 年开始，内蒙古水土保持技术只统计梯田、造林、种草、坝地四个类型，即 1956~1962 年阶段的农业耕作措施和其他水利改良技术措施不属于水土保持技术，1963~1978 年水土保持技术由 1956~1962 年的 19 种锐减为 4 种。此外，在 1972 年国家提出绿化祖国和实行大地园林化的指示后，水土保持技术主要侧重生物措施，且开始注意选择具有水土保持价值的植物类型，研究区主要选用的植物为柠条和草木栖。另外，这一阶段开始采用水打坝的方式修建坝地，比以往人工的拦泥筑坝既提高了效率又节约了大量劳力。

1963~1978 年与上一历史阶段（1956~1962 年）对比，相同的水土保持技术（如梯田、坝地、林地）有了很大的提升和进步，开始利用科学研究提高水土保持技术的效益，应用新的工具（如大型机器）提高水土保持技术的效率，同时，注重后期管理和养护，提高水土保持技术的使用寿命等。

在这一时期，国内水土保持技术研究最多的是植物的保土保水效益，文献统计当时大约介绍了 26 种植物的特性及其在水土保持中的效益，同时水土保

① 其明 . 坡地水土保持新法［J］. 科学大众，1963（5）：14.

持工作不仅局限于黄河流域，国内越来越多的水土流失严重的区域开始受到关注，如茶园、沙地、紫色土、石灰岩、交通工程、厂矿区等。对于国外水土保持技术，这一时期主要关注日本、美国、苏联等国家，关注的热点仍然是生物措施，这可能与我国当时水土保持技术发展的需求有密切关联。

应用水土保持技术综合治理小流域（1979~1985年）

5.1 国家大力发展小流域综合治理水土流失

5.1.1 水土保持工作加强

20世纪70年代末80年代初，随着国家将经济建设作为工作重点并实行改革开放政策，水土保持工作得以加强，同时由基本农田建设为主转入以小流域为单元进行综合治理的轨道。1979年4月，水利部向各省水利部门下发了《关于加强水土保持工作的通知》，要求各级水利部门根据国务院有关水土保持工作的规定，切实加强对水土保持工作的领导，同时各省（市、区）对水土保持机构、科研单位、试验站、工作站要加以整顿、充实力量，积极开展试验研究和治理工作。1979年，水利部恢复了农田水利局，并下设水土保持处；1980年，国家农委恢复了黄河中游水土保持委员会，并新建黄河水利委员会黄河中游治理局，随后国家农委任命陕西省副省长谢怀德兼任黄河中游水土保持委员会主任，黄河水利委员会副主任王生源兼任黄河中游水土保持委员会副主任。1979~1980年，水利部分别召开了华北5省（区）、东北3省、华东6省、中南5省（区）水土保持座谈会。此外，国家科委、农业部、水电部、国家林业总局联合在西安召开了“黄土高原水土保持农林牧综合发展科研工作讨论会”，中国水利学会在郑州召开了“黄河中下游治理规划学术讨论会”，国家科委、国家农委、中国科学院联合在西安召开了“黄土高原水土流失综合治理科学讨论会”。在各种形式的座谈会、讨论会上，广大专家学者和水土保持工作者呼吁要提高认识，加强组织领导和宣传教育，加强科研工作和技术培训，恢复、健全和充实水土保持机构和人员，坚决制止破坏水土保持设施的行为等。

1982 年，国务院成立全国水土保持工作协调小组。同年，国务院同意从小型农田水利补助费中划出 10%~20% 的经费用于水土保持，水土流失严重、治理任务大的地方比例可以大些。这个政策对解决水土保持多年来存在的经费问题、推动面上水土保持工作有重要意义。1982 年 6 月，国务院发布了《水土保持工作条例》，要求全国各地遵照执行。《水土保持工作条例》是继 1957 年《中华人民共和国水土保持暂行纲要》之后又一部水土保持重要法规，条例分水土流失的预防、水土流失的治理、教育与科学研究等共 33 条，提出了“防治并重，治管结合，因地制宜，全面规划，综合治理，除害兴利”的水土保持工作方针，明确了水土保持工作的主管部门为水利电力部，增加了关于水土流失的预防的内容，提出了“以小流域为单元，实行全面规划、综合治理”等内容，对推动 20 世纪 80 年代的水土保持工作发挥了重要作用。

全国第四次水土保持会议于 1982 年 8 月在北京召开，各省（市、区）农、林、水、牧和水土保持部门的代表以及重点地、县负责人，各流域机构，国务院有关部委、科研、宣传、教育等部门的代表，共 250 多人参加了会议。全国水土保持工作协调组组长钱正英主持了会议。 这是继 1958 年第三次水保工作会议以来又一次全国性的水土保持会议，对引起社会各界对水土保持工作的重视以及加强水土保持工作，起到了积极的作用。

5.1.2 小流域综合治理的提出

1980 年 4 月，水利部在山西省吉县召开了历时 8 天 13 个省区小流域综合治理座谈会。会议在总结过去经验的基础上，提出了小流域综合治理，认为这是水土保持工作的新发展，符合水土流失规律，把治坡与治沟、植物措施与工程措施有机结合起来，更加有效地控制水土流失，同时认为进行小流域治理，流域面积在 30 平方千米以下为宜，最多不超过 50 平方千米。会议要求各省区认真予以推广，加快小流域治理，会后由水利部颁发了《水土保持小流域治理办法（草案）》。13 个省区小流域综合治理座谈会标志着水土保持进入小流域综合治理阶段。在此后长期的水土保持工作实践中，小流域综合治理将逐步发展完善并最终成为我国水土保持的一条基本技术路线。

13 个省区小流域综合治理座谈会后不久，在财政部的支持下，水利部和黄河水利委员会对六大流域开展了水土保持小流域治理试点工作。试点小流域是我国第一次有组织、大规模、由国家补助投资开展的水土保持项目，它探索了水土保持快速治理的途径和不同类型区综合治理的模式，进一步确立了小流域综合治理的思路，推动了当时的小流域综合治理、重点治理及面上治理工作，起到了在全国不同类型小流域治理中的先导作用。到 1990 年的 10 年里，共开展小流域治理 204 条，总面积 6697 公顷，其中水土流失面积 5572 公顷，完成治理面积 2236 公顷。10 年间小流域试点治理共投资 2.3 亿元（包括群众投劳折资），其中国家补助 4950 万元。试点小流域重视科学研究与科学管理，重视新技术的应用，取得了一批高水平的科研成果。在验收的 114 条小流域中，获地市级以上科技进步奖的有 17 条，其中国家级 1 条、省级 7 条、地市级 9 条。

1982 年 8 月，全国第四次水土保持会议要求各地区在普遍号召开展面上治理的同时，都应选择自己的重点，以小流域为单元，进行综合、集中、连续治理，以重点推动面上工作；在全国范围，首先抓好八个重点。1983 年，经国务院批准，黄河流域的无定河、三川河、皇甫川和定西县，海河流域的永定河上游，辽河流域的柳河上游，长江流域的湖北省葛洲坝库区和江西省兴国县等 8 个水土流失重点区被列入重点治理区，由财政部每年安排 3000 万元进行治理，由此拉开了八片国家水土流失重点治理工程的序幕。这 8 个地区水土流失严重，群众生活贫困，生态环境恶化，区域土地总面积 11 万平方千米，水土流失面积达 10 万平方千米，约占区内土地总面积 90%，涉及 9 省（区、市）的 43 个县（市、区、旗）。八片国家水土流失重点治理工程是我国第一个国家列专款、有规划的集中连片大规模开展水土流失综合治理的国家生态建设重点工程，为全国大规模生态环境建设提供了可借鉴的宝贵经验，起到了在我国生态建设中的示范带头作用。

5.2 内蒙古黄土丘陵区水土保持工作迅速发展

5.2.1 国家对研究区水土保持治理的重视

5.2.1.1 国家试点小流域和重点治理区

1980 年，开展了水土保持小流域治理试点工作。试点小流域是我国第一次有组织、大规模、由国家补助投资开展的水土保持项目。其中，1980 年黄河治理委员会用合同方式治理 29 条流域，准格尔旗就占 11 条，占治理面积的 37.9%，而且国家科委、农委和中国科学院又将准格尔旗列为试点治理的 14 个基地县之一，并承担了国家科研项目①。1981 年，国家经济调整时期，各项投资都根据财力进行压缩，而黄河治理委员会根据准格尔旗水保局的要求在 1980 年 11 条小流域的基础上又增加了 4 条小流域的治理合同（共 15 条）。1983 年，经国务院批准，黄河流域的皇甫川被列入国家重点治理区，由财政部每年安排经费进行治理。1981 年，清水河县以北堡川小流域作为试点流域进行治理②。1985 年，清水河县以正峁沟作为试点流域进行治理③。

5.2.1.2 启动科学研究

1979 年 2 月，国家科委、农委、中国科学院在西安召开的黄土高原水土流失综合治理农林牧全面发展科学讨论会后，国家科委下达“皇甫川流域水土流失综合治理农林牧全面发展试验研究”的重点科研项目，在内蒙古自治区科委和水利厅的主持下，于同年 6 月成立皇甫川流域水土保持试验站，并抽调内蒙古、伊盟、准旗三方科技人员于 1980 年开展了试验研究工作。

皇甫川是我国水土流失最严重的地区之一，在该流域开展试验，对水土保持科学技术的研究和指导该流域发展实现农业现代化创造条件都有重要意义。科研的任务是把皇甫川视作一个整体，实行科学的统一规划设计，分期全面治理，全面观测，在小流域上作重点试验，深入研究，取得系统资料，科研项目在大小流域内全面安排，互相穿插印证，以探求水土流失规律及主要矛盾。研究防治水土流失质量好、收益快、用工少、投资少的技术措施，在合理利用水土资源的前提下，试验大面积综合治理。1985 年前的工作重点在长川流域（流域面积 640 平方千米）。

皇甫川流域水土流失综合治理农林牧全面发展试验研究项目以应用技术为主，兼顾理论探索，应用技术中的急需项目先行。走科研与生产治理相结合，专业科研人员与社队科研相结合，流域治理与牧、林、农相结合。试验站既是流域水土保持科研单位，在科研期间也应该是流域水土保持工作的管理机构。在统一规划设计的基础上，国际予以补助。当时，长川流域科研和治理经费控制在 800 万元左右④。

---

① 准格尔旗档案馆 . 关于上报“水土保持小流域治理和科研会议工作”总结的报告［Z］. 1981（96–2–35）.

② 清水河县档案馆 . 关于北堡川小流域治理经费调整后的通知［Z］. 1981（60–1–99）.

③ 清水河县档案馆 . 关于呈报正峁沟试点流域综合治理一九八五年工作总结报告［Z］. 1985（60–1–151）.

④ 准格尔旗档案馆. 关于准格尔旗皇甫川流域开展水土保持综合治理试验研究报告的批复［Z］. 1979（96–2–17）.

5.2.1.3 大力投资

根据现有历史资料，统计准格尔旗和清水河县在 1980~1985 年水土保持治理的投资经费。

1980 年，准格尔旗水利事业费中分给水保的补助经费为 20 万元，包括面上种植柠条、梯田补助、不连沟流域治理、南平沟流域治理、水保站事业费①。1980 年，皇甫川水保试验站国家科研项目投资 15 万元，旗政府为了大力完成水土保持工作投资 74.6 万元，总额达 129.6 万元②，两项共计 149.6 万元。1980 年，清水河县水利水保工程经费补助中水保经费补助为 4.2425 万元③。

1981 年，黄委会投资准格尔旗皇甫川小流域治理经费为 30 万元，内蒙古科委又给安排了 10 万元，伊克昭盟拨付水保投资 30 万元，总投资 70 万元④。1981 年，乌兰察布盟水利局批准北堡川流域治理经费为 5.6 万元⑤。

1983 年，准格尔旗申请国家补助皇甫川重点小流域水土保持费用共计 274.4465 万元，其中水土保持治理费 210.2827 万元，水利基建工程费 57.6238 万元，水保业务费 6.54 万元⑥。1983 年，乌兰察布盟给清水河县下达的水土保持治理任务是 17.95 万亩，投资经费 30 万元⑦。

1985 年，准格尔旗水保事业费 46 万元，其中设备购置费 4 万元、引进山楂种苗费 2 万元、业务费 3.5 万元、面上奖励费 3 万元、长滩径流卡口站经费 2 万元、科研费 5 万元、场站生产费 6 万元、面上小流域治理费 20.5 万元⑧。1985 年，全旗在治理过程中国家投资试点、重点、面上治理面积 211.98 平方千米，其中两条试点流域投资 15.4 万元、40 条重点小流域投资 121.4 万元、8 条面上小流域投资 34.3 万元⑨，共 171.1 万元，加上水土保持事业费 46 万元，1985 年准格尔旗水土保持国家和地方共投资 217.1 万元；而 1985 年清水河县水土保持治理任务是 15 万亩，下达经费 37 万元⑩（见表 5-1）。

---

① 准格尔旗档案馆 . 关于下达一九八零年水利事业经费及安排的通知［Z］. 1980（96-2-22）.

②④ 准格尔旗档案馆 . 关于上报“水土保持小流域治理和科研会议工作”总结的报告［Z］. 1981（96-2-35）.

③ 清水河县档案馆 . 关于下拨水利、水保工程机电井经费补助的通知［Z］. 1980（60-1-95）.

⑤ 清水河县档案馆 . 关于北堡川小流域治理经费调整后的通知［Z］. 1981（60-1-99）.

⑥ 准格尔旗档案馆 . 关于上报皇甫川重点流域“一九八三新增治理经费的预算”的报告［Z］. 1983（96-2-51）.

⑦ 清水河县档案馆 . 关于一九八三年水利工作总结［Z］. 1983（60-1-63）.

⑧ 准格尔旗档案馆 . 关于上报 1985 年水土保持事业费预算的报告［Z］. 1985（96-2-60）.

⑨ 准格尔旗档案馆 . 关于呈报一九八五年工作总结的报告［Z］. 1985（96-1-32）.

⑩ 清水河县档案馆 . 关于上报一九八五年水利水保工作总结的报告［Z］. 1985（60-1-73）.

表 5-1　水土保持补助经费　　单位：万元

年份	准格尔旗		清水河县	
	金额	来源	金额	来源
1980	149.6	黄委会、旗政府、盟水利局	4.2425	盟水利局
1981	70	国家黄委水科所、内蒙古科委、盟水保局	5.6	盟水利局
1983	274.4465	国家财政部拨款	30	盟水利局
1985	217.1	国家黄委水科所、内蒙古科委、盟水保局	37	盟水利局

根据表 5-1 可知，1980~1985 年，国家和当地政府对水土保持工作投入了大量的经费支持，1980~1985 年经费一路飙升，其中准格尔旗 1985 年水土保持投资的补助经费为 217.1 万元，比 1980 年增加了 46%；清水河县 1985 年水土保持投资的补助经费为 37 万元，比 1980 年增加了 772%。从资金来源来说，准格尔旗有国家投资、自治区投资和盟市三个来源，而清水河县只来源于盟水利局，表明当时国家和内蒙古自治区对准格尔旗水土保持工作的重视程度更高，投资力度更大，因为准格尔旗有国家级别的科研项目。

5.2.2 地方水保机构和制度的健全

5.2.2.1 重新恢复和建立新的水保机构

1979 年，“准格尔旗皇甫川流域农牧林水综合治理试验站”改为“准格尔旗皇甫川流域水土保持试验站”①。1980 年，准格尔旗成立了水土保持委员会办公室，科级建制，占事业编制，是旗革命委员会职能部门，人员编制 26 人，办公室设有人秘股、计财股、综合治理站；成立准格尔旗皇甫川水土保持试验站，相当于科级建制，人员编制 20 人，其中干部 18 人；成立准格尔去水土保持机械化施工队（股级），人员编制 25 人，其中干部 5 人；成立准格尔旗水土保持纳林优良草籽繁殖场，股级，人员编制 10 人，其中干部 4 人；成立准格尔旗水土保持贺家湾试验场，股级，人员编制 15 人，其中干部 10 人；成立准格尔旗水土保持伏路果树试验站，股级，人员编制 10 人，其中干部 4 人；成立准格尔旗水土保持碾房塔分洪管理站，股级，人员编制 6 人，其中干部 3 人，上述六个事业单位均隶属于准格尔旗水土保持委员会办公室②。同年，3 月 15

---

① 准格尔旗档案馆 . 关于皇甫川试验站改成的通知［Z］. 1979（96-2-14）.

② 准格尔旗档案馆 . 成立准格尔旗水土保持委员会办公室［Z］. 1980（96-1-11）.

日启用“准格尔旗皇甫川水土保持试验站”公章[①]（见图 5–1），12 月 18 日启用“准格尔旗水土保持委员会办公室公章”[②]。前一阶段水土保持工作由农牧林水综合部门管理，到这一时期准格尔旗成立了水土保持办公室，有了水土保持委员会办公室公章和下属的 6 个事业单位，水土保持工作有了独立的管理机构，表明这一时期对水土保持工作的重视度得到了提高。

1984 年，准格尔旗水保局增设“准格尔旗水保局骨干工程勘测规划队”暂定事业编制。原水保局勘测队改为水土保持综合治理站，股级建制。原准格尔旗伏路果园试验站改为准格尔旗伏路水保站；原碾房塔分洪站和贺家湾水保试验站合并为准格尔旗贺家湾水保试验场；原纳林草籽场和机械化施工队合并为准格尔旗纳林水保草籽繁育场[③]。

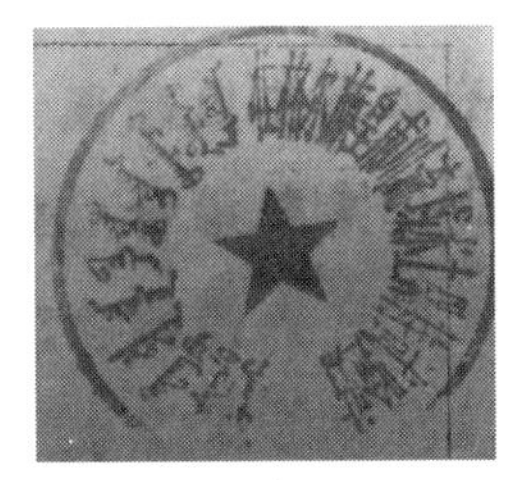

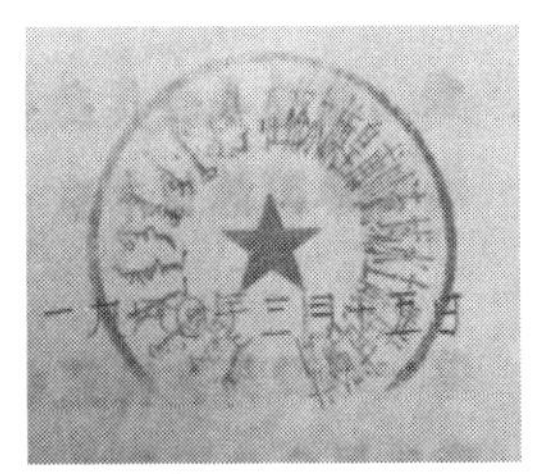

图 5–1　准格尔旗皇甫川流域水土保持试验站公章

5.2.2.2　水土保持工作管理制度

1979~1980 年，准格尔旗水土保持局制定了一系列的规章制度，1980 年制定了《皇甫川试验站经费开支标准》《施工队机械管理核算试行办法》《固定投资管理办法（草案）》《机具设备器材损坏丢失赔偿处理办法（草案）》以及《机关制度和工作人员岗位责任制度》等规定[④]。1981 年，准格尔旗水土保持委员会为了增产节约，下发了关于 1981 年经费指标及财务管理的若干规定[⑤]。

1981 年，为了搞好水保系统的科研和治理工作，加强机关工作、加强岗位责任，经全体职工干部会讨论通过了本系统工作管理制度和工作人员岗位责任制[⑥]：

①会议制度：党组织不定期召开、办公室不定期召开、党、团支部会，各支部每星期一举行。

---

① 准格尔旗档案馆 . 关于启用“准格尔旗皇甫川水土保持试验站”公章［Z］. 1980（96–1–11）.

② 准格尔旗档案馆 . 关于启用“准格尔旗水土保持委员会办公室”公章［Z］. 1980（96–1–10）.

③ 准格尔旗档案馆 . 关于水保局增设下属单位和改称的通知［Z］. 1984（96–1–28）.

④ 准格尔旗档案馆 . 关于下达《皇甫川试验站经费开支标准》的通知［Z］. 1980（96–2–22）.

⑤ 准格尔旗档案馆 . 关于下达 1981 年经费指标及财务管理的若干规定的通知［Z］. 1981（96–2–34）.

⑥ 准格尔旗档案馆 . 关于印发准格尔旗水保系统工作制度和工作人员岗位责任制的通知［Z］. 1981（96–1–16）.

②学习与生活制度：全单位干部、职工除坚持每星期三、五、六下午的集体学习制度外，还要根据工作需要，不断自学，迅速提高科研知识水平和科研业务能力。全系统干部、职工一定要搞好团结，加强组织纪律，自觉执行机关各项制度。全系统干部职工半年进行一次初评，年终总评鉴定。

③工作人员岗位责任制：明确规定了秘书职责，收发打字职责，财会职责，现金出纳员职责，统计员职责，保管员职责，总务员职责，炊事员职责，汽车队职责，主任、副主任职责，场、站、队负责人职责，科技人员职责12项岗位的责任制度。

④工作制度：明确规定了人秘股工作，计财股工作，场、站、队工作，综合服务社工作4项工作制度。

1985年，准格尔旗水土保持局为了适应飞速发展和城乡经济体制改革的深入发展，通过改革进一步解放生产力，充分发挥和调动全体职工的积极性，使水土保持和流域治理等高质量、高效率地完成，特提出人员的管理及使用试验站和管理的办法，同时提出全旗水土保持工作的改革方案：实行技术有偿服务，改花钱大撒手为效益联资、责任定资的办法，以户承包、联片治理，建立三级岗位责任制，经费使用办法[①]。在改革方案中明确方向和任务的基础上，加强领导，充实技术力量，层层落实了小流域治理任务，进一步明确了权、责、利，调动了各方面的积极性，治理速度质量和效益明显提高。

5.2.2.3 水土保持流域治理实施办法

为加强皇甫川流域综合治理工作，根据水利部《水土保持小流域治理办法（草案）》，同时结合准格尔旗的具体情况，1980年8月1日准格尔旗皇甫川水土保持试验站制定了《准格尔旗皇甫川流域水土保持小流域综合治理试点办法细则（试行草案）》[②]。详细规定了小流域综合治理的目的、选择试点小流域的条件、小流域综合治理的步骤、水保技术、检查验收和管理维护、经费投资使用等全方位的流域治理办法，详见附录5。

5.2.2.4 小流域综合治理规划

制定规划是小流域治理的软技术，这一时期内蒙古黄土丘陵区小流域治理前，均要制定详细的小流域综合治理规划。如《准格尔旗黑岱沟公社不连沟流域和南坪沟流域1980~1985年综合治理规划设计报告》[③④]《1980年准格尔旗

---

① 准格尔旗档案馆．关于呈报《一九八五年工作要点及改革意见》的报告［Z］．1985（96–2–58）．

② 准格尔旗档案馆．报请批转关于《准格尔旗皇甫川流域水土保持小流域综合治理试点办法细则（试行草案）》的报告［Z］．1980（96–2–24）．

③④ 准格尔旗档案馆．关于上报黑岱沟公社不连沟流域综合治理规划设计报告［Z］．1980（96–2–25）．

皇甫川流域十个重点小流域中和治理规划报告》[①]《清水河县 1980 年水土保持小流域治理规划设计报告》[②]《北堡川 1981 年流域治理施工计划报告》[③]《清水河县 1983 年水保流域治理设计的报告》[④]《1984 年清水河县厂子背流域规划报告》[⑤]《梨尔沟小流域规划说明书》[⑥]《芦苇湾流域规划说明书》[⑦]《牛毛凹小流域规划说明书》[⑧]《舍尔沟小流域规划说明书》[⑨]《阳畔沟流域规划说明书》[⑩]《范四夭流域规划报告》[⑪]《1985 年正峁沟试点流域水保试验计划的报告》[⑫]。

准格尔—清水河黄土丘陵区属于内蒙古土壤侵蚀防治规划中的骨干治理开发区（见表 5-2），规划中采取的主要防治措施有：交通能源开发与土壤侵蚀防治同时进行；治沟治坡相结合，以获得上游治理为近期目标，避难就易，以户为单位开展小坡小沟治理，使群众治一块地，收一份经济效益；加强建设小型淤地坝和川台地基本农田，实现粮食自给；坡地发展以乔灌木为主的人工草地，将粗放畜牧逐渐转向舍饲半舍饲畜牧；利用局部较好的隐域环境，发展果树和经济灌木，带动果品加工，增加经济收入，提高群众水土保持工作的积极性，实现生态、经济双重效益；在沟道治理上，应强调利用沙棘等植物谷沟的措施，加快治理速度[⑬]。

表 5-2　内蒙古自治区土壤侵蚀防止重点旗县规划

骨干治理与开发的旗县	以防治水蚀为主	准格尔旗、清水河县、库伦旗、东胜县、赤峰市郊区、敖汗旗
	以防治风蚀为主	乌审旗、伊金霍洛旗、察右后旗、商都县、化德县、太仆寺旗
重点治理与开发的旗县	以防治水蚀为主	和林格尔县、凉城县、喀喇沁旗、奈曼旗、突泉县
	以防治风蚀为主	达拉特旗、察右中旗、多伦县、正蓝旗、翁牛特旗、通辽县

---

① 准格尔旗档案馆 . 关于上报准格尔旗皇甫川流域十个重点小流域中和治理规划报告［Z］. 1980（96-2-24）.

② 清水河县档案馆 . 关于报送我县 1980 年水土保持小流域治理规划设计报告［Z］. 1979（60-1-69）.

③ 清水河县档案馆 . 关于上报北堡川一九八一年流域治理施工计划报告［Z］. 1980（60-1-99）.

④ 清水河县档案馆 . 关于上报我县 1983 年水保流域治理设计的报告［Z］. 1983（60-1-131）.

⑤ 清水河县档案馆 . 关于转报清水河县厂子背流域规划报告［Z］. 1984（60-1-147）.

⑥ 清水河县档案馆 . 梨尔沟小流域规划说明书［Z］. 1984（60-1-147）.

⑦ 清水河县档案馆 . 芦苇湾流域规划说明书［Z］. 1984（60-1-145）.

⑧ 清水河县档案馆 . 牛毛凹小流域规划说明书［Z］. 1984（60-1-144）.

⑨ 清水河县档案馆 . 舍尔沟小流域规划说明书［Z］. 1984（60-1-146）.

⑩ 清水河县档案馆 . 阳畔沟流域规划说明书［Z］. 1984（60-1-145）.

⑪ 清水河县档案馆 . 转报清水河县范四窑流域规划报告［Z］. 1984（60-1-147）.

⑫ 清水河县档案馆 . 关于呈报正峁沟试点流域水保试验计划的报告［Z］. 1985（60-1-151）.

⑬ 赵羽，金争平，史培军，郝允充等 . 内蒙古土壤侵蚀研究——遥感技术在内蒙古土壤侵蚀研究中的应用［M］. 北京：科学出版社，1989.

续表

加强预防与开发的旗县	以防治水蚀为主	固阳县、察右前期、丰镇县、兴和县、莫力达氏旗、阿荣旗、扎兰屯市、科右前旗
	以防治风蚀为主	磴口县、托克托县、武川县、科左中旗、镶黄旗、正镶白旗、科右中旗、海拉尔市、新巴尔虎左旗

5.3 先进思想和科学研究推动水土保持技术发展

这一阶段的水土保持技术的发展源于先进的思想和科学试验研究。本书选择典型的准格尔旗皇甫川流域的流域治理思想和1980~1985年内蒙古黄土丘陵沟壑区的科学研究成果作为案例进行剖析。

5.3.1 小流域治理思想

国家科委下达“皇甫川流域水土流失综合治理农林牧全面发展试验研究”的重点科研项目，在自治区科委和水利厅的主持下，1979年6月成立了皇甫川流域水土保持试验站。小流域综合治理试点是一项新的工作，是在总结以往水土保持工作经验教训的基础上提出的一种新方案，也是一项在新形势下如何开展水土保持工作的试验推广项目①。

以准格尔旗皇甫川小流域综合试点工作为例，当时分为四个阶段，采取分段把关措施，以保证连续治理、集中治理，达到讲求实效的目的。

第一阶段：试点小流域的选定。根据试点小流域的条件，选择了当地领导重视、社队积极性高、群众有干劲、流域面积不大、经过3~5年治理可有明显成效的小流域择优支持先行一步。经过有关方面商定，1980年选定了皇甫川流域五步进沟、南梁沟、保劳图沟、碾房沟、饭铺沟、独贵沟、喇叭沟、昌汉沟、石兰会沟、纳林沟、门沟11条小流域为首批小流域综合治理的试点。1981年与黄委会签订了15条小流域，比1980年新增的4条是黑毛兔沟、泉子沟、兔子沟、茉莉沟②。小流域综合治理试点工作由准格尔旗水保治

---

① 准格尔旗档案馆.准格尔旗皇甫川流域小流域综合治理试点工作小结［Z］.1980（96-2-24）.

② 准格尔旗档案馆.关于报送一九八一年准格尔旗皇甫川试点小流域治理验收报告的报告［Z］.1981（96-2-35）.

理站抽 12 人组成试点组进行工作，另外，由内蒙古自治区水保站派 2 名技术员，伊盟水保站派 1 名技术员协助工作。各条小流域都派专门技术人员负责，1980~1985 年上述 11 条小流域相继完成治理任务，建设小流域综合治理示范样板，并提出成果报告。

第二阶段：勘测、规划、设计，确定治理方案。试点小流域选定后，派出技术人员专门对小流域进行勘测、规划、设计，确定初步治理方案。按照治理方案提出 1980 年治理任务、工程量、劳力和经费投资依据，仿照基本程序计划列编小流域的治理项目，试点小流域都做了规划设计。

第三阶段：签订试点小流域治理合同协议书，开展治理施工。经过各方面的多次协商研究，由黄委会水保处，内蒙古水保试验站，伊盟水利局为甲方，准旗皇甫川水保试验站为乙方，共签订六项合同协议书。治理合同经费分为：小流域治理占总经费的 91.6%，当作机动奖励合同经费的有 8.4%。在签订了一级合同后，又派出试点工作技术人员深入社队小流域，根据具体情况又签订了其他形式的第二级治理合同。为了试点治理施工能保质保量完成任务，试点工作从开始就建立了检查验收制度，包括验收单项治理和小流域治理年度验收两种。

第四阶段：管理养护阶段。管理养护十分重要，这是多年来的经验教训。必须改变过去“重治轻管”的错误倾向，要治理一项，管理一项。计划制订《小流域治理管理养护办法和规定》。

试点小流域是大面积水土保持工作的一部分中间试验项目，根据准格尔旗“以林牧为主”的生产发展方针，初步确定试点小流域的治理方针是以林草措施为主，工程措施为辅，林草和工程相结合，草灌先行。治理总原则是防治管理相结合，以防为主，彻底改变重治理轻管护，忽视预防的错误倾向[①]。

小流域治理总的目标是通过 3~5 年连续集中治理后，治理面积占到流域面积的 90% 以上，其中林草面积应达到宜林宜草面积的 80% 以上[②]。

5.3.2 科学研究项目和技术成果

5.3.2.1 皇甫川流域水土保持试验项目

为了加强科学试验，探索水土流失和综合治理的规律，1979 年 6 月成立

---

① 准格尔旗档案馆.关于准格尔旗皇甫川流域小流域综合治理试点工作安排情况的汇报［Z］.1980（96-2-22）.

② 准格尔旗档案馆.准格尔旗皇甫川流域小流域综合治理试点工作小结［Z］.1980（96-2-24）.

皇甫川流域水土保持试验站（见图5–2），于1980年在海子塔公社贺家湾设置7.7平方千米的试验场①。

图5–2　1979年皇甫川水土保持建设工地

试验研究的指导思想是以应用技术为主，试验治理同步起步。采取试验—示范—推广的基本方法，也是科研、治理紧密结合的三部曲。皇甫川水保站是基层科研单位，研究的重心是应用技术，中心任务是对影响水土流失的因子，如坡度、坡长、土壤、植被、雨型、雨量等进行不同情况观测，以探讨水土流失的规律。同时对水利充填筑坝、机械修梯田、造林种草等技术进行了研究，对一些水土保持林草进行了栽培和选育，以解决生产中的技术难题②。

1980年，皇甫川流域水土流失综合治理农林牧全面发展试验研究项目，本项目是一项综合性的研究项目。根据自治区“林牧为主，多种经营”的生产建设方针和皇甫川流域的实际情况，1980年设有四个研究项目十四个专题③，详细的研究项目、研究专题、研究内容、研究方法和主要负责人如表5–3所示。1981年，项目新增了“沟坝地排涝防碱的调查研究工作”“枣树育苗试验”“干果引种繁育试验”3个专题④；1982年又增加了“几种优良牧草水保效益的对比试验”1个专题⑤；1985年增加到19个专题（见图5–3）。1980~1985年，在上级业务部的支持和指导下，在地方党政府的重视下，经三方科技人员的共同努力，总项目取得部分成果，其中8个专题已完成，其余课题也取得了阶段性的成果。

---

① 准格尔旗档案馆．关于上报“水土保持小流域治理和科研会议工作”总结的报告［Z］．1981（96–2–35）．

② 准格尔旗档案馆．皇甫川流域水土流失综合治理农林牧全面发展试验研究［Z］．1985（96–2–61）．

③ 准格尔旗档案馆．1980年水土流失综合治理科研工作及经费安排情况的汇报［Z］．1980（96–2–22）．

④ 准格尔旗档案馆．关于报送“一九八一年试验研究工作总结”的报告［Z］．1981（96–2–34）．

⑤ 准格尔旗档案馆．关于报送“一九八二年试验研究工作总结”的报告［Z］．1982（96–2–44）．

表 5-3　1980 年四个研究项目十四个专题

研究项目	研究专题	主要研究内容	主要研究方法	负责人
一、流域综合治理、农林牧全面发展的方针政策问题的研究	1. 农林牧全面发展及土地合理利用的研究	调查不同类型区穷队的生产问题和富队的建设经验，提出了改革开山种田和粗放养牧的落后生产方式以及建设稳定基本农田和人工草场的途径，并研究改革生产方式的过渡措施	组织一个调查小组深入调查点进行调查，掌握第一手材料，在调查的基础上推出改革的初步办法，进行小范围的改革试验，如协助适当建设一些基本农田和人工草场。初步做到部分农田稳定和牧场优良的相对稳定，在提出具体办法时要采取逐步发展的办法	郝立廉、高得富、陈克敏
	2. 依靠群众推进林草建设和管理的方正政策的研究	调查分析旗、社、队、产分级造林种草存在的问题，研究制定在新体制下有关造林种草的树苗、草籽、劳力、投资补助、管理养护、收入分配等方面的合理政策	在调查点先摸清造林种草方面存在的问题，如成功的经验和失败的教训是什么，统计出近年来造林种草成活了多少、死亡了多少、什么样的管理办法、效益怎样？在此基础上总结群众性造林、种草的新办法，并进行小范围试验，推出一定样板和数据说明过去群众性造林、种草存在的问题，从而论证新提出办法的合理性，涉及方针政策问题时应向试验基地县领导小组提出建议和改革方案	
	3. 小流域综合治理的试点研究			
二、水土保持林草措施的研究	1. 柠条放牧林建设及利用的研究			侯福昌、苗宗义、方道中、杨青山
	2. 区水土保持林造林技术的调查研究	调查三种类型区造林经验与存在问题，研究适地、适树和混交形式 （1）调查沙化丘陵区 （2）调查黄土丘陵沟壑区 （3）调查砒砂岩地区	对三种类型区的天然和人工生长的树种摸清树龄、树高、胸径情况，管理养护办法和措施是什么，最好能推行树种生长处代表性土壤化验分析，然后总结经验，提出存在问题，写调查报告	
	3. 适生优良的水土保持树种定植对比试验	有目的地选择一些优良树种在黄土丘陵沟壑区的试验基地上推行整地植树试验、观测其成活、生长、保持水土效能 试验树种：油松、樟子松、华北落叶松、侧柏、云杉、洋槐、白柳、臭椿、小叶杨、加杨、北京杨、辽杨、小美罕、文冠果、新疆核桃等	园地内做样板定植，观测场做造林定植试验，多方案、多组合地进行观测、比较，从整地、造林、管理养护着手推进，并对成活、生长、病虫害等情况都进行详细的观测记载，要设专职观测人员定时观测，同时对土壤进行定期化验（如一年一次），留下数据	

续表

研究项目	研究专题	主要研究内容	主要研究方法	负责人
二、水土保持林草措施的研究	4. 优良牧草引种选育试验	选择了禾本科、豆科等几种牧草在园地内进行种植试验，而后从中选出优良品种	按试验要求先进行整地、发芽试验，适时合理播种，接着进行观测记载	侯福昌、苗宗义、方道中、杨青山
	5. 天然草场的补播改良试验	选一块植被差的天然草场，一部分作为对照区，另一部分进行人工补种，增加植被对比观测，测量补种改良后产草量和载畜量的成效，并与人工草场进行经济成本和其他方面的比较	选取天然草场，一块补种、一块不补种，面积为30亩，并进行封闭，补种的要施肥改良，然后进行观测记录，最后得出补种改良效果	
	6. 沙打旺结籽繁育试验	将引进的沙打旺草籽进行结籽繁育试验，达到本地能结籽，逐步解决种子问题	一般方法不述，主要环节是结籽时的防寒措施，要求结籽时温度达到20℃	
三、基本农田建设及水利水保工程措施的研究	1. 一、二级川台地机修梯田及林田渠路四配套的研究	川台基本田按照林田渠道配套的标准建设，研究多种机具联合施工的机组配套，施工方法即降低消耗提高功效等问题 在5°~10°缓坡地上机修梯田的施工工具、方法和提高功效以机修梯田规划设计的研究	先勘测规划设计、后施工，施工中进行有关施工机具和功效的研究	高德富、金争平
	2. 引洪漫灌技术的试验研究	主要内容有两个： （1）引洪漫灌增产技术的研究 （2）引洪渠系合理布设和抗冲防淤措施的研究	做好渠边输水和田块放水的一切准备，然后开始引洪、引洪量、含沙量测定，最后观测产量实效，做出分析结果	
	3. 过水土坝的试验研究	灰土、水泥土护面土坝的设计施工技术及过水能力试验	勘测、设计、施工、过水测验	
	4. 沟坝地防涝治碱的试验研究	主要研究已淤好的沟坝地如何防涝治碱、提高坝地质地、减少灾害、增加坝地利用面积	（1）开沟排水降低水位法 （2）接伏流导水降水法	
四、水土流失规律的观测研究	泥沙径流观测	主要观测沟边水土流失量和坡面水土流失量	（1）固定观测沟边和观测断面 （2）设专人常年观测	王克勤、周德广

1985 年 8 月 10~14 日，由 19 人组成鉴定验收委员会，对皇甫川流域水土流失综合治理农牧林全面发展试验研究项目进行鉴定。鉴定验收委员会主任委员 1 人，由北京林学院关君蔚教授担任；副主任委员 3 人，由水利电力部水利电力科学研究院高级工程师叶永毅、内蒙古农业委员会高级工程师王伦平和内蒙古林学院教授冯林副担任；委员会由中国科学院西北水土保持研究所、伊克昭盟水利水保处、乌兰察布盟科学技术处、内蒙古水利局水保处、山西省水土保持研究所、伊克昭盟科学技术处、内蒙古园艺研究所、水利电力部黄河水利委员会、内蒙古农业委员会 9 个单位共 15 人组成。给予的鉴定结果是鉴定委员会经过五天的听取阶段成果的综合汇报，现场会和专题答辩评议后，认为在水土流失极强烈地区，林牧用地和生产结构严重失调、治理难度大、条件差的情况下，在各级领导的支持下，边建站、边试验，经过五年的艰苦努力，取得的阶段成果达到了国内先进水平，在某些方面有所创新①。

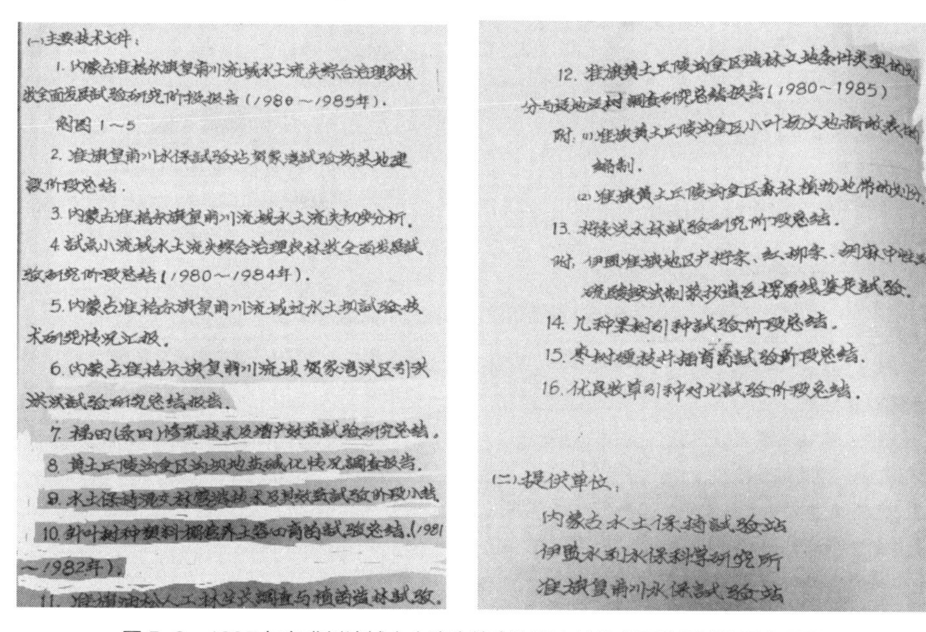
(一)主要技术文件：

1. 内蒙古准格尔旗皇甫川流域水土流失综合治理农林牧全面发展试验研究阶段报告（1980～1985年）.

附图 1～5

2. 准旗皇甫川水保试验站贺家湾试验场基地建设阶段总结.

3. 内蒙古准格尔旗皇甫川流域水土流失初步分析.

4. 试点小流域水土流失综合治理农林牧全面发展试验研究阶段总结（1980～1984年）.

5. 内蒙古准格尔旗皇甫川流域过水土坝试验技术研究情况汇报.

6. 内蒙古准格尔旗皇甫川流域贺家湾淤区引洪淤灌试验研究总结报告.

7. 梯田（条田）修筑技术及增产效益试验研究总结.

8. 黄土丘陵沟壑区沟坝地盐碱化情况调查报告.

9. 水土保持[illegible]技术及其效益试验阶段小结

10. 针叶树种[illegible]育苗的试验总结.（1981～1982年）.

11. 准旗油松人工林[illegible]调查与植菌造林试验.

12. 准旗黄土丘陵沟壑区造林立地条件类型划分与适地适树调查研究总结报告（1980～1985）

附：(1)准旗黄土丘陵沟壑区小叶杨立地指数表的编制.

(2)准旗黄土丘陵沟壑区森林植物地带的划分.

13. [illegible]林试验研究阶段总结.

附：伊盟准旗地区产[illegible]、红柳条、[illegible]试验.

14. 几种果树引种试验阶段总结.

15. 枣树嫁接扦插育苗试验阶段总结.

16. 优良牧草引种对比试验阶段总结.

(二)提供单位：

内蒙古水土保持试验站

伊盟水利水保科学研究所

准旗皇甫川水保试验站

图 5-3　1985 年皇甫川流域水土流失综合治理农林牧全面发展试验研究项目

5.3.2.2　土壤侵蚀机理

根据 1979~1985 年皇甫川水土保持试验的研究结果，分析研究区水蚀和风蚀侵蚀的过程、时空分布和危害，为研究土壤侵蚀机理性提供了第一手数据资料。

① 准格尔旗档案馆 . 皇甫川流域水土流失综合治理农林牧全面发展试验研究［Z］. 1985（96–2–61）.

（1）土壤水力侵蚀的地面调查与观测：水力侵蚀现状主要包括侵蚀方式、侵蚀形态、侵蚀面积及其造成的危害等，其中侵蚀形态、侵蚀方式可以直接通过野外观测获得，如测量小流域侵蚀形态的沟壑密度、地面坡度、沟谷深度和宽度等数据。表 5-4 是 1985 年准格尔旗五分地沟地面调查观测结果。侵蚀地面积的调查可直接用大平板仪和经纬仪测得。

表 5-4　1985 年准格尔旗五分地沟地面调查观测结果

侵蚀形态		地表物质		地面坡度	
形态	面积（km^2）	物质类型	面积（km^2）	坡度分级（度）	面积（km^2）
沟蚀	1.617	砒砂岩	1.296	<5	0.248
面蚀	2.196	黄土	1.195	5~13	0.367
风水两相侵蚀	3.887	风沙土	3.987	13~18	0.168
		淤积土	1.222	18~21	0.129
				>21	0.265

土壤水力侵蚀过程主要内容有：与时间有关的降水量，与空间差异有关的地形坡度、植被、土壤抗蚀性等，这种反映时空过程的土壤流失量就是土壤侵蚀的强度。从 1981 年开始，在准格尔旗皇甫川进行了有关建立土壤流失预报方程的研究，其观测内容和结果包括用自记雨量计资料统计计算了准格尔地区的平均 R 值（降雨侵蚀力）。表 5-5 是观测计算结果。

表 5-5　准格尔旗五分地沟小流域 R 值

年份	年降水量（mm）	侵蚀雨量（mm）	年 R 值（MJ · mm/hm^2 · h · a）
1981	404.3	133.1	774.8
1982	438.6	143.9	786.2
1983	359.5	91.0	607.9
1984	492.1	238.0	1107.5
1985	336.1	148.7	559.4
平均值	406.12	150.94	767.16

注：R 值为降雨侵蚀力。

坡面土壤流失量的观测是土壤水蚀地面观测的主要内容。需要设置不同的地面观测小区，用每次降雨径流中的泥沙量观测值计算单位面积上的土壤流失量。准格尔旗皇甫川小流域设置的观测小区有用于计算侵蚀量与 R 值关系、K 值（土壤可蚀性因子）的标准小区，计算 C 值（植被与作物管理因子）的牧草小区和计算 P 值（土壤保持措施因子）的小区等。这些小区的观测资料，为建立土壤流失通用方程提供了初步的定性、定量资料（见表 5–6）。

表 5–6　准格尔旗黄土 12° 小区低强度降雨侵蚀量观测结果

时间（日期）		降雨量（mm）	降雨历时（min）	降水强度（mm/min）	径流模数（m^3/hm^2）	侵蚀模数（t/hm^2）	小区植被
1981 年	7 月 1 日	17.0	120	0.142	81.8	3.834	苜蓿
	7 月 7 日	17.1	443	0.039	5.3	0.022	
	7 月 13 日	36.8	676	0.054	7.8	0.026	
	7 月 19 日	12.6	152	0.083	12.0	0.082	
	7 月 27 日	24.1	331	0.073	5.8	0.022	
	8 月 4 日	11.9	93	0.128	15.5	0.148	
	合计	119.5	—	—	128.2	4.134	
1982 年	7 月 29 日	11.1	101	0.110	16.4	0.666	糜子
	7 月 30 日	23.5	235	0.110	102.4	1.598	
	8 月 13 日	5.3	33	0.161	1.6	0.020	
	8 月 14 日	1.9	32	0.247	34.0	0.474	
	8 月 17 日	3.4	28	0.121	11.6	0.108	
	合计	51.2	—	—	166.0	2.866	
1983 年	8 月 4 日	12.0	140	0.086	4.6	0.048	糜子
	8 月 20 日	6.3	70	0.090	5.2	0.210	
	合计	18.3	—	—	9.8	0.258	
1984 年	8 月 2 日	22.5	562	0.040	32.6	0.066	休闲地
	合计	22.5	—	—	32.6	0.590	
1985 年	5 月 24 日	9.0	36	0.250	12.4	0.274	休闲地
	6 月 5 日	14.8	211	0.070	35.0	0.642	
	8 月 10 日	7.0	28	0.250	12.4	0.480	
	8 月 23 日	35.8	716	0.050	68.2	0.296	
	8 月 24 日	21.8	727	0.030	53.8	2.282	
	合计	88.4	—	—	181.8		

根据表 5–7 可知，准格尔旗五分地沟小流域的土壤侵蚀模数与 R 值呈正相关，总体上随着 R 值的增加而增加。

表 5–7　准格尔旗五分地沟小流域年 R 值与土壤流失量

年份	1982	1983	1984	1985
年 R 值（MJ · mm/hm^2 · h · a）	586.8	582.0	10006.0	559.4
侵蚀模数（t/kg）	21.870	30.618	51.308	42.964

侵蚀模数和覆盖度呈负相关，侵蚀模数随着覆盖度的增加呈指数递减，两者相关性非常好，R^2=0.9791（见图 5–4）。

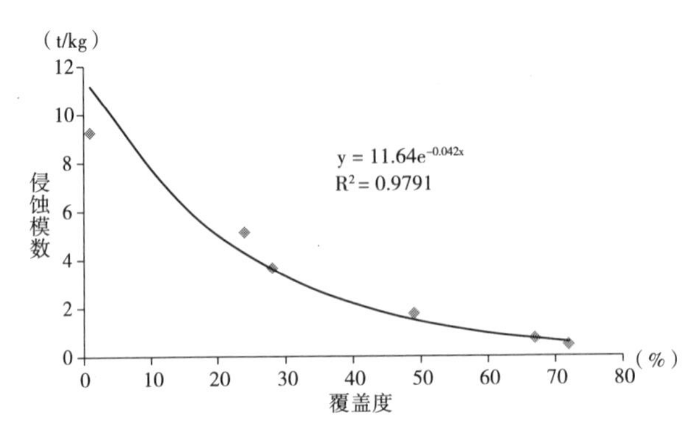

图 5-4　准格尔旗五分地沟小流域牧草（苜蓿）与土壤流失量

流域土壤水力侵蚀强度随着坡度的加大、水能的聚集而逐步加强，在皇甫川流域五分地沟和五步进沟观测结果再次验证了这一规律。侵蚀模数和坡度呈正相关，侵蚀模数随着坡度的增加呈指数递增，两者相关性非常好，R^2=0.8877（见图 5-5）。

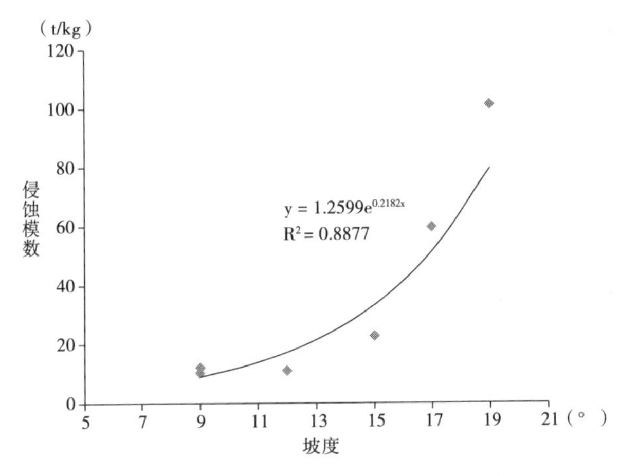

图 5-5　不同坡度下小流域土壤流失强度

（2）土壤侵蚀过程。皇甫川流域是黄河一级支流，面积为 3246 平方千米。流域干流下游的陕西省府谷县境内设有皇甫水文站，中游的准格尔旗境内设有沙圪堵水文站，这两个站都有 20 年以上的水文观测资料。自 1980 年以来，在流域内先后布设了两条小流域和 20 多个坡面小区，取得了一定数量的土壤流失观测数据。

流域地表渗透性对降雨侵蚀力的再分配作用，制约了径流冲刷力的强度，因此，在一定程度上，地表特性的空间分布决定了土壤水力侵蚀的空间分布

（见表 5-8）。

表 5-8　五分地沟小流域径流量、侵蚀模数与土壤渗透特性的关系

土壤类型	坡度（°）	植被	稳定渗透速度（mm/min）	侵蚀雨量（mm）	径流深度（mm）	径流系数（%）	侵蚀模数（t/hm^2）
风沙土	9	糜子	3.0~3.5	190.6	15.0	7.86	4.31
黄土	9	糜子	2.1~2.8	190.6	41.7	21.90	21.19
砒砂岩土	9	糜子	0.6~1.2	190.6	64.8	34.0	42.72

影响土壤风、水两相复合侵蚀的动力就是降雨侵蚀力和侵蚀性风力，它们在同一个空间同时出现或在同一年内交替出现。不同地表物质的抗蚀性有差异，如表 5-9 所示。不同物质的抗风蚀能力表现为风沙土 < 沙黄土 < 黄土 < 砒砂岩土；不同物质抗水蚀能力表现为风沙土 > 沙黄土 > 黄土 > 砒砂岩土，两者刚好相反。

表 5-9　准格尔旗不同物质的抗蚀特性

地表物质	中数粒径（mm）	有机质含量（%）	紧密程度	稳定渗透速率（mm/min）	抗水蚀能力		抗风蚀能力
					K 值	评价	
风沙土	0.100~0.240	0.1~0.3	松散	3.0~3.5	0.005	很强	差
沙黄土	0.060~0.100	0.4~0.6	较松散	2.8~3.1	0.015	强	较差
黄土	0.016~0.060	0.5~0.8	较紧密	2.1~2.8	0.030	较弱	较强
砒砂岩土	0.080~0.190	0.3~0.5	较松散	0.6~1.2	0.060	极弱	强

（3）流域土壤侵蚀的时间过程。土壤水蚀年内过程：图 5-6 反映出内蒙古自治区土壤侵蚀集中在 6~9 月，占全年降水量的 70%~80%，侵蚀雨量占全年降水量的 30%~40%，径流占全年径流量的 80%~90%，土壤侵蚀量占 90% 以上。这些值反映出本区侵蚀降雨具有强度大、时间集中等特点。同时也反映出年内土壤侵蚀不单纯由降雨侵蚀力决定，而且与年内径流地表的环境变化有密切关系。

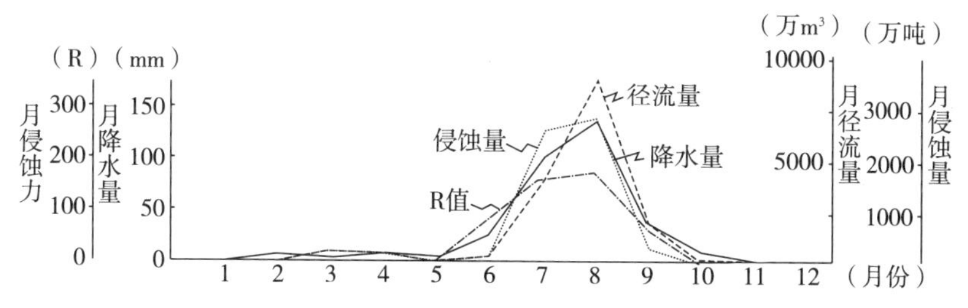

1976 年皇甫川流域降水量、侵蚀力（R）、径流量、侵蚀量年内变化

图 5-6　皇甫川水蚀年际变化

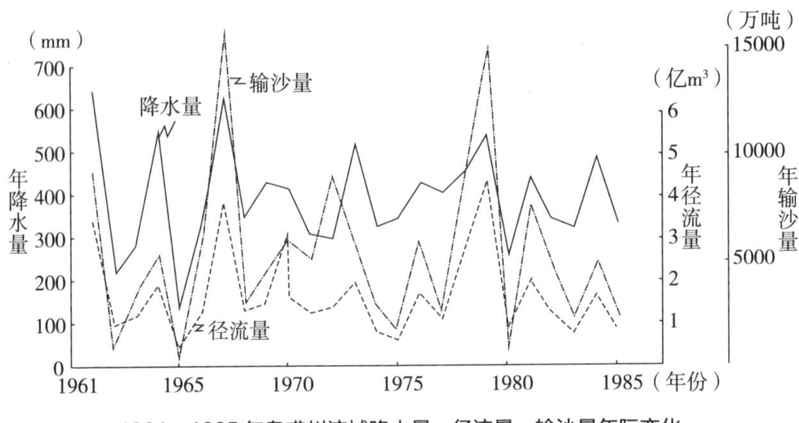

1961—1985 年皇甫川流域降水量、径流量、输沙量年际变化

图 5-6　皇甫川水蚀年际变化（续）

土壤水蚀年际过程：土壤侵蚀量年际变化幅度比较大，分布不均匀。土壤侵蚀量最大值（1967 年）比最小值（1965 年）高出 29.5 倍，与此同时，年降水量、径流量的最大值（1967 年）比最小值（1965 年）分别高出 4.2 倍和 9.4 倍，可见土壤侵蚀量变化的幅度远远比降水量、径流量要大。土壤侵蚀年际变化与年降水量、径流量有明显的同步共进的关系。

风水复合侵蚀时间分布规律：根据野外观测，一年内风力侵蚀主要集中在 3~5 月，水力侵蚀主要集中在 5~9 月，表现出交替规律。在 5 月两种动力共同侵蚀，如表 5-10 所示。

表 5-10　准格尔旗五分地沟黄土坡面风蚀与水蚀同步观测结果

月份	3	4	5	6	7	8	9
水蚀模数（t/hm^2）			0.527	1.601	0.969	6.626	0.044
风蚀模数（t/hm^2）	105.0	17.0	31.0				

（4）水力侵蚀危害分析。水力侵蚀中强烈面蚀造成土地生产力下降，内蒙古准格尔旗的沟间坡地是农牧生产的主要用地，受长期种田和过度放牧的双重影响，坡面植被覆盖度极低，面蚀强烈，使耕地和草地上的水分及养分流失。1983~1984 年准格尔旗五步进坡面黄土类型的弃耕荒地，在 406.8mm 的降雨量下，侵蚀模数为 $424.2m^3/hm^2$，侵蚀深度为 1.9mm，侵蚀模数为 $27746kg/hm^2$。

准格尔旗五步进小区 1984 年 6 月 14 日的一次暴雨，降水量为 44.6mm，平均降雨强度为 0.05 mm/min，侵蚀模数 $2436kg/hm^2$，损失有机质 0.32%，碱解氮 31ppm，速效磷 3.3ppm，速效钾 92ppm。流失 1 吨土壤损失 2~3 千克的有机质和氮，耕地上以每年最低值 10 吨计算，一年将流失有机质和氮 20~30

千克。全旗水蚀坡耕地面积以 6 万公顷计算，约损失有机质和氮 1500 吨，折合尿素约 3000 吨，这个数量接近全旗年化肥施用量的一半。强烈面蚀年复一年，造成土地生产力明显下降。

坡面水蚀不仅流失大量土壤养分，而且在作物生长季节里 10% 的降雨要流失掉。在五分地小流域 5 个黄土小区 1982~1984 年土壤水分与径流的观测分析基础上，建立了坡地径流量与土壤补给水分的关系：

$$W=0.140+0.208（P-R）$$

（n=44，R=0.793）

其中，W 为每次降雨径流发生后所能补给的土壤水分（%），P 为产生径流的降雨量（mm），R 为该次降雨的径流量（mm），降雨量产生的径流越大，补给土壤水分就越小。图 5-7 反映出水分流失对土壤水分的状况的明显影响。

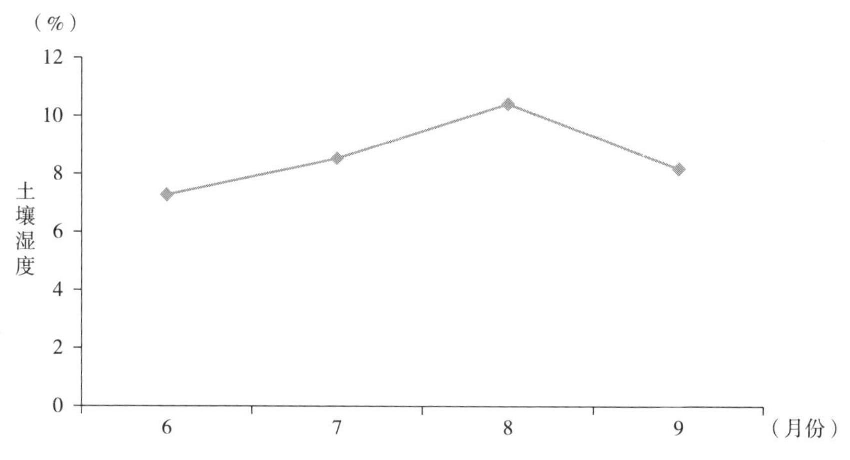

图 5-7　1982~1984 年准格尔旗五分地沟 9 度坡地月平均土壤湿度

准格尔旗的沟网密度普遍在 2~6 千米 / 平方千米，沟壑面积占土地总面积的 30%~60%。由于沟壑坡度陡，侵蚀强烈，又是洪水泥沙的通道，不仅本身难以利用，而且也使可利用的土地资源减少。准格尔旗各级流域的侵蚀模数普遍在 5000~20000 吨 / 平方千米，大量泥沙在水库、塘坝中淤积，使防洪库容量大大缩小，防洪能力也明显降低。1979 年 8 月 10 日和 12 日连续两次降暴雨，将全旗 664 座水库、300 座塘坝冲毁，造成了巨大的经济损失。

5.3.2.3　小流域治理技术与效益

五步进沟是皇甫川流域的 3 级支流，面积 3.2 平方千米，年平均降水量为 400mm，地貌为梁峁状黄土丘陵，流域高差 160 米，主河道比降 3.9%，地形起伏度较大。坡面覆盖厚度不等的黄土，沟坡基岩大片裸露，多由杂色粉砂岩和泥岩组成。沟网密度达 6.4 千米 / 平方千米，沟壑面积占流域总面积的 40% 以上，径流系数达 18.8%，1981 年实测汛期侵蚀模数为 10300 吨 / 平方千米。

1980 年，在水土保持主管部门的支持和技术指导下，当地群众开始治理小流域。由于治理方向正确，技术可行，取得了显著的环境效益和经济效益。

（1）制定规划是小流域治理的软技术。技术人员和当地群众对这条小流域进行了全面的调查，包括水土流失的现状、影响侵蚀的因素、侵蚀方式及过程、侵蚀与生产的关系等。在此基础上，根据财力、劳力，制订了 1980~1985 年治理规划和实施计划，绘制了 1∶10000 规划图，完成了治理工程（工程和植物措施）的设计，于 1980 年开始实施（见图 5-8）。

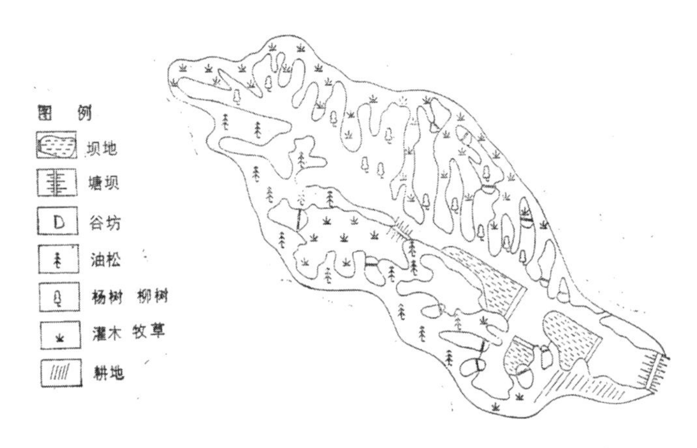

图 5-8 1980~1985 年准格尔旗五步进小流域综合治理成果

（2）小流域坡面侵蚀的治理技术。这条小流域的坡面侵蚀十分严重，17° 黄土坡面的侵蚀量达 2774.6 吨 / 平方千米。坡面土地生产力很低，细沟、浅沟发育，基岩片状裸露，种粮种草都很困难，许多耕地被弃耕，占流域面积 40% 以上的沟间坡地成为小流域水蚀发展的主要场所。

由于坡面水蚀强度大，径流和泥沙量大，黄土层薄，基岩裸露，因此，难以直接采用植物措施进行治理。在治理坡面时，从皇甫川流域水土保持试验站引进砒砂岩土地工程油松营造技术，在流域的阴坡和半阴坡（25° 左右）营造油松林。这种造林技术，是在造林的前一年，按照防御 10 年一遇的 24 小时最大暴雨标准设计容积和间距，人工开挖水平沟，促使开挖后的基岩风化，并在坑内蓄积坡面的水流、泥沙，为油松苗的成活和生长创造必要条件。第二年选择当地培育的强壮的油松树苗，在春季和秋季造林。由于造林技术得当，1981 年以来营造的 0.815 平方千米油松林（占流域面积的 25.5%），成活率都在 80% 以上；补苗后，存活达 95% 以上，长势旺盛。观测表明，这种工程油松林的径流量和侵蚀量分别比原坡面减少了 65% 和 90% 以上，有效地拦蓄了径流泥沙，较快控制了坡面强烈侵蚀，形成了小流域治理的坡面工程体系。

（3）沟道侵蚀治理技术。该小流域不仅面蚀严重，而且沟蚀也很强烈。因此，在治理面蚀的同时也要治理沟蚀。只有控制了沟道侵蚀，才能控制各级沟道的侵蚀基面，减弱径流冲刷力，减缓沟道的溯源侵蚀和侧向侵蚀，保护坡面治理效果。另外，治沟的重要目的在于，坡面大面积营造油松林后，坡耕地大大压缩，要利用沟道空间和流域泥沙建造沟坝地。

在治沟工程的具体实施过程中，先在主沟中下游建造了 3 座设有泄洪渠道的淤地坝，利用洪水泥沙淤积坝地 128 亩；又在支沟建塘坝 2 座、谷坊坝 15 座，有效地控制了沟道侵蚀和洪水对坝地的威胁，形成了小流域治理的沟道工程体系。

（4）植物措施的实施技术。除上述坡面造林工程和沟道工程外，还在沟头、沟沿和沟坡种植了柠条、沙棘等灌木以固定沟坡，在谷坊淤出的小块地种植了小叶杨、沙棘等速生乔木树种和果树；在水分条件较差的阳坡和弃耕地上种植了苜蓿等优良牧草、山杏等经济灌木。这些措施大大增加了侵蚀地的植被覆盖度，1986 年五步进沟的植被覆盖率达 28.3%。

（5）拦蓄泥沙效益。观测结果说明，随着治理面积的逐年增加，油松、灌木和牧草等保护土地的功能增强，土壤侵蚀量逐年递减。径流系数的逐减说明治理措施拦蓄了径流，供植物生长，与 1981 年相比，1985 年泥沙量和径流量都减少了 86%（见表 5–11）。

表 5–11　准格尔旗五步进沟小流域综合治理与输沙量变化

年份	累积治理面积（km^2）	占总面积（%）	汛期降雨量（mm）	年径流系数（%）	汛期输沙量（t）	侵蚀模数（t/km^2）
1981	1.016	31.75	355.8	18.83	32980	10306.3
1982	1.886	58.94	324.0	7.59	18217	5692.8
1983	2.647	82.72	284.4	5.14	13754	4298.1
1984			529.2	3.13	11210	3503.1
1985			329.8	1.20	4569	1427.8

（6）经济效益。在粮食生产方面，改变了过去广种薄收的落后局面，大大发展了基本农田，压缩了坡耕地，走上了少种、高产、多收的道路，粮食产量稳步上升。与治理前相比，1986 年粮食总产量提高了 168.6%，粮食单产提高了 275.6%，人均产量提高了 172.5%（见表 5–12）。

表 5-12　准格尔旗五步进沟粮食产量增长率

年份＼项目	粮食总产量（kg）	单位产量（kg/hm²）	人均产量（kg）
1979	22356	479.3	162
1986	60050	1800	441.5
1986 年比 1979 年提高（%）	168.6	275.6	172.5

在经济收入方面，与治理前相比，农牧林副各业总产值提高了 546.5%，劳动生产率（劳动日均产值）提高了 545.5%，土地生产率提高了 546%，年净收入增加了 44112 元（见表 5-13）。

表 5-13　准格尔旗五步进小流域经济效益增长值

年份＼项目	总产值（元）	劳动生产率（元 / 日）	土地生产率（元 / 公顷）	净收入（元）	人均收入（元）	每公顷平均收入（元）
1979	24206	1.65	75.90	5244	53.47	25.2
1986	156500	10.85	389.6	49356	426.97	186.8
1986 年比 1979 年提高（%）	546.5	545.5	546.6	841	630	641

5.3.2.4　针叶树种塑料棚营养土容器培育苗

当时，为提高造林成活率、提高苗木质量、缩短苗木培育周期、促进苗木速生长，国内外都在向容器育苗和塑料大棚营养土育苗的方向发展（见图 5-9）。准格尔旗皇甫川水土保持试验站于 1981~1982 年进行了两期针叶树种塑料棚营养土容器育苗试验，选择试验场在皇甫川的支流——十里长川，属于黄河中游黄土丘陵沟壑区。

（1）塑料棚容器育苗的营养土配方问题。营养土的营养成分越高，对幼苗的生长发育越有利。两种营养土：A 是以 30% 未经耕种的黄黏土、40% 的黑垆土和 30% 的有机肥（羊粪）；B 是取引洪淤澄的土 30%、黑垆土 40% 和有机肥（猪圈肥）30%，其中 B 的出苗率高于 A（见图 5-10）。

图 5-9　塑料大棚布设

图 5-10　营养土配置

（2）塑料棚容器育苗的容器规格问题。由于实验容器规格过大、成本增加，并给育苗和造林时的搬运带来不便，容器规格过小既不适宜苗木根系发育，又不适应黄土丘陵干旱地区的造林，一般应以 7 厘米 ×15 厘米或 8 厘米 ×20 厘米（直径 × 高）的容器规格为宜（见图 5–11）。采用两种土壤和三种规格的容器，分别观察 105 天的侧柏和三个月的油松生长情况，都发现土壤 B 种优于 A 种，土壤容器 8 厘米 ×20 厘米最优（见图 5–12）。

图 5–11 容器规格为 8 厘米 ×20 厘米容器

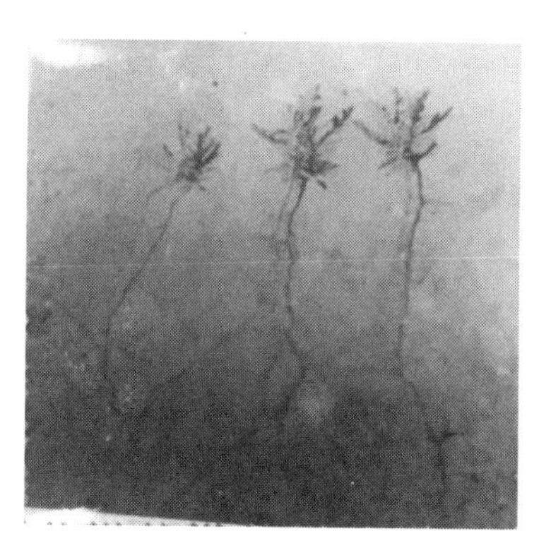

生长 105 天，营养土为 A 的容器规格为 6 厘米 ×15 厘米、8 厘米 ×20 厘米、10 厘米 ×25 厘米侧柏植株

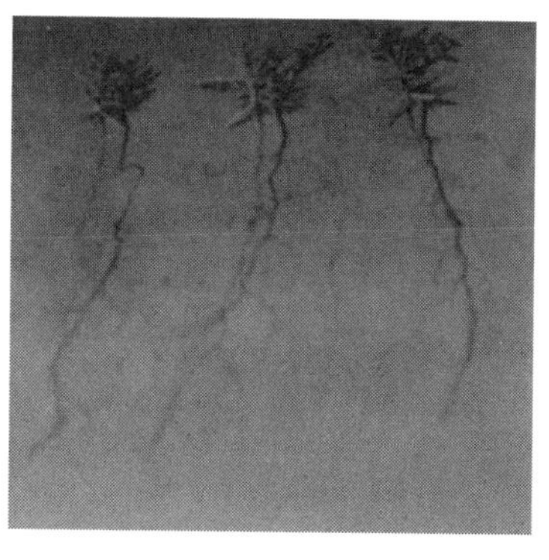

生长 105 天，营养土为 B 的容器规格为 6 厘米 ×15 厘米、8 厘米 ×20 厘米、10 厘米 ×25 厘米侧柏植株

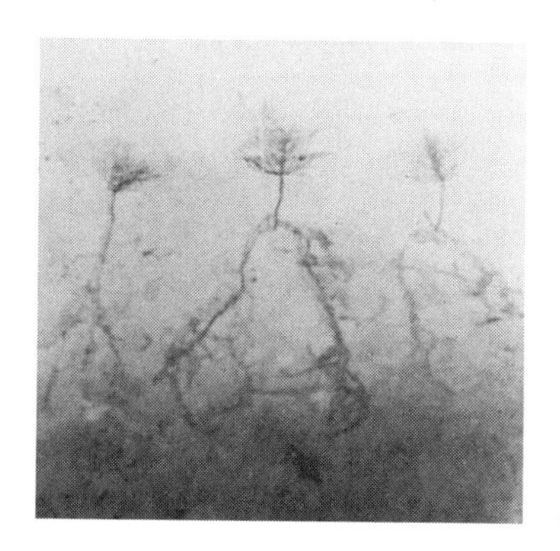

生长三个半月，营养土为 A 的容器规格为 6 厘米 ×15 厘米、8 厘米 ×20 厘米、10 厘米 ×25 厘米油松全株苗

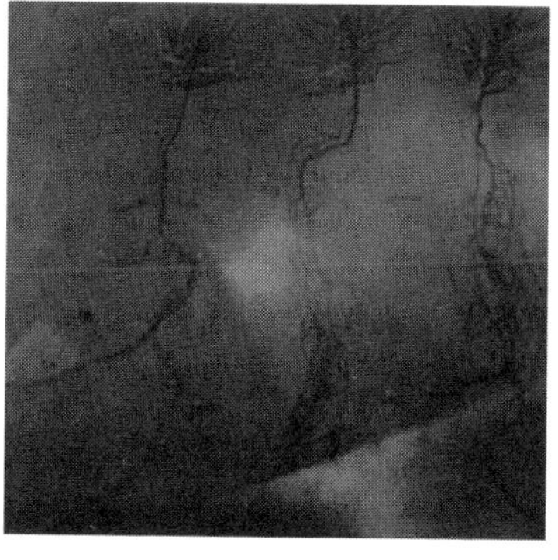

生长三个半月，营养土为 B 的容器规格为 6 厘米 ×15 厘米、8 厘米 ×20 厘米、10 厘米 ×25 厘米油松全株苗

图 5–12 1981~1982 年针树种育苗试验

（3）塑料棚容器育苗的树种问题。选择侧柏、油松、华山松、樟子松、落叶松五种树种进行试验，通过比较发现油松和侧柏最佳，特别是侧柏，出苗容易，成活率高，生长快，根系发达，耐干旱，适应性强，是水土流失干旱丘陵地区造林树种，也是针叶林树种中本地区优先发展的优良树种，应大力推广。

（4）塑料棚营养土容器发展方向问题。根据试验认为，在造林任务大、苗条不足、治理面积广的干旱丘陵山区，每年春、夏、秋三季造林时：夏季（雨季）应以塑料棚容器育苗发展侧柏这个优良树种。春、秋雨季应重点利用塑料棚去掉容器，配置营养土以床播种阔叶树，发展价值高、生长迅速、郁闭早、保持水土见效快的优良阔叶树种。

（5）塑料棚容器育苗的技术问题。营养土容器育苗在本地区是一门新的育苗技术。从搭架扣棚到幼苗出棚，再上山造林这一环节非常紧迫，特别是布设、材料准备和工序组织等，床地安排要细，湿度控制要严，病虫害防治要早，松土、拔草、浇水要勤，还要保持通风。

5.4 国内外水土保持技术

5.4.1 与 1963~1978 年水保技术的比较

5.4.1.1 技术应用趋于综合

1963~1978 年水土保持被农田水利工作削弱，主要是林草措施，种植的类型以柠条和草木栖为主，且没有提前规划。1979~1985 年以小流域为单位综合应用林草和小型水利工程技术治理，其中小流域坡面侵蚀以林草措施为主，沟道侵蚀主要以小型水利工程为主，其他坡面造林工程和沟道工程外，根据水分条件和具体地形条件选择种植乔灌木或优良牧草，提高植被覆盖度。尤其在林草方面，引进繁育优良草、树种，并发动社队自采、自育、自栽、自种、逐步实现自力更生，同时注重在其他流域试种推广。

5.4.1.2 治理制度流程规范化

这一时期水土保持治理以小流域综合治理为主，相对于 1963~1978 年水土保持的治理制度有了一套相对成熟的流程：制定流域规划—编报设计说明书—批准—签订合同—验收—奖惩。

开展小流域治理，首先要搞好规划，确定因地制宜切实可行的方案，规划要报盟批准，内蒙古水利局和黄委水保处备案。小流域治理工作，在规划批准后，应按照月份、年度做出工程或林草设计单项设计，编报设计任务书或设计说明书，并需经旗水保治理站批准。治理工作应由旗水保治理站（甲方）和治理的社队乙方签订合同进行施工。经甲乙双方签订的合同，具有法律约束力，未经协商续签合同，任何人不能擅自变动。小流域治理的检查验收工作分单项检查和年度验收。治理工作经过检查验收后，应实事求是地评定，一般可分优、良、合格、差四等级。对保质保量超额完成任务的，要按标准增加补助费；对质量差没有完成任务的，应酌情扣减补助费。

5.4.1.3 技术设计考虑更全面

在技术实施前注重规划，如在小流域什么位置实施什么水保技术，以及实施多少，都必须提前规划。另外，在治理水土流失中更重视预防水土流失，扭转了过去重治理、轻预防的治理办法。

在制定水保技术时应考虑降水因素，如在制定小型水利工程中，其设计标准按 5 年一遇洪水设计，按 20 年一遇洪水校核。对坡面水保工程可按 24 小时连续降雨 100 毫米的标准设计。

在制定农田建设方案时，水保技术要考虑产量问题，如农田基建包括水平梯田、坝地建设、滩川地渠造林田配套等，产量要求达到梯田 300 斤 / 亩、坝地 500 斤 / 亩、滩地 400 斤 / 亩。

在植物工程方面考虑成活率，如灌木、乔木、经济林、种草成活率都要在 80% 以上。

5.4.2 我国其他地区水土保持技术

1979~1985 年国家图书馆水土保持相关著作有 11 本，除 1982 年中国水利电力出版社出版的《水土保持工作条例》外，以《水土保持技术手册》、《水土保持技术》教材为主（见表 5–14）。另外，知网中相关期刊论文 215 篇。这一时期国内突出的特点是关注了台湾地区的水土保持技术、在治理水土保持工作中应用了遥感技术和建立水土保持数据库。

表 5–14　1979~1980 年国家图书馆水土保持著作

作者	名称	出版社	年份
福斯特	《实用水土保持学》	徐氏基金会	1979
李醒民	《水土保持工程学》	徐氏基金会	1980
北京林学院	《水土保持林学》	北京林学院	1980

续表

作者	名称	出版社	年份
北京林学院森林改良土壤科研组	《水土保持林学》		1980
方有清	《遥感技术简介及其在水土保持工作中的应用》	北京林学院水土保持科学研究训练班	1980
温上保	《推土机修筑窄梯田的试验》	山西省雁北行署大泉山水土保持试验站	1980
郭廷辅、高博文	《水土保持》	农业出版社	1982
甘肃省水利厅水土保持局	《水土保持技术》	甘肃人民出版社	1983
于丹	《水土保持技术手册》	吉林人民出版社	1983

5.4.2.1 台湾水土保持科研动向

我国台湾地区多风多雨，65% 的地区为山岳所盘踞，多发生滑坡和泥石流，大量的泥沙造成河流下游泥沙堆积，堵塞桥梁和淤积水库。再加上土地利用造成滑坡、崩塌，如道路扩宽，新建公路伴随山坡被崩坏，开采大理石和建筑材料，造成山地荒废和溪流淤浅，因而台湾当时针对自身容易发生滑坡、泥石流和崩塌等自然灾害，进行了大量的科研工作，如泥沙输出模拟研究、拦沙坝排孔位置的设计、道路开设对流域泥沙输出的影响等①。

5.4.2.2 遥感技术的应用

水土保持研究工作往往要求及时地、准确地掌握水土流失区各种自然条件的变化、土地利用现状以及各种防治措施的效益，从而制定出合理的综合治理方案。如果仅靠常规的方法收集资料，在数据的可靠性、试验费用及资料的适时性等方面都存在着问题，近代遥感技术的发展为解决上述问题开辟了新的途径。中国科学院也开始了这方面的研究工作，以延安的杏子河流域为例，所用的航空相片主要是 1958 年前后全国统一拍摄的黑白全色片，平均比例尺是 1∶35000，局部参考了近年拍摄的平均比例尺为 1∶17000 的黑白全色片。判读方法以目视为主，并借助简易的反光立体镜。由于各种土地类型的空间位置、表面特征和利用现状都能在相片上直接反映出影像的形状、图形结构、色调及大小的差异，所以，土地类型判读所用的标志一般都是直接标志。若立体观察，则各种土地类型及地物的立体模型如实再现，能使判读获得更好的效果，还分述该区 10 种主要土地类型的解译标志②。

① 方华荣．台湾省的水土保持概括和科研动向［J］．水土保持科技情报，1985（3）：50–51，58.

② 李锐．在水土保持研究中应用遥感技术的尝试［J］．中国水土保持，1980（3）：13–18.

5.4.2.3 建立水土保持数据库

水土保持是根据土壤侵蚀规律，采取综合防治措施，实现合理利用水土资源的科学，它与资源数据库有着密切的联系。所谓资源数据库，就是在空间技术和环境信息系统发展的基础上而产生的以资源数据为登记项的数据库。其特征是将资源信息按照一定的空间地理坐标，以统一格式输入计算供用户查询检索使用，具有空间分布性质和图像处理等功能。国内不少单位也开始了这方面的研究和应用，如中国科学院遥感应用研究所在四川盐边县进行的区域信息系统和资源数据库的开发研究工作等①。

5.4.3 国外水土保持技术

这一时期我国面向全世界学习水土保持技术，积极参加国际水土保持学术讨论会②，欢迎各种组织和各个国家来我国考察③④，同时我们也去其他国家考察了水土保持工作⑤。

5.4.3.1 水土保持治理理念先进的国家

苏联在水土保持技术研究方面取得了一些成果：①保土轮作制度：在中度及强度侵蚀的土壤上，采用特殊的轮作制。②深翻及横坡耕作防止土壤侵蚀。③森林中枯枝落叶层的保水防蚀作用试验证明森林中的枯枝落叶层，可使土壤具有高的含水量和良好的透水性，使水分流动速度降低，挂淤作用增强，同时还能为森林植物群落提供营养物质。④沙地保护剂形成的薄膜可以保护植物根部的水分，增加吸收太阳的热量，并能促进微生物活动，杀死部分害虫。⑤不同结构的林带对农作物产量和质量的影响。⑥保水抗旱增产措施：加快土壤对水分的吸收能力，做法是在地上打洞、开缝、加深耕作层以下的翻耕，并增施肥料，翻耕绿肥，用茎秆和其他有机物覆盖土壤以防止土地板结和水分蒸发；拦蓄通流，增加蓄水量，做法是横间耕作、筑埂、挖坑、秋翻地开断续沟、修小蓄水池；积雪和拦蓄雪水，做法是在田里安装挡板和其他障碍物，用雪犁、搂草器、推土机等筑成雪埂，种植高秆作物形成屏障⑥。

---

① 李壁成 . 建立水土保持数据库的探讨［J］. 水土保持通报，1985（4）：52-58.

② 徐强 . 我国派员参加国际水土保持学会探讨会［J］. 中国水土保持，1980（2）：40.

③ 黄海清 . 联合国联农组织水土保持考察组来我国考察［J］. 中国水土保持，1980（2）：25.

④ 王遵亲，胡纪常 . 澳大利亚水土保持考察组来中国科学院南京土壤研究所访问［J］. 土壤，1980（5）：196-197.

⑤ 刘春元 . 我国赴美水土保持考察团回国［J］. 中国水土保持，1980（1）：12.

⑥ 苏联水土流失和水土保持研究简况［J］. 水土保持科技情报，1982（2）：42-43.

美国小流域综合开发治理经历了三个阶段：授权示范性流域项目、典型试验性流域项目、小流域项目，目前正在实施的是小流域项目。美国水土保持局的每一项技术措施都考虑到水土保持的要求，常采用的技术措施有条带状种植、梯田、植树、塘堰、土地平整、有效的地表排水系统（植草排水道或抛石排水道）、暗管排水等。小坝的设计高度一般小于 50 英尺，库容小于 4×10^6 立方米。主要任务是防洪、供水、修养娱乐、发展渔业和灌溉。同时还有废水处理工程和采矿废渣占用土地整治等①。

澳大利亚自 20 世纪 30 年代开始重视水土流失，进行水土流失治理。各州和联邦先后成立了水土保持机构，并制订了水土保持法。其主要经验有以下几点：重视基础和前期工作，如对土壤进行调查分类、对土地潜力进行综合评估、对小流域或土地进行规划，由政府批准实行。农民开展水土保持有三种方式：自己出机械治理、租赁机械治理、由水保局出机械治理，按标准收费。水土保持工作要结合土地所有者切身利益，国家给予很大的经济支援；重视科学研究，目前科研课题主要是防止水土流失、防止土地退化和提高土地生产能力、土地退化评价、土地退化和水土流失过程、土地资源综合评价、土地管理方法的发展等②。

新西兰早在 1941 年就制定了全国水土保持及河川治理条例。这是顺利开展全国水土保持工作的法律保证，由于新西兰气候条件有利于植被的生长和恢复，因此十分重视生物措施，认为生物措施费小效宏。采用的水土保持措施主要有侵蚀沟造林、牧场防护林、荒山坡全面造林、灌木编篱、等高耕作法、海岸沙丘造林种草、防风林带、重播及追肥、种草排水沟、水平排水、护岸工程、土地利用的管理。新西兰开展水土保持及流域管理工作已经积累了很多经验，如设置有权威的组织结构、制定与水土保持有关的法律、合理利用土地，改善流域产水量状况、土壤侵蚀调查与土地资源清查结合起来。新西兰是一个以畜牧业为主的国家，全国山多平地少，十分重视水土保持工作，并将这一工作纳入了流域管理计划。

这些国家的经验是比较丰富的，组织机构也是比较健全的，更重要的是制定了各项与水土保持有关的法律。这些都值得我们进一步学习和借鉴③。

5.4.3.2 重视治理水土流失突出问题的国家

日本把水土流失和泥石流视作全国性的灾害，进行了大量的水土保持工

---

① 陈德基．美国农田水利和水土保持工作简介［J］．人民长江，1983（3）：58-61.

② 澳大利亚水土保持工作经验［J］．水土保持科技情报，1981（1）：40-41.

③ 王礼先．新西兰水土保持工作的几点经验［J］．中国水土保持，1983（3）：50-52.

作。日本称“水土保持”为“砂防”。日本在治理水土流失时，比较注重应用工程措施，所有水土流失较严重地区，一般都在上游建谷坊，在下游建坝，从而起到拦蓄泥沙的作用。此外，在一些易遭受侵蚀的山坡上建设梯田，用预制的石棉水泥板做梯田的地埂，每块板上留有小孔，用以排泄坡面上的地表水。日本对水土保持工程的要求非常严格，在施工前必须经过勘测、规划、设计等。施工已基本机械化①。

伊拉克分为三个主要灌溉区，即北方降雨区（全年降雨量 40 毫米以上）、高地及邻近的河流和运河抽水灌溉区、低地自流灌溉区。灌溉水来自后两个地区的底格里斯河和幼发拉底河。受盐碱和水涝影响最大的是较低的 Rafidain 平原地区。估计在那里受影响的土地大约占总耕地面积的 50%。地方的专家们已经考虑过预计用 20 年左右的时间来解决盐碱和水涝问题。在联合国粮农组织、开发组织和其他组织的协作下，大量的灌溉控制工程已经进一步地控制了盐分问题。这些主要工程是 Ishm^{2}ki、Dalmaj、Hilla-Diwania 和迪亚拉工程②。

埃及的发展在很大程度上依赖于尼罗河。埃及三角洲北部土壤受到破坏，板结盐碱和透气性差，以及排水不良影响土地的生产力，采取的土壤改良措施包括适当修建排水工程、深耕和开沟、施用石膏、淋洗过量的盐分。注重用水的管理方法③。

秘鲁对于水土管理与水土保持的组织机构取得了可观的进展，开展了很多不同规模的灌溉工程，改进了土地的排涝和盐渍问题，实行了水利区划和水保区划，制定了土地改革和水利的先进法规④。

5.4.3.3 水土保持治理存在问题的国家

北非防治水蚀的土壤保持措施分为三大类：重新造林、适宜的耕作制度和滞蓄洪水的工程措施。控制风蚀措施：建立防护林带，用以降低农田风速、建立植被用以稳定沙丘；建立植物栅栏屏障式工程以控制风速。防止沙漠化扩大的措施：进行合理的经营管理，有计划地进行改造牧场和畜牧生产，并致力于开展这些方案的技术情报收集工作。北非水土保持的措施主要注重于修建工程措施，但在很多情况下，这种工程措施对防止侵蚀不适宜。至于风蚀，现有的技术大多数是吸收外地的研究经验，由于这些技术尚未经实践检验，所以现有

① 林树彬 . 日本的水土保持概括［J］. 水土保持科技情报，1985（1）：55-56.

② 朱兴昌 . 伊拉克水土保持及管理状况［J］. 水土保持科技情报，1983（2）：24-25.

③ 利科齐 . B. S.，路群鸿 . 埃及水土保持与管理［J］. 水土保持科技情报，1984（1）：4-6.

④ Axel，Dourojeanni，吴浩然 . 秘鲁的水土管理与水土保持［J］. 水土保持科技情报，1985（4）：40-42.

的技术措施，还存在很多缺点[①]。

拉丁美洲根据气候和自然条件可以划分为五类，农业措施离不开水土的经营管理，但在这个地区的田地里还可看到很多措施不考虑当地条件的情况，如干旱和湿润区耕作类型都一样、在不同的地区对不同的作物不加区别地施用化肥、囫囵吞枣地搬用来自世界其他地区的用水标准等。虽然在发展时期引进其他地区的某些经验是必要的和有用的，但那些经验都要仔细地检查，反复地试验。拉丁美洲应该注重排水工程的修建和农田灌溉措施[②]。

5.5 小结

1979~1985 年，内蒙古黄土丘陵沟壑区水土保持工作迅速发展，成立了独立的办公机构——水土保持委员会办公室，建立了多项水土保持工作管理制度和小流域治理实施办法。这一时期水土保持迅速发展的原因在于：①国家提出了先进的小流域综合治理思想，并制定了小流域治理的办法；②国家开展了试点小流域治理，其中将准格尔旗的皇甫川小流域作为首批试点小流域进行治理，国家和地方投入大量的经费；③启动了皇甫川流域水土保持国家级的科研项目，皇甫川水保站是基层科研单位，研究的重心是应用技术。

这一时期，通过科学研究项目推动水土保持技术的发展，试验研究的指导思想是以应用技术为主，试验治理同步起步。采取试验—示范—推广的基本方法，也是科研、治理紧密结合的三步曲。当时的中心任务是对影响水土流失的因子，如坡度、坡长、土壤、植被、雨型、雨量等进行不同情况观测，探讨了土壤侵蚀机理和小流域治理的技术效益。同时，对水力充填筑坝、机械修梯田、造林种草等技术进行了研究，对一些水土保持树草进行了栽培和选育，以解决生产中的技术难题。

相对于 1963~1978 年，1979~1985 年的水土保持技术趋于综合，以小流域为单位综合应用林草和小型水利工程技术治理。此外，在小流域综合治理前需要进行治理规划，提出设计思路，水土保持技术的设计考虑到了防洪、产量和成活率等实际问题，同时强调治理水土流失中更重视预防水土流失，扭转了过

① B. Bensalem，杨鸿义.北非阿尔及利亚、摩洛哥、突尼斯水土保持实践经验［J］. 水土保持科技情报，1985（1）：44–49.

② 黄宝林 . 拉丁美洲的水土保持及经营管理［J］. 水土保持科技情报，1983（3）：28.

去重治理轻预防的现象。

1979~1985年，我国开始关注了台湾水土保持科研动向，另外，这一时期更加关注新技术（如遥感、数据库等）在水土保持技术中的应用。我国面向全世界学习水土保持技术，积极参加国际水土保持学术讨论会，欢迎各种组织和国家来我国考察，同时我们也去其他国家考察水土保持工作。在学习其他国家的先进理念和治理水土流失问题的方法时，也指出了有些国家在治理水土保持中存在的问题，这都表明当时我国水土保持发展态势良好。

水土保持技术以治沟骨干坝为主（1986~1996年）

6.1 国家依法治理水土保持

6.1.1 《水土保持法》颁布

1991年6月29日，第七届全国人民代表大会常务委员会第二十次会议通过《中华人民共和国水土保持法》并正式颁布实施，这是水土保持发展史上的一座里程碑，第一次以法律形式将水土保持工作确定下来，标志着我国水土保持工作由此进入依法防治的新阶段。

《水土保持法》颁布后，各级水利部门围绕水土保持监督检查、方案审批、“两费”征收等内容开展了水土保持监督执法工作。鉴于水土保持监督是一项新的工作，1992年6月水利部农村水利水土保持司发布了《关于开展水土保持监督执法试点的通知》，在全国确定了108个县（市、区）作为第一批水土保持监督执法试点县，首先开展水土保持监督执法工作。监督执法试点的工作内容主要是水土保持法宣传、执法监督体系建设、人为水土流失和监督对象普查、预防监督规划和地方性配套法规建设、方案报告审批及防治费收缴等。在第一批水土保持监督执法试点县的基础上，从1994年开始，水利部又开展了第二批共100个水土保持监督执法试点县的工作，同时规定，凡是列入国家重点防治区的县（市、区）都必须依照执法试点县标准开展监督执法工作，验收不合格的地区，则取消“重点”资格。经过 3 年时间，全国先后有两批共 343 个县（加上国家重点治理县）开展了水土保持监督执法试点县工作，并召开了两次全国水土保持监督执法工作会议，有效地推进了水土保持法的宣传、配套法规和执法监督体系的建立完善、预防监督经费的落实等各项工作，更重要的是通过开展试点取得了宝贵经验，使水土保持监督执法工作以点带面，全面铺开，水土保持法在经济社会中的作用和影响也由此加强和日益扩大。

在贯彻水土保持法的过程中，国家计委和水利部联合治理了晋陕蒙接壤地区神府、东胜煤田开发过程中造成严重水土流失的问题，逐步打开了水土保持监督执法工作的局面。为推动水土保持方案制度的顺利执行，1994 年水利部、国家计委、国家环保局联合颁布了《开发建设项目水土保持方案管理办法》，使水土保持方案制度成为开发建设项目立项的一个重要程序和内容。1995 年，水利部又根据此办法及相关法律法规，发布了《开发建设项目水土保持方案编报审批管理规定》，对水土保持方案的编制、审批等内容做了更为详细的规定。同年，水利部又制定颁布了《编制开发建设项目水土保持方案资格证书管理办法》，以加强对开发建设项目水土保持方案编制单位的管理，保证开发建设项目水土保持方案的编制质量，黄河上中游管理局规划设计研究院等 17 个单位于 1996 年 5 月经水利部审查批准，成为第一批甲级《编制开发建设项目水土保持方案资格证书》单位。

随着《水土保持法》的深入贯彻实施，1996 年对水土保持法规体系建设，监督执法体系建设，水土保持方案编制、审批及实施，水土保持“两费”的征收、管理及使用，基础性工作等方面做了进一步的要求和规定。与此同时，全国又产生了一批省级执法试点县（市、区），新设了一批县级以上监督机构，查处了一批大案要案，建设了一批恢复治理工程。同时，随着行政处罚法的颁布实施，各地按照行政处罚法的规定，进一步规范了水土保持行政处罚主体，加强了水土保持法制建设及规章、规范性文件的修订和清理工作。

6.1.2 召开全国水土保持工作会议和实施国家重点工程

1992 年 5 月，全国第五次水土保持工作会议在北京隆重召开。全国第五次水土保持工作会议是时隔 10 年后又一次全国性的水土保持工作会议，对全面贯彻实施《水土保持法》，推动 20 世纪 90 年代全国水土保持工作发挥了重要作用。参加会议的有全国 30 个省（区、市）和科研、大专院校、流域机构以及国务院有关部委局办的负责人，共计 250 人，这次会议讨论了《全国水土保持规划纲要（初稿）》。1993 年 12 月，国务院批准实施了《全国水土保持规划纲要》。要求各省（区、市）要根据这个方案制定和修订本地区的规划、计划，在预防人为造成新的水土流失和巩固现有治理成果的基础上，加快治理速度，并要求把水土保持工作纳入国民经济和社会发展的总体规划。

1993年1月，国务院以“国发〔1993〕5号文”发出《关于加强水土保持工作的通知》，要求各级人民政府和有关部门必须从战略高度上认识水土保持是山区发展的生命线，是国土整治、江河治理的根本，是国民经济和社会发展的基础，是我们必须长期坚持的一项基本国策，进一步加强对水土流失治理的紧迫感，把水土保持工作列入重要的议事日程，加快水土流失防治的速度。文件还要求建立政府水土保持工作报告制度、政府领导任期内水土保持目标考核制；建立水土保持方案报告制度，建立健全水土保持预防监督体系，并规定在水土保持经费中安排20%的资金用于预防、监督和管护等。国务院5号文件从认识、领导、机构、法规、政策投入等各方面对水土保持工作都做了明确的规定，特别是确立了水土保持的基本国策地位，规定了政府水土保持工作报告制度和政府领导任期内目标考核制度，明确了预防、监督和管护资金来源，对水土保持工作起到了重要的指导性作用。1993年12月，水利部在机构调整中将原农村水利水土保持司一分为二，单独成立了水土保持司，这是水利部第一次将水土保持部门升格为司级单位管理。

国家在20世纪90年代相继实施了八片国家水土流失重点治理工程、长江上游水土流失重点防治工程、黄河流域治沟骨干工程、开发利用沙棘等重点项目，水土保持重点工程基本覆盖黄河、长江等主要流域，重点治理范围进一步扩大。

6.1.3 探索发展小流域经济

20世纪90年代，社会主义市场经济逐步确立并完善，水土保持的指导思想随之发生了相应变化。1992年，全国政协副主席钱正英在山西省政府召开的全省小流域治理会议上提出“要将小流域治理推向商品经济的大道”，水土保持在治理思路上开始探索和实践如何适应市场经济。1994年，随着小流域治理商品化的提高，水利部水土保持司颁布了新的《水土保持小流域综合治理开发标准》，其中明确规定：“小流域经济初具规模，土地产出增长率50%以上，商品率达50%以上。”试点小流域由以前的主要探索不同水土流失类型区治理模式，转到主要探索发展小流域经济的对位配置等。

发展小流域经济是水土保持在适应市场经济过程中的一种治理措施，它由过去单纯的防护性治理转到重点将小流域治理同区域经济发展相结合，突出小流域治理的经济效益，寓小流域治理于市场经济发展轨道之中。在此基础上，各地又立足当地资源优势，将小流域经济做大做强，注重规模开发、集约经营，实行区域化布局、专业化生产，发展起水土保持优势产业，使水土保持工作呈现出新的活力和生机。

6.2 内蒙古水土保持工作以实施多类建设项目为主

6.2.1 积极实施水土保持基础建设项目

1986~1996年，内蒙古黄土丘陵沟壑区的水土保持主要以治沟骨干基础建设工程为主。这一时期，与骨干工程相关的历史资料在准格尔旗档案馆有80篇，清水河县有15篇。1987年，在水土保持研究和中国水土保持期刊上连载了11篇水土保持治沟骨干工程技术讲座。

6.2.1.1 水土保持治沟骨干工程技术

为了贯彻1986年水利电力部颁发的《水土保持治沟骨干工程暂行技术规范（SD175-86）》，帮助基层水土保持工作者提高工作水平，黄河中游治理局组织有关单位编写了治沟骨干工程技术讲座，包括工程规划、设计、施工和管理等内容（见表6-1）。本书结合11篇期刊论文和历史档案，试剖析骨干坝和以往实施的工程技术措施中的坝系的差别，以及在建设治沟骨干工程中应用的新技术。

表6-1 水土保持治沟骨干工程技术讲座

序号	作者	题目	期刊
1	阎文哲	水土保持治沟骨干工程技术讲座　第一讲　概论	水土保持研究
2	孟博	水土保持治沟骨干工程技术讲座　第二讲　坝系规划	中国水土保持
3	冯国安	水土保持治沟骨干工程技术讲座　第三讲　工程规划	中国水土保持
4	周德春	水土保持治沟骨干工程技术讲座　第四讲　水文计算	中国水土保持
5	阎文哲	水土保持治沟骨干工程技术讲座　第五讲　土坝设计（上）	中国水土保持
6	阎文哲	水土保持治沟骨干工程技术讲座　第五讲　土坝设计（下）	中国水土保持
7	冯泽训	水土保持治沟骨干工程技术讲座　第六讲　溢洪道设计	中国水土保持
8	冯译训	水土保持治沟骨干工程技术讲座　第七讲　放水建筑物设计	中国水土保持
9	吴明秀	水土保持治沟骨干工程技术讲座　第八讲　治沟骨干工程施工	中国水土保持
10	陈克敏	水土保持治沟骨干工程技术讲座　第九讲　工程质量检查与验收	中国水土保持
11	骆鸿固	水土保持治沟骨干工程技术讲座　第十讲　工程管理	中国水土保持

（1）治沟骨干与淤地坝、塘坝、水库的区别。在小流域治理，不同类型的坝存在差别，一些坝承担淤地生产任务，称为淤地坝或生产坝；而一些有泉眼的地方，也打坝蓄水灌溉，称为小塘坝；另一些坝地一定时期内则主要承担拦洪任务，不宜以种地为主，随着淤积，滞洪库容逐渐减少，最终也淤满而成为淤地坝，后一类在沟道坝系中起骨干作用。骨干工程主要是兴建在黄河流域水土流失严重地区或其他流域类似地区的支毛沟，1986年水电部颁发的《水土保持治沟骨干工程暂行技术规范（SD175-86）》中明确规定了治沟骨干工程定义：水土流失区在坡面治理的基础上，为加强综合治理，提高沟道坝系的抗洪能力，减少水毁灾害，而在支毛沟中兴建的控制性缓洪拦泥淤地工程。治沟骨干工程有别于水库，水库除防洪、灌溉、养殖以外，要求排沙减淤，保持有效兴利库容，而骨干淤地坝的运用方式是滞洪拦沙，最终形成坝地①。

治沟骨干工程的设计标准有五分等级：总库容50万~100万立方米的骨干工程（五级），按20~30年一遇洪水标准设计；200~300年一遇洪水标准核验，设计淤泥年限10~20年。总库容100万~500万立方米的骨干工程（四级），按30~50年一遇洪水标准设计，300~500年一遇洪水标准核验，设计淤积年限20~30年。大多数库容应控制在50万~100万立方米，少数库容为100万~300万立方米。治沟骨干工程其坝高、库容、淤地面积等指标，与大型淤地坝（库容50万~500万立方米）相似。淤地坝还分小型淤地坝（库容1万~10万立方米）和中型淤地坝（库容10万~50万立方米）②。

（2）水坠坝和辗轧坝的区别。水土保持小流域综合治理中的沟道坝系工程，创造了各类坝型，其中以土坝应用最为广泛，其中修建夯碾土坝历史悠久，筑坝技术也很成熟，广泛应用于小流域沟道工程中。随着沟道治理的发展，根据我国古代引水拉沙造田筑堤的经验，发明了水坠坝。

与碾轧土坝相比，水坠坝省去了装、运、卸、碾（夯）四道工序，提高功效3~6倍，成本降低了60%以上，坝体质量有保证，施工机具简单，减轻了劳动强度。水坠筑坝技术的应用，为小流域综合治理提供了新手段，促进了治沟工程发展。水坠坝与国外管道式水力充填坝相比，具有泥浆稠、土料使用范围广、坝体断面较小、施工机具简单等特点。此外，在治沟工程建设中，还创造了一些新的坝型，如定向爆破筑坝、爆破充填坝、砌石拱坝等，开展了土坝过水的技术研究。内蒙古治沟骨干工程中大量采用的是夯碾式土坝和水坠坝，其中准格尔旗常用的是水坠坝技术筑骨干坝，而清水河县常用的是辗轧

①② 阎文哲.水土保持治沟骨干工程技术讲座——第一讲概论［J］.水土保持研究，1987（1）：48，55-57.

土坝。

水土保持治沟骨干工程的滞洪拦泥运用条件及群众建坝特点来说，大量运用的是均质夯碾土坝，按筑坝土料细分为黄土均质坝、砂土均质坝、风沙残积土均质坝等。水坠坝按坝面泥浆划分为均质水坠坝和非均质水坠坝[①]。

准格尔旗经过对工程现场土壤质地和附近建筑材料的调查，各工程主体坝均为均质土坝。采用人工放炮松土，水坠筑坝为主，机推辗轧相配合的施工方法。沟口坝地配套工程排洪渠则采用机推填挖围堰的形式。放水工程采用混凝土组装结构，卧管及消力池盖板和输水涵管采用 200 号钢筋混凝土结构，其他部位均采用 150 号混凝土结构，用 120 号水泥砂浆砌筑组装来抹面[②]。

清水河县在施工前做了流域现状调查，系统地对水文、地质、地形等进行了勘测，为骨干坝工程规划、设计掌握了第一手资料。根据土坝高低、施工期限、土场远近、劳力多少、水源情况，运用相应型号的水泵和柴油机。首先，对土料坚硬、不易取土的施工地，采用爆破松土、人工搅拌、人工摆动水枪充填土方，以及铲车推土形式，提高泥浆浓度。其次，在水坠坝建筑过程中应特别注意水冲与围堰施工相互衔接。最后，注重植被恢复，在沟内种沙棘，保护坝体，防治水土流失[③]。

6.2.1.2 水土保持治沟骨干工程项目

水土保持治沟骨干工程首次列为国家基本建设项目，这是国家对水土保持工作的重视。水土保持治沟骨干工程所需投资应贯彻自力更生精神，由群众和地方出一定的义务工和投资，其余部分由国家给予资助。

1986 年，内蒙古 10 项治沟骨干工程，国家总补助投资 69.4 万元。其中，清水河县 1 项（二道沟）、准格尔旗 5 项，两个旗县占内蒙古总项目的 60%[④]。

1987 年，内蒙古黄河中游水土保持治沟骨干工程被批准了 18 项，国家总补助投资 143.3 万元。其中，清水河县 2 项（红庙沟、贺州湾），准格尔旗 9 项（五枝树、杨家湾、脑亥沟、川掌沟、满忽兔、敖包沟、东五不进沟、海力色太、黄盖沟），两个旗县共占内蒙古总项目的 61%[⑤]。

---

① 阎文哲．水土保持治沟骨干工程技术讲座——第五讲土坝设计（上）[J]．中国水土保持，1987（5）：14，59-63.

② 准格尔旗档案馆．关于上报黄河中游一九八八年治沟骨干工程扩大初步设计书的报告 [Z]．1988（96-2-73）.

③ 清水河县档案馆．关于上报一九八八年治沟骨干工程总结的报告 [Z]．1988（60-1-92）.

④ 准格尔旗档案馆．关于水土保持治沟骨干工程预算投资的批复暨1986年建设计划任务安排的通知 [Z]．1986（96-1-36）.

⑤ 准格尔旗档案馆．转发“关于一九八七年黄河中游水土保持治沟骨干工程计划任务书的批复” [Z]．1987（96-2-70）.

1988 年，根据水利部和黄河水利委员会的指示思想，开展旧骨干坝加固配套试点建设，主要是为了摸索经验，搞好典型，其中根据内蒙古准格尔旗忽鸡兔工程的加固配套及工程建设项目，决定列为第一批旧坝加固配套建设项目，下达 9 万元作为工程建设费[①]。1988 年内蒙古治沟骨干坝工程为 15 项，包括续建工程和新建工程，国家投资 33.18 万元，其中清水河县 3 项（红庙、丰对坡、五什图）、准格尔旗 9 项（海力斯太沟、杨家沟、东五不进沟、小孤儿沟、满连沟、脑木图、小黑岱沟、哈拉沟），两个旗县占内蒙古总项目的 80%[②]。

1989 年，根据水利部、黄河水利委员会有关文件的核心内容，水保治沟骨干工程及旧坝加固配套工程同时进行，黄委会分两批下达水保治沟骨干工程。第一批内蒙古治沟骨干工程，国家一次性补助投资共 57 万元，第一批旧坝加固配套工程有 2 项：一个是清水河县的大树沟，另一个是准格尔旗的白家渠。第一批水保治沟骨干工程 3 个，其中准格尔旗 1 项（杨岸沟）。第二批内蒙古治沟骨干工程，国家一次性补助投资共 168 万元，分两年发放。第二批旧坝加固配套工程有 3 项：一个是清水河县的秦家圪楞，另外两个分别是准格尔旗的西沟门和海力斯太 2 号[③]。第二批水保治沟骨干工程 10 项，其中清水河县 2 项（四圪垯、米麻沟）、准格尔旗 3 项（福兴成、忽鸡兔沟掌、忽鸡兔 8 号坝），两个旗县占内蒙古总项目的 60%[④]。

1990 年，黄河水利委员会同意内蒙古水利局将得力格尔等十二项工程（其中旧坝加固配套工程五座）列为年度基建计划，国家一次性补助投资共 138 万元。其中新建水保治沟骨干工程 7 项、清水河县 1 项（后夭子）、准格尔旗 3 项（峁利沟、卜尔洞沟 2 号、云脑亥）。旧坝加固配套 5 项，其中清水河县 1 项（专业队二坝）、准格尔旗 2 项（花汉其二坝、布尔洞沟掌坝），两个旗县占内蒙古总项目的 58%[⑤]。

1991 年，内蒙古自治区水保治沟骨干工程在第一批治沟骨干计划中获批 17 项工程（其中旧坝加固配套六座），国家一次性补助总投资 203.5 万元。新建治沟骨干坝 11 项，其中清水河 2 项（落四平坝、后壕赖坝）、准格尔旗 3 项

① 准格尔旗档案馆 . 关于下达一九八八年第一次旧骨干坝加固配套投资的通知［Z］. 1988（96-2-74）.

② 准格尔旗档案馆 . 关于下达一九八八年水土保持治沟骨干工程投资计划的通知［Z］. 1988（96-2-74）.

③④ 准格尔旗档案馆 . 关于下达一九八九年第一批水保治沟骨干工程计划任务的批复［Z］. 1989（96-2-78）.

⑤ 准格尔旗档案馆 . 关于再次下达一九九〇年水保治沟骨干工程计划任务的通知［Z］. 1990（96-2-84）.

（宝劳兔坝、胎糕塔坝、阴背沟坝）。旧坝加固 6 项，其中清水河县 2 项（苗家沟、阳崖沟）、准格尔旗 2 项（小纳林沟、西黑岱沟）[①]。1991 年 10 月，黄河水利委员会在第二批治沟骨干计划中加入 4 项旧坝加固项目，都位于准格尔旗，分别是朝太沟、阳湾沟、李佳沟、伙赖沟。国家一次性补助投资 25.8 万元[②]，两个旗县占内蒙古总项目的 62%。

1992 年，黄河水利委员会直接给清水河县和准格尔旗水利水保局发文，同意两个旗县 5 项水保治沟骨干工程，如 1992 年的基建计划，国家一次性补助总投资 110 万元，其中清水河县 4 项（小石也、正峁沟、贺家湾、麻地壕），准格尔旗 1 项（樊家塔）[③]。根据水利部、黄河水利委员会指示精神，1992 年治沟骨干工程国家补助投资部分，采取"基建计划拨款"和"以工代赈"两种投资渠道[④]。

1995 年，内蒙古黄河中游水保治沟骨干工程共 7 项，国家补助投资 168 万元，其中准格尔旗 4 项（东五色浪、五不兔沟、小纳林沟、油房塔），占内蒙古项目的 71%[⑤]。

1996 年，内蒙古黄河中游水保治沟骨干工程共 3 项，国家补助投资 93 万元，其中准格尔旗 2 项（卜洞沟 1 号、后圪旦）。准格尔旗基建项目占内蒙古总项目的 67%。从表 6-2 可以看出，黄河中游水保治沟骨干工程的实施时间主要集中在 1986~1991 年，治沟骨干工程都在十项以上，1992 年以后治沟骨干工程项目迅速地递减成个位数。但从国家投资金额来看，从 1992~1996 年平均单项骨干坝投资金额是 1986~1991 年的 2 倍左右，说明材料、管理、工费等投资成本提高。另外，由于内蒙古黄土丘陵沟壑区（清水河县和准格尔旗）1986~1996 年实施的水保治沟骨干工程的数量一直占内蒙古总项目的一半以上（见表 6-2），因而，1986~1996 年内蒙古丘陵区水保技术以骨干坝为主。

---

① 准格尔旗档案馆. 关于下达内蒙古自治区一九九一年水保治沟骨干工程基建计划的通知 [Z]. 1991（96-2-89）.

② 准格尔旗档案馆. 关于下达一九九一年水保治沟骨干工程基建计划（第二批）的通知 [Z]. 1991（96-2-89）.

③ 准格尔旗档案馆. 关于下达小石等五座水保治沟骨干工程一九九二年基建计划任务的通知 [Z]. 1992（96-2-96）.

④ 准格尔旗档案馆. 关于再次下达一九九二年水保治沟骨干工程续建项目基建投资计划的通知 [Z]. 1992（96-2-96）.

⑤ 准格尔旗档案馆. 关于下达一九九六年水保治沟骨干工程续建项目基建投资的通知 [Z]. 1996（96-2-114）.

表6-2 1986~1996年内蒙古黄河中游水保治沟骨干工程

年份	总数量（项）	研究区数量（项）	国家投资内蒙古金额（万元）	平均单项骨干坝金额（万元）
1986	10	6	69.4	6.94
1987	18	11	143.3	7.96
1988	15	12	33.18	2.21
1989	18	11	225	12.5
1990	12	7	138	11.5
1991	21	13	229.3	10.92
1992	5	5	110	22
1995	7	4	168	24
1996	3	2	93	31
总计	111	73	1224.18	11

注：缺少1993年和1994年历史资料。

6.2.1.3 治沟骨干坝效益

治沟骨干工程在流域综合治理中发挥了脊柱作用，其成绩与效益主要表现在以下几个方面：

（1）骨干工程的拦洪减灾效益。1989年7月21日暴雨后发现骨干工程在拦洪减灾上发挥了巨大作用。暴雨中心在准格尔旗川掌沟流域，历时14时55分，平均降雨118.9mm，最大降雨强度为0.47mm/s，为150年一遇的大暴雨。14座骨干工程拦蓄593.22万立方米，为拦蓄洪水总量的48.1%；缓洪514.58万立方米，为缓洪总量的41.7%，大大削弱了洪峰流量，而且保护了工程以下的5000余亩基本农田及村庄。相反，在皇甫川流域骨干工程较少的流域，在本次暴雨后冲毁谷坊361座、坝地3100亩、河滩地3200亩，以及部分公路等，共造成60万元以上的经济损失。

（2）骨干工程的拦蓄泥沙效益。1986~1989年陆续建成14座骨干工程。566亩坝地共拦泥141.6万立方米，平均每亩坝地拦泥2506.8立方米。骨干坝蓄积洪水拦截泥沙的潜力还很大，而且对减少入黄泥沙起着越来越明显的作用。

（3）骨干工程增产效益。由于骨干工程预计尚未达到一定高度，还不能种植增产，但骨干工程淤地在将来会带来增产效益[①]。

6.2.1.4 骨干坝工程的管理和配套规定

（1）财务管理。1986年，水利电力部黄河水利委员会黄河中游治理局给内蒙古自治区安排了10项工程，补助投资54.5万元，为简化资金转拨手

① 准格尔旗档案馆.关于印发“内蒙古自治区准格尔旗治沟骨干工程经费使用方向及效益审计报告”的通知［Z］.1991（96-2-89）.

续，缩短拨款时间，下达的计划投资由黄河中游治理局直接拨到工程所在的县（旗）水利水保局。同时，为了加强试点工程管理，开展技术培训，1986 年给区、盟两级工程主管部门安排建设管理费 1 万元，技术培训费 5850 元[①]。

为了进一步严格基本建设程度，加强治沟骨干工程基本建设财务和统计工作，1990 年 10 月 15 日在西安召开了黄河中游地区水土保持治沟骨干工程财务和统计会议。内蒙古参加治沟骨干工程财务、统计工作人员共 20 人，其中清水河县和准格尔旗各 2 人[②]。会后要求各省区上报治沟骨干工程基本建设年总财务决算[③]。1990 年 12 月，黄河水利委员会为了进一步加强治沟骨干工程投资管理工作及骨干工程统计、财务报表工作，向各省区水利水土保持局发送了《关于加强中游水保治沟骨干工程基本建设投资管理的通知》[④]。

（2）工程管理。1994 年，为了不断强化水保治沟骨干工程建设与管理，提高骨干工程管理水平，做好工程的前期准备，黄委会给准格尔旗投资水保治沟骨干工程管理和前期工作补助经费 3 万元[⑤]。1988 年治沟骨干工程逐步扩大，需要经实地勘测，设计初步设计书[⑥]、概算说明书及概算表，确定通过审批后实施治沟骨干工程的防洪渡汛工作[⑦]。根据内蒙古自治区第八届人民代表大会常务委员会第十三次会议通过的《内蒙古自治区水工程管理保护办法》，自治区人民政府制定了《内蒙古自治区水工程管理和保护范围划定标准》，其中规定了治沟骨干坝工程的管理范围和保护范围[⑧]。

（3）验收检查。1987 年 6 月 10 日，为了保证水土保持治沟骨干工程的实施质量，提高工程效益，黄委会根据《土工试验规程（SDSO1-79）》和《水

---

① 准格尔旗档案馆.关于水土保持治沟骨干工程预算投资的批复暨1986年建设计划任务安排的通知[Z]. 1986（96-1-36）.

② 准格尔旗档案馆.关于召开黄河中游地区水土保持治沟骨干工程财务和统计工作会议的通知[Z]. 1990（96-2-84）.

③ 准格尔旗档案馆.关于下发治沟骨干工程基本建设年终财务决算送审的通知[Z]. 1990（96-2-84）.

④ 准格尔旗档案馆.转发黄委会关于加强中游水保治沟骨干工程基本建设投资管理的通知[Z]. 1990（96-2-84）.

⑤ 准格尔旗档案馆.关于下达 1994 年水保治沟骨干工程管理和前期工作等补助经费的通知[Z]. 1994（96-2-106）.

⑥ 准格尔旗档案馆.关于上报黄河中游一九八八年治沟骨干工程扩大初步设计书的报告[Z]. 1988（96-2-73）.

⑦ 准格尔旗档案馆.转报我旗治沟骨干工程指挥部《关于治沟骨干工程防洪渡汛工作情况的报告》的报告[Z]. 1988（96-2-73）.

⑧ 准格尔旗档案馆.内蒙古自治区人民政府关于印发《内蒙古自治区水工管理和保护范围划定准备》的通知[Z]. 1995（96-2-109）.

坠坝设计及施工暂行规定（SD122-84）》特地制定质量检验测定方法。具体给出四项需要测定的项目：用酒精燃烧法测定土场土料含水量（土料含水量对土坝压实质量由质检影响，其中砂土、沙壤土、轻中粉质壤土、种粉质壤土、黏土最优含水量分别为 8%~12%、9%~15%、12%~15%、16%~20%、19%~23%）、用环刀法测定辗轧坝容重、水坠坝填筑标准（其中黄土类起始含水量 40%~45%，相应干容重 1.30~1.22 吨 / 立方米；稳定时含水量 23%~26%，相应干容重 1.66~1.50 吨 / 立方米）、水坠坝泥浆浓度测定[①]。

同年 6 月 30 日，内蒙古水利局发布了《内蒙古自治区黄河流域水土保持治沟骨干工程验收的规定（试行）》，共有 6 个部分，系统说明了骨干工程的验收标准，包括工程验收的依据、工程验收工作的阶段划分、工程验收的组织、工程验收应具备的文件和资料、工程验收的方法和内容、工程验收成果报告（见图 6-1）[②]。

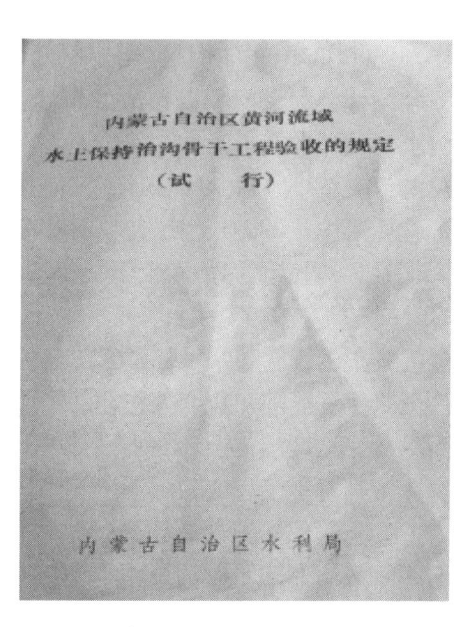
内蒙古自治区黄河流域
水土保持治沟骨干工程验收的规定
（试 行）

内蒙古自治区水利局

图 6-1　内蒙古自治区黄河流域水土保持治沟骨干工程验收的规定

6.2.2 关注开发建设项目的监督工作

20 世纪 80 年代中期，晋陕蒙接壤地区被列为国家重点开发地区，晋陕蒙接壤地区处于经济建设和治黄事业的重要地位，从行政区划来看，内蒙古有伊克昭盟的伊金霍洛、准格尔、达拉特、东胜四旗市。同时，晋陕蒙接壤地区煤炭储量极为丰富，著名的准格尔煤田就分布在这里，有“黑三角”之称。然而，该地区又是水土流失最严重、生态环境最脆弱的地区。水土流失面积占到总面积的 85%。为此，1988 年 10 月 1 日，经国务院批准，国家计委、水利部联合发布了《开发建设晋、陕、蒙接壤地区水土保持规定》，这是我国颁布的

① 清水河县档案馆 . 关于水土保持治沟骨干工程质量检验测定方法的通知［Z］. 1987（60-1-162）.

② 清水河县档案馆 . 关于发送《水土保持治沟骨干工程验收的规定》的通知［Z］. 1987（60-1-162）.

第一个区域性水土保持法则，以加强这一地区开发建设中的水土保持工作，促进该地区经济建设的发展和生态环境的保护。

为贯彻落实这一规定，国家计委和水利部于1989年3月联合召开会议并成立了晋陕蒙接壤地区水土保持工作协调小组（协调小组设在黄河中游治理局），1992年9月成立了晋陕蒙接壤地区水土保持监督局、内蒙古准格尔旗水土保持监督局。内蒙古自治区制定了《关于开发建设晋、陕、蒙接壤地区水土保持规定的实施办法》[①]。为了防治由于人为活动造成的水土流失，促进水土资源的合理利用，在1995年内蒙古自治区人民政府制定了《内蒙古自治区水土流失防治费征收使用管理办法》。办法中强调：凡从事生产、开发建设等活动必须采取水土保持措施，否则需对造成的水土流失负责治理。能自行治理的，按照审定的方案确定防治费用，专款专用，由水行政主管部门和银行监督使用；不能自行治理的，向水行政主管部门缴纳水土流失防治费，由水行政主管部门组织治理[②]。

1996年，准格尔旗水土保持局监督检查站制定了《受理水保违法案件登记表》《立案报告表》《调查勘验笔录》《责令停止违法行为通知书》《行政处罚决定书》等十几种统一的执法文书。按照上述执法文书程序，先后对暖水川砂厂采砂过程中造成的水土流失及沙圪堵乡、布尔敦高勒乡几起牧羊毁林案件进行了查处。准格尔旗水保执法工作逐步走上法制化、规范化的道路[③]。

20世纪90年代初，随着准格尔煤田的上马，109国道的修建，带动了准旗经济的繁荣稳定，同时，也使我们的水保工作、沙棘资源建设工作迈上了新台阶[④]。1989年准格尔旗对近年来由于人为活动造成水土流失的原因进行了调查，结果发现一部分是由于开矿、修路等开发建设项目引起水土流失。1989年底，准格尔旗开矿362处，涉及面积达570km^2，占全旗总面积的7%左右，年造成水土流失量达100万吨以上[⑤]。1990年内蒙古水利局发现准格尔旗煤田2号公路在施工过程中，将弃土、弃石任意堆放，有的直接堆在沟道，造成了新的十分严重的水土流失[⑥]。针对公路水土流失要进行绿化，靠近公路两侧，采用油松、杨树株间混交，在油杨树外侧营造油松、沙棘带状混交林。针对工

---

① 准格尔旗档案馆.关于建设准格尔煤田2号公路注意水土保持的通知［Z］.1990（96–2–84）.

② 准格尔旗档案馆.内蒙古自治区人民政府关于印发《内蒙古自治区水土流失防治费征收使用管理办法》的通知［Z］.1995（96–2–109）.

③ 准格尔旗档案馆.关于上报《准格尔旗一九九六年水土保持监督执法工作总结》的报告［Z］.1996（96–2–113）.

④ 准格尔旗档案馆.关于上报我旗沙棘示范区建设工作总结的报告［Z］.1997（96–2–120）.

⑤ 准格尔旗档案馆.关于上报我旗近年来人为活动造成新的水土流失的调查报告［Z］.1989（96–2–79）.

⑥ 准格尔旗档案馆.关于建设准格尔煤田2号公路注意水土保持的通知［Z］.1990（96–2–84）.

矿区要实行水保绿化工程补植、水保生物工程补植[①]。

根据国家发布的《开发建设晋、陕、蒙接壤地区水土保持规定》，水土保持执法部门要收取水土流失防治费，用于水土保持监督检查和返还矿区进行水土保持治理。准格尔旗薛家湾水保监督局到 1993 年 10 月底总计收取水土流失防治费 50 万元（包括煤炭公司代收未交回薛家湾水土保持监督局部分）。其中，返还治理经费 17.85 万元，对窑沟乡煤窑砖厂、哈岱高勒煤窑准混兑王清塔村进行了水土保持治理[②]。1996 年，依法征收水土流失防治费 90 万元。为了加强预防监督工作，监督站对人为破坏自然植被和乱堆乱弃土石，造成新的水土流失的行为予以严肃处理。准格尔旗坚持监督与治理两手抓，两手都要硬，努力完成农村及矿区周围的地区水保治理[③]。

6.2.3 沙棘资源建设项目开始启动

1987 年 10 月 15~30 日，在甘肃省西峰镇举办了黄河中游地区沙棘栽培技术讲习班，开设沙棘的生物学特性、沙棘育苗和栽培、沙棘人工林和种植园培育技术三部分课程，选定年龄在 50 岁以下具有中学或中专以上文化水平的在职干部，其中内蒙古准格尔旗和清水河县试点小流域各给了 2 个名额[④]。

黄委会办公室来函，于 1987 年将清水河县正峁沟试点小流域列为沙棘建设基地，投资 1 万元。准格尔旗 1989 年从外地引进蒙古沙棘，为了搞好推广种植，给各乡下达造林任务[⑤]。在 1990 年开始将沙棘治理砒砂岩项目列入治沟骨干工程中，使生物措施与工程措施相结合，集中连片治理[⑥]。准格尔旗沙棘示范区建设到 1996 年已经累计投资 121.96 万元[⑦]。

6.2.4 科研项目如火如荼地开展

内蒙古准格尔旗皇甫川流域是黄河中游的一条多粗沙支流。据皇甫川水文

---

① 准格尔旗档案馆．关于上报《薛家湾水保监督局九七年工作安排》的总结［Z］. 1997（96-2-17）.

② 准格尔旗档案馆．关于薛家湾水保监测局九三年矿区治理计划的报告［Z］. 1993（96-2-101）.

③ 准格尔旗档案馆．薛家湾水保监督局一九九六年工作总结［Z］. 1996（96-1-63）.

④ 清水河县档案馆．关于举办黄河中游地区第二期沙棘栽培技术讲习班的通知［Z］. 1987（60-1-161）.

⑤ 准格尔旗档案馆．关于下达秋季蒙古沙棘造林任务的通知［Z］. 1989（92-2-77）.

⑥ 准格尔旗档案馆．关于下达利用沙棘治理砒砂岩示范区补助经费的通知［Z］. 1990（96-2-84）.

⑦ 准格尔旗档案馆．关于上报我旗沙棘示范区建设工作总结的报告［Z］. 1997（96-2-120）.

站观测资料分析，1961~1981 年，皇甫川年平均向黄河输沙 5663 万吨，侵蚀模数 $18000t/km^2 \cdot a$，其间以 1967 年输沙量达 1.54 亿吨，侵蚀模数达 56000 $t/km^2 \cdot a$ 为最高。强烈的水土流失不仅使该流域成为黄河泥沙（特别是粗沙）的源区之一，而且使流域内的水土资源大量流失，恶化生态，阻滞土地生产力的提高，成为限制农、林牧业经济发展的主要因素。1979 年，根据国家科委、农林部、水利部在西安召开的“黄土高原水土流失综合治理农、林、牧全面发展科学讨论会”内容，将准格尔旗列为黄土高原重点治理基地县（旗）之一，并成立了皇甫川流域水土保持试验研究机构，承担了国家科委下达的研究课题。“七五”（1986~1990 年）、“八五”（1991~1995 年）期间，国家科委将皇甫川列为“黄土高原综合治理”的全国水保科研试验中的试验示范区之一，并在海子塔五分地沟流域开展了定点示范研究工作。目的是建成该类型区域水土保持综合治理，农林牧副全面发展的样板，并提供综合治理模式和有关科学数据，用于大面积治理和服务。经过“六五”“七五”“八五”十五年的试验示范，总结出一批科研成果，并发挥了生产力作用。

“六五”期间内蒙古自治区获得了科学技术进步一等奖；“七五”期间内蒙古自治区再次获得科学技术进步一等奖，“七五”期末，内蒙古自治区又获得了国家科学技术委员会一等奖①。

6.2.4.1 黄土高原综合治理定位研究项目

黄土高原综合治理定位研究——准格尔旗五分地沟流域试验示范区课题是中央“三委一部”（国家计委、国家经委、国家科委与财政部）共同下达，委托中科院主持，为水电部分片负责区，内蒙古科委负责主持的“七五”国家重点科技项目②。1986 年 8 月 3~5 日，在准格尔旗皇甫川水保试验站召开第二次座谈会。根据中科院的要求和有关专家评议、审定编写了“《黄土高原综合治理》准格尔旗五分地沟流域试验示范区课题论证报告书”。建立五分地沟试验示范区，以小流域为综合治理单元，以研究剧烈水土流失区土地合理利用比例、农村产业结构及种植业、养殖业内部的合理结构与布局；以生物措施为主，与工程措施相结合的控制剧烈水土流失区的水土保持防护体系及大面积种草种树技术；充分利用当前水土资源，开发以林牧业为主的经济主攻方向。根据当地水土流失剧烈、生产落后、生活贫困等实际情况，进行各种综合治理措施试验与措施配置研究的同时，开展围绕提高农林牧业生产水平及林草产品转

① 准格尔旗档案馆. 关于要求继续研究准格尔旗丘陵沟壑区水土流失综合治理为农林牧持续发展课题的报告［Z］. 1995（92-2-110）.

② 准格尔旗档案馆. 关于报送“黄土高原综合治理定位研究——准格尔旗五分地沟流域示范工作第二次座谈会纪要”的报告［Z］. 1986（96-2-65）.

化的养殖业、加工业为主的开发性试验研究[①]。为保证工作顺利进行，由科研领导小组（甲方）与试验示范区所在乡社（乙方）经实地勘察，共同提出了综合治理方案，并签订了协议。协议中明确提出了试验示范区综合治理的重要意义、奋斗目标、双方职责、治理方法、治理投资形式及奖惩办法[②]。根据国家课题，准格尔旗示范区设置了五个二级课题，十四个研究专题（见图 6-2）[③]。

1986~1990 年五年时间共投资科研经费 126.05 万元[④⑤]。1991~1995 年又续建了五年，其中在 1993 年 8 月 27 日通过专家组验收评估，准格尔旗五分地沟试区各项技术提前完成一期合同指标，受到专家组一致好评。五分地沟试区（见图 6-3）的成果，已在皇甫川流域进行了大面积推广，示范区扩大到 100km^2，新增推广面积 500 km^2，示范和推广区年治理度达到 5%，人均纯收入在 1990 年的基础上递增了 6.5%，减沙效益显著[⑥]。

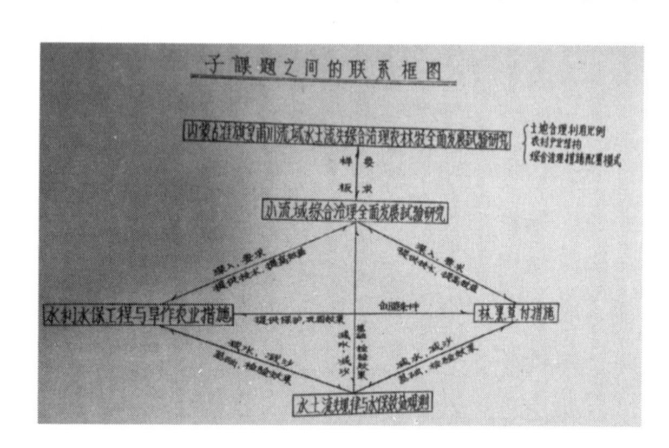

图 6-2　内蒙古准格尔旗皇甫川流域综合治理农林牧全面发展试验研究课题间关系

6.2.4.2　皇甫川水土流失综合治理农牧林全面发展试验研究

皇甫川水土流失综合治理农牧林全面发展试验研究项目（1980~1990 年），在 1980~1985 年经过三级科技人员（内蒙古水保试验站、伊盟水保所、准旗皇甫川水保试验站）的努力，第一阶段试验研究圆满完成。该项目原属国家科委项目，后为了方便管理，下放到内蒙古科委管理，属于内蒙古科委的重点项目。

---

① 准格尔旗档案馆. 关于报送“《黄土高原综合治理》准格尔旗五分地沟流域示范区课题论证报告书”的报告［Z］. 1986（96-2-65）.

② 准格尔旗档案馆. 黄土高原综合治理定位研究——准格尔旗五分地沟试验示范区科研治理工作座谈会纪要［Z］. 1986（6-2-65）.

③⑤ 准格尔旗档案馆. 关于报送《准格尔旗试区一九九零年科研课题实施计划》的报告［Z］. 1990（96-2-84）.

④ 准格尔旗档案馆. 关于报送《准格尔旗一九八六年至一九八九年试验研究工作总结》的报告［Z］. 1990（96-2-84）.

⑥ 准格尔旗档案馆. 关于要求继续研究准格尔旗丘陵沟壑区水土流失综合治理为农林牧持续发展课题的报告［Z］. 1999（92-2-110）.

根据第一阶段试验研究进度情况及鉴定验收会上专家教授的建议，经三方领导小组商讨，拟定于 1986~1990 年续研。试验研究目标是为流域治理提供一套综合治理技术和经济开发技术，而且要着重提高治理的生态效益、社会效益和经济效益。本项目原设 4 个二级课题 19 个研究专题，其中除了 8 个专题已经完成试验任务，可在治理中推广应用外，其余 11 个专题需要继续研究：过水土坝试验研究、沟坝地排涝防碱试验研究、优良树种引种定植对比试验、水保混脚轮营造技术及其水保效益的研究、山楂开发研究、大接杏、葡萄、枣树推广、水土流失规律和水土保持效益的观测研究等。

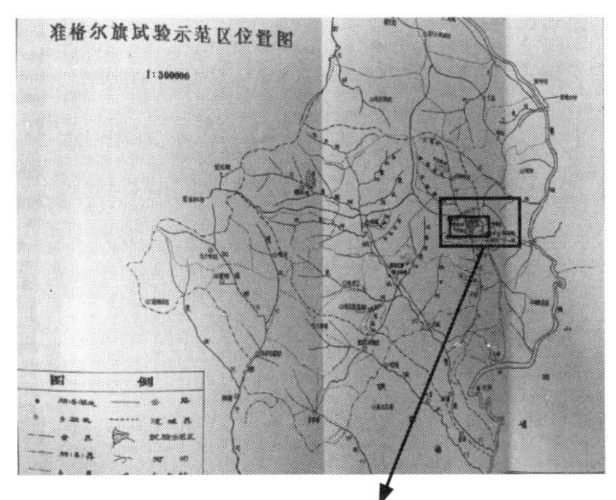

图 6-3　准格尔旗五分地试验区位置

为保证皇甫川水土流失综合治理农牧林全面发展试验研究项目的顺利实施，旗委、政府决定加强皇甫川水保试验站的工作班底，充实 6 名技术人员（其中，大学本科 3 人，中专 3 人），加上试验站原有的 16 名技术人员（其中，大学 2 人，中专 14 人），技术人员达到 22 名。另外，还要加强年轻技术人员的深造和中年技术人员的考察学习与知识的更新，逐步提高科技人员素质，更好地完成试验研究①。同时，为确保皇甫川重点流域治理按时完成，准格尔旗皇甫川对重点流域印发《小流域综合治理实施及管护奖励办法》，特别是对工作优秀的领导实行重奖，提出获得奖励的条件和奖励的力度②。

6.2.4.3　水保治沟骨干坝科研

虽然黄河中游水保治沟骨干坝在这一时期是重点实施的基础建设项目，但对于骨干坝项目的科学研究很少，投资力度远远低于上面两项，这可能是由于

① 准格尔旗档案馆 . 关于报送“内蒙古准格尔旗皇甫川流域水土流失综合治理农林牧全面发展试验研究”七五期间续研究方案的报告［Z］. 1986（96-2-65）.

② 准格尔旗档案馆 . 关于印发《小流域综合治理实施及管护奖励办法》的通知［Z］. 1995（96-2-109）.

在1986年中华人民共和国水利电力局已经颁布了《水土保持治沟骨干工程暂行技术规范（SD 175–86）》的行业标准。通过检索历史资料，只有两条相关的科研资料：①1987年，黄河中游管理局给准格尔旗忽鸡兔沟坝地批复了2.5万元科研项目，主要研究坝地配套工程的布设和坝地作物种植选择，根据不同作物的特性选择坝地种植效益最优作物[①]。②1996年，黄委会还下发了治沟骨干工程建设科研费，共计10万元，其中清水河县水保局主攻定向爆破技术，投资2万元，准格尔旗水保局为川掌沟坝系示范建设，投资2万元[②]。

6.3 内蒙古水土保持技术趋于规范化

6.3.1 强化水土保持法律法规

1986~1996年，国家出台了多部水土保持相关的法律法规，如表6–3所示。从这一时期开始，全国各地都按照相关的法律法规和技术标准在执行水土保持技术。1988年《开发建设晋陕蒙接壤地区水土保持规定》的颁布实施及这一地区监督执法工作的开展，为《水土保持法》的制定实施做了必要的探索和实践。1991年《中华人民共和国水土保持法》正式颁布实施，标志着我国水土保持工作进入依法防治的新阶段。

表6–3　1986~1996年水土保持相关的法律法规

法律法规	年份
《开发建设晋陕蒙接壤区水土保持规定》	1988
《中华人民共和国水土保持法》	1991
《中华人民共和国水土保持法实施条例》	1993
《开发建设项目水土保持方案管理办法》	1994
《开发建设项目水土保持方案编报审批管理规定》	1995

① 准格尔旗档案馆.关于一九八七年水土保持治沟骨干工程可研计划的批复暨下拨补助经费的通知［Z］.1987（96–2–70）.

② 准格尔旗档案馆.关于下达1996年治沟骨干工程建设科研费的通知［Z］.1996（96–2–113）.

从《水土保持暂行纲要》到《水土保持工作条例》，再到《水土保持法》，我国水土保持逐步走上了依法防治的轨道。《水土保持法》共分总则、预防、治理、监督、法律责任、附则 6 章，提出了“预防为主，全面规划，综合防治，因地制宜，加强管理，注重效益”的水土保持工作方针，将原来的“治理为主、防治并重”改为“预防为主”；明确了各级水土保持工作主管部门的工作和管辖范围，即“国务院水行政主管部门主管全国的水土保持工作。县级以上地方人民政府水行政主管部门，主管本辖区的水土保持工作”；规定了水土保持方案的相关制度，即“在建设项目环境影响报告书中，必须有水行政主管部门同意的水土保持方案”，同时规定“建设项目中的水土保持设施，必须与主体工程同时设计、同时施工、同时投产使用。建设工程竣工验收时，应当同时验收水土保持设施，并有水行政主管部门参加”等。《水土保持法》颁布后，一系列配套法律法规也随之逐步建立。

《水土保持法》颁布 1 个月后，1993 年 8 月 1 日国务院颁布了《中华人民共和国水土保持法实施条例》。在实施条例中主要是确保《水土保持法》的实施，提出了对水土保持监管和负责部门进行治理的具体方法，以及有关违反《水土保持法》的规定、罚款力度等。

在 1994 年 11 月和 1995 年 5 月连续发布了两部与开发建设项目水土保持有关的规定，可以看出这一时期国家对开发建设项目水土保持的重视程度。开发建设项目包括公路、铁路、水工程、开办矿山企业，电力企业和其他大中型工业企业，规定在建设项目环境影响报告书中必须有水土保持方案。在开发建设项目时必须编报“水土保持方案报告书”，在水行政主管部门审查批准取得《水土保持方案合格证》后，才能办理其他手续。项目工程竣工验收时，要检查是否遵守《1998 年中华人民共和国水利行业标准》《开发建设项目水土保持方案技术规范（SL204–98）》[①]。

准格尔旗是我国水土保持监督执法试点旗县之一，为使准格尔旗的监督执法工作走上规范化、法制化、科学化的轨道，除重视抓机构组建设、地方法规配套之外，大力抓了宣传工作[②]。

6.3.2 水土保持标准规范

1986~1996 年，颁布了 9 部水土保持标准规范（见表 6–4），其中 2 部是

① 水土保持工程技术标准汇编［M］. 北京：中国水利水电出版社，2010.

② 准格尔旗档案馆 . 关于呈报一九九六年水土保持工作总结的报告［Z］. 1996（96–1–63）.

水土保持技术标准。自1986年中华人民共和国水利电力局颁布的《水土保持治沟骨干工程暂行技术规范》（SD 175-86）颁布以来，对水土保持治沟骨干工程建设起到了良好的推动作用，这期间黄河流域修建了1500多座骨干坝。同时，在“七五”“八五”和“九五”国家科研项目中，对骨干坝建设进行了专题攻关。

表6-4　1986~1996年水土保持相关的标准规范

规范规定	年份
《水土保持治沟骨干工程暂行技术规范（SD 175-1986）》	1986
《水土保持试验规范（SD 239-87）》	1988
《水土保持技术规范（SD 238-87）》	1988
《水土保持综合治理规划通则（GB/T15772-1996）》	1996
《水土保持综合治理技术规范（GB/T16453-1996）》	1996
《水土保持综合治理验收规范（GB/T15773-1996）》	1996
《水土保持综合治理效益计算方法（GB/T15774-1996）》	1996
《土壤侵蚀分类等级标准（SL190-1996）》	1996

注：GB为中华人民共和国国家标准，SD为中华人民共和国水利电力行业标准，SL为中华人民共和国水利行业标准。

1988年，中华人民共和国水利电力部颁布了《水土保持试验规范（SD239-87）》，包括总则、试验站（所）的设置、水土保持试验研究工作的方法和程序、探究水土流失规律试验、水土保持农业措施试验、水土保持林业措施试验、水土保持牧草措施试验、水土保持工程措施试验、小流域综合治理试验、中间试验、土壤理化分析、试验研究成果的鉴定与推广、资料整编与成果汇刊、附录共14章内容①。

水利电力部农村水利水土保持司于1988年4月1日发布由水利电力部批准的中华人民共和国水利电力部标准——《水土保持技术规范（SD 238-87）》，包括总则、水土保持综合调查、水土保持区划、水土保持规划、水土保持耕作措施、水土保持林草措施、水土保持工程措施、小流域综合治理、水土保持效益计算、新的水土流失预防、附录11章内容②。

1996年，由国家技术监督局发布的“中华人民共和国4项水土保持国家

① 中华人民共和国水利电力部．水土保持试验规范（SD239-87）［M］．北京：水利电力出版社，1988.

② 中华人民共和国水利电力部．水土保持技术规范（SD238-87）［M］．北京：水利电力出版社，1988.

标准”：第一项《水土保持综合治理规划通则（GB/15772–1996）》[①]、第二项《水土保持综合治理技术规范（GB/16453–1996）》[②]、第三项《水土保持综合治理验收规范（GB/15773–1996）》[③]、第四项《水土保持综合治理效益计算方法（GB/15774–1996）》[④]。1996 年发布的《水土保持综合治理技术规范（GB/16453–1996）》包括 6 个技术：坡耕地治理技术、荒地治理技术、沟壑治理技术、小型蓄排引水工程、风沙治理技术、崩岗治理技术。1996 年国标版本的水土保持综合治理技术规范在内容上全部取代了 1988 年行标的水土保持技术规范。

6.3.3 对比 1988 年和 1996 年两版水保技术标准

在 1988 年和 1996 年我国有两版水土保持技术规范发布，从 1988 年第一版到 1996 年第二版，八年的时间里，水土保持技术规范由水利部的行标发展到国家标准，足以证明国家对水土保持技术的重视程度。本书试图通过对比两个版本的水土保持技术差异来梳理水保技术的改进和完善之处。

如表 6–5 所示，单从水土保持技术名称来看两个标准就存在两个明显差异：一是将以往使用的“措施”一词改为“技术”；二是对于技术不再分为耕作措施、工程措施和林草措施三类，而是针对具体地貌特征，改成坡耕地治理技术、荒地治理技术、沟壑治理技术、小型蓄排引水工程、风沙治理技术、崩岗治理技术共 6 类技术。接下来，本书逐条对比两个版本中各项水土保持技术的差异，从而探究水土保持技术的发展。

表 6–5　1996 年国标和 1988 年行标的水土保持技术差异

1996 年国标		1988 年行标
坡耕地治理技术	保水保土耕作法	水土保持耕作措施
	梯田	水土保持工程措施（梯田）

① 国家技术监督局．水土保持综合治理规划通则（GB/T15772–1996）[M]．北京：中国标准出版社，1996.

② 国家技术监督局．水土保持综合治理技术规范（GB/T16453–1996）[M]．北京：中国标准出版社，1996.

③ 国家技术监督局．水土保持综合治理验收规范（GB/T15773–1996）[M]．北京：中国标准出版社，1996.

④ 国家技术监督局．水土保持综合治理效益计算方法（GB/T15774–1996）[M]．北京：中国标准出版社，1996.

续表

1996 年国标		1988 年行标
荒地治理技术	水土保持造林	水土保持林草措施（水土保持造林措施）
	水土保持种草	水土保持林草措施（水土保持种草措施）
	封育治理	水土保持林草措施（封山育林育草措施）
沟壑治理技术	沟头防护工程	水土保持工程措施（沟头防护工程）
	谷坊	水土保持工程措施（谷坊）
	淤地坝	水土保持工程措施（淤地坝）
小型蓄排饮水工程	坡面小型蓄排工程（截水沟、排水沟、沉沙池、蓄水池）	水土保持工程措施（蓄水沟、截流沟、蓄水池）
	路旁、沟底小型蓄引工程	水土保持工程措施（水窖、涝池、蓄水塘坝）
	引洪漫地工程	引洪漫地工程（水土保持工程措施）
风沙治理技术	沙障固沙	无
	固沙造林	水土保持林草措施（防风固沙林）
	固沙种草	无
	引水拉沙造地	无
	防风蚀的耕作措施	无
崩岗治理技术		崩岗治理工程（水土保持工程措施）

6.3.3.1 保水保土耕作法划分类型

1988 年版的行标中保水保土耕作法的耕作措施有等高耕作（横坡耕作）、等高带状间作（或轮作）、沟垄种植、坑田（区田、掏钵种植）、水平防冲犁沟、覆盖耕作、少耕、旱三熟耕作及免耕等。而 1996 年版国标将保水保土耕作法划分为三类：第一类，改变微地形的保水保土耕作法，主要有等高耕作、沟垄种植、掏钵（穴状）种植、抗旱丰产沟、休闲地水平犁沟等。第二类，增加地面植物覆被的保水保土耕作法，主要有草田轮作、间作、套种、带状间作、合理密植、休闲地上种绿肥等。第三类，增加土壤入渗、提高土壤抗蚀性能的保水保土耕作法，主要有深耕、深松、增施有机肥、留茬播种等。它在 1988 年行标的基础上新增了抗旱丰产沟、休闲地上种绿肥、合理密植、增施有机肥四个方法。

由表 6-6 可见，1996 年国标相对于 1988 年行标有四点明显的变化：①新标更明确化。如行标的等高耕作中只是要求在南方要有适当比降，而国标中明确提出比降的数值为 1‰~2‰。②新增技术细节。如国标中规定了草田轮作的时间，短期轮作适用于农区，长期轮作适用于半农半牧区，而行标中对上述内容并未提及。③注重使用工具。如行标中提到沟垄种植时播种采用人工耕作或人畜配合耕作，而国标中删除了人工耕作，只提人畜配合耕作。④更改技术规格。如休闲地水平犁沟中间隔 3~5 米，而新版中缩小了间距，改为 2~3 米。

表 6-6　对比新旧标准中保水保土耕作法

保水保土耕作法	1996 年国标	1988 年行标
等高耕作（横坡耕作）	南方等高耕作方向应于等高线比降值为 1%~2%	南方要有适当比降
	规定顺坡改横坡要进行改前耕翻，在风蚀缓坡地区，耕作方向与主风向正交，或呈 45°	无
	在横坡耕作的坡面上从上到下，沿等高线修筑若干土埂或种草带、灌木带，或修成水平沟。同时具体化，如土埂高度为 40~50 厘米，草埂宽 1 米，在 15° 以上陡坡上，埂间距 8~15 米，10° 以下缓坡地，埂间距 20~30 米	无
沟垅种植	播种时起垄采用人畜配合耕作	播种采用人工耕作或人畜配合耕作
	畦状沟垄	无
掏钵种植	明确指出使用于干旱、半干旱地区，并分类具体说明一钵一苗和一钵数苗的耕作方法	无
休闲地水平犁沟	水平犁沟中间隔 2~3 米	水平犁沟中间隔 3~5 米
草田轮作	规定了轮作的时间，短期轮作适用于农区，长期轮作适用于半农半牧区	无
间作与套作	给出适宜间作和套作的原则	无
带状间作	带状宽度为 5~10 米，2~3 年或 5~6 年作物和草带要互换一次	无

6.3.3.2　梯田

1996 年国标中梯田从基本规定、布设、设计、施工、管理五部分进行详细的介绍。根据表 6-7 可见，1996 年国标相比 1988 年行标有四点明显的变化：①新增示意图。如国标中梯田设计和施工两部分都使用图式进行说明，而行标没有图式。图式的增加，使标准更容易理解。②新增大量内容，如国标中新增关于梯田的基本规定、梯田断面主要尺寸参考数值、田坎利用等大量技术的相关内容。③技术描述更详细。如行标仅使用 365 字描述土坎梯田和石坎梯田的施工，而国标中用 1500 多字详细描述了施工过程，所用文字是行标的 5 倍左右。④注重机械化。如国标中考虑小型机械耕作，而行标中没有涉及。

表 6-7　对比新旧标准的梯田

梯田	1996 年国标	1988 年行标
基本规定	增加梯田的分类，及选用标准	无
	增加小流域为单元，不同技术综合应用	无

续表

梯田	1996 年国标	1988 年行标
布设	增加有条件的应考虑小型机械耕作和提水灌溉	无
	考虑梯田布设小型排蓄工程	考虑梯田防冲措施
	路面宽 2~3 米，比降不超过 15%，道路以骨架划分耕作区，田面长 200~400 米，便于大型机械耕作和自流灌溉。耕作区道路两端与村、乡、县公路相连	梯田地段连片集中，田、路、渠、林结合
设计	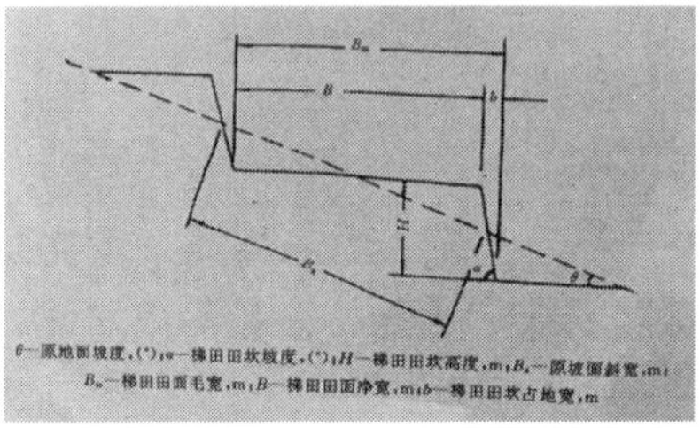	无
	梯田各要素关系及田面净宽公式	只有田面净宽的公式
	梯田断面主要尺寸参考数值	无
	水平梯田工程量的计算	无
	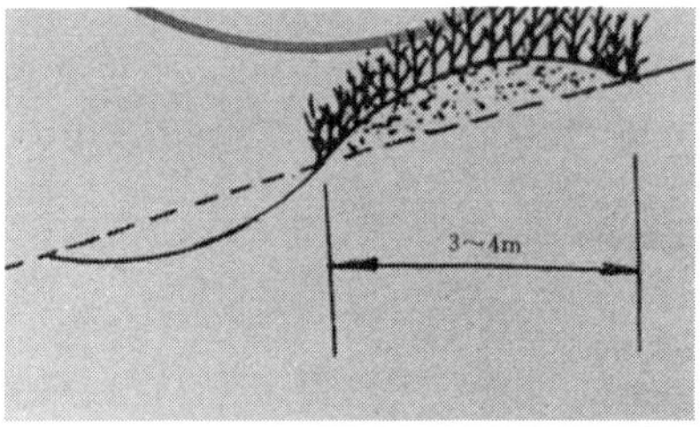	无
	坡式梯田设计考虑坡度、降雨、土质	坡式梯田设计考虑坡度、降雨、土层厚度
	隔坡梯田中根据地面坡度、田面的渗透性、植被和当地降雨情况，以及暴雨径流能力来确定斜坡宽度	无
施工	用 1500 多字详细描述土坎梯田和石坎梯田的施工过程	仅用 365 字描述土坎梯田和石坎梯田的施工
	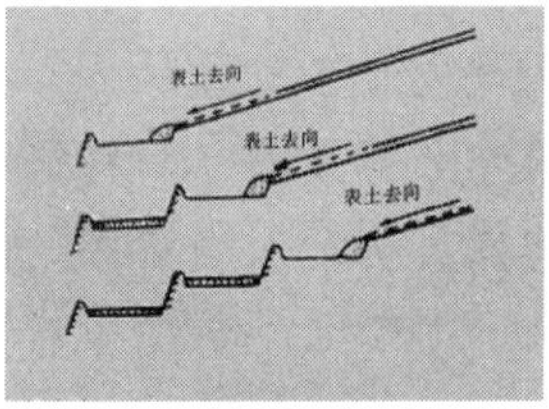 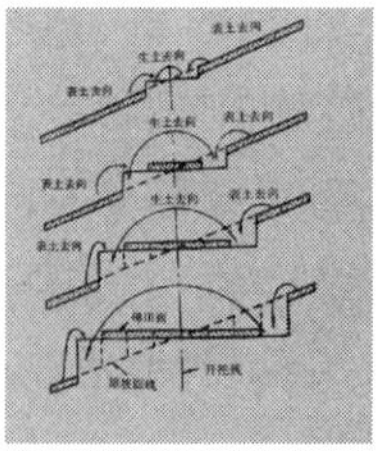	无
管理	田坎利用	无

6.3.3.3 水土保持造林

1996 年国标中水土保持造林相对于 1988 年行标有三点变化（见表 6-8）：

①林种类型变化。国标中不再使用以往对水土保持林的命名，如“分水岭防护林、护坡林、沟坡防护林、沟底防护林、水库防护林”，而是改为“水保型经济林、水保型薪炭林、水保型饲料林、水保型用材林”。②新增技术细节。如林种规划、苗圃规划、成林管理等 9 项内容，而行标中并未涉及。③设计的整地规格变化，如国标中“水平沟规模：沟口上宽 0.6~1.0 米，沟底宽 0.3~0.5 米，沟深 0.4~0.6 米”取代了行标中的“水平沟规模：沟口上宽 0.5~1.0 米，沟底宽 0.3~0.5 米，沟深 0.3~0.5 米”。

表 6-8　对比新旧标准的水土保持造林

水土保持造林	1996 年国标	1988 年行标
规划	林种规划	无
	水保型经济林、水保型薪炭林、水保型饲料林、水保型用材林	分水岭防护林、护坡林、沟坡防护林、沟底防护林、水库防护林
	苗圃规划	无
设计	给出 123 种主要水土保持树种的初植密度值	初植密度一般应以 3~5 年内达到生长良好为标准
	给出不同林种和树种的造林密度	无
	农林间作、林果间作等的造林密度为每公顷 30~40 株或 50~100 株	无
	给出不同整地工程的适用地形	无
	水平沟规模：沟口上宽 0.6~1.0 米，沟底宽 0.3~0.5 米，沟深 0.4~0.6 米	水平沟规模：沟口上宽 0.5~1.0 米，沟底宽 0.3~0.5 米，沟深 0.3~0.5 米
	水平阶规模：阶面宽 1.0~1.5 米，具有 3°~5° 反坡	水平阶规模：阶面宽 0.5~1 米，阶面水平或稍向内倾
	鱼鳞坑规模：长径 0.8~1.5 米，短径 0.5~0.8 米，坑深 0.3~0.5 米，土埂高 0.3~0.6 米	鱼鳞坑规模：长径 0.8~1.5 米，短径 0.6~1.0 米（大鱼鳞坑），长径 0.7 米，短径 0.5 米（小鱼鳞坑），土埂高 0.3~0.4 米
	林地整地工程：大型果树坑、窄梯田、水平犁沟	无
施工	春季造林：在苗木萌动 7~10 天造林 雨季造林：在雨季开始后的前半期造林 秋冬造林：在树木停止生长后和土地封冻前造林	春季、雨季、秋季均可
	整地工程施工质量要求、苗木质量要求、植苗造林质量要求、直播造林质量要求、插条造林质量要求	无
管理	成林管理	无
附录	不同气候带主要水土保持树种和灌木	无

6.3.3.4　水土保持种草

1996 年国标中水土保持种草相对于行标有三点变化（见表 6-9）：①新增

技术细节。如国标中确定了人工种草位置和面积、种子处理、不同生态环境主要水土保持草种等 9 项内容，而行标中都未提及。②新增种植技术。如国标在设计种草方式时新增了飞播、混播、移栽、插条、埋植 5 种方法。③重视试验结果。如在行标中种草最佳播期是春、夏、秋三季均可，而国标中表示需要根据试验确定最佳的播期。

表 6-9 对比新旧标准的水土保持种草

水土保持种草	1996 年国标	1988 年行标
规划	确定不同用途的人工种草的位置和面积	无
	人工种草防止水土流失的重点位置：①过度放牧引起草场退化的牧地②资源开发、基本建设工地的废土斜坡	无
设计	根据地面水分情况、地面温度情况、土壤酸碱度、生态环境分别给出适宜草类	无
	种草方式：条播、穴播、撒播、飞播、混播、移栽、插条、埋植	种草方式：条播、穴播、撒播
	理论播种量设计和计算公式	无
施工	种子处理	无
	最佳播期（通过试验确定）	春、夏、秋三季均可
	无论哪种情况播种，播后都需镇压	无
管理	根据不同多年生草地的生理特点，每 4~5 年或 7~8 年，需进行草地更新，重新翻耕、整地、播种	无
	种子采收	无
附录	不同生态环境主要水土保持草种	无

6.3.3.5 封育治理

封育治理在 1996 年国标中相对于 1988 年行标，新增 5 项技术细节（见表 6-10）：确定封育治理的范围、天然草场改良、制定护林护草的乡规民约等。

表 6-10 对比新旧标准的封育治理

封育治理	1996 年国标	1988 年行标
封育治理的组织措施	确定封育治理的范围	无
	成立护林护草组织，固定专人看管	无
	制定护林护草的乡规民约	无
封山育林的技术措施	在不影响林木生长和水土保持前提下发展多种经营	无
封坡育草的技术措施	天然草场改良	无

6.3.3.6 沟头防护工程

1996 年国标中沟头防护工程相对于 1988 年行标有两点变化（见表 6-11）：

①新增技术细节。如国标中给出排水型沟头防护设计流量公式、悬臂式沟头防护施工等 5 项内容，而行标都未提及；②计算公式改变。如国标中来水量计算公式中降雨量采用的是 10 年一遇 3~6 小时最大降雨量，而行标中降雨量采用设计频率为 24 小时最大降雨量，蓄水量的计算公式在国标和行标中也有差异。

表 6-11　对比新旧标准的沟头防护工程

沟头防护工程	1996 年国标	1988 年行标
规划	根据沟头以上来水量情况和沟头附近的地形、地质等因素，因地制宜地选用蓄水型沟头防护和排水型沟头防护	沟头防护工程有埂沟式、挡墙蓄水池式、泄水式等，可根据当地建筑材料、地形及技术条件选用
设计	来水量计算公式中降雨量采用的是十年一遇 3~6 小时最大降雨量	来水量计算公式中降雨量采用设计频率为 24 小时最大降雨量
	围埂断面，埂高 0.8~1.0 米，顶宽 0.4~0.5 米，内外坡比各约 1∶1	无
	一般沟头深 10 米以内的，围埂位置距沟头 3~5 米	埂沟距沟壑的距离可采用 2~3 倍的沟壑深度
	蓄水型沟头防护的围埂蓄水量：$V=L\left(\frac{HB}{2}\right)=L\frac{H^2}{2i}$ 其中，V——围埂蓄水量（m^3）；L——围埂长度（m）；B——回水长度（m）；H——埂内蓄水深（m）；i——地面比降（%）	埂沟蓄水量：$V=L\left(\frac{H^2}{2i}+\varepsilon\right)$ 其中，V——围埂蓄水量（m^3）；L——围埂长度（m）；H——埂内蓄水深（m）；i——地面比降（%）；ε——撇水沟断面面积（m^2）
	排水型沟头防护设计流量公式：$Q=278KIF10^{-6}$ 其中，Q——设计流量（m^3/s）；I——10 年一遇 1 小时最大降雨强度（mm/h）；F——沟头以上集水面积（hm^2）；K——径流系数	无
	悬臂式沟头防护建筑物，主要用于沟头为垂直陡壁，高 3~5 米情况下	无
施工	取土筑埂，埂体干容重达 1.4~1.5t/m^3。沟中每 5~10 米修一小土挡，防止水流集中	无
	悬臂式沟头防护施工	无

6.3.3.7　谷坊

1996 年国标中谷坊相对于 1988 年行标有三点变化（见表 6-12）：①新增示意图。如谷坊布设示意图、石谷坊断面示意图和柳谷坊断面示意图等。②技术尺寸变化。如谷坊的断面尺寸改变。③新增技术细节。如国标中有土质溢洪口断面尺寸的公式和相关参数的计算公式，而行标中只有溢水口的宽度公式。

表 6-12　对比新旧标准的谷坊

<table>
<tr><th>谷坊</th><th>1996 年国标</th><th>1988 年行标</th></tr>
<tr><td rowspan="3">规划</td><td>确定谷坊位置，谷坊坝址要求

图 2　谷坊布设示意图</td><td>无</td></tr>
<tr><td>不同淤积物质的比降
<table><tr><td>淤积物</td><td>粗沙(夹石砾)</td><td>粘土</td><td>粘壤土</td><td>沙土</td></tr><tr><td>比降,%</td><td>2.0</td><td>1.0</td><td>0.8</td><td>0.5</td></tr></table></td><td>淤积物比降，可选用各省（区）的调查值</td></tr>
<tr><td>对于不适于修谷坊局部沟段的处理</td><td>无</td></tr>
<tr><td rowspan="3">设计</td><td>谷坊断面尺寸
<table><tr><td>坝　高
m</td><td>顶　宽
m</td><td>底　宽
m</td><td>迎水坡比</td><td>背水坡比</td></tr><tr><td>2</td><td>1.5</td><td>5.9</td><td>1:1.2</td><td>1:1.0</td></tr><tr><td>3</td><td>1.5</td><td>9.0</td><td>1:1.3</td><td>1:1.2</td></tr><tr><td>4</td><td>2.0</td><td>13.2</td><td>1:1.5</td><td>1:1.3</td></tr><tr><td>5</td><td>2.0</td><td>18.5</td><td>1:1.8</td><td>1:1.5</td></tr><tr><td colspan="5">注
1　坝顶作为交通道路时，按交通要求确定坝顶宽度。
2　在谷坊能迅速淤满的地方，迎水坡比可采取与背水坡比一致。</td></tr></table>干砌石谷坊一般坝高 2~4 米，顶宽 1.0~1.3 米，迎水坡 1∶0.2，背水坡 1∶0.8；
浆砌石谷坊一般坝高 3~5 米，顶宽为坝高的 0.5~0.6 倍，迎水坡 1∶0.1，背水坡 1∶0.5~1∶1。
植物谷坊一般坝高 1.0~1.5m</td><td>谷坊断面尺寸
表 7.7.3　谷坊断面尺寸表<table><tr><td rowspan="2">谷坊类别</td><td colspan="4">断　　面</td></tr><tr><td>高
（m）</td><td>顶　宽
（m）</td><td>迎水坡</td><td>背水坡</td></tr><tr><td>土　谷　坊</td><td>1.0 ~ 5.0</td><td>0.5 ~ 3.0</td><td>1 : 1.0
~ 1 : 2.5</td><td>1 : 1.0
~1 : 2.0</td></tr><tr><td>干砌石谷坊</td><td>1.0 ~ 8.0</td><td>0.5 ~ 1.2</td><td>1 : 0.5
~ 1 : 1.0</td><td>1 : 0.2
~ 1 : 0.5</td></tr><tr><td>浆砌石谷坊</td><td>2.0 ~ 4.0</td><td>1.0 ~ 1.5</td><td>1 : 0 ~
1 : 1.0</td><td>1 : 0.3</td></tr><tr><td>土镶石谷坊</td><td>1.0 ~ 2.0</td><td>0.8 ~ 1.5</td><td>1 : 1.0</td><td>1 : 1.0</td></tr><tr><td>杨柳谷坊</td><td>1.0 ~ 1.5</td><td>2.0 ~ 4.0</td><td></td><td></td></tr></table></td></tr>
<tr><td>土质溢洪口断面尺寸的公式和相关参数的计算公式</td><td>溢水口的宽度公式</td></tr>
<tr><td>石谷坊断面示意图</td><td>无</td></tr>
</table>

续表

谷坊	1996 年国标	1988 年行标
设计	柳谷坊断面示意图	无
施工	土谷坊施工：定线、清基、挖结合槽、填土夯实； 石谷坊施工：定线、清基、砌石	土、石谷坊施工按当地小型水利工程施工
管理	柳谷坊的柳桩成活后，可利用其柳枝，在谷坊上淤泥面上成片种植柳树，形成沟底防护林	无

6.3.3.8　淤地坝

1996 年国标中淤地坝相对于 1988 年行标有两点变化（见表 6–13）：①新增大量技术内容。如坝系勘测及规划、建筑物设计、工程施工、工程管理、坝地利用和伏路等 13 项内容。②技术描述更详细准确。如国标中用约 1500 字详细说明了淤地坝工程布局中根据淤地坝的类型和流域的洪水、泥沙情况，在坝址处具体部署土坝、溢洪道、泄水洞、反滤体等建筑物，确定其位置、形态、规模和淤地坝水文计算过程，而行标中相同内容仅用 100 字说明。

表 6–13　对比新旧标准的淤地坝

<table>
<tr><th>淤地坝</th><th>1996 年国标</th><th>1988 年行标</th></tr>
<tr><td rowspan="2">规定</td><td>淤地坝分类
16.1 淤地坝的分类
根据淤地坝的坝高、库容、淤地面积等特点，分为小型、中型、大型三类。
16.1.1 小型淤地坝。一般坝高 5~15 m，库容 1 万~10 万 m³，淤地面积 0.2~2 hm²，修在小支沟或较大支沟的中上游，单坝集水面积 1 km² 以下，建筑物一般为土坝与溢洪道或土坝与泄水洞“两大件”，可采用定型设计。
16.1.2 中型淤地坝。一般坝高 15~25 m，库容 10 万~50 万 m³，淤地面积 2~7 hm²，修在较大支沟下游或主沟上中游，单坝集水面积 1~3 km²，建筑物少数为土坝、溢洪道、泄水洞“三大件”，多数为土坝与溢洪道或土坝与泄水洞“两大件”。
16.1.3 大型淤地坝。一般坝高 25 m 以上，库容 50 万~500 万 m³，淤地面积 7 hm² 以上，修在主沟的中、下游或较大支沟下游，单坝集水面积 3~5 km² 或更多，建筑物一般是“三大件”齐全。</td><td>淤地坝分类
表 7.6.2　淤地坝分级标准表
分级标准 ｜ 坝高（m） ｜ 库容（万 m³） ｜ 淤地面积（亩）
大型 ｜ >25 ｜ >50 ｜ >100
中型 ｜ 15 ~ 25 ｜ 10 ~ 50 ｜ 30 ~ 100
小型 ｜ 5 ~ 15 ｜ 1 ~ 10 ｜ 3 ~ 30</td></tr>
<tr><td>淤地坝与治沟骨干工程的关系</td><td>无</td></tr>
<tr><td rowspan="2">勘测及规划</td><td>坝系规划</td><td>无</td></tr>
<tr><td>坝址测量、库区测量、建筑材料勘测</td><td>无</td></tr>
<tr><td>工程布局与水文计算</td><td>根据淤地坝的类型和流域的洪水、泥沙情况，在坝址处具体部署土坝、溢洪道、泄水洞、反滤体等建筑物，确定其位置、形态、规模和淤地坝水文计算过程（约 1500 字）</td><td>无淤地坝工程水文计算，设计、施工可应按水利电力部《水土保持治沟骨干工程暂行技术规范》执行（约 100 字）</td></tr>
</table>

续表

淤地坝	1996 年国标	1988 年行标
建筑物设计	大型淤地坝采用陡坡式溢洪道	无
	土坝设计、泄水建筑物设计、反滤体设计（约 2500 字）	无
工程施工	施工准备、清基、土坝施工、土坝整坡、泄水洞施工、浆砌料石施工、干砌块石施工、冬季施工、安全施工（约 2400 字）	无
工程管理	竣工检查、重点工程（新材料、新技术施工的工程）的观察	无
	土坝裂缝的处理	无
	溢洪道维修养护、泄水建筑物管理养护、排水建筑物管理养护	无
	环境保护	无
坝地利用	坝系防洪保收措施	无
附录	①集水面积计算方法 ②水位—淤地面积曲线与水位—库容曲线绘制方法 ③坝体土方量计算方法	无

6.3.3.9 坡面小型蓄排工程

1996 年国标中坡面小型蓄排工程中相对于行标有两点明显变化（见表 6-14）：①新增大量技术内容。如沉砂池布局、设计、施工、管理等 9 项内容。②新增推导公式。如在行标中只给出需要计算的断面面积和最大流量公式，而国标中还给出在了计算断面面积和最大流量时会用到的水力半径和谢才系数的计算公式。

表 6-14 对比新旧标准的坡面小型蓄排工程

坡面小型蓄排工程	1996 年国标	1988 年行标
截水沟	截水沟设计考虑到暴雨径流、土壤侵蚀量和每道截水沟容量	无
排水沟	对梯田区两端的排水沟布设进行了规划	无
	排水型截水沟两种类型：多蓄少排型、少蓄多排型	无

续表

坡面小型蓄排工程	1996 年国标	1988 年行标
排水沟	排水沟断面设计中给出断面面积、最大流量、水力半径、谢才系数的计算公式	排水沟断面设计中给出断面面积和最大流量的计算公式
	1~3 年应对各类蓄排工程进行清淤，遇到淤积严重的大沙年，应及时清除	无
沉沙池	布局、设计、施工、管理	无
蓄水池	蓄水池的布设考虑到修建省工、使用方便等原则	无
	蓄水池主要建筑物设计和引水渠设计	无
	蓄水池采用石方衬要求厚度不小于 30 厘米和接缝宽度不大于 2.5 厘米	无
	蓄水池四周可种经济价值较高的树木，减少水面蒸发，但应选好树种和种植位置，防治树根破坏砌体和引起池底漏水	无

6.3.3.10　路旁、沟底小型蓄引工程

1996 年国标中路旁、沟底小型蓄引工程中相对于行标有两点明显变化（见表 6–15）：①新增大量技术内容。如蓄引工程的规定、规划等 11 项内容。②技术描述更翔实。如在行标中水窖施工仅用 120 字进行描述；而国标中用约 700 字具体说明了水窖施工，包括窖体开挖、窖体防渗、地面部分的施工。

表 6–15　对比新旧标准的路旁、沟底小型蓄引工程

路旁、沟底小型蓄引工程	1996 年国标	1988 年行标
规定	路旁、沟底小型蓄引工程的规划和设计中根据水保试验站观测资料，确定各类道路径流模数和土壤侵蚀模数	无
	路旁、沟底小型蓄引工程设计标准为 10~20 年一遇 3~6 小时最大降雨量	无
规划	①水窖的数量 ②涝池类型 ③山间泉水露头位置与用途，采取不同的利用措施	无
设计	水窖断面示意图 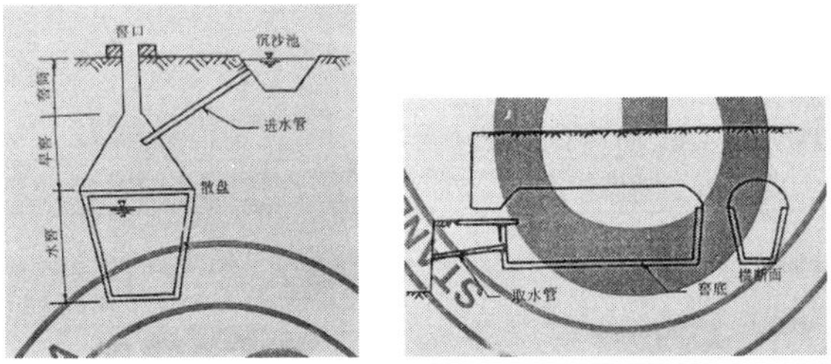	无

续表

路旁、沟底小型蓄引工程	1996 年国标	1988 年行标
设计	井式水窖和窑式水窖的组成及各部分尺寸	无
	一般涝池、大型涝池和路壕蓄水堰的尺寸	无
	小片水地和砌石滚水坝设计尺寸	无
施工	水窖施工：窖体开挖、窖体防渗、地面部分的施工（约 700 字）	水窖施工（约 120 字）
	不同类型的涝池施工	无
	不同类型的小片水地和砌石滚水坝施工	无
管理	水窖窖口盖板盖好锁牢	无
	涝池 2~3 年清淤	无

6.3.3.11　引洪漫地工程

1996 年国标中引洪漫地相对于行标中明显的特点是新增大量技术内容（见表 6-16）。如引洪区系规划、引洪渠道建筑物设计、引洪渠系设计、田间管理、示意图等 9 项内容。

表 6-16　对比新旧标准的引洪漫地工程

引洪漫地工程	1996 年国标	1988 年行标
规定	根据洪水来源，分坡洪、路洪、沟洪、河洪四类，各有不同的漫地条件，应分别采取不同的引洪方式和技术要求	无
规划	引洪区系规划	无
	三种漫灌方式下的洪漫区工程规划	无
	三种漫灌方式平面示意图 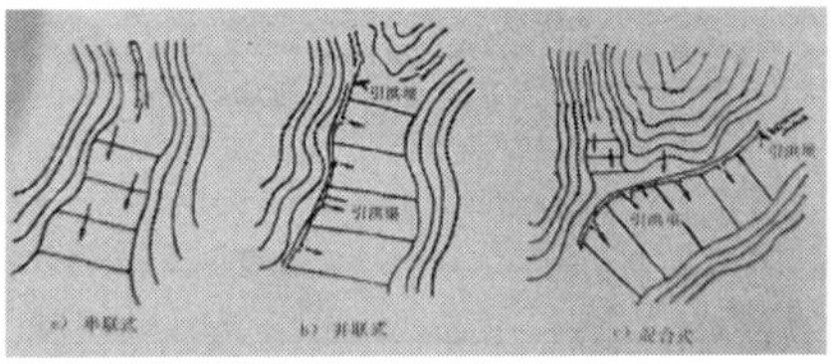	无
设计	引洪渠道建筑物设计、引洪渠系设计	无
施工	建筑物施工、渠道施工和田间工程施工	无
管理	引洪淤漫的时间、厚度、定额	无
	田间管理	无
	按设计个各渠系和地块放水，防止引洪淤漫水量过多或不足	无

6.3.3.12　风沙治理技术

1996 年国标中风沙治理技术相对于行标新增了沙障固沙、固沙种草、引水拉沙造地和防风蚀的耕作措施四种技术（见表 6–17）。在行标中已有的固沙造林，在国标中又增加了林带结构示意图、风口造林设计、片状造林设计等五项内容。

表 6–17　对比新旧标准的风沙治理技术

风沙治理技术	1996 年国标	1988 年行标
沙障固沙	有	无
固沙造林	按照不同类型规划林带走向、宽度、间距、结构和混交类型	无
	林带结构示意图	无
	风口造林设计、片状造林设计	无
	固沙造林的树种选择	无
	固沙造林的施工	无
固沙种草	有	无
引水拉沙造地	有	无
防风蚀的耕作措施	有	无

6.3.3.13　崩岗治理技术

1996 年国标的崩岗治理技术相对于 1988 年行标有两点明显变化（见表 6–18）：①新增技术内容。如新增崩岗区治理规划。②注重经济效益。如在行标中补种乔灌木，而在国标中注重补种较高经济价值的草类、灌木和乔木，种植经济林果或其他经济作物。

表 6–18　对比新旧标准的崩岗治理技术

崩岗治理技术	1996 年国标	1988 年行标
规划	崩岗区治理规划	无
设计	各项措施防御暴雨标准及截水沟、崩壁小台阶设计、土谷坊、拦沙坝设计	无
施工	每个崩口的 4 项治理措施应同时完成	无
管理	种植较强保土作用和较高经济价值的草类、灌木和乔木，种植经济林果或其他经济作物	补种乔灌木

6.4 小结

1986~1996 年，国家出台了 5 部水土保持相关的法律法规。其中，1991 年 6 月 29 日《中华人民共和国水土保持法》的颁布实施，标志着我国水土保持工作由此进入依法防治的新阶段。这一阶段水土保持还由过去单纯的防护性治理转到重点将小流域治理同区域经济发展相结合，突出小流域治理的经济效益。

1986 年开始水土保持治沟骨干工程首次列为国家基本建设项目，这一时期，内蒙古黄土丘陵沟壑区的水土保持技术以治沟骨干基础建设工程为主，每年实施的沟骨干工程的数量一直占内蒙古总项目的 60% 以上。治沟骨干工程中大量采用的是夯碾式土坝和水坠坝。其中，准格尔旗常用的是水坠坝技术筑骨干坝，而清水河县常用的是辗轧土坝。

1988 发布了《开发建设晋、陕、蒙接壤地区水土保持规定》，这是我国颁布的第一个区域性水土保持法则，这一历史阶段，研究区开始关注开发建设项目对水土流失的影响，同时为了加强开发建设中的水土保持工作，成立了水土保持监督局。1996 年准格尔旗水土保持局监督检查站制定了《受理水保违法案件登记表》《立案报告表》《调查勘验笔录》《责令停止违法行为通知书》《行政处罚决定书》等十几种统一的执法文书。

1986~1996 年颁布了 9 部水土保持标准规范，最早的水土保持技术规范是 1986 年中华人民共和国水利电力局颁布的《水土保持治沟骨干工程暂行技术规范（SD 175-86）》，骨干坝技术规范的出台，为当时如火如荼地实施治沟骨干工程项目提供了科学的指导。1986~1996 年水土保持技术标准有两个：一个是水利电力部农村水利水土保持司于 1988 年 4 月 1 日发布的《水土保持技术规范（SD 238-87）》，另一个是 1996 年由国家技术监督局发布的《水土保持综合治理技术规范（GB/T16453-1996）》，整体来看，两个版本的技术标准存在两个明显差异：①将以往使用的“措施”一词改为“技术”。②技术不再分为耕作措施、工程措施和林草措施三类，而是针对具体地貌特征，改成坡耕地治理技术、荒地治理技术、沟壑治理技术、小型蓄排引水工程、风沙治理技术、崩岗治理技术共 6 类，1996 年国标版本的《水土保持综合治理技术规范》在内容上全部取代了 1988 年行标的《水土保持技术规范》。

本书细致地对比了两个技术标准中 13 项水土保持技术，1996 年版的国标相比于 1988 年行标有四点显著变化：①新增大量技术内容，且技术描述更翔实。②新增技术示意图，更容易理解技术的实施方法。③技术实施中使用机械工具，注重技术质量和速度的提升。④技术注重经济效益，采用试验研究结果。这些变化客观反映了 1986~1996 年水土保持技术的进步和时代的需求。

围绕生态环境建设全面发展水土保持技术（1997~2011年）

7.1 国家提升水土保持的战略地位

7.1.1 水土保持列入生态环境建设规划

1997 年 9 月，国务院在延安召开了水土保持、生态建设现场会，水利部组织编写了《全国水土保持生态建设规划》。1998 年，国务院批准实施《全国生态环境建设规划》，并将其纳入国民经济和社会发展计划，要求各地因地制宜地制定本地区的生态环境建设规划，投入生态环境建设。同年，《全国生态环境建设规划》对 21 世纪初期我国水土保持生态环境建设做出了全面部署，根据规划预计到 2010 年初见成效。

1998 年 6 月中旬至 9 月上旬，长江流域及北方的嫩江流域出现历史上罕见的特大洪灾，给人民生命财产造成巨大损失，为此，国务院于 1999 年 8 月做出了退耕还林的决定。同期，中央实施了西部大开发战略，将生态环境建设作为西部大开发的切入点和根本点。水利部将长江上游、黄河上中游和农牧交错区水土保持重点防治工程作为水利建设的重点工程。

为了加快水土保持生态环境建设，充分发挥典型样板的示范作用，从 1999 年 2 月起，水利部、财政部联合发出通知，决定在全国范围内建设 10 个示范城市、100 个示范县、1000 条小流域作为全国水土保持生态环境建设示范工程（以下简称“十百千示范工程”）。“十百千示范工程”建设是加快水土保持生态环境建设的一项重大举措，能够建设一批高标准、高质量、高效益的示范样板。

从 1998 年开始，国家对水土保持的投资大幅度提高，重点工程范围进一步扩大，除继续实施八片国家水土流失重点治理工程、长江上中游水土保持重点防治工程、黄河上中游水土保持重点防治工程、黄土高原水土保持世行贷款项目、农业综合开发水土保持项目等重点工程项目，并加大了投资力度外，国家又新启动实施了国债水土保持项目、京津风沙源治理水土保持工程、首都水资源水土保持项目、晋陕蒙砒砂岩区沙棘生态工程、东北黑土区水土流失综合防治试点工程、珠江上游南北盘江石灰岩地区水土保持综合治理试点工程、黄土高原地区淤地坝试点工程等一批国家重点生态建设工程，治理范围从传统的黄河、长江上中游地区扩展到东北、南方等水土流失地区以及环京津地区。水土保持重点工程项目的大批实施，也为水土保持示范区的建立创造了条件。在中央加强生态建设资金投入的同时，各级地方政府也高度重视水土保持生态环境建设，落实配套资金，加大投入力度。

随着人们对人与自然关系的重新审视和深入研究，生态修复作为快速恢复植被的一项重要措施被逐步认识和接受。2001 年 11 月首次以文件形式正式提出开展水土保持生态修复的设想和要求。同年，在长江上游和黄河上中游地区启动实施了水土保持生态修复试点工程，涉及 5 省（区）22 个县。2003 年 6 月，水利部组织编制了《全国水土保持生态修复规划》(2004 ~ 2015 年)，2004 年 9 月，水利部与农业部联合发出《关于加强水土保持促进草原保护与建设的通知》。同年，水利部和中国科学院联合举办召开“全国水土保持生态修复研讨会”，水土保持生态修复的理论、技术路线、标准和相关政策措施不断完善。截至 2005 年底，全国已有 25 个省、980 多个县发布了封山禁牧、舍饲养畜的政策决定。

7.1.2 预防监督和监测预防工作深入广泛开展

1999 年 6 月，水利部发出《关于开展全国水土保持生态环境监督管理规范化建设工作的通知》，以水土保持监督管理工作法制化、规范化、正规化建设为核心，在全国 60 个地（市）、1166 个县（市、旗、区）开展了水土保持监督管理规范化建设工作，要求全面开展监督管理，加强水土保持生态环境监督管理正规化建设，全面普查重点监督对象、建立分类建档，严肃查处人为水土流失案件，依法收好、管好、用好水土保持规费。2000 年水利部水土保持司又发出了《关于进一步加强水土保持监督管理规范化建设工作的通知》，要求按照《行政处罚法》《行政复议法》等法律法规进一步加大检查指导的力度，加快规范化建设步伐。通过水土保持生态环境监督管理规范化建设，各地在水土保持宣传、配套法规、机构能力建设、执法程序规范、返还治理示范过程、水土保持方案落实、两费征收等方面有了明显的提高和推进。2002 年 6 月，水利部、国家发展计划委员会、国家经济贸易委员会、国家环境保护总局、铁道部、交通部等 6 部委联合印发《关于联合开展水土保持执法检查活动的通知》，对一批重点开发建设项目开展了水土保持联合执法检查。

监测预报是水土保持法赋予水土行政主管部门的一项重要职责，也是水土保持工作的一个重要方面。1998 年，国家成立“水利部水土保持监测中心”，各流域机构、各省市相应成立了监测中心站和监测分站，建立健全了水土保持监测机构。水利部水土保持监测中心成立后，开始着手建立覆盖全国的水土保持监测网络和信息系统。2005 年全国水土保持监测网络和信息系统建设一期工程全面完成，共建成包括水利部水土保持监测中心，长江水利委员会、黄河水利委员会两个流域机构中心站，山西、内蒙古、陕西等 13 个省（区、市）监测总站，以及与这些总站对应的 100 个监测分站。全国水土保持监测网络和信息系统的初步建立，标志着我国水土保持监测预报工作进入了一个新的发展阶段。为加强水土保持监测工作的规范管理，水利部于 2001 年发布了《水土保持生态环境监测网络管理办法通用设备条件》等技术文件，一些流域机构和省（区、市）水利水保部门也编制了相应的管理办法与规定。各级监测机构认真履行法律赋予的职责，开展了重点流域与重点地区监测、国家重点水土保持生态建设项目监测、水土保持生态修复效益监测、开发建设项目水土流失监测等监测工作，促进了水土保持信息化建设。1999 年，水利部组织开展了全国第二次水土流失遥感普查。从 2002 年开始，水利部每年向社会发布全国水土保持监测公报。

7.1.3 考察和普查工作的圆满完成

从 2005 年 7 月起，水利部、中国科学院和中国工程院联合开展了“中国水土流失与生态安全综合科学考察”。这是水土保持发展史上又一次重要的考察活动，对于科学评价我国水土流失现状与发展趋势、摸清当前水土流失防治中存在的主要问题等都具有重要意义。

2010 年 1 月 14 日，为贯彻落实科学发展观，国务院全面了解水利发展状况，提高水利服务经济社会发展能力，实现水资源可持续开发、利用和保护，发布《国务院关于开展第一次全国水利普查的通知》，决定于 2010~2012 年开展第一次全国水利普查。普查的标准时点为 2011 年 12 月 31 日。普查范围为中华人民共和国境内（未含香港特别行政区、澳门特别行政区和台湾地区）河湖基本情况、水利工程基本情况、经济社会用水情况、河湖开发治理情况、水土保持情况、水利行业能力建设情况。普查按照“在地原则”，以县级行政区划为基本工作单元，采取全面调查、抽样调查、典型调查和重点调查等多种形式进行。该次水利普查是中华人民共和国成立以来第一次全国范围的水利普查，是一项重大的国情国力调查，是国家资源环境调查的重要组成部分，是国家基础水信息的基准性调查。关于全国水土保持情况结果：

全国土壤水力、风力侵蚀面积 294.91 万平方千米。水力侵蚀面积 129.32 万平方千米（见表 7–1），按侵蚀强度分：轻度 66.76 万平方千米，中度 35.14 万平方千米，强烈 16.87 万平方千米，极强度 7.63 万平方千米，剧烈 2.92 万平方千米。风力侵蚀面积 165.59 万平方千米，按侵蚀强度分：轻度 71.60 万平方千米，中度 21.74 万平方千米，强烈 21.82 万平方千米，极强烈 22.04 万平方千米，剧烈 28.39 万平方千米。

表 7–1　全国土壤水力、风力侵蚀面积汇总

土壤侵蚀类型	面积（万平方千米）	比例（%）
水力侵蚀	129.32	43.85
风力侵蚀	165.59	56.15
合计	249.91	100

侵蚀沟道：西北黄土高原侵蚀沟道 666719 条，东北黑土区侵蚀沟道 295663 条。

水土保持措施面积：水土保持措施面积为 99.16 万平方千米，其中工程措施 20.03 万平方千米，植物措施 77.85 万平方千米，其他措施 1.28 万平方千米。

淤地坝：共有 58446 座，淤地面积 927.57 平方千米，其中库容在 50 万 ~500 万立方米的骨干淤地坝 5655 座，总库容 57.01 立方米。

7.2 内蒙古水土保持工作以生态建设和生态修复为主

7.2.1 水土保持生态建设项目

1997~2011 年，国家实施了一系列水土保持生态工程，其中涉及研究区内

蒙古黄土丘陵地区的水土保持项目有内蒙古黄土高原地区水土保持淤地坝工程（2003~2010 年）、全国八片重点治理项目（1983~2007 年）、世界银行贷款项目（1994~2004 年）、础砂岩地区沙棘生态工程、水土保持中央财政预算内专项项目（国债）、退耕还林工程等。本书选取研究区实施的 3 项水土保持生态工程进行介绍。

7.2.1.1　国家生态环境建设重点县（国债项目）

1997 年以来，为了增强水利基础设施的抗灾能力，根据国务院印发的《全国生态环境建设规划》的精神，党中央、国务院把大江大河上中游地区水土流失治理作为生态环境建设和江河治理的一项重要任务，国家在财政十分紧张的情况下，在中央财政预算内，通过发行债券的形式筹集资金，专门用于水土保持生态环境建设，故把此项目简称为“国债水保项目”。国家发展计划委员会、农业部、水利部、国家林业局联合以计投资〔1998〕1397 号文下达内蒙古自治区第一批 1998 年国家预算内基建基金非经营性投资 4500 万元，专项用于第一批国家生态环境重点县重点工程建设；国家发展计划委员会以计投资〔1998〕1507 号文下达内蒙古自治区第二批 1998 年国家财政预算内专项资金 4000 万元，其中 3800 万元用于第二批生态环境重点县重点工程建设，200 万元用于农村小城镇绿化工程建设[①]。其中，准格尔旗薛家湾镇 1998 年被列为国家生态工程建设项目重点治理区[②]。准格尔旗生态环境重点旗县下发 800 万元投资经费[③]。2000 年准格尔旗开始实施水土保持生态建设“十百千”示范工程。

准格尔旗从 2010 年就开始着手申报全国水土保持生态文明县（旗）工作。首先，聘请水利部水土保持植物开发管理中心编制完成了《内蒙古准格尔旗生态建设与产业配置总体规划》，并于 2010 年 4 月 19 日由水利部水保司在准格尔旗组织召开了专家评审会，评审通过了准格尔旗 2010~2020 年生态建设与产业配置总体规划。从此，确定了准格尔旗今后 11 年水保生态建设的目标、任务和措施。2011 年 7 月，水利部水保司再次组织两名院士和 14 位专家前来准格尔旗实地考察，验收水保生态治理成果，专家组一致认为准格尔旗的水保生态建设做法科学、经验丰富、成果卓著，具有重要的推广价值，已达到水土保持生态文明县（旗）的标准。2011 年 9 月 29 日，水利部以水保〔2011〕507 号文件正式命名准格尔旗为全国水土保持生态文明县（旗）。

---

①③　准格尔旗档案馆.关于下达第一批、第二批国家生态环境重点县（示范区）1998年基建投资计划的通知［Z］. 1998（96-2-124）.

②　准格尔旗档案馆.关于上报我旗哈拉川流域薛家湾镇区水土保持生态环境建设2000年治理计划的报告［Z］. 2000（96-2-135）.

7.2.1.2 黄河水土保持生态工程

2000 年正式启动了黄河水土保持生态工程，内蒙古包括浑河流域（清水河县）和窟野河流域（准格尔旗），2000 年中央投资共计 1880 万元。为了加强项目管理，做好监督检查，确保工程质量，按照《黄河水土保持生态工程年度检查办法》《黄河水土保持生态工程质量监督管理办法》《黄河水土保持工作施工质量评定规程》[①]的要求，认真做好项目年度检查和质量监督[②]。为了促进黄河水土保持生态工程重点支流项目区建设和管理工作，确保项目建设预期目标的顺利实现，对浑河流域和窟野河流域项目进行了中期调整[③]。

7.2.1.3 沙棘生态建设项目

1998 年 9 月，国家正式启动了“晋陕蒙砒砂岩沙棘生态工程”，为了改变砒砂岩区的生态环境，减少入黄泥沙量，加快当地群众致富步伐，沙棘种植得到进一步推广发展。项目涉及内蒙古自治区的准格尔、伊金霍洛、达拉特 、东胜 4 个县（旗、区）。

沙棘资源建设是黄河流域黄土高原地区水土保持治理与生态环境建设工程的重要组成部分之一[④]。准格尔旗砒砂岩区沙棘生态工程建设项目于1998 年下半年正式启动实施[⑤]。1998 年圆满完成一期工程后，1999 年黄河流域沙棘资源建设项目二期工程上马。由于交通不便、原建设流域属于准格尔旗煤矿产区，剩余劳动力不足、难以推广，此外地貌复杂、施工难度大等原因，1999 年 8 月，该项目研究区由原来清水川的大昌汗沟流域更改为皇甫川的圪秋沟流域，为了提高造林效率，利用冷库储苗、雨季突击造林和秋季补植造林等措施[⑥]。2000 年准格尔旗沙棘生态建设项目共有三个：国家计委《砒砂岩区沙棘生态建设工程项目》、水利部沙棘管理中心的《砒砂岩沙棘生态减沙工程项目》

---

① 准格尔旗档案馆.鄂尔多斯市水土保持局关于转发《内蒙古自治区水利厅转发黄委关于黄河水土保持生态工程施工质量评定规程（试行）的通知》的通知［Z］. 2005（96–2005–107）.

② 准格尔旗档案馆.关于黄河水土保持生态工程浑河流域呼和浩特市、乌兰察布盟及窟野河流域伊克昭盟项目区建设 2000 年实施计划批复的函［Z］. 2001（96–2001–4）.

③ 准格尔旗档案馆.鄂尔多斯市水土保持局关于转发内蒙古自治区水利厅转发黄河上中游管理局关于黄河水保生态工程浑河 2 条重点支流项目区中期调整实施方案复函的通知［Z］. 2005（96–2005–119）.

④ 准格尔旗档案馆.关于《准旗黄河流域沙棘资源建设项目二期工程》项目区位置边埂及重新规划设计的报告［Z］. 2001（96–2001–72）.

⑤ 准格尔旗档案馆.关于上报我旗砒砂岩区沙棘生态工程建设1998年度工作总结的报告［Z］. 1999（96–2–129）.

⑥ 准格尔旗档案馆.关于上报我旗黄河流域沙棘资源建设二期工程项目2001年度工程造林自查验收的报告［Z］. 2001（96–2001–76）.

和黄河上中游管理局《黄河流域沙棘资源建设工程项目》[①]。准格尔旗为了项目的顺利开展还制定了《砒砂岩区沙棘生态工程项目的实施细则和管理办法》《沙棘种植合同》《沙棘产品回收合同》，同时广泛宣传《神奇的植物——沙棘》等科技丛书[②]，伴随沙棘资源建设步伐的加快，沙棘产业也蓬勃兴起，水利部沙棘中心联合高原圣果沙棘制品有限公司在内蒙古鄂尔多斯市投入5000多万元建成沙棘加工基地，年加工沙棘鲜果2万吨。2001年准格尔旗高原圣果沙棘开发项目已经正式竣工进入试运行阶段，主要产品有沙棘果汁、沙棘茶及食用、药用、化妆品等[③]。

7.2.2 水土保持生态修复项目

水利部依照“关于加强封育保护，充分发挥生态自我修复能力加快水土流失防治步伐的通知”精神及黄河水土保持生态工程的总体布局，2004年确定准格尔旗开展黄河水土保持生态修复项目。通过加强封（山、沙）育（林、草）保护措施，依靠生态的自我修复能力，大面积恢复植被、改善生态环境，降低治理成本，增加植被覆盖度，加快黄河水土保持生态建设的步伐。按《水土保持监测技术规程》和《黄河水土保持生态工程生态修复项目检测实施方案工作大纲》[④]，建立生态修复项目的监测方案，布设植被监测点30个、气象观测点1个、径流小区6个，典型农户10户，分别对项目区林草植被变化情况、降雨等气候变化情况、产流变化情况及综合效益等进行监测，项目建设期3年，投资金额123万元。

鉴于生态修复是水土保持生态建设的一个新领域，在项目建设过程中要认真研究、总结、探究适合当地生态修复项目建设的有效途径和技术要求。建立封禁地块的技术档案，认真进行项目区监测，做好记录、做好监测资料及年度监测报告[⑤]。2004年，准格尔旗制定了《黄河水土保持生态工程生态修复项目

---

① 准格尔旗档案馆.关于上报《准格尔旗沙棘生态建设工程项目2000年度工作总结》的报告［Z］. 2001（96-2-135）.

② 准格尔旗档案馆.关于呈报我旗砒砂岩沙棘生态减沙项目2001年度实施工作总结的报告［Z］. 2001（96-2001-75）.

③ 准格尔旗档案馆.关于上报我局年初自报项目——沙圪堵高原圣果沙棘开发项目实施情况的报告［Z］. 2001（96-2001-70）.

④ 准格尔旗档案馆.关于编制黄河水土保持生态工程生态修复项目［Z］. 2004（96-2004-135）.

⑤ 准格尔旗档案馆.内蒙古自治区水利厅转发黄河上中游管理局关于黄河水土保持生态工程内蒙古自治区准格尔旗生态修复项目初步设计的复函的通知［Z］. 2004（96-2004-133）.

的实施方案》[①]。

7.2.3 水土保持监督执法工作

晋陕蒙接壤区既是黄土高原地区水土流失最严重的多沙粗沙区，又是我国以煤炭开采为主的特大型能源重化工基地，也是我国国家级重点监督区，研究区的准格尔旗就位于晋陕蒙接壤区，是国家重点监督区。

1999 年，准格尔旗在总结 8 年来水土保持监督执法工作的基础上，结合实际情况，制定了《准格尔旗水土保持规范化建设管理办法》和《准格尔旗水土保持预防监督体系规范化建设试点实施方案》。在此基础上，先后培训上岗专职水保监督员 38 名，乡村兼职监督员 26 民，管护员 186 名。水土保持监督执法文书有《违法案件登记表》《警告书》《现场调查笔录》《水土流失出发决定书》等 10 种。严格按照技术规范，加强生产建设单位水土保持方案编制工作[②]。

从 2000 年开始水土保持生态工程全面实行监理制。准格尔旗水保局作为项目建设实施管理单位，开展加强生态工程建设信息管理工作[③]。2005 年准格尔旗人民政府为了加强矿区环境治理，防止和控制环境污染和生态环境破坏，改善环境质量，特制定了《矿区环境治理办法》，其中规定矿山企业在制订建设和开采计划时首先要进行环境影响评价，同时制定水土保持方案。严格按照水土保持方案认真实施水土流失治理措施，做好水土保持工作。准格尔旗水土保持局要将矿区水土保持纳入全旗规划，率先进行治理[④]。

以准格尔旗 2004 年为例，准格尔旗一年内开发建设项目 60 多项，都需要上报《水土保持方案报告书》才能确定是否可以开发，上报的部门有内蒙古水利厅、鄂尔多斯水土保持局、准格尔旗水土保持局。根据开发建设项目的开发面积和破坏生态环境的程度，确定水土保持投资经费、水土保持补偿费、水土保持监测费和水土保持监理四种费用（见表 7-2）。2006 年对所有开发建设项

---

① 准格尔旗档案馆. 关于呈报我旗《黄河水土保持生态工程内蒙古准格尔旗生态修复实施方案》的报告［Z］. 2004（96-2004-197）.

② 准格尔旗档案馆. 关于上报我局 1999 年水土保持监督执法工作总结的报告［Z］. 1999（96-2-104）.

③ 准格尔旗档案馆. 关于下达 2001 年黄河水土保持生态工程窟野河流域项目区小流域综合治理 2002 年秋季实施计划的通知［Z］. 2002（96-2002-85）.

④ 准格尔旗档案馆. 准格尔旗人民政府关于印发矿区环境治理办法的通知［Z］. 2005（96-2005-159）.

目进行了分类造册登记、建卡立档，使水保监督执法工作做到了底子清、对象明、有的放矢。

表 7-2　2004 年准格尔旗开发建设项目的水土保持方案报告书

年份	建设项目	水土保持工程总投资（万元）	水土保持补偿费（万元）	水土保持监测费（万元）	水土保持工程监理费（万元）
2004	大同至准格尔铁路线扩能改造工程[①]	5799.08	28.52	12.16	30
2004	新建地方铁路呼和浩特市至准格尔铁路工程[②]	5773.91	236.75	26.62	160.0
2004	准格尔旗井刘煤矿[③]	31.22	0.15		9
2004	鄂尔多斯市泰宝投资有限公司石料场[④]		1		
2004	准旗奋欣采石场[⑤]		0.2		
2004	准旗聚能化工有限责任公司杜家峁采石场[⑥]		1.16		
2004	准格尔旗荣丰石料场[⑦]		0.05		
2004	满世煤炭运销有限责任公司石料一场[⑧]		1		
2004	准格尔旗山河煤炭有限责任公司补连沟煤矿技改工程[⑨]	318.85	1.66		

① 准格尔旗档案馆.内蒙古自治区水利厅关于大同至准格尔铁路线扩能改造工程水土保持方案报告书的批复［Z］. 2004（96-2004-9）.

② 准格尔旗档案馆.内蒙古自治区水利厅关于新建地方铁路呼和浩特市至准格尔铁路工程水土保持方案报告书的批复［Z］. 2004（96-2004-14）.

③ 准格尔旗档案馆.鄂尔多斯水土保持局关于内蒙古准格尔旗井刘煤炭有限责任公司井刘煤矿水土保持方案报告书的批复［Z］. 2004（96-2004-25）.

④ 准格尔旗档案馆.准格尔旗水土保持局关于鄂尔多斯市泰宝投资有限责任公司石料场水土保持方案报告书的批复［Z］. 2004（96-2004-150）.

⑤ 准格尔旗档案馆.准格尔旗水土保持局关于准旗奋欣采石场水土保持方案报告书的批复［Z］. 2004（96-2004-155）.

⑥ 准格尔旗档案馆.准格尔旗水土保持局关于准旗聚能化工有限责任公司杜家峁采石场水土保持方案报告书的批复［Z］. 2004（96-2004-160）.

⑦ 准格尔旗档案馆.准格尔旗水土保持局关于准格尔旗荣丰石料场水土保持方案报告书的批复［Z］. 2004（96-2004-165）.

⑧ 准格尔旗档案馆.准格尔旗水土保持局关于对内蒙古满世每台运销有限责任公司石料一场水土保持方案报告书的批复［Z］. 2004（96-2004-170）.

⑨ 准格尔旗档案馆.准格尔旗水土保持局关于对准格尔旗山河煤炭有限责任公司补连沟煤矿技改工程水土保持方案报告书的批复［Z］. 2004（96-2004-175）.

续表

年份	建设项目	水土保持工程总投资（万元）	水土保持补偿费（万元）	水土保持监测费（万元）	水土保持工程监理费（万元）
2004	鄂尔多斯市瑞德煤化有限责任公司第二煤矿[①]	81.5	3.02		
2004	东胜明智煤焦运销有限责任公司高家坡煤矿[②]	31.2376	0.63		
2004	准格尔旗羊市塔乡阳堡渠煤矿[③]	30.8123	0.8		
2004	准格尔工业园区大饭铺自备电厂 2×300MW 机组工程[④]	1754.86	46.81	21.69	30
2004	准格尔旗窑沟乡创新煤炭有限责任公司创新煤矿[⑤]	35.65	0.42		12.5
2004	准旗云飞矿业有限责任公司石料厂[⑥]		1		
2004	准旗民强矿业有限责任公司魏家峁采石场[⑦]		1.5		
2004	准格尔鑫葆化工有限责任公司鑫葆石场[⑧]		0.3		
2004	准格尔旗红石炮湾顺发片石场[⑨]		0.1		

① 准格尔旗档案馆.准格尔旗水土保持局关于对鄂尔多斯市瑞德煤化有限责任公司第二煤矿水土保持方案报告书的批复［Z］. 2004（96-2004-180）.

② 准格尔旗档案馆.准格尔旗水土保持局关于对东胜明智煤焦运销有限责任公司高家坡煤矿水土保持方案报告书的批复［Z］. 2004（96-2004-185）.

③ 准格尔旗档案馆.准格尔旗水土保持局关于对准格尔旗羊市塔乡阳堡渠煤矿水土保持方案报告书的批复［Z］. 2004（96-2004-190）.

④ 准格尔旗档案馆.内蒙古自治区水利厅关于准格尔工业园区大饭铺自备电厂 2×300MW 机组工程水土保持方案报告书的批复［Z］. 2004（96-2004-13）.

⑤ 准格尔旗档案馆.鄂尔多斯水土保持局关于准格尔旗窑沟乡创新煤炭有限责任公司创新煤矿水土保持方案报告书的批复［Z］. 2004（96-2004-23）.

⑥ 准格尔旗档案馆.准格尔旗水土保持局关于对准旗云飞矿业有限责任公司石料厂水土保持方案报告书的批复［Z］. 2004（96-2004-149）.

⑦ 准格尔旗档案馆.准格尔旗水土保持局关于对准旗民强矿业有限责任公司魏家峁采石场水土保持方案报告书的批复［Z］. 2004（96-2004-154）.

⑧ 准格尔旗档案馆.准格尔旗水土保持局关于对准格尔鑫葆化工有限责任公司鑫葆石场水土保持方案报告书的批复［Z］. 2004（96-2004-159）.

⑨ 准格尔旗档案馆.准格尔旗水土保持局关于准格尔旗红石炮湾顺发片石场水土保持方案报告书的批复［Z］. 2004（96-2004-164）.

续表

年份	建设项目	水土保持工程总投资（万元）	水土保持补偿费（万元）	水土保持监测费（万元）	水土保持工程监理费（万元）
2004	内蒙古西蒙科工贸有限责任公司白灰采石场[①]		1.5		
2004	准格尔旗乡镇企业局实验煤矿技改工程[②]	25.56			
2004	准格尔旗食联煤炭有限责任公司煤矿[③]	57.07	0.37		
2004	鄂尔多斯市准旗西营子镇付家阳坡煤矿[④]	40.59	0.92		
2004	准格尔旗西营子镇徐家梁煤矿[⑤]	28.1537	0.8		
2004	蒙达煤矿[⑥]	222.07	10	12	13
2004	准格尔旗永胜煤炭有限责任公司[⑦]	35.4	0.87	5	15
2004	准旗云飞矿业有限责任公司白云岩石料厂[⑧]		1		
2004	鄂尔多斯市永昌煤焦经营有限公司马栅采石场[⑨]		0.5		
2004	内蒙古准格尔北强化工有限责任公司石场[⑩]		1		

① 准格尔旗档案馆.准格尔旗水土保持局关于内蒙古西蒙科工贸有限责任公司白灰采石场水土保持方案报告书的批复[Z].2004（96-2004-169）.

② 准格尔旗档案馆.准格尔旗水土保持局关于准格尔旗乡镇企业局实验煤矿技改工程水土保持方案报告书的批复[Z].2004（96-2004-174）.

③ 准格尔旗档案馆.准格尔旗水土保持局关于准格尔旗食联煤炭有限责任公司煤矿水土保持方案报告书的批复[Z].2004（96-2004-179）.

④ 准格尔旗档案馆.准格尔旗水土保持局关于鄂尔多斯市准旗西营子镇付家阳坡煤矿水土保持方案报告书的批复[Z].2004（96-2004-184）.

⑤ 准格尔旗档案馆.准格尔旗水土保持局关于准格尔旗西营子镇徐家梁煤矿水土保持方案报告书的批复[Z].2004（96-2004-184）.

⑥ 准格尔旗档案馆.内蒙古自治区水利厅关于蒙达煤矿水土保持方案报告书的批复[Z].2004（96-2004-12）.

⑦ 准格尔旗档案馆.鄂尔多斯市水土保持局关于准格尔旗永胜煤炭有限责任公司水土保持方案报告书的批复[Z].2004（96-2004-22）.

⑧ 准格尔旗档案馆.准格尔旗水土保持局关于准旗云飞矿业有限责任公司白云岩石料厂水土保持方案报告书的批复[Z].2004（96-2004-148）.

⑨ 准格尔旗档案馆.准格尔旗水土保持局关于鄂尔多斯市永昌煤焦经营有限公司马栅采石场水土保持方案报告书的批复[Z].2004（96-2004-153）.

⑩ 准格尔旗档案馆.准格尔旗水土保持局关于内蒙古准格尔北强化工有限责任公司石场水土保持方案报告书的批复[Z].2004（96-2004-158）.

续表

年份	建设项目	水土保持工程总投资（万元）	水土保持补偿费（万元）	水土保持监测费（万元）	水土保持工程监理费（万元）
2004	准格尔旗庆峰矿业有限责任公司石料场[①]		1		
2004	准旗张家圪堵村闫毛联办煤矿[②]		0.2		
2004	准格尔旗聚鑫煤焦有限责任公司高西沟煤矿[③]		1		
2004	内蒙古伊东煤炭有限公司安家坡煤矿[④]	31.701	0.78		
2004	准格尔旗西营子镇赵二成渠煤矿[⑤]	27.2967	0.8		
2004	鄂尔多斯市汇能煤业投资有限责任公司蒙南煤矸石热电厂工程[⑥]	123.75	20.81	2.56	
2004	内蒙古满世煤炭运销有限责任公司四道柳忽鸡图煤矿改扩建工程[⑦]	26.72	1.03	4	6
2004	准格尔煤田龙王沟永兴煤矿[⑧]	54.36	1.5		
2004	内蒙古三维铁合金有限责任公司魏家峁采石二场[⑨]		1		

① 准格尔旗档案馆.准格尔旗水土保持局关于准格尔旗庆峰矿业有限责任公司石料场水土保持方案报告书的批复［Z］. 2004（96–2004–168）.

② 准格尔旗档案馆.准格尔旗水土保持局关于对准旗张家圪堵村闫毛联办煤矿水土保持方案报告书的批复［Z］. 2004（96–2004–173）.

③ 准格尔旗档案馆.准格尔旗水土保持局关于对准格尔旗聚鑫煤焦有限责任公司高西沟煤矿水土保持方案报告书的批复［Z］. 2004（96–2004–178）.

④ 准格尔旗档案馆.准格尔旗水土保持局关于对内蒙古伊东煤炭有限公司安家坡煤矿水土保持方案报告书的批复［Z］. 2004（96–2004–183）.

⑤ 准格尔旗档案馆.准格尔旗水土保持局关于对准格尔旗西营子镇赵二成渠煤矿水土保持方案报告书的批复［Z］. 2004（96–2004–188）.

⑥ 准格尔旗档案馆.内蒙古自治区水利厅关于鄂尔多斯市汇能煤业投资有限责任公司蒙南煤矸石热电厂工程水土保持方案报告书的批复［Z］. 2004（96–2004–11）.

⑦ 准格尔旗档案馆.鄂尔多斯市水土保持局关于内蒙古满世煤炭运销有限责任公司四道柳忽鸡图煤矿改扩建工程水土保持方案报告书的批复［Z］. 2004（96–2004–21）.

⑧ 准格尔旗档案馆.准格尔旗水土保持局关于准格尔煤田龙王沟永兴煤矿水土保持方案报告书的批复［Z］. 2004（96–2004–147）.

⑨ 准格尔旗档案馆.准格尔旗水土保持局关于内蒙古三维铁合金有限责任公司魏家峁采石二场水土保持方案报告书的批复［Z］. 2004（96–2004–152）.

续表

年份	建设项目	水土保持工程总投资（万元）	水土保持补偿费（万元）	水土保持监测费（万元）	水土保持工程监理费（万元）
2004	准格尔旗准格尔召乡哈拉庆村闫家沟煤矿①		1		
2004	准格尔旗果园煤炭有限责任公司杜家峁采石场②		0.3		
2004	鄂尔多斯市蒙能振兴化工有限公司石料白灰厂③		1		
2004	准旗窑沟乡阳坡沟石料厂④		0.5		
2004	内蒙古天之娇高岭土有限责任公司高岭土厂⑤	15.09	3.27		
2004	准格尔旗欣发达煤矿⑥	13.82	0.72		
2004	鄂尔多斯市龙宇工贸公司光裕煤矿⑦	22.9	0.86		
2004	准格尔煤田牛连沟矿区大伟煤矿⑧	65.45	2.2		
2004	西蒙煤矿⑨	230.57	9.56	13	12
2004	准格尔旗闹羊渠煤炭有限责任公司煤矿改扩建项目⑩	34.18	1.46	4	8

① 准格尔旗档案馆.准格尔旗水土保持局关于准格尔旗准格尔召乡哈拉庆村闫家沟煤矿水土保持方案报告书的批复［Z］. 2004（96–2004–157）.

② 准格尔旗档案馆.准格尔旗水土保持局关于准格尔旗果园煤炭有限责任公司杜家峁采石场水土保持方案报告书的批复［Z］. 2004（96–2004–162）.

③ 准格尔旗档案馆.准格尔旗水土保持局关于鄂尔多斯市蒙能振兴化工有限公司石料白灰厂水土保持方案报告书的批复［Z］. 2004（96–2004–167）.

④ 准格尔旗档案馆.准格尔旗水土保持局关于准旗窑沟乡阳坡沟石料厂水土保持方案报告书的批复［Z］. 2004（96–2004–172）.

⑤ 准格尔旗档案馆.准格尔旗水土保持局关于内蒙古天之娇高岭土有限责任公司高岭土厂水土保持方案报告书的批复［Z］. 2004（96–2004–177）.

⑥ 准格尔旗档案馆.准格尔旗水土保持局关于准格尔旗欣发达煤矿水土保持方案报告书的批复［Z］. 2004（96–2004–182）.

⑦ 准格尔旗档案馆.准格尔旗水土保持局关于鄂尔多斯市龙宇工贸公司光裕煤矿水土保持方案报告书的批复［Z］. 2004（96–2004–187）.

⑧ 准格尔旗档案馆.准格尔旗水土保持局关于准格尔煤田牛连沟矿区大伟煤矿水土保持方案报告书的批复［Z］. 2004（96–2004–192）.

⑨ 准格尔旗档案馆.内蒙古自治区水利厅关西蒙煤矿水土保持方案报告书的批复［Z］. 2004（96–2004–10）.

⑩ 准格尔旗档案馆.鄂尔多斯市水土保持局关于准格尔旗闹羊渠煤炭有限责任公司煤矿改扩建项目水土保持方案报告书的批复［Z］. 2004（96–2004–20）.

续表

年份	建设项目	水土保持工程总投资（万元）	水土保持补偿费（万元）	水土保持监测费（万元）	水土保持工程监理费（万元）
2004	内蒙古准格尔旗城坡煤炭有限责任公司城坡煤矿[①]	30.59	0.37		12
2004	内蒙古三维铁合金有限责任公司柳青梁采石一场[②]		1.5		
2004	准旗裕昌石灰场[③]		1.5		
2004	准旗聚能化工有限责任公式范家峁采石场[④]		0.83		
2004	准格尔旗李家渠煤炭公司石厂[⑤]		0.3		
2004	内蒙古满世煤炭运销有限责任公司石料二场[⑥]		1		
2004	准旗荣达煤矿技改工程[⑦]	74.13	1.74		
2004	内蒙古伊东煤炭有限责任公司致富煤矿[⑧]	26.86	1.04		
2004	准格尔旗长滩煤矿[⑨]	45.7573	1.14		

---

① 准格尔旗档案馆.鄂尔多斯市水土保持局关于内蒙古准格尔旗城坡煤炭有限责任公司城坡煤矿水土保持方案报告书的批复［Z］. 2004（96-2004-27）.

② 准格尔旗档案馆.准格尔旗水土保持局关于准格尔煤田牛连沟矿区大伟煤矿水土保持方案报告书的批复［Z］. 2004（96-2004-151）.

③ 准格尔旗档案馆.准格尔旗水土保持局关于准旗裕昌石灰场水土保持方案报告书的批复［Z］. 2004（96-2004-156）.

④ 准格尔旗档案馆.准格尔旗水土保持局关于准旗聚能化工有限责任公司范家峁采石场水土保持方案报告书的批复［Z］. 2004（96-2004-161）.

⑤ 准格尔旗档案馆.准格尔旗水土保持局关于准格尔旗李家渠煤炭公司石厂水土保持方案报告书的批复［Z］. 2004（96-2004-166）.

⑥ 准格尔旗档案馆.准格尔旗水土保持局关于内蒙古满世煤炭运销有限责任公司石料二场水土保持方案报告书的批复［Z］. 2004（96-2004-171）.

⑦ 准格尔旗档案馆.准格尔旗水土保持局关于准旗荣达煤矿技改工程水土保持方案报告书的批复［Z］. 2004（96-2004-176）.

⑧ 准格尔旗档案馆.准格尔旗水土保持局关于内蒙古伊东煤炭有限责任公司致富煤矿水土保持方案报告书的批复［Z］. 2004（96-2004-181）.

⑨ 准格尔旗档案馆.准格尔旗水土保持局关于准格尔旗长滩煤矿水土保持方案报告书的批复［Z］. 2004（96-2004-186）.

7.2.4 水土保持监测工作

2004 年 8 月，准格尔旗对水土保持综合监测站有了明确的初步设计，同时内蒙古自治区水土保持监测站给予了肯定和指导意见[①]。2005 年，准格尔旗成立准格尔旗水保监测站，隶属于水土保持局，并启用了“准格尔旗水保监测站”印章[②]（见图 7-1）。2010 年，准格尔旗水保监测站与《华北水利水电学院》在砒砂岩裸露区进行了水土保持全方位的监测合作，同时与黄河水利委员会西峰水土保持科学试验站达成黄甫川流域水土保持遥感监测技术合作协议。2011 年，在准格尔旗范围内的皇甫川流域，应用现代遥感监测技术手段，全面开展水土保持措施、土壤侵蚀和人为水土流失的图像解释、外业验证、成果分析等工作，为“准格尔数字水保”信息采集和监测预报等工作的全面开展打下了坚实基础。

图 7-1　准格尔旗水保监测站公章

7.2.5 水土保持宣传工作

随着水土保持治理的不断发展，研究区更注重水土保持的宣传工作。①创办报刊。1998 年准格尔旗水土保持局办公室创办了《准格尔水保简报》，专门报道准格尔旗水保战线的治理开发动态、信息、成果等。②撰写科技论文。研究总结报道准格尔旗水土保持治理开发成果等。③新闻宣传。积极配合宣传、新闻单位考察准格尔旗水土保持工作[③]。2009 年共编发准格尔旗水保简报 30 期，已刊发《准格尔水土保持》（内部刊物）5 期，制作并在内蒙古电视台新闻综合频道播放了水保电视专题片《山河礼赞》，展示了改革开放 30 年来准格尔旗的水保治理成果、经验和做法。7 月 30 日，全国水保学会年会与会代表来准

① 准格尔旗档案馆 . 关于报送准格尔旗水土保持综合检测站初步设计审查意见报告［Z］. 2004（96-2004-206）.

② 准格尔旗档案馆 . 准格尔旗人民政府关于启用水土保持工作站水保监测站印章的通知［Z］. 2005（96-2005-102）.

③ 准格尔旗档案馆 . 关于报送我局一九九八年终工作总结的报告［Z］. 1998（96-1-69）.

格尔旗参观时，共发放《播撒绿色的希望——准格尔水土保持亮点展示》画册 200 多份。11 月下旬召开的黄河流域（片）水保国策宣传教育协作会议上，代表鄂尔多斯市作了水土保持国策宣传经验介绍。

2010 年 12 月 25 日，第十一届全国人民代表大会常务委员会第十八次会议通过修订《中华人民共和国水土保持法》，修订后的新《中华人民共和国水土保持法》公布，自 2011 年 3 月 1 日起执行。2011 年是新《水土保持法》颁布实施的开局之年，紧紧围绕如何学习好、宣传好、贯彻好、应用好新法这条工作主线，组织干部职工积极参加各种培训，系统学习了新《水土保持法》。利用广播、电视、报刊、网站、手机等新闻媒体积极开展宣传工作，于 2 月底在准格尔电视台滚动播出水土保持标语；在准旗图文信息频道滚动播出新《水土保持法》10 天；在《今日准格尔》报专刊刊登新《水土保持法》，并在全旗免费发放报纸 4500 份；出宣传专栏 6 期，发送手机短信 2500 余条，办《短信快报》11 期；准格尔旗普法依法治理领导小组办公室将新《水土保持法》列为六五普法内容，并印发新《水土保持法》普法宣传手册 50000 册。

7.2.6 完成全国第一次水利普查

内蒙古全区土壤水力、风力侵蚀面积 62.9022 万平方千米。全区水力侵蚀面积 10.2398 万平方千米（见表 7–3），按侵蚀强度分：轻度 6.8480 万平方千米，中度 2.0300 万平方千米，强烈 1.0118 万平方千米，极强度 0.2923 万平方千米，剧烈 0.0577 万平方千米。风力侵蚀面积 52.6624 万平方千米，按侵蚀强度分：轻度 23.2674 万平方千米，中度 4.6463 万平方千米，强烈 6.2090 万平方千米，极强烈 8.2231 万平方千米，剧烈 10.3166 万平方千米。

表 7–3　内蒙古全区土壤水力、风力侵蚀面积汇总

土壤侵蚀类型	面积（万平方千米）	比例（%）
水力侵蚀	10.2398	16.28
风力侵蚀	52.6624	83.72
合计	62.9022	100

侵蚀沟道：全区西北黄土高原侵蚀沟道 39069 条，东北黑土区侵蚀沟道 69957 条。

水土保持措施面积：水土保持措施面积为 10.4256 万平方千米，其中工程措施 0.5494 万平方千米，植物措施 9.8588 万平方千米，其他措施 0.0174 万平方千米。

淤地坝：共有2195座，淤地面积38.4200平方千米，其中，库容在50万~500万立方米的骨干淤地坝820座，总库容8.9810立方米。

准格尔旗和清水河县上报的第一次水利普查中水土保持结果如表7-4所示。准格尔旗水土保持措施（除淤地坝和小型蓄水保土工程）面积为3393.648平方千米，其中工程措施（梯田和坝地）106.136平方千米，植物措施（水土保持林、经济林、种草、封禁治理）3148.826平方千米，其他措施138.686平方千米。清水河县水土保持措施（除淤地坝和小型蓄水保土工程）面积为1018.548平方千米，其中工程措施（梯田和坝地）38.85267平方千米，植物措施（水土保持林、经济林、种草、封禁治理）961.6145平方千米，其他措施18.0805平方千米。准格尔旗面积为7535平方千米，清水河县面积为2859平方千米，根据统计结果来看，准格尔旗和清水河县水土保持措施治理面积分别占全旗县总面积的45%和35%。其中，两个旗县水土保持技术措施主要以植物措施为主，均占总治理面积的94%以上。内蒙古自治区面积为118.3万平方千米，两个旗县的总面积约是全自治区的0.8%，而两旗县水土保持措施治理面积竟占全自治区的4%。准格尔旗淤地坝共有778座，淤地面积18.364平方千米，清水河县淤地坝152座，淤地坝面积6.314平方千米。两个旗县淤地坝的数量占全区总数量的42%。

表7-4 准格尔旗和清水河县第一次水利普查结果

水土保持措施名称		准格尔旗	清水河县
基本农田	梯田（hm^2）	7326.1	3253.867
	坝地（hm^2）	3287.5	631.4
	其他基本农田（hm^2）	13868.6	1762.45
水土保持林	乔木林（hm^2）	109588.7	28633.41
	灌木林（hm^2）	136985.9	50702.04
经济林（hm^2）		6514	3584.6
种草（hm^2）		34051	7165.9
封禁治理（hm^2）		27743	6075.5
其他（hm^2）		0	45.6
淤地坝	数量（座）	778	152
	已淤地面积（hm^2）	1836.4	631.4
小型蓄水保土工程	点状（个）	5292	4051.2
	线状（km）	700	40.64

7.3 高标准、高质量地实施水土保持技术

7.3.1 对比 1996 年和 2008 年两版水保技术标准

1996 年由国家技术监督局发布的《水土保持综合治理 技术规范（GB/T 16543–1996）》已经实施了十余年，为了适应新形势下水土保持规范，进一步规范水土保持综合治理技术规范，根据水利部国际合作与科技司、水土保持司的统一安排，2008 年进行了修订，修订后的《水土保持综合治理 技术规范（GB/T 16543–2008）》代替了《水土保持综合治理 技术规范（GB/T 16543–1996）》，本书对比前后两版国标中 14 个水土保持技术的差异，从而探索这一时期水土保持技术的进步。

7.3.1.1 保水保土耕作

新增技术。新标中增加了“第四类保水保土耕作——减少土壤蒸发的保水保土耕作”。一种是地膜覆盖，适用于半湿润、半干旱地区，结合早春作物播种；另一种是秸秆覆盖，主要适用于燃料、饲料比较充足的地方。秸秆覆盖是将 30% 以上的作物秸秆、残茬覆盖地表，培肥地力的同时用秸秆盖土，根茬固土，保护土壤，减少风蚀、水蚀和水分无效蒸发，提高天然降雨利用率。在北方旱区应用地膜覆盖有抗旱保墒的效果，多雨季节用地膜覆盖还有防雨、排涝效果。

7.3.1.2 梯田

（1）技术水平提高。梯田类型选用原则将旧标中“对坡耕地土层深沟，当地劳力充裕的地方，尽可能一次修成水平梯田”，改为“条件适合的地方，可一次性修成水平梯田”，表明随着科学技术的进步，修筑梯田的能力得到了提高。

（2）名词术语改进。旧标中为“石坎外坡坡度”，新标中改为“石坎稳定系数”。

7.3.1.3 水土保持造林

（1）增加技术规范文件的引用。在新标 6.2.2 苗木质量要求中，为更加明确和具有可操作性，删除了旧标内容，利用 GB6000 主要造林树种苗木质量分级、LY1000 容器育苗技术等规范性文件重新制定。新标 6.2.4 直播造林质量要求中，为使本条例更具可操作性，按照 GB7908 林木种子质量分级和 GB2772 树林种子验收规程重新制定，同时增加了“播种量应根据种子质量、立地条件、树种及造林密度确定”。

（2）规范名称术语。在新标 4.1 林种规划中，规范了造林类型的专业术语，将“水土保持经济林”改为“经济林”，将“水土保持薪炭林”改为“薪炭林”，将“水土保持饲草林”改为“饲草林”，将“水土保持用材林”改为“用材林”，将“丘陵山地坡面水土保持林”改为“坡面水土保持林”，将“河道两岸、湖泊水库四周、渠道沿线等水域附近水土保持林”改为“岸域水土保持林”，将“路旁、渠旁、村旁、宅旁林”改为“四旁水土保持林”。

（3）新增水源涵养林的营造技术。在新标 4.3 树种规划中，为指导现阶段全国各地水源涵养林的营造，故新标准中增加了水源涵养林：要求树体高大、冠幅大，林内枯枝落叶丰富和枯落物易于分解，具有深根系、根量多和根域广等特点；长寿、生长稳定且抗性强的树种；低耗水、耐旱树种，不对水环境造成污染的树种，增加“水源涵养林乔木宜为每公顷 1000~3000 株，灌木密度宜为每公顷 2000~4000 株”；在整地工程设计中规范了专业术语，将“窄梯田整地”改为“反坡梯田整地”、将“大型果树坑整地”改为“大坑整地”；在新标 6.2.5 分殖造林质量要求中规范了专业术语，将“条插”改为“分殖造林”，并补充增加新技术，如“插干造林”“分蔸造林”。

（4）删除赘述文字。在新标 4.4 苗圃规划中，删除了旧标中的赘述文字。如“就近育苗”“苗圃地位置”“苗圃的面积”“选育的树种”“苗圃管理”等。

（5）造林新技术。新标 5.2 整地工程设计中，由于现阶段造林新技术和新设备的出现，删除旧标准“5.2.1.4 除河滩、湖滨等平缓地面外，凡有 5° 以上坡度的荒地，一律不应采取全垦造林”。在新标 6.2.3 植苗造林质量要求中补充完善，增加了“容器苗应拆除根系不易穿透的容器”。

7.3.1.4 水土保持种草

（1）删除赘述内容。删除了旧标中的第 8~10 条。

（2）更具可操性。施工中，为了更加具有可操性，删除了旧标中“精细整地”和“种子处理”，替换为新标中“耕前土壤及表面处理”和“种子处理”。为完善水土保持种草实施过程，增加了“10.4 包衣拌种及根瘤菌接种”。

7.3.1.5 封育治理

（1）删除赘述内容。删除了旧标中的第 15~16 条。

（2）增加技术细节。在封育治理的组织措施中，为使封育治理的组织更加务实，补充增加了“12.2.2 护林员管护面积应根据当地社会经济及自然条件确定：一般为 100~300 公顷 / 人”。同时将旧标中“封育地点距村较远的，应就近修建护林护草哨房，以利工作进行”改为“管护困难的封育区可在山口、沟口及交通要塞设哨卡加强封育区管护”。抚育管理中，细化抚育管理工作，增加了“13.2.2 按照预防为主、因害设防、结合综合治理原则，实施火、病、虫、鼠等灾害的防治措施，避免环境污染，保护生物多样性”和“13.2.5 及组织进行封育成效调查并进行封育效果评定”。

7.3.1.6 沟头防护工程

（1）技术材料的改进。随着建筑材料的发展和实际应用中的安装、运输、性价比等要求，沟头防护工程部分将旧标准中的“4.2.2 悬臂式。当沟头陡崖高差较大时，用木质水槽（或陶瓷管、混凝土管）悬臂至于土质沟头陡坎之上，将来水挑泄下沟，沟底设消能设施”改为“4.2.2 悬臂式。当沟头陡崖高差较大时，用塑料管或陶管悬臂至于土质沟头陡坎之上，将来水挑泄下沟，沟底设消能设施”。将旧标准中的“6.2.2.1 用木料做挑流槽和支架时，木料应做防腐处理”改为“6.2.2.1 应按设计备好管材及各种建筑材料”。将旧标中的“6.2.2.3 木料支架下部扎根处，应浆砌料石，石上开孔，将木料下部插于孔中，固定”，改为“6.2.2.3 水泥桩等下部扎根处，应铺设浆砌料石，石上开孔，将木料下部插于孔中，加以固定”。

（2）注重综合治理。随着工程措施间相互配套，工程措施与生物措施相互结合的发展要求，新标准中沟头防护工程部分增加了“6.2.2.6 消能设施应与沟道内植物和谷坊设施结合利用，不应产生破坏”。

7.3.1.7 谷坊

（1）规范专业术语。工程实际中，根据施工采用的材料与方法，阶梯式石谷坊一般采用干砌石施工，重力式石谷坊一般采用浆砌石施工，为了方便理解与突出材料，将“阶梯式石谷坊”改为“干砌石谷坊”，将“重力式石谷坊”改为“浆砌石谷坊”。

（2）综合治理措施。为了巩固和增强谷坊防治水土流失的效果，采用工程措施与生物措施相结合的办法，新标中增加了“4.4.1.5 应在谷坊上种植灌草，加强固土”。

7.3.1.8 淤地坝

建筑材料改进。随着经济和社会的发展，淤地坝选用的材料发生变化，删除旧标中表 8 里混合砂浆和白灰砂浆的混砂比例参考值，新标中只保留了“水泥砂浆”的混砂比例参考值。

7.3.1.9 坡面小型排蓄工程

（1）描述更加细致。将旧标准 3.4.2 中的“单池容量从数百立方米到数万立方米不等”改为 3.2.4 中的“单池容量为 100~10000m^3”。单池的容量进行量化，使标准的语言更精确。

（2）技术实施考虑更充分。旧标准 3.4.3“蓄水池的位置，应根据地形有利、岩性良好（无裂缝暗穴、砂砾层等）、蓄水容量大小、工程量小、施工方便等条件具体确定”。考虑到要与实际情况相结合，新标中加入“便于利用”一词，也成为确定蓄水池位置的一个因素。新标 3.4.2 施工部分增加了“边墙用料可选择砖石等材料，随当地取料方便条件而定”“砖衬砌要用 12 墙，压缝砌筑，缝间砂浆饱满”。对施工的工艺和材料进行了细化，就地取材节省投入。新标在 3.4.2 施工部分的基础上增加两条。“蓄水池体完成后应用水泥砂浆抹面，进行防渗处理。施工中尤应注意边、角、接茬及其具有漏水隐患部位的处理”“沉沙池施工做好石料（或砂浆砌砖或混凝木板）衬砌”。对施工的防渗和防漏做了更具体的规定。

（3）注重因地制宜。新标准中在某些句子前面加上“应”“可”等词。如旧标中 4.1.1.1“防御暴雨的标准，按 10 年一遇 24h 最大降雨量”改为“防御暴雨的标准，可取 10 年一遇 24h 最大降雨量”，说明各地也可以根据当地的实际情况，作适当的调整。新标删除了一些硬性的规定，更便于根据实际情况操作。如删除原标准 5.1.2 中“每层厚约 20cm，用杵夯实厚约 15cm”改为“并进行夯实”。

（4）规范标准的写作。旧标中出现的一些公式的名字，新标中均用“公式（　）”代替。如旧标中的“明渠均匀流公式”，在新标中改为“公式（5）”代替。旧标公式（8）中系数 n 的解释由“糙度”改为“粗糙系数”。另外，语言更精确。将旧标 5.2.2“池底如有裂缝或其他漏水隐患等问题，应及时处理，并做好清基夯实，然后进行石方衬砌”改为“应首先处理好基础，并按设计做好防渗”，使之更符标准的语言。

7.3.1.10 路旁、沟底小型蓄引工程

（1）删除赘述内容。删除旧标 9.6 中“根据各地不同降雨情况，分别采用不同频率和历史的设计暴雨”。因为在 9.6 前半部分已经说明设计标准为 10~20 年一遇 3~6h 最大降雨，已经是一个区间的概念，所以不必赘述。删除旧标中赘述的语言文字。如 9.7.1 中“以防止冲刷”、10.1.3.2 中“以备多雨年蓄水供少雨年使用”、10.1.2 中“水窖分井式水窖和窑式水窖两类”、12.1 中“根据山丘间泉水露头位置与用途，采用不同的利用措施”等。删除旧标 11 中介绍涝池的文字，即“主要修于路旁（或道路附近，或改建的道路胡同之中），用于拦蓄道路径流，防治道路冲刷与沟头前进，同时可供牲口饮和洗涤之用”。标准的语言更加精练。

（2）表述更准确。将旧标 9.7.2 中“加大降雨流量”改为“加大集雨量”。因为本段前面所述为铺设混凝土或三合板集流场，目的是极大集雨量而非降雨流量。

（3）技术规格重新修订。旧标中 10.1.2.2 中“单窖容量 100~200m^3”改为“单窖容量 100m^3 以上”。去掉水窖容量的上限，给水窖容量建设留下空间。旧标中 11.2.1“方形、矩形边长各 10~20m 至 20~30m”改为“方形、矩形边长 10~20m”。

7.3.1.11 引洪漫地

（1）删除不必要的赘述文字。如旧标 15 基本规定中“根据洪水来源，分坡洪、路洪、沟洪、河洪四类，各有不同的漫地条件，应分别采取不同的引洪方式与技术要求”、删除旧标 18.1 建筑物施工中“包括渠首建筑物（拦洪坝、导洪坝、引洪闸等）与渠系建筑物（分水闸、斗门等）”。因为上述内容，下文分别要介绍。删除旧标 19.2.4 中“防治土中盐分随水分蒸发而上升”等内容。

（2）标准更精准。旧标 15.3.1 中括号内“一般是集水面积 1~2km^2 以下”改为“一般是集水面积 1km^2 以下”，使标准更准确。

（3）注重因地制宜。删除旧标 19.1.3 中“一般情况下，y=1.25t/m^3 左右，每次每公顷漫灌水量 1500~2250m^3”。因为各地的实际情况不同，不能给出很确切的数据，所以删除了原数据。

7.3.1.12 沙障固沙

删除赘述文字。沙障固沙技术比较成熟，与旧标相比，新标没有做大的修改，只是删除了一些赘述文字。如删除了旧标4.3.2.1 直立式沙障的分类中“根据柴草直立的高度，分高立式和低立式两类，在设计施工上各有不同要求”，删除 4.3.2.3.2 中“间距要求”一词，删除 4.3.2.5 中“设计施工要求”一词。

7.3.1.13 固沙造林

（1）删除赘述文字。删除旧标 5 固沙造林的介绍“固沙造林包括防风固沙基于林带、农田防护林网、沿海岸线防风林带，风口造林，片状固沙造林”。删除旧标 5.1.1.5 林带混交类型中“混交类型有乔灌混交、乔木混交、灌木混交、综合型混交四种”，因为下文中分别对此作了介绍。删除旧标 5.2.1.1 中“有利于发展农、林、牧、副业生产”。将旧标 5.2.1.2 中“乔木树种应具有耐瘠薄、干旱、风蚀、沙割、沙埋，生长快，根系发达，分枝多，冠幅大，繁殖容易，抗病虫害，改良沙地见效快，经济价值高等优点。北方选择的树种须耐严寒，南方选择的树种须耐高温”改为“沿海、沿湖造林应选择耐水浸、盐碱和抗风的树种”，简化了标准的语言。删除旧标 5.2.2.1 中杨树的几个种类，即“（青杨、胡杨、小叶杨、新疆杨、河北杨、合作杨、大官杨）”。删除旧标 5.3.3 中插（压）造林技术的分类“包括插条、压条、高杆、卧杆等栽植方法”。

（2）技术更加准确。在旧标防风固沙的基础上，改为防风阻沙固沙。突出其阻沙和固沙的双重功能。将旧标 5.1.1.1.2“农田防护林网（包括护牧林网），主林带走向应垂直于主风方向，或不大于 30°～45° 的倾角。”改为新标 5.1.1.1.2“农田防护林网（包括护牧林网），有主风害地区应采取长方形网格，无主风害地区可采取正方形网格。主林带走向应垂直于主风方向，或不大于 45° 的倾角。”这里增加了“有主风害地区应采取长方形网格，无主风害地区可采取正方形网格”，对长方形网格和正方形网格的使用做了区分。将主林带走向与主风向偏角度数，由“不大于 30°～45° 的倾角”改为“不大于 45° 的倾角”，原因是风向是林带、林网或防护林体系设计的主要配置参数，使标准更精确。旧标 5.1.1.1.3“沿海岸线防风林带，应按沙滩沿海岸线的自然分布走向设置”改为“沿海岸线防风林带应垂直于主风害方向设置，也可按沙滩沿海岸线的自然分布走向设置”。增加了应垂直于主风害方向的防风林设计。新标林带宽度在 5.1.1.2.1 中增加了“大面积流沙入侵前沿地区带宽可为 200~1000m，绿洲与沙丘接壤地区允许带宽 30~50m”。新标准限定了在不同类型区，防风林带的宽度，增强阻沙固沙效果，提高标准精度。旧标 5.1.1.2.2“农田防护林网，主带宽应为 8~12m，副带宽可为 4~6m”，在新标中改为“农田防护林网，主带宽应为 8~12m（3~4 行树），副带宽可为 4~6m（1~2 行树）”，对旧标进行了具体的细化说明。旧标 5.3.2.1.1“要求选用一、二级苗，不能用等外苗木”改为“裸根苗应执行 GB6000 的规定，容器苗应执行 LY1000-91 的规定”。其中 GB6000 是《主要造林树种苗木质量分级》，LY1000-91 是《容器育苗技术》。

（3）更改技术规格。旧标中沿海岸线防风林带，5.1.1.2.3“一般宽 10~20m”，在新标中改为“一般宽 20~100m”，增加了沿海岸线防风林带的宽度，意在增强防风阻沙固沙的效果。新标在旧标 5.1.1.3.2 的基础上增加了“林网的网格面积一般 15~20hm^2，最大不应超过 39 hm^2，严重风沙区应控制在 15 hm^2 以下”。

（4）新增防护林类型。新标在 5.1.1.4.1 的疏透型林带结构适用类型中增加了海岸防护林。

7.3.1.14 崩岗治理技术

（1）注重技术实施的科学性。将旧标 5.2.2 的内容“截水沟的功能与相应的比降在集水区来水量较小，截水沟能全部拦蓄的为蓄水型，应沿等高线布设。在集水区来水量较大，截水沟不能全部拦蓄的为排水型或半蓄半排型，可基本上沿等高线布设，并取适当比降”替换为“截水沟布设在崩口顶部正中，截水沟应沿等高线布设；在两侧则应按一定坡降布设，并在沟口设消力池”。不难看出，旧标是根据不同功能进行截水沟的布设，而新标是根据不同的位置进行截水沟的布设，修改后更加科学合理。将旧标 5.2.3“沟内底宽一般 0.4~0.5m，深 0.6~0.8m，两侧坡比 1∶1，埂顶宽 0.4~0.5m，外坡比 1∶1”改为“断面大小应根据设计防洪标准计算确定”。截水沟的断面大小设计有依据，是根据设计防洪标准的不同而不同。

（2）提高描述的准确性。新标和旧标内容，基本不变，只是有一些小的改动，如将旧标 5.3 内容中涉及的“小台阶”全部改为“台阶”，因为这里说的“小台阶”概念模糊，实际没有明确的大小之分。如将旧标“溢洪口设计。溢洪口取宽顶堰”合并为“溢洪口按顶堰设计”等。

（3）删除赘述内容。删除旧标 5.2.1 中的“一般为 10~20m，特殊情况下可延伸到 40~50m”。旧标 5.3.2 内容完全删除。

7.3.2 开始注重水土保持技术质量的验收

为了规范水土保持生态工程建设，统一黄河水土保持生态工程施工质量检验评定工程方法和标准，黄委会制定了《黄河水土保持生态工程施工质量评定规程》[①]（见表 7–5），明确了水土保持技术在通过最终验收时，需要达到的技术要求。

表 7–5 水土保持工程质量检测标准

水土保持技术	检查 / 检测项目	质量标准
淤地坝	清基与削坡	坝基浮土、杂物及强风化层全部清除，削坡达到设计标准
	外观质量	表面平整，无弹簧土、裂缝、起皮及不均匀沉降现象
	铺土厚度	铺土均匀，每层厚度≤30cm
	压实率	压实厚度与铺土厚度的比率≤0.75
	坝顶宽度	允许偏差 –5~15cm
	上、下边坡	允许偏差 –0.1~0
	干密度	允许偏差 –0.1~0t/m^3
梯田	梯田布设	符合设计要求
	梯田施工	清基处理、表土还原
	田坎质量	土坎密实，无坍塌、陷坑现象（软埂配有生物措施）；石坎砌石外沿整齐，砌缝上下交错
	隔坡段治理	轮休、造林、种草质量符合设计要求
	田面宽度	土质山区≥6m，土石山区≥4m
	埂坎尺寸	允许偏差：埂宽、埂高 ±5cm

① 准格尔旗档案馆.鄂尔多斯市水土保持局关于转发《内蒙古自治区水利厅转发黄委关于黄河水土保持生态工程施工质量评定规程（试行）的通知》的通知［Z］.2005（96–2005–107）.

续表

水土保持技术	检查 / 检测项目	质量标准
梯田	田面平整度	纵、横向高差均小于 1%
	隔坡梯田宽度投影比	允许偏差 ±5%
引洪漫地	总体布局	符合设计要求，渠道、渠系及田间工程配套
	渠首工程	符合设计要求，工程设施完好（或及时修复），能满足拦（引）洪要求
	各级渠系	无显著的冲淤，损毁部分及时补修
	田面基本平整	田块中不应有大块石砾及明显的凹凸部位
	田边蓄水更	紧实无塌陷、陷坑现象
	渠道比较	符合设计要求（干、支、斗渠比较一般分别为 0.2%~0.3%、0.3%~0.5%、0.5%~1.0%）
	渠道横断面面积	允许偏差为设计尺寸的 ±10%
造林（乔灌林、经济林）	苗木	质量等级二级以上
	整地	整地形式及规格符合设计要求，土埂紧实，带状整地应保证条带水平
	栽植	树种及密度符合设计要求，苗木应栽正踏实
	成活率	降雨量≥400mm 地区或灌溉造林，成活率≥85%；降雨量＜400mm 地区，成活率≥70%
人工种草	种子	质量等级三级以上
	整地	应达到精耕细作，整地规格符合设计要求
	播种	播种草种与播种密度符合设计要求，播种深度适宜，播后应镇压
	成苗数	成苗数不小于 30 株 /m^2
生态修复（禁封治理）	围栏	规格符合设计要求，埋置时要绷紧、埋实
	修复标志	修复区应具有明确的修复标志，修复界限明显
	抚育管理	修复区应进行补植、补播、修枝、疏伐、病虫害防治等措施
	法规制度	应具备配套的法规制度及乡规民约
	管护	封禁地块配备专职及兼职管护人员，修复区无人畜毁林事件
	动态监测	应设施到位、人员到位、监测到位
	植被覆盖度	修复区 3~5 年后，林、草覆盖度达 70% 以上
沟头防护	工程布设	蓄水式沟埂顺沟沿线等高修筑，土埂距沟头的距离不小于 3m，蓄水池距沟头的距离不小于 10m
	工程结构	蓄水式沟埂内 5~10m 设一小土挡，排水式引水渠、挑流槽（支柱）、消能设施等配套完善
	外观质量	蓄水式沟埂按要求进行清基并分层夯实，排水式各构件与地面及岸坡结合稳固，未受暴雨冲淘
	围埂断面尺寸	允许偏差：埂高、顶宽以及内、外坡比为设计尺寸的 ±10%
	围埂干密度	用贯入法检测，达到设计要求
	管、浆砌石等结构尺寸	允许偏差为设计尺寸的 ±5%

水土保持技术	检查 / 检测项目	质量标准
谷坊	布设合理	上下谷坊布设基本符合“顶底相照”原则
	清基与结合槽	浮土、杂物及强风化层全部清除，结合槽开挖达到设计要求
	外观质量	土谷坊表面平整，外观紧实，边坡稳定，与岸坡结合紧密
		石谷坊砌石要平，砌筑要稳，石料靠紧，砂浆灌满
		柳谷坊插杆稳固，品字排开，柳梢编排顺密，排间土石填压
	土谷坊压实指标	符合设计要求，允许偏差 0~1t/m^3
	谷坊外形尺寸	高、顶宽允许偏差为设计尺寸的 ±5%
水窖	位置合理	水窖应建在庭院、路以及田间地头有足够地表径流来源的地方
	结构齐全	除窖体外，有集流场、沉沙池、拦污栅以及进水管等附属设施
	防渗效果	窖体应以混凝土建筑，或以水泥砂浆砌粗料石勾缝，或以水泥或石灰砂浆砖砌以水泥砂浆抹面
	外观质量	窖体坚固，窖壁表面平顺、无裂缝
	集流场	是否被硬化

7.3.3 水土保持技术人员的工作逐步规范化

2000 年，准格尔旗水保局对专业技术岗位进行了设置，制定了《准旗水保局专业技术岗位设置方案》，副高工设岗 7 人，工程师设岗 28 人，助理工程师、技术员设岗 35 人，同时给出不同岗位的技术人员应具备的知识技能、工作项目和工作标准①。2001 年，为了调动技术人员做好水土保持工作的积极性，又制定了《承包流域治理项目技术人员目标管理实施办法》，规定了技术人员学习制度、出勤制度、精神文明建设、宣传与汇报、检查验收、推广科技成果等一系列管理办法②。

7.4 小结

从 1997 年开始，国家将水土保持工作列入全国生态环境建设规划中，提升了水土保持的战略地位，2000 年内蒙古黄土丘陵沟壑区开始实施水土保持

① 准格尔旗档案馆 . 关于报送《准旗水保局专业技术岗位设置方案》的报告［Z］. 2000（96–2–132）.

② 准格尔旗档案馆 . 关于下发《准格水保局二〇〇一年承包流域治理项目技术人员目标管理实施办法》的通知［Z］. 2001（96–2001–27）.

生态建设“十百千”示范工程和黄河水土保持生态工程项目，按照《黄河水土保持生态工程施工质量评定规程》对水土保持生态工程实行全面监理。2004年准格尔旗制定了《黄河水土保持生态工程生态修复项目的实施方案》，开展黄河水土保持生态修复项目。2011年9月29日，水利部以水保〔2011〕507号文件正式命名准格尔旗为全国水土保持生态文明县（旗）。

1997~2011年研究区为了全面发展水土保持，加强对水土保持的监督执法、动态监测和宣传三个方面的工作。1999年制定了《水土保持规范化建设管理办法》和《水土保持预防监督体系规范化建设试点实施方案》等多项水土保持建设监督执法文件，2005年准格尔旗成立准格尔旗水保监测站。随着水土保持治理的不断发展，研究区以创办报刊、发表科技论文、发放画册、制作纪录片等多种形式进行了大力宣传工作。

2011年内蒙古黄土丘陵沟壑区在全国第一次水利普查中水土保持结果为：准格尔旗和清水河县水土保持措施（除淤地坝和小型蓄水保土工程）面积分别为3393.648平方千米和1018.548平方千米，其中工程措施（梯田和坝地）分别占3%和4%，植物措施（水土保持林、经济林、种草、封禁治理）分别占93%和94%，其他措施分别占4%和2%。准格尔旗和清水河县水土保持措施治理面积分别占全旗县总面积的45%和35%，其中，两个旗县水土保持措施主要以植物措施为主，两个旗县淤地坝的数量占内蒙古自治区总数量的42%。

为了适应新形势下的水土保持规范，2008年水利部国际合作与科技司、水土保持司共同修订了《水土保持综合治理技术规范（GB/T16543-1996）》，相比1996年的旧版国标，2008年的新版国标有以下变化：①新增水土保持技术，考虑了技术实施细节；②标准更规范，且注重引用其他领域的技术规范文件；③强调因地制宜，注重技术的综合应用；④提高质量，采用高标准的建筑材料；⑤删除赘述内容，提高描述的准确性。此外，这一阶段不仅更新了水土保持技术在设计和实施中的标准，而且为了规范水土保持工程建设，统一制定了各项水土保持技术的施工质量检验评定方法和标准，提高了对水土保持技术的施工质量要求。

水土保持技术差异研究

8.1 相同历史阶段两旗县水土保持技术差异分析

8.1.1 技术实施数量和治理面积的差异

8.1.1.1 1956~1962 年水保技术差异

根据研究区的历史档案，选择清水河县和准格尔旗在 1956 年、1958 年和 1959（1960）年和 1962 年实施的水土保持农牧林技术、林业技术和水利技术措施，对比分析两个旗县水土保持技术实施的面积及其差异。

（1）农牧林技术措施面积差异。根据表 8-1 可知，1956~1960 年，两个旗县新增的农牧业技术措施总体上都是逐年增加的。对于两个旗县来说，1956 年两个旗县农牧林技术措施实施面积的差异较小，清水河县的梯田为 4596 亩，比准格尔旗的 3905 亩略高；清水河县的地边埂和人工种草分别为 1467 亩和 1526 亩，分别比准格尔旗低 49% 和 30%。从 1958 年开始，准格尔旗农牧林技术措施实施的面积显著高于清水河县，其中新增梯田面积差异最小，新增人工种草面积最为显著。如 1958 年准格尔旗人工种草为 85332 亩，比清水河县当年新增量高 401.60%，1960 年准格尔旗人工种草为 109935 亩，比清水河县 1959 年新增量高 379.79%。截至 1962 年，准格尔旗梯田为 61177 亩、地边埂为 276886 亩、人工种草为 261358 亩，分别比清水河县高 168.93%、30% 和 708.68%。

表 8-1　1956~1962 年两个旗县主要的农牧业技术

年份	内容	地区	梯田（亩）	地边埂（亩）	人工种草（亩）
1956	新增	清水河县	4596	1467	1526
		准格尔旗	3905	2868	2169
1958	新增	清水河县	20244	63650	17010
		准格尔旗	25874	95950	85332
1959	新增	清水河县	10349	24434	22913
1960	新增	准格尔旗	17042	80811	109935
1962	合计	清水河县	22748	212375	32319
		准格尔旗	61177	276886	261358

（2）林业技术措施面积差异。根据表 8-2 可知，在林业技术措施方面，准格尔旗显著优于清水河县（除 1956 年封山育林），其中差异最大的年份在 1958 年，准格尔旗新增造林面积 333338 亩、果树 9018 亩、封山育林 26647 亩分别是清水河的 16.8 倍、3.1 倍和 4.1 倍。而且相比于清水河县来说，准格尔旗当时已经有了自己的育苗基地，1958 年育苗 379 亩，1960 年育苗 104860 亩。1958 年以后，将林业技术措施中的果树纳入造林里，不再单独统计。截至 1962 年，准格尔旗造林面积和封山育林面积分别是清水河县的 5.24 倍和 1.77 倍，表明这一历史时期准格尔旗林业技术实施面积大于清水河县。

表 8-2　1956~1962 年两个旗县林业技术

年份	内容	地区	造林（亩）	果树（亩）	封山育林（亩）	育苗（亩）
1956	新增	清水河县	7290	410	5581	
		准格尔旗	32319	3919	187	
1958	新增	清水河县	19812	2952	6569	379
		准格尔旗	333338	9018	26647	
1959	新增	清水河县	34896		23127	
1960	新增	准格尔旗	507025		38985	104860
1962	合计	清水河县	65604		52178	
		准格尔旗	343900		92376	

（3）水利措施的数量和面积。由于资料有限，沟头防护、旱井、引洪漫地和有效灌溉地缺失部分数据。根据表 8-3 可知，1956~1962 年，准格尔谷坊新增的数量都高于清水河县，其中 1958 年的差异最大，准格尔旗新增的数量是清水河县的 16 倍，但截至 1962 年差异缩小，准格尔旗新增的谷坊数量是清水河县的 1.6 倍。对于坝（淤地坝和沟壑土坝）来说，1956 年和 1960 年准格尔旗新增的坝分别是清水河县的 1.9 倍和 1.8 倍，而在 1958 年清水河县新增的坝

是准格尔旗的 4.7 倍，同时截至 1962 年清水河县的坝的数量是准格尔旗的 4.5 倍。在水利措施中旱井的变化规律与坝地相似。表明 1956~1962 年，相对于准格尔旗来说，清水河县更加重视坝地和旱井的修建。

表 8-3　1956~1962 年两个旗县水利措施

年份	内容	地区	谷坊（座）	坝（座）	沟头防护（处）	旱井（眼）	引洪漫地（亩）	有效灌溉地（亩）
1956	新增	清水河县	1560	505		382	4066	
		准格尔旗	5404	964	21	1409	54701	
1958	新增	清水河县	4260	3923	4309	1799		
		准格尔旗	26820	830	1455	140	13888	
1959	新增	清水河县	11870	4035	136			
1960	新增	准格尔旗	22367	7331	17032	139		
1962	合计	清水河县	34837	17979	48417	1916	8499	29969
		准格尔旗	57112	4000		441		60457

注：包括淤地坝和沟壑土坝。

通过分析 1956~1962 年水土保持技术实施情况可知，随着时间的推移，两个旗县每年水土保持技术新增的数量和面积都逐年增加。一方面，准格尔旗在水土保持技术上更重视造林和人工种草等林草措施，而清水河县更注重坝地和旱井等农田水利措施。另一方面，1956~1962 年，尤其是在 1958 年，准格尔旗每年新增的水土保持技术措施的实施数量和面积大部分高于清水河县，但是从截至 1962 年的水土保持技术措施总量来看，两个旗县差异反而缩小，表明在 1956 年以前，清水河县的水土保持技术措施的实施数量和面积高于准格尔旗。

8.1.1.2　1963~1978 年水保技术差异

根据历史档案，1963~1978 年水土保持技术只统计了工程措施和林草措施，而农牧业技术措施放到了基本农田建设当中，不再属于水土保持技术统计范畴。其中梯田由原来归属于农林技术，在这一时期调整成为工程措施。这一时期水土保持的实施开始注重了前期的规划，本书选择 1964 年、1965 年、1973 年、1975 年、1977 年、1978 年 6 个年份对比两个旗县实际实施的工程措施和林草措施面积以及规划和实际水土保持技术措施实施之间的差异。

（1）工程措施的面积差异。根据表 8-4 可知，当时的工程措施类型主要包括梯田和坝地淤地两部分，其中梯田中还增加了一类上水梯田。截至 1978 年清水河县梯田总面积为 8.2976 万亩，是准格尔旗的 2.0 倍，其中 1964 年和 1973 年清水河县新增梯田面积分别是准格尔旗的 15.3 倍和 2.5 倍。1977 年，准格尔旗新增梯田面积为 0.515 万亩，显著高于清水河县当年新增梯田面积。

两个旗县新增梯田面积随着年份的增加呈现了先增加后降低的趋势，这可能是受“文化大革命”特殊的政治时期影响。截至1978年，准格尔旗上水梯田面积为1.2416万亩，是清水河县的5.8倍，说明准格尔旗更重视农田水灌溉，可能是由于有更强的水利工程技术。

表8-4　1963~1978年两旗县工程措施

年份	内容	地区	梯田（万亩）		上水梯田（万亩）	淤地坝地（万亩）		备注
			新增	规划	新增	新增	规划	
1964	新增	清水河县	0.5386			0.3034		
		准格尔旗	0.0350			0.3375		
1965	新增	清水河县	1.0744	2.6035		1.3611	0.5209	1964年规划
		准格尔旗	1.3074			0.7350		
1973	新增	清水河县	1.3559	5.0		0.1333		第四个五年计划
		准格尔旗	0.5419			1.2105		
1975	新增	清水河县	0.7117	2.000	0.055	0.2343	0.1143	1975~1985年规划
		准格尔旗	1.1095			0.3147		
1977	新增	清水河县	0.15	0.660	0.113	4.99	0.29	1975~1985年规划
		准格尔旗	0.515	2.60	0.087	0.37	2.26	1976年规划
1978	合计	清水河县	8.2976		0.2130	5.39		
		准格尔旗	4.123		1.2416	2.4578		

1963~1978年，两个旗县对坝地淤地的实施面积远远小于梯田，同时也存在不同年份实施坝地淤地面积变化幅度大的情况。截至1978年，清水河县坝地淤地面积为5.39万亩，是准格尔旗的2.2倍，其中1965年和1977年清水河县新增的坝地淤地面积分别是准格尔旗的1.9倍和13.5倍。1973年，准格尔旗新增淤地坝地为1.2105万亩，明显高于清水河县。

1964年水土保持技术开始关注规划，通过对比工程措施的规划和最终实施面积可知：清水河县和准格尔旗在规划梯田实施量都远远高于实际实施量，如1975~1985年清水河县规划1977年新增梯田0.66万亩，而实际仅增加0.15万亩，规划面积是实际实施数量的4.4倍；1976年准格尔旗规划1977年新增梯田2.60万亩，而实际仅增加0.515万亩，规划面积是实际实施数量的5.0倍。清水河县关于坝地淤地规划实施量每年都远远低于实际实施量，而准格尔旗却与之相反。如1975~1985年清水河县规划1977年新增淤地坝地0.29万亩，而实际却高达4.99万亩，实际实施数量是规划面积的13.5倍；1976年准格尔旗规划1977年新增淤地坝地2.26万亩，而实际仅增加0.37万亩，规划面积是实际实施数量的6.1倍。两个旗县对淤地坝地规划和实际实施反差如此之大，可能是由于清水河县对淤地坝地等工程措施技术掌握程度不高，在规划中，尽量考虑实际情况，没有高估；而准格尔旗在前一阶段的引洪漫地和上水梯田两项技术实施数量和面积都明显高于清水河县，可能是对引洪漫地等水利技术掌握较好，在规划中高估了实际情况。

（2）林草措施面积。根据历史档案可知从 1966 年后造林单独划分了一类为水土保持造林。根据表 8–5 可知，1973~1978 年两个旗县的林草措施面积远远大于工程措施，截至 1978 年清水河县和准格尔旗水土保持造林分别为 29.53 万亩和 90.4077 万亩，分别是当年梯田总量的 3.6 倍和 21.9 倍。1973~1978 年，准格尔旗水土保持造林和人工种草每年新增的面积都远远高于清水河县，如 1965 年准格尔新增的水土保持林和人工种草面积分别为 7.7876 万亩和 15.3028 万亩，分别是清水河县的 1.3 倍和 5.5 倍。这可能是两方面的原因：一是清水河县是农区，准格尔旗是农牧区；二是 1956~1962 年准格尔旗实施的总量高于清水河县。

表 8–5　1963~1978 年两旗县林草措施

年份	内容	地区	水土保持林（万亩）		人工种草（万亩）		备注
			新增	规划	新增	规划	
1964	新增	清水河县	0.5874		1.0424		
		准格尔旗	2.3164		10.0507		
1965	新增	清水河县	5.9104	12.5440	2.7977	6.9790	1964 年规划
		准格尔旗	7.7876		15.3028		
1973	新增	清水河县	2.6046				
		准格尔旗	5.3142		1.2555		
1975	新增	清水河县	1.2926	0.4085	2.0126	3.1768	1975~1985 年规划
		准格尔旗	10.8468				
1977	新增	清水河县	4.84	1.83	7.1	1.2185	1975~1985 年规划
		准格尔旗	5.9107	12.00	16.72	23.5297	1976 年规划
1978	合计	清水河县	29.53		16.73		
		准格尔旗	90.4077		40.4077		

这一时期准格尔旗和清水河县对林草措施的规划也存在明显差异，准格尔旗在林草规划面积远远大于实际面积，如 1976 年准格尔旗规划 1977 年新增水土保持林为 12.0 万亩，而实际为 5.9107 万亩，仅完成规划的 50%；1997 年规划新增人工种草为 23.5297 万亩，实际为 16.72 万亩，仅完成规划的 70%。清水河县在 1975 年以前规划的人工种草面积高于实际面积，而在 1975 年前后开始接近实际量或低于实际量，如在 1964 年清水河县规划新增水土保持林 12.544 万亩，人工种草 6.9790 万亩，而 1965 年实际实施的量仅分别完成规划量的 75% 和 40%。但在 1975~1985 年规划清水河县在 1977 年完成水土保持林

1.83 万亩，人工种草完成 1.2185 万亩，而实际实施的量分别是规划的 2.6 倍和 5.8 倍。两个旗县对于规划的差异可能是因为准格尔旗在前一历史阶段已经实施大量的林草措施，熟悉林草育苗、播种等技术，同时还具备育林基地等配套设施，因此在规划中对人工种草面积量偏大，而清水河县在 1975 年后规划和实际量接近，或实际实施的林草面积高于前期规划，可能是提高了植树造林技术，推动了水土保持林和人工种草的实施量。

通过分析 1963~1978 年两个旗县水土保持技术可知，1965 年前还很重视水土保持技术，但从 1966 年后主要侧重梯田、淤地坝地、水土保持造林、人工种草四项水土保持技术措施。其中，清水河县更偏重工程技术措施（梯田和淤地坝地），而准格尔旗更注重林草技术措施（水土保持造林和人工种草）。准格尔旗对于工程技术和林草技术的规划都高于实际实施量，而清水河县仅对梯田的规划偏高，而淤地坝地、水土保持林、人工种草等技术总体来说规划都偏低，这可能是由于准格尔旗对造林种草技术和淤地坝地技术的掌握程度不高，前期施工量大导致了规划中过高地估计了相关技术的实施面积。

8.1.1.3 1979~1985 年水土保持技术差异

1979 年，水土保持治理开始以小流域为单位进行综合治理。两个旗县水土保持在治理面积、治理小流域类型方面都存在差异（见表 8–6）。

表 8–6 1979~1985 年两旗县新增水土保持技术

年份	地区	水保治理面积（平方千米）	梯田（万亩）	淤地（万亩）	水保造林（万亩）	种草（万亩）	治理小流域
1980	清水河县	58		0.1043	1.566	2.10	2 条流域
	准格尔旗	186.38			6.8636	13.0504	11 条试点小流域
1983	清水河县	196.2	0.6260	0.02	19.48	5.23	2 条流域
	准格尔旗	370	0.2778	0.056	39.6	15.59	37 条重点流域、2 条试点流域、7 条面上流域
1985	清水河县	116.53		0.06	8.15	4.5552	1 条试点流域和其他 8 条流域
	准格尔旗	487.77			26.14	22.2	40 条重点流域、2 条试点流域、8 条面上流域

注：在统计水土保持技术治理面积时，准格尔旗开始使用平方千米作为单位，而清水河县仍在使用亩作为计量单位。

（1）治理面积差异。1979~1985 年，两个旗县水土保持治理面积逐年增加，如清水河县从 1980 年的 $58km^2$ 增加到 1985 年的 116.53 km^2，增加了 2 倍。准格尔旗从 1980 年的 186.38 km^2 增加到 1985 年的 487.77 km^2，增加了 2.6 倍。对于不同水土保持技术来说，以 1983 年为例，仅梯田新增面积是清水河县大于准格尔旗，而淤地、水土保持造林和种草均表现为清水河县小于准格尔旗。

（2）小流域数量和治理经费来源不同。两旗县在小流域治理数量上存在明显差异，1980 年准格尔旗有 11 条试点流域，而清水河县只有 2 条流域，其中清水河县 2 条流域是以集体和国家少部分补助和个人承包完成，而准格尔旗试点小流域主要担负着国家小流域治理的试验研究为主，主要以国家投资为主。到 1983 年准格尔旗试点流域变为重点小流域，同时增加到 37 条，还有 2 条试点流域，7 条面上流域，而清水河县仍只有 2 条流域。1985 年准格尔旗又增加了 2 条重点小流域和 1 条面上流域，清水河县以前自治的 1 条小流域成为国家试点小流域。这一时期，国家和地方对准格尔旗流域水土流失的重视和支持力度远远高于清水河县，准格尔旗每年新增的水土保持治理面积几乎都是清水河县的 4 倍左右。

8.1.1.4 1986~1996 年水保技术以治沟骨干坝为主

根据表 8–7 可知：1986~1996 年两旗县每年水土保持治理新增的面积已经存在显著差异，清水河县平均每年新增水土保持治理面积为 79.54km^2，准格尔旗为 349.18 km^2，是清水河县新增面积的 4.4 倍，其中 1988 年两个旗县差异最大，准格尔旗新增 385.9 km^2，是清水河县的 6.1 倍。

基本农田每年新增的面积来说，可以明显分为两个阶段，在 1988 年以前清水河县每年新增量为 11.37 km^2，准格尔旗为 6.315 km^2，两个旗县差异明显，准格尔旗新增量仅为清水河县的 55%；1991 年后，清水河县和准格尔旗都明显增加了基本农田的建设面积，分别平均每年增加到 30.66 km^2 和 39.2 km^2，是以前的 2.7 倍和 6.2 倍，而且两个旗县的差异也在逐渐缩小。

表 8–7 1986~1996 年两旗县新增水土保持技术

年份	地区	水保治理面积（平方千米）	基本农田（平方千米）	水保造林（平方千米）	种草（平方千米）	骨干工程（处）
1987	清水河县	71.13	12.13	42.7	16.3	2
	准格尔旗	362	9.3	179.4	173.3	9
1988	清水河县	63.51	10.61	41.5	11.40	2
	准格尔旗	385.9	3.33	236	146.67	11
1991	清水河县	109.73	35.33	41.33	28	3
	准格尔旗	358.7	39.6	229.6	154.3	31
1992	清水河县	83.33	39.33	27.33	16.67	6
	准格尔旗	386.3	58	186	142.8	13

注：基本农田包括所有类型的梯田和坝地。

水保造林和种草每年新增的面积来说，两个旗县都表现出水土保持林新增面积大于种草面积，同时还延续前一阶段的特点，即准格尔旗的林草措施面积显著高于清水河县。准格尔旗每年平均新增水保造林 194.2 km^2，而清水河县为35.506 km^2，仅为准格尔旗的18%；准格尔旗每年平均新增种草139.41 km^2，而清水河县为 20.074 km^2，仅为准格尔旗的 14%。

两个旗县治沟骨干工程的数量也存在显著差异，1986~1996 年，准格尔旗每年新增的治沟骨干工程平均为 16 处，而清水河县为 3 处，仅是准格尔旗的 20%。

综上所述，1986~1996 年准格尔旗每年新增的水土保持治理面积显著高于清水河县，其中包括水保造林、种草和治沟骨干工程。两个旗县每年新增的基本农田从最开始清水河县显著高于准格尔旗，到后期逐渐缩小。

8.1.1.5 1997~2011 年准格尔旗增加了多项生态工程项目

这一时期，清水河县仍以小流域综合治理和骨干坝系为依托进行水土保持生态建设，加上 2000 年 10 月根据呼和浩特市人民政府〔2000〕114 号文件精神，更名为水务局。水土保持工作在清水河县水务局的工作分量减轻。

准格尔旗这一时期加强了生态工程项目，1999 年准格尔旗开展了《全国水土保持生态环境建设“十百千”示范工程》。2000~2002 年开展了《黄河水土保持生态工程窟野河流域项目》，3 年总投资 2274.36 万元，其中中央 1355.34 万元，地方 919.01 万元。

2004 年，准格尔旗除了继续开展《窟野河上游水保生态建设项目》《砒砂岩沙棘生态项目》《暖水川流域水保生态建设项目》，还开始实施了一些新的项目，如生态修复工程、中国西部生态农业村发展、援助玻利维亚沙棘生态项目。准格尔旗生态修复工程在 2004 年开始实施为期三年（2004~2006 年），总投资 66 万元，其中国家投资 43 万元，地方匹配 23 万元。

2010 年开始将水保生态建设列入党政重点工作，成立了生态建设领导小组，编制了《内蒙古准格尔旗生态建设与产业配置规划》，2010~2012 年规划生态建设面积为 270 万亩并投入了大量资金。按照准格尔旗生态建设总体规划，2011 年计划完成水保生态建设任务 32 万亩（其中，暖水乡 19.5 万亩、纳日松镇 6.5 万亩、准格尔召 6 万亩），计划投资 20580.6 万元。按照计划，专题安排部署了 2011 年生态建设工作。经统计，2011 年准格尔旗实际完成生态建设面积 37.0872 万亩（其中，暖水乡 22.3223 万亩、纳日松镇 7.4979 万亩、准格尔召 7.267 万亩），完成投资 7477.78 万元。按树种分别为：沙棘栽植 13.4 万亩、景区油松 0.235 万亩、大油松 0.8385 万亩、小油松 3.5737 万亩、山杏 4.04 万亩、封育 15 万亩。2011 年 9 月 29 日，水利部以水保〔2011〕507 号文件正式命名准格尔旗为全国水土保持生态文明县（旗）。

8.1.2 水土保持技术对土壤水分影响的差异

8.1.2.1 土壤含水量

土壤含水量与土壤质地、降水量、植被类型、植被盖度等因素相关，在野外采样过程中，能明显看出两个旗县在具体实施的水保技术上种植的植物存在差异，如清水河县梯田以种植作物为主（玉米、土豆等），而准格尔旗的梯田主要种植杏树、松树等，这些植被类型和盖度的差异，可能是导致两个旗县土壤水分和水分常数差异的主要因素。在此分别探究五个历史时期，三类水保技术导致不同土层（10cm、20cm、30cm）土壤含水量和平均土壤含水量的差异。

根据图 8-1 可知，20 世纪 50~60 年代两个旗县修建的梯田和林地的平均土壤含水量无显著差异。梯田的平均含水量为 10.79%，林地的平均含水量为 11.28%。在这一时期，两个旗县修建的坝地的平均含水量存在显著差异，其中准格尔旗土壤平均含水量为 27.58%，清水河县仅为 13%。

通过分层土壤含水量来看，两个旗县林地的土壤含水量无显著差异，林地在 10cm、20cm 和 30cm 的平均土壤含水量分别为 9.99%、13.86%、9.99%。这一时期保留下来的林地已经不是成片的林地，而是零星的乔木，且以小叶杨为主。

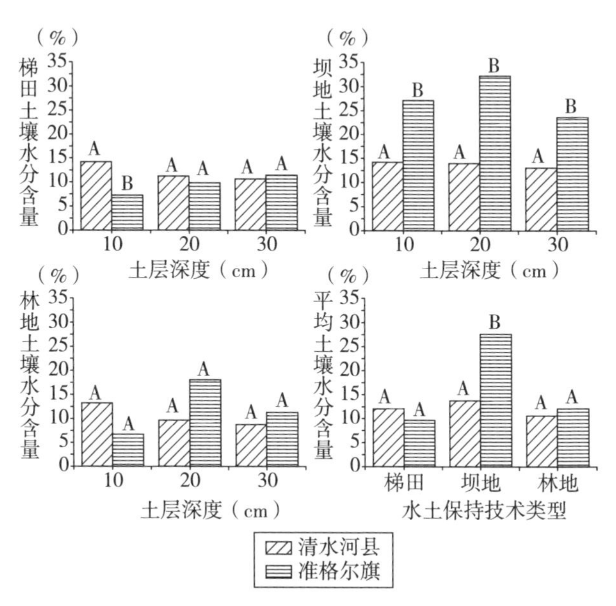

图 8-1 20 世纪 50~60 年代两旗县相同水土保持技术的土壤水分

准格尔旗坝地三层土壤含水量都存在高于清水河县坝地土壤含水量，其中准格尔旗坝地在 10cm、20cm 和 30cm 的土壤含水量分别为 27.08%、32.07%、23.59%，而清水河县坝地在 10cm、20cm 和 30cm 的土壤含水量分别为 14.22%、13.97%、13.07%。可能是由于准格尔旗坝地的地势低（为 960m），而清水河县坝地地势越高（为 1180m），因而水分含量越低。

对于梯田来说，只有 10cm 土层含水量表现为清水河县显著高于准格尔旗，20cm 和 30cm 土层含水量两者无显著差异。这是因为清水河县的梯田种植的是玉米，而准格尔旗梯田种植的是杏树和松树，作物的需水量小于乔木的需水量，因此，清水河县在 10cm 的土壤水分显著高于种植乔木的准格尔旗梯田。

根据图 8–2 可知，在 20 世纪 60~70 年代两个旗县修建的梯田、坝地和林地的平均土壤含水量都存在显著差异。清水河县梯田的土壤平均含水量为 13.91%，比准格尔旗高 70%，这是因为清水河县梯田种植土豆，而准格尔旗种植的是乔木；准格尔旗坝地的土壤含水量为 24%，比清水河县高 275%，这是因为清水河县的坝地是荒地，不种作物，蒸散量远远大于准格尔旗种植玉米的坝地；准格尔旗林地的土壤含水量为 8.12%，比清水河县高 146%，主要是因为准格尔旗林地中乔木数量少，非常稀疏，而清水河的林地中乔木多且密集。

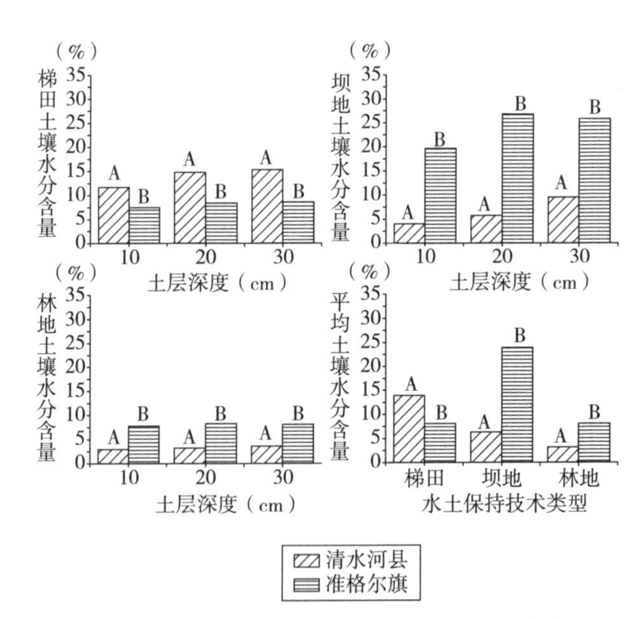

图 8–2 20 世纪 60~70 年代两旗县相同水土保持技术的土壤水分

两个旗县梯田、坝地和林地在 0~30cm 分层的土壤含水量都存在显著差异，且规律和平均土壤含水量一致。清水河县梯田在 0~10cm、10~20cm、20~30cm

的土层含水量分别为 11.61%、14.82%、15.30%，分别比准格尔旗梯田各层土壤含水量高 55%、75% 和 79%。准格尔旗坝地在 0~10cm、10~20cm、20~30cm 的土层含水量分别为 19.53%、26.73%、25.73%，在分别比清水河县坝地各层土壤含水量高 382%、374% 和 171%。准格尔旗林地在 0~10cm、10~20cm、20~30cm 的土层含水量分别为 7.87%、8.33%、8.16%，分别比清水河县林地各层土壤含水量高 159%、160% 和 122%。

根据图 8-3 可知，在 20 世纪 70~80 年代两个旗县修建的梯田和坝地的平均土壤含水量存在显著差异，而林地的平均土壤含水量无明显差异，林地的平均含水量为 9.58%。清水河县梯田的平均含水量为 12.37%，比准格尔旗高 48%，理由同上；准格尔旗坝地的平均含水量为 17.93%，比清水河县高 42%，可能是由于准格尔旗坝地地势低的原因。

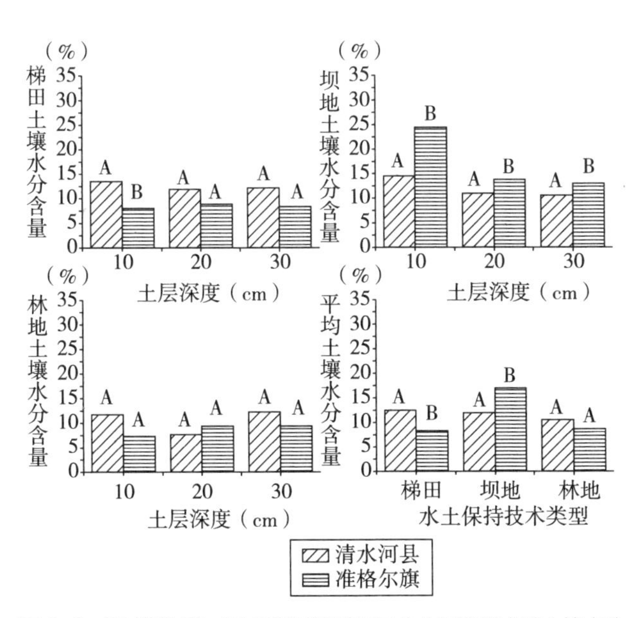

图 8-3 20 世纪 70~80 年代两旗县相同水土保持技术的土壤水分

通过分层土壤含水量来看，两个旗县林地的土壤含水量无显著差异，林地在 0~10cm、10~20cm 和 20~30cm 的平均土壤含水量分别为 9.41%、8.51%、10.82%。

对于梯田来说，两个旗县只有在 0~10cm 土层含水量存在显著差异。清水河县梯田 0~10cm 土壤含水量为 13.32%，比准格尔旗高 65%。主要是由于两个旗县梯田种植的植被类型不一导致其覆盖度和需水量存在差异。

对于坝地来说，准格尔旗坝地三层土壤含水量都存在高于清水河县坝地土壤含水量，与土壤平均含水量的规律一致，其中准格尔旗坝地在 10cm、20cm 和 30cm 的土壤含水量分别为 27.08%、32.07%、23.59%，而清水河县坝地在 10cm、20cm 和 30cm 的土壤含水量分别为 14.22%、13.97%、13.07%。

根据图 8-4 可知，在 20 世纪 80~90 年代准格尔旗梯田和林地的平均土壤含水量都显著高于清水河县，而准格尔旗的坝地平均土壤含水量显著低于清水河县，其中准格尔旗梯田和林地的土壤平均含水量分别为 11.77% 和 8.27%，比相应的清水河县梯田和林地的土壤含水量分别高 44% 和 54%，这可能是因为不同植被的需水量不同导致的。如准格尔旗梯田种植了土豆，清水河县梯田中种植了玉米，玉米的需水量大于土豆，因此清水河县坝地土壤含水量低于准格尔旗的。对于林地来说，清水河县林地种植了杨树和松树，而准格尔旗种植了杨树和杏树，可能是杏树的需水量小于松树导致的。清水河县坝地的土壤含水量为 22.25%，比准格尔旗土壤含水量高 38%。两旗县坝地都种植玉米，可能和种植的密度有关。

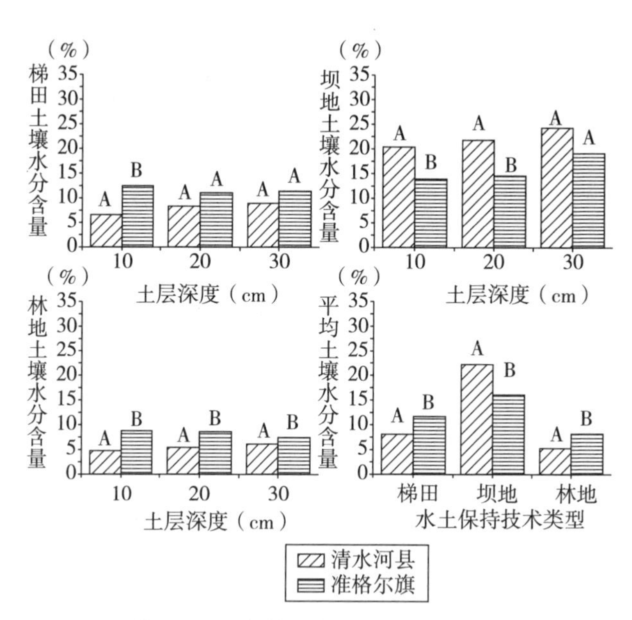

图 8-4　20 世纪 80~90 年代两旗县相同水土保持技术的土壤水分

从 0~30cm 分层土壤含水量来看，两个旗县梯田仅在 0~10cm 的土壤含水量存在显著差异，坝地在 0~20cm 存在显著差异，林地在 0~30cm 三层的土壤含水量都存在显著差异。准格尔旗梯田在 0~10cm 土层含水量分别为 12.55%，比清水河县土壤含水量高 84%。准格尔旗林地在 0~10cm、10~20cm、20~30cm 土层含水量分别为 8.74%、8.55%、7.51%，分别比清水河县林地各层土壤含水量高 87%、57% 和 26%。表中作物根系影响的差异，通常只在 0~10cm，而乔木根系的影响可以达到 0~30cm。清水河县坝地在 0~10cm 和 10~20cm 的土壤含水量分别为 20.58% 和 21.82%，分别比准格尔旗土壤含水量高 45% 和 48%。

根据图 8-5 可知，在 20 世纪 90 年代至 21 世纪两个旗县修建的梯田、坝地和林地的平均土壤含水量都存在显著差异。清水河县梯田的土壤平均含水量为 10.00%，比准格尔旗的土壤含水量高 37%，主要是因为准格尔旗梯田种植沙棘，清水河县种植土豆；清水河县坝地的土壤含水量为 18.85%，比准格尔旗土壤含水量高 147%。从野外采样情况看，准格尔旗的坝地还不能进行人工耕作，主要以荒草为主，而清水河县已经种植了玉米。准格尔旗林地的土壤含水量为 9.62%，比清水河县土壤含水量高 44%，可能是因为清水河县林地种植松树为主，而准格尔旗以种植沙棘为主，两种作物需水量不同。

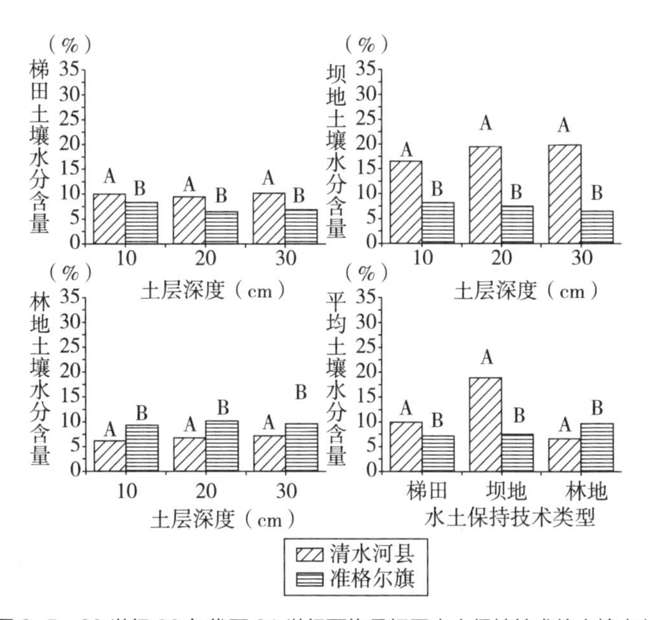

图 8-5　20 世纪 90 年代至 21 世纪两旗县相同水土保持技术的土壤水分

两个旗县梯田、坝地和林地在 0~30cm 分层的土壤含水量都存在显著差异，且规律和平均含水量一致。清水河县梯田在 0~10cm、10~20cm、20~30cm 的土层含水量分别为 10.21%、9.54%、10.25%，分别比准格尔旗梯田各层土壤含水量高 24%、45% 和 47%。清水河县坝地在 0~10cm、10~20cm、20~30cm 的土层含水量分别为 16.72%、19.76%、20.07%，分别比准格尔旗坝地各层土壤含水量高 100%、156% 和 191%。准格尔旗林地在 0~10cm、10~20cm、20~30cm 的土层含水量分别为 9.43%、10.26%、9.37%，分别比清水河县林地各层土壤含水量高 55%、50% 和 29%。

对比相同历史条件下，不同水保技术下平均土壤含水量的差异（见表 8-8）。准格尔旗在第 1 个、第 2 个、第 3 个历史阶段土壤含水量都表现为坝地大于梯田、林地，原因是坝地地势低，水分蒸发较高海拔的梯田和林地要小，另外作物的需水量小于乔木和灌木。在第 4 个历史阶段，土壤含水量表现为坝地 > 梯田 > 林地，这是因为梯田种植了土豆，需水量小于林地。在第 5 个历史阶段，三种水保技术下土壤含水量无显著差异，可能是因为实施的时间短，坝地还是荒地未耕作、梯田刚种上沙棘，植被对土壤水分的影响还未体现。

表 8-8　相同历史时期实施的不同水保技术下土壤水分

历史阶段	年份	水土保持技术	清水河县（%）	准格尔旗（%）
1	20 世纪 50~60 年代	梯田	12.01 ± 1.85a	9.57 ± 2.43a
		坝地	13.74 ± 0.68b	27.58 ± 5.38b
		林地	10.54 ± 2.25a	12.02 ± 6.15a
2	20 世纪 60~70 年代	梯田	13.92 ± 2.43a	8.15 ± 0.81a
		坝地	6.39 ± 2.43b	24.00 ± 3.56b
		林地	3.30 ± 0.31c	8.12 ± 0.45a
3	20 世纪 70~80 年代	梯田	12.37 ± 1.75a	8.34 ± 1.12a
		坝地	11.94 ± 2.13a	17.00 ± 5.85b
		林地	10.52 ± 6.32a	8.64 ± 2.15a
4	20 世纪 80~90 年代	梯田	8.12 ± 1.03a	11.77 ± 1.26a
		坝地	22.25 ± 1.92b	16.06 ± 2.86b
		林地	5.35 ± 0.65c	8.27 ± 0.79c
5	20 世纪 90 年代至 21 世纪	梯田	10.00 ± 0.96a	7.25 ± 0.82a
		坝地	18.85 ± 2.07b	7.60 ± 0.98a
		林地	6.73 ± 0.57c	9.69 ± 2.37a

注：a、b、c 字母相同表示不同水土保持技术土壤含水量无显著差异，字母不同表现不同水土保持技术存在显著差异（$p<0.05$）。

清水河县在第 4 个和第 5 个历史阶段的土壤含水量都表现为坝地 > 梯田 > 林地，因清水河县梯田种植作物，这与准格尔旗第 4 个阶段的结论一致。在第 1 个历史阶段的土壤含水量都表现为坝地 > 梯田、林地，可能是因为 50 年前栽种的乔木，现在保留下的乔木数量少，比较稀疏，采样附近无大片林区，只有零星的乔木，因此林地和梯田含水量无差异。第 2 个历史阶段与其他时期截然不同，表现为坝地 < 梯田，这是因为当时采样的坝地已经荒废多年，植被覆盖度低，太阳辐射蒸发大，导致土壤水分偏低。第 3 个历史阶段表现为三类技术无显著差异。梯田和坝地无差异可能是因为所种作物不同，梯田种植土豆，而坝地种植玉

米，玉米的需水量要大于土豆，因此两者最终土壤含水量无显著差异。

综上所述，土壤含水量与植物类型、植物密度、植物覆盖度等有密切关系，假设梯田和坝地种植相同类型的作物或者梯田种植乔木，坝地种植作物，都表现为坝地的土壤含水量会显著高于梯田。梯田种植作物，林地种植乔灌木，梯田的含水量也会显著高于林地。如果梯田种植乔灌木，会导致梯田的含水量和林地无显著差异。

8.1.2.2 土壤田间持水量

田间持水量（Field Capacity，FC）指在地下水位较低（毛管水不与地下水相连接）情况下，土壤所能保持的毛管悬着水的最大量，是植物有效水的上限。田间持水量的大小与土壤孔隙、土壤质地等因素有关。本书试图分析在相同历史情况下，两个旗县三类水保技术下土壤田间持水量的差异性。

根据图 8-6 可知，20 世纪 50~60 年代两个旗县林地平均田间持水量无显著差异，为 25.35%。而准格尔旗梯田和坝地的土壤田间持水量均显著高于清水河县，其中准格尔旗梯田和坝地平均土壤田间持水量为 24.29% 和 36.22%，分别比清水河县高 12% 和 81%。

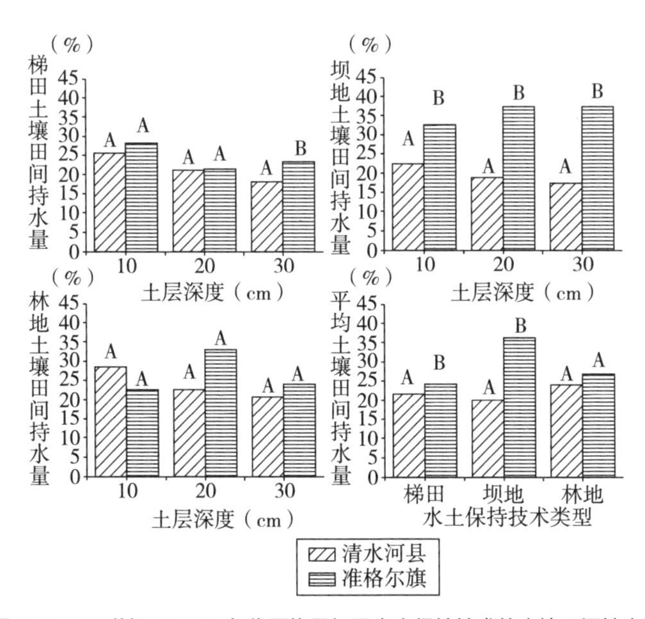

图 8-6 20 世纪 50~60 年代两旗县相同水土保持技术的土壤田间持水量

从 0~30cm 分层土壤田间持水量来看，同样两个旗县林地在 0~10cm、10~20cm 和 20~30cm 均无显著差异，两旗县平均田间持水量分别为 25.64%、27.93% 和 22.48%。两个旗县坝地三层土壤田间持水量均存在显著差异，其中准格尔旗坝地在 0~10cm、10~20cm 和 20~30cm 的土壤田间持水量分别为 33.00%、37.74% 和 37.92%，比清水河县分别高 44%、95% 和 114%。两个旗县梯田土壤田间持水量仅在 20~30cm 存在显著差异，其中准格尔旗梯田在 20~30cm 的土壤田间持水量为 23.23%，比清水河县高 28%。

根据图 8-7 可知，在 20 世纪 60~70 年代两个旗县梯田、坝地和林地的平均田间持水量均存在显著差异，其中梯田是清水河县高于准格尔旗，而坝地和林地恰好相反。清水河县梯田的平均田间持水量为 23.79%，比准格尔旗高 43%。准格尔旗坝地和林地的平均土壤田间持水量为 21.60% 和 23.48%，分别比清水河县高 29% 和 10%。

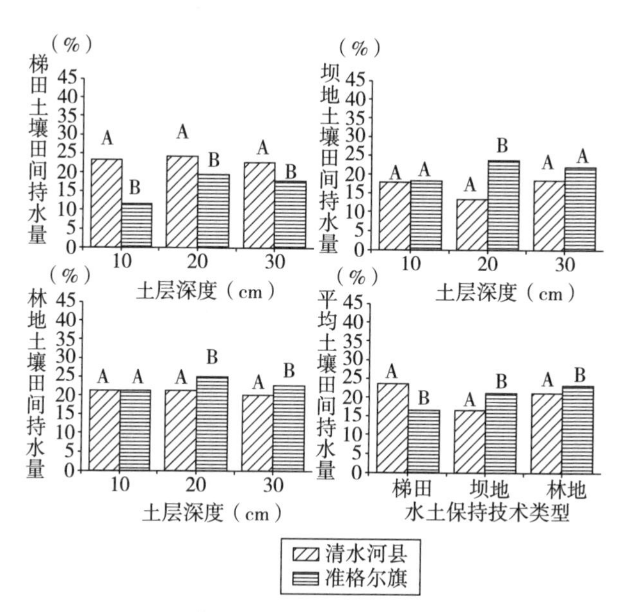

图 8-7　20 世纪 60~70 年代两旗县相同水土保持技术的土壤田间持水量

从 0~30cm 分层土壤田间持水量来看，清水河县梯田三层田间持水量均显著高于准格尔旗，其中清水河县梯田在 0~10cm、10~20cm 和 20~30cm 的田间持水量为 23.67%、24.84% 和 22.88%，分别比准格尔旗高 92%、26% 和 27%。两个旗县坝地田间持水量仅在 10~20cm 土层存在显著差异，其中准格尔旗坝地 10~20cm 土壤田间持水量为 24.08%，比清水河县高 76%。两个旗县林地土壤田间持水量在 10~20cm 和 20~30cm 存在显著差异，其中准格尔旗梯田在 10~20cm 和 20~30cm 的土壤田间持水量为 25.50% 和 23.20%，分别比清水河县高 17% 和 14%。

根据图 8-8 可知，在 20 世纪 70~80 年代两个旗县梯田、坝地和林地的平均田间持水量均无显著差异，分别为 21.62%、22.81%、22.72%。

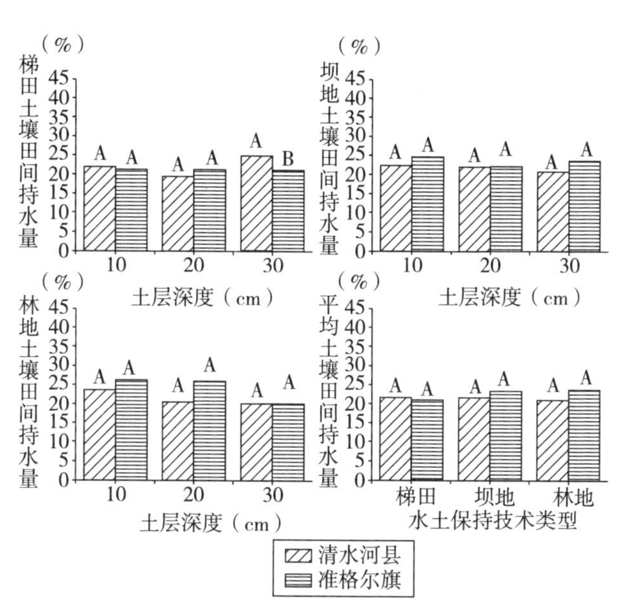

图 8-8　20 世纪 70~80 年代两旗县相同水土保持技术的土壤田间持水量

从 0~30cm 分层土壤田间持水量来看，两个旗县坝地和林地三层田间持水量均无显著差异，其中两个旗县坝地在 0~10cm、10~20cm 和 20~30cm 的田间持水量平均为 23.73%、22.32% 和 22.38%；两个旗县林地在 0~10cm、10~20cm 和 20~30cm 的田间持水量平均为 24.93%、23.26% 和 19.98%。两个旗县梯田土壤田间持水量仅在 20~30cm 土层存在显著差异，其中清水河县在 20~30cm 的梯田土壤田间持水量为 24.82%，比准格尔旗高 18%。

根据图 8-9 可知，在 20 世纪 80~90 年代两个旗县坝地的平均田间持水量无显著差异，为 21.77%。两个旗县梯田和林地的平均田间持水量存在显著差异，其中清水河县梯田平均田间持水量为 20.34%，比准格尔旗高 16%；准格尔旗林地平均田间持水量为 22.53%，比清水河县高 33%。

两个旗县坝地在 0~30cm 分层土壤田间持水量无显著差异，其中在 0~10cm、10~20cm 和 20~30cm 的两旗县田间持水量平均为 21.57%、22.25% 和 21.49%。清水河县梯田在 10~20cm 的土层田间持水量为 20.72%，比准格尔旗高 40%；准格尔旗林地在 10~20cm 和 20~30cm 的田间持水量为 21.51% 和 23.35%，分别显著比清水河县高 34% 和 47%。

根据图 8-10 可知，在 20 世纪 90 年代至 21 世纪两个旗县林地的平均田间持水量无显著差异，为 20.90%。两个旗县梯田和林地的平均田间持水量存在显著差异，其中准格尔旗梯田平均田间持水量为 19.75%，比清水河县高 10%；清水河县坝地平均田间持水量为 21.30%，比准格尔旗高 17%。

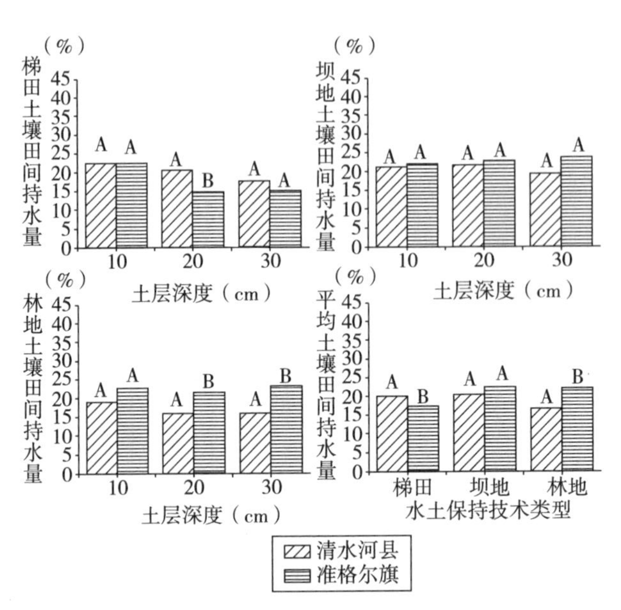

图 8-9　20 世纪 80~90 年代两旗县相同水土保持技术的土壤田间持水量

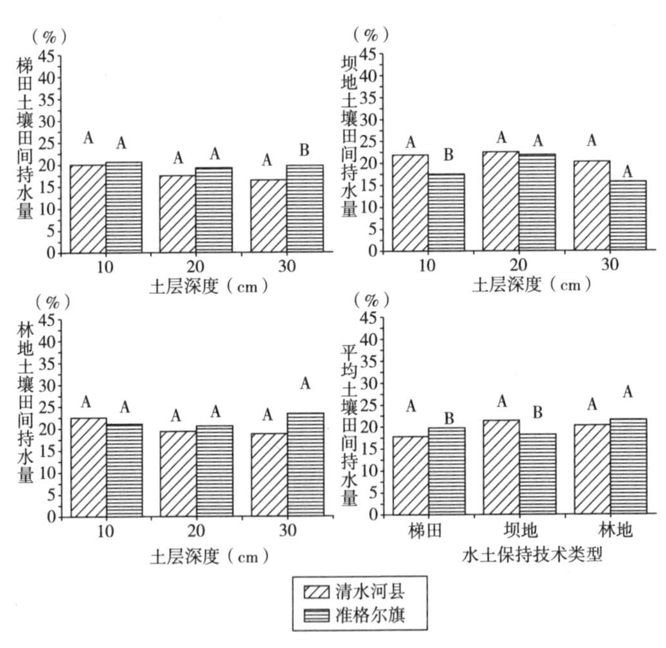

图 8-10　20 世纪 90 年代至 21 世纪两旗县相同水土保持技术的土壤田间持水量

从分层角度来看，两个旗县林地在 0~30cm 分层土壤田间持水量无显著差异，其中在 0~10cm、10~20cm 和 20~30cm 的两旗县田间持水量平均为 21.73%、

19.91% 和 21.05%。准格尔旗梯田在 20~30cm 的土层田间持水量为 19.65%，比准格尔旗高 20%；清水河县坝地在 10~20cm 的田间持水量为 21.79%，比准格尔旗高 24%。

对比相同历史条件下，不同水保技术下土壤田间持水量的差异（见表 8-9）。准格尔旗第 2 个、第 3 个、第 4 个历史阶段土壤田间持水量都表现为坝地、林地 > 梯田。梯田在采样时就发现土壤表层很坚硬，通过入户调研，了解到当地梯田在 2000 年左右将农作物改种为乔灌木，种植乔灌木时采用大型机械进行平地和拉运树苗，在这个过程中会压实梯田土壤，影响土壤的田间持水能力。在第 1 个历史阶段，土壤田间持水量表现为坝地 > 梯田、林地，这一时期林地土壤含水量也小于坝地，可能是因为 50 多年前，种植的乔木成活率低，到目前保留下来的只是零星几棵乔木，乔木数量少，其根系对于土壤孔隙的影响程度较低。第 5 个历史阶段土壤田间持水量表现为林地 > 梯田、坝地，可能是因为这一时期坝地还是荒地未耕作或梯田刚种上小的沙棘，植物根系对土壤孔隙度的影响较小，而林地的植被相对茂盛，根系对 0~30cm 土壤有一定的影响。

表 8-9　相同历史时期实施的不同水保技术下土壤田间持水量的差异

历史阶段	年份	水土保持技术	清水河县（%）	准格尔旗（%）
1	20 世纪 50~60 年代	梯田	21.62 ± 3.36ab	24.29 ± 3.43a
		坝地	19.92 ± 2.36b	36.22 ± 4.57b
		林地	24.01 ± 3.63a	26.69 ± 6.98a
2	20 世纪 60~70 年代	梯田	23.79 ± 1.77a	16.61 ± 3.34a
		坝地	16.73 ± 2.63b	21.60 ± 2.69b
		林地	21.33 ± 0.74c	23.48 ± 2.07b
3	20 世纪 70~80 年代	梯田	21.94 ± 2.84a	21.30 ± 1.74a
		坝地	21.97 ± 1.40a	23.66 ± 1.84b
		林地	21.35 ± 2.82a	24.10 ± 4.35b
4	20 世纪 80~90 年代	梯田	20.34 ± 2.28a	17.34 ± 4.05a
		坝地	20.79 ± 1.35a	22.75 ± 1.83b
		林地	16.92 ± 1.67b	22.53 ± 1.30b
5	20 世纪 90 年代至 21 世纪	梯田	17.89 ± 1.94a	19.75 ± 0.73a
		坝地	21.30 ± 1.35b	18.17 ± 2.98a
		林地	20.17 ± 1.70b	21.62 ± 2.72b

注：a、b、c 字母相同表示不同水土保持技术土壤含水量无显著差异，字母不同表现不同水土保持技术存在显著差异（$p<0.05$）。

清水河县三类技术措施下土壤田间持水量的变化规律也分为三种类型：在第 3 个历史阶段，三个技术措施的土壤田间持水量无显著差异；在第 1 个和第

2 个历史阶段土壤田间持水量表现为坝地 < 林地、梯田；而在第 4 个和第 5 个历史阶段土壤田间持水量又表现为坝地 > 林地、梯田，这可能是因为梯田和坝地都种植农作物，播种时进行翻耕，同时为提高产量农作物会每年换茬，作物的差异导致根系对土壤孔隙的影响不同，同时人为地翻耕也会影响土壤孔隙度，因此清水河县三类技术措施下土壤田间持水量没有相对固定的变化规律。

综上所述，土壤田间持水量与土壤是否被轧实、土壤是否翻耕、植物根系密度等密切相关，由于农作物的换茬和人为地翻耕无法确定清水河县三类技术地措施下土壤田间持水量的关系，以准格尔旗为例，假设梯田在后期由农作物改为乔灌木，土壤的田间持水量总体表现为坝地、林地 > 梯田。

8.1.2.3 土壤饱和含水量

土壤饱和含水量（Saturated Moisture）是指在自然条件下，土壤孔隙全部充满水分时的含水量包括毛管孔隙和非毛管孔隙，代表土壤最大容水能力。土壤饱和含水量的大小与土壤孔隙度有关。本书试图分析在相同历史情况下，两个旗县三类水保技术下土壤饱和含水量的差异性。

根据图 8-11 可知，在 20 世纪 50~60 年代两个旗县梯田和林地平均土壤饱和含水量无显著差异，分别为 35.68% 和 37.63%。而准格尔旗坝地的土壤饱和含水量显著高于清水河县，其中准格尔旗坝地平均土壤饱和含水量为 45.77%，比清水河县高 44%。

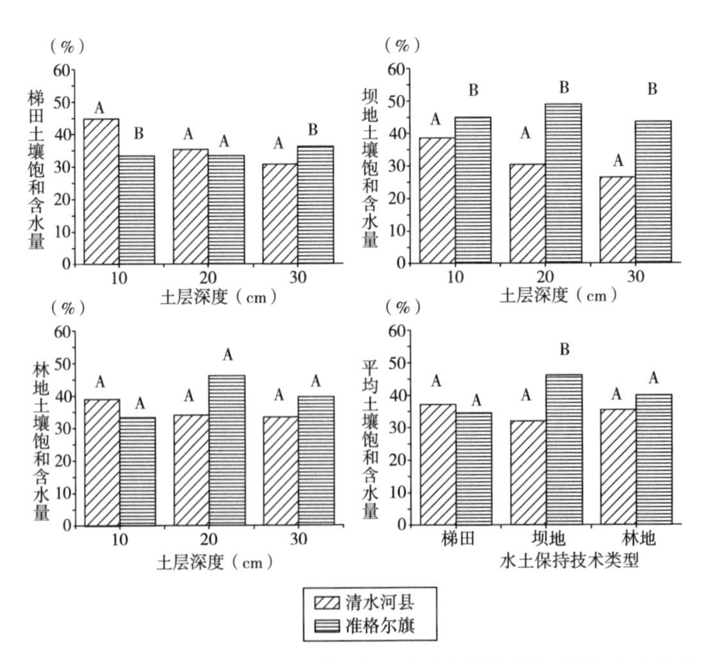

图 8-11 20 世纪 50~60 年代两旗县相同水土保持技术的土壤饱和含水量

从 0~30cm 分层土壤饱和含水量来看，两个旗县林地在 0~10cm、10~20cm 和 20~30cm 均无显著差异，两旗县平均饱和含水量分别为 36.18%、40.13% 和 36.58%。两个旗县坝地三层土壤饱和含水量均存在显著差异，其中准格尔旗坝地在 0~10cm、10~20cm 和 20~30cm 的土壤饱和含水量分别为 44.96%、48.76% 和 43.58%，比清水河县分别高 18%、60% 和 65%。两个旗县梯田土壤饱和含水量在 0~10cm 和 20~30cm 存在显著差异，其中清水河县梯田在 0~10cm 的土壤饱和含水量为 44.72%，比准格尔旗高 33%。准格尔旗梯田在 20~30cm 的土壤田间持水量为 36.25%，比清水河县高 18%。

根据图 8-12 可知，在 20 世纪 60~70 年代两个旗县坝地和林地的平均土壤饱和含水量无显著差异，分别为 26.69% 和 31.85%。清水河县梯田的平均土壤饱和含水量为 36.81%，显著比准格尔旗高 35%。

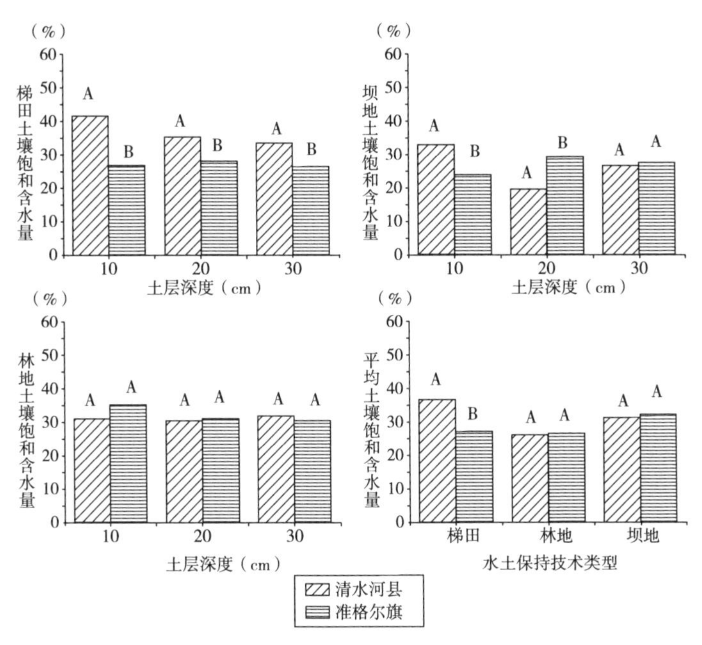

图 8-12　20 世纪 60~70 年代两旗县相同水土保持技术的土壤饱和含水量

从 0~30cm 分层土壤饱和含水量来看，同样两个旗县林地在 0~10cm、10~20cm 和 20~30cm 均无显著差异，两旗县平均饱和含水量分别为 33.25%、31.07% 和 31.23%。清水河县梯田的饱和含水量在 0~30cm 都显著高于准格尔旗，清水河县梯田在 0~10cm、10~20cm 和 20~30cm 的土壤饱和含量为 41.63%、35.12% 和 33.67%，分别比准格尔旗对应的土壤饱和含水量高 54%、25% 和 27%。两个旗县坝地在 0~10cm 和 10~20cm 两个土层的饱和含水量存在显著差异，其中清水河县坝地在 0~10cm 的土壤饱和含水量为 32.97%，比准格尔旗高 37%。准格尔旗坝地在 10~20cm 的土壤饱和含水量为 29.08%，比清水河县高 47%。

根据图 8-13 可知，在 20 世纪 70~80 年代两个旗县梯田和林地的平均饱和含水量均无显著差异，分别为 35.98% 和 36.52%。而清水河县坝地平均饱和含水量为 35.04%，比准格尔旗高 18%。

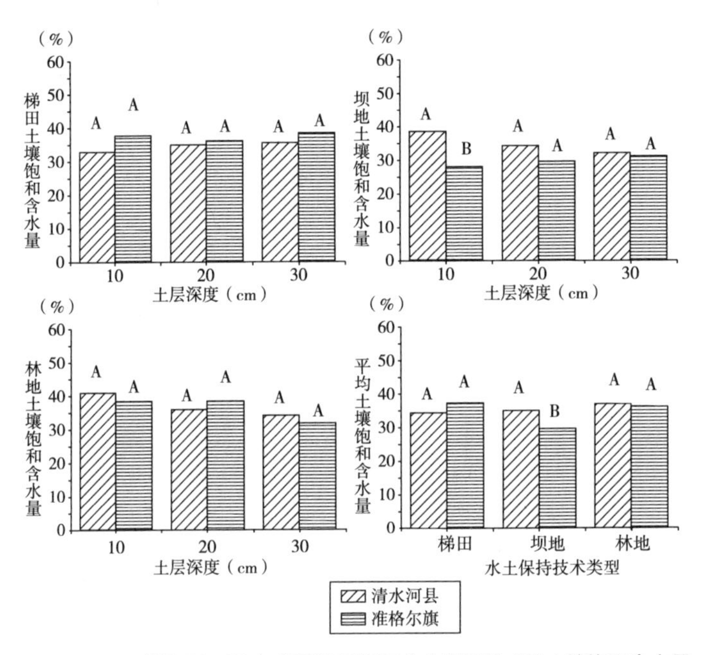

图 8-13　20 世纪 70~80 年代两旗县相同水土保持技术的土壤饱和含水量

从 0~30cm 的土壤饱和含水量来看，两个旗县梯田和林地三层饱和含水量均无显著差异，其中两个旗县梯田在 0~10cm、10~20cm 和 20~30cm 的土壤饱和含水量平均为 35.35%、35.62% 和 36.97%；两个旗县林地在 0~10cm、10~20cm 和 20~30cm 的土壤饱和含水量平均为 39.67%、37.21% 和 32.81%。两个旗县坝地土壤饱和含水量仅在 0~10cm 存在显著差异，其中清水河县 0~10cm 的坝地土壤饱和含水量分别为 38.73%，比准格尔旗高 37%。

根据图 8-14 可知，在 20 世纪 80~90 年代两个旗县梯田、坝地和林地的平均饱和含水量均存在显著差异，其中清水河县梯田平均饱和含水量为 34.27%，比准格尔旗高 43%；准格尔旗坝地和林地的平均饱和含水量为 35.14% 和 32.61%，都比清水河县高 13%。

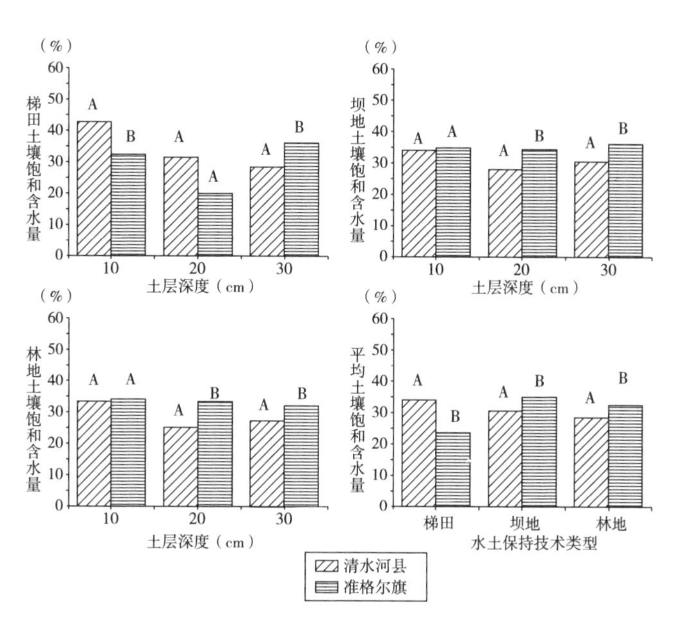

图 8-14　20 世纪 80~90 年代两旗县相同水土保持技术的土壤饱和含水量

两个旗县梯田在 0~30cm 的土壤饱和含水量均存在显著差异，其中清水河县梯田在 0~10cm、10~20cm 和 20~30cm 的土壤饱和含水量为 42.70%、31.68% 和 28.44%，分别比准格尔旗高 40%、56% 和 34%。两个旗县的坝地和林地土壤饱和含水量在 10~20cm 和 20~30cm 存在显著差异。准格尔旗坝地在 10~20cm 和 20~30cm 的土壤饱和含水量为 34.40% 和 36.24%，分别比清水河县高 21% 和 19%。准格尔旗林地在 10~20cm 和 20~30cm 的土壤饱和含水量为 31.79% 和 31.87%，分别比清水河县高 25% 和 17%。

根据图 8-15 可知，在 20 世纪 90 年代至 21 世纪两个旗县林地的平均饱和含水量无显著差异，为 32.30%。两个旗县梯田和林地的平均饱和含水量存在显著差异，其中准格尔旗梯田平均饱和含水量为 28.78%，比清水河县高 16%；清水河县坝地平均饱和含水量为 31.06%，比准格尔旗高 12%。

从分层角度来看，两个旗县梯田和坝地在 10~20cm 和 20~30cm 的土壤饱和含水量存在显著差异，其中准格尔旗梯田在 10~20cm 和 20~30cm 的土壤饱和含水量平均为 27.88% 和 27.92%，分别比清水河县高 24% 和 20%。准格尔旗坝地在 10~20cm 和 20~30cm 的土壤饱和含水量平均为 33.00% 和 30.31%，分别比清水河县高 21% 和 11%。清水河县林地在 0~10cm 的土壤饱和含水量为 37.71%，比准格尔旗高 30%。

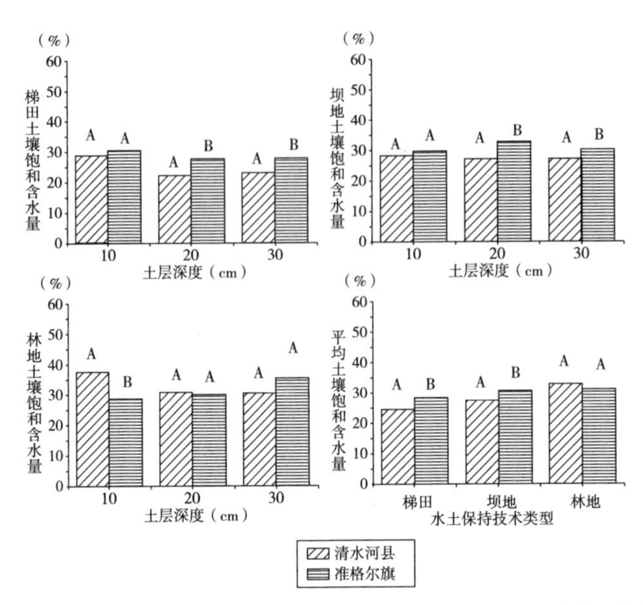

图 8-15　20 世纪 90 年代至 21 世纪两旗县相同水土保持技术的土壤饱和含水量差异

对比相同历史条件下，不同水保技术下土壤饱和含水量如表 8-10 所示。准格尔旗在第 1 个历史阶段三类水保技术的土壤饱和含水量存在显著差异，表现为坝地 > 林地 > 梯田；在第 2 个历史阶段土壤饱和含水量为林地 > 梯田、坝地；在第 3 个历史阶段土壤饱和含水量为梯田、林地 > 坝地；在第 4 个历史阶段土壤饱和含水量为坝地、林地 > 梯田；在第 5 个历史阶段三类技术的土壤饱和含水量又无显著差异。除第 1 个和第 5 个历史阶段外，其他历史阶段都表现为林地的土壤饱和含水量大于梯田或坝地，第 1 阶段林地保留的乔木少，第 5 阶段林地种植时间段，表明长时间种植的大量的乔灌木可有效地改善土壤孔隙度，对提高林地土壤饱和含水量有一定的贡献。

表 8-10　相同历史时期实施的不同水保技术下土壤饱和含水量

历史阶段	年份	水土保持技术	清水河县（%）	准格尔旗（%）
1	20 世纪 50~60 年代	梯田	36.96 ± 6.28a	34.41 ± 2.50a
		坝地	31.72 ± 5.53a	45.77 ± 4.73b
		林地	35.55 ± 3.35a	39.72 ± 7.17c
2	20 世纪 60~70 年代	梯田	36.81 ± 3.89a	27.23 ± 0.78a
		坝地	26.48 ± 5.75b	26.90 ± 2.88a
		林地	31.26 ± 0.67c	32.44 ± 2.43b

续表

历史阶段	年份	水土保持技术	清水河县（%）	准格尔旗（%）
3	20 世纪 70~80 年代	梯田	34.48 ± 2.96a	37.48 ± 3.80a
		坝地	35.04 ± 3.47a	29.66 ± 1.97b
		林地	36.94 ± 3.94a	36.18 ± 4.92a
4	20 世纪 80~90 年代	梯田	34.27 ± 6.62a	23.96 ± 5.18a
		坝地	30.97 ± 3.29ab	35.14 ± 1.95b
		林地	28.79 ± 4.09b	32.61 ± 2.08b
5	20 世纪 90 年代至 21 世纪	梯田	24.81 ± 3.47a	28.78 ± 1.62a
		坝地	27.65 ± 0.72a	31.06 ± 1.78a
		林地	33.09 ± 3.82b	31.51 ± 3.99a

注：a、b、c 字母相同表示不同水土保持技术土壤含水量无显著差异，字母不同表现不同水土保持技术存在显著差异（$p<0.05$）。

清水河县在第 1 个历史阶段和第 3 个历史阶段都表现为三类水保技术下土壤饱和含水量无差异；在第 2 个和第 4 个历史阶段都表现为梯田 > 坝地、林地；在第 5 个历史阶段表现为林地 > 坝地、梯田。结合土壤田间持水量的分析结果，清水河县的梯田和坝地经常进行人为的翻耕，使梯田土壤饱和含水量显著高于其他两种技术措施，但如果农作物耕作的时间较短，如在第 5 个历史阶段反而是林地土壤饱和含水量更高。

综上所述，在人为干扰较少的条件下，一般林地更有利于提高土壤的饱和含水量，林地土壤饱和含水量显著高于梯田和坝地，在人为翻耕耕作频繁的情况下，一般是梯田的土壤饱和含水量更高。同时，土壤饱和含水量的提高与植被种植时间的长短也有密切关系，种植时间越长，三种水保技术土壤饱和含水量的差异越明显，也就是植物根系的促进作用越大。

8.1.3 水土保持技术对土壤养分影响的差异

8.1.3.1 土壤有机碳含量

土壤有机碳含量是指土壤中的所有含碳的有机物质，包括土壤中各类动植物残体，新鲜生物体及其分解和合成的各种有机物质。土壤中的氮素有一大部分都是依靠有机质的积累和分解，土壤有机质的含量与土壤肥力密切相关。本书试图分析相同历史情况下，两个旗县三类水保技术下土壤有机碳的差异性。

根据图 8–16 可知，准格尔旗在 20 世纪 50~60 年代修建的梯田、坝地和林地的土壤有机碳含量都显著高于清水河县。其中，准格尔旗梯田、坝地和林地的土壤有机碳含量为 23.73g/kg、22.29 g/kg 和 21.95 g/kg，分别比清水河县高 13%、19% 和 28%。

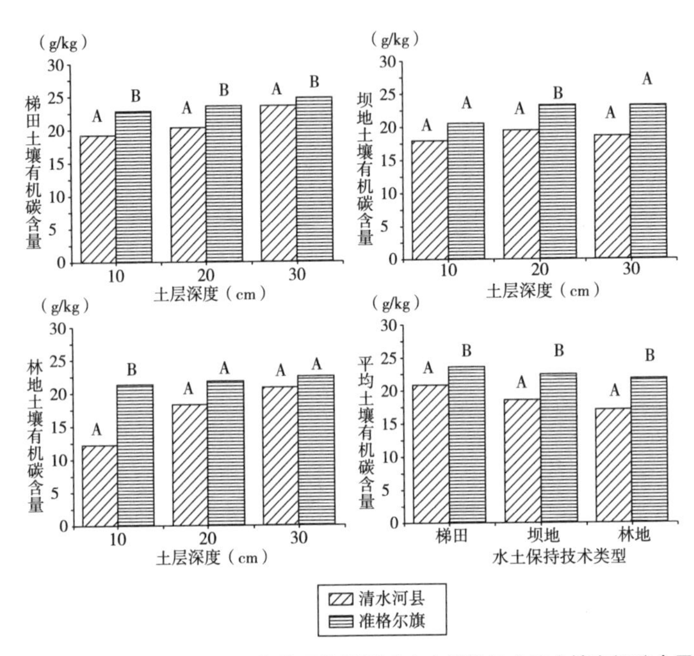

图 8-16　20 世纪 50~60 年代两旗县相同水土保持技术的土壤有机碳含量

从分层土壤来看，两个旗县的梯田在 0~30cm 土壤有机碳都存在显著差异，且从土壤表层到深层的差异逐渐缩小，其中准格尔旗 0~10cm、10~20cm 和 20~30cm 的土壤有机碳含量分别为 22.80g/kg、23.60g/kg 和 24.79g/kg，分别比清水河县高 19%、16% 和 5%。这可能是因为准格尔旗在梯田上种植乔木，而清水河县种植的是农作物，土壤有机碳的一个来源是植物残体，森林土壤相对农业土壤而言，拥有大量的凋落物和庞大的树木根系等特点。对于坝地来说，两个旗县仅在 10~20cm 土层的土壤有机碳差异，其中准格尔旗为 23.14 g/kg，比清水河县高 18%。这可能是因为农作物的根系主要集中在 0~20cm，再加上作物种类、人为翻耕等外界因素导致。对于林地来说，两个旗县的土壤有机碳在表层 0~10cm 存在显著差异，这可能是准格尔旗林地单位面积的树木量大于清水河县，表层的枯枝落叶的凋落物，形成了腐殖质，促进其土壤有机碳形成，从而使准格尔旗林地表层土壤有机碳含量大于清水河县。

根据图 8-17 可知，准格尔旗在 20 世纪 60~70 年代修建的梯田和林地的土壤有机碳含量无显著差异，平均含量分别为 24.22 g/kg 和 24.36 g/kg。清水河县坝地的土壤有机碳含量显著高于准格尔旗，其中，清水河县坝地的土壤有机碳为 24.84g/kg，比准格尔旗高 8%。

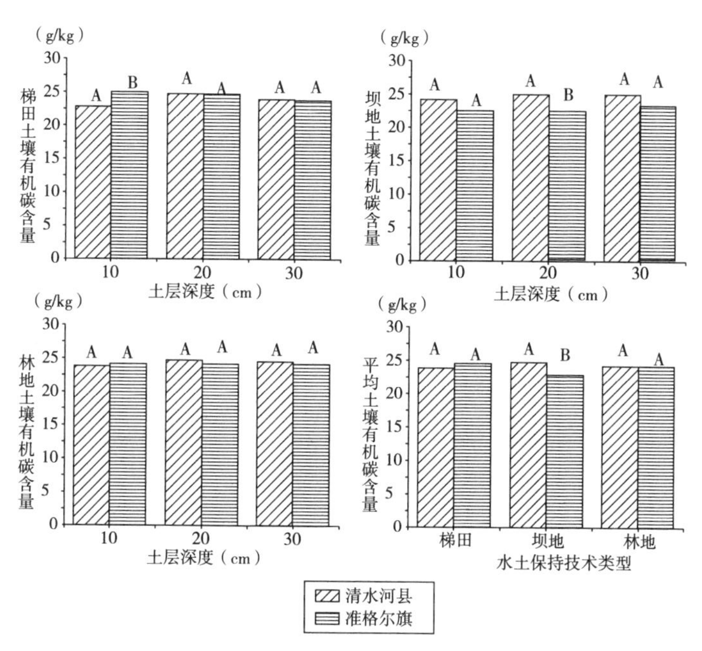

图 8-17 20 世纪 60~70 年代两旗县相同水土保持技术的土壤有机碳含量

从分层土壤来看，两个旗县的梯田仅在 0~10cm 土层的土壤有机碳都存在显著差异，其中准格尔旗 0~10cm 的土壤有机碳含量为 25.05g/kg，比清水河县高 10%。这可能是因为准格尔旗在梯田上种植乔木时间较短，只有树木大量的凋落物影响了土壤的有机碳。对于坝地来说，两个旗县的关系和上一个时期一样也是仅在 10~20cm 土层的土壤有机碳差异，但相反的是这一时期是清水河县的土壤有机碳含量显著高于准格尔旗，这可能是因为两地种植农作物施肥、作物种类、耕作方式的不同导致的。对于林地来说，两个旗县的土壤有机碳在 0~30cm 无显著差异，其中 0~10cm、10~20cm 和 20~30cm 的土壤有机碳含量分别平均为 24.05g/kg、24.57g/kg 和 24.45g/kg。

根据图 8-18 可知，准格尔旗在 20 世纪 70~80 年代修建的林地的土壤有机碳含量无显著差异，平均含量为 23.80 g/kg。两个旗县的梯田和坝地土壤有机碳含量存在显著差异，其中清水河县梯田的土壤有机碳为 23.98g/kg，比准格尔旗高 4%；准格尔旗坝地的土壤有机碳含量为 25.09 g/kg，比清水河县高 6%。

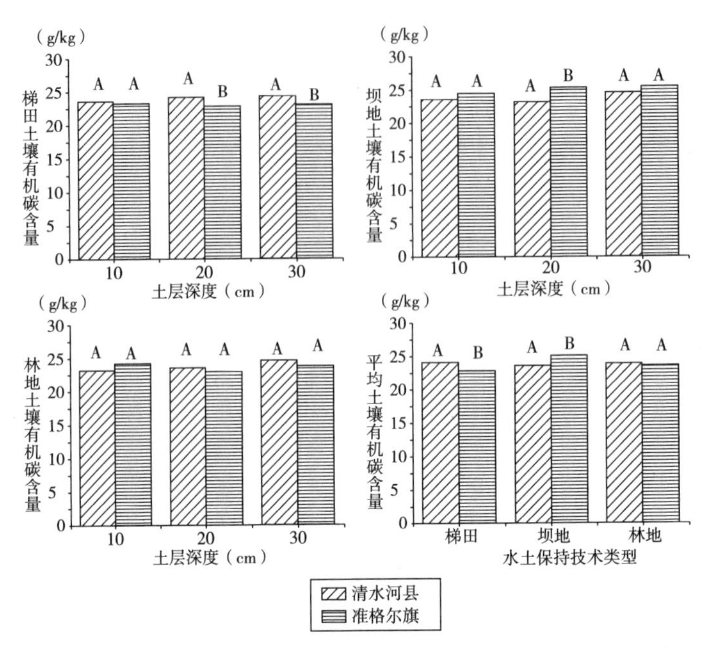

图 8-18　20 世纪 70~80 年代两旗县相同水土保持技术的土壤有机碳含量

从分层土壤来看，两个旗县的梯田仅在 10~20cm 和 20~30cm 的土壤有机碳含量都存在显著差异，其中清水河县 10~20cm 和 20~30cm 的土壤有机碳含量分别为 24.12g/kg 和 24.26g/kg，均比准格尔旗高 6%。这可能是因为清水河县梯田在 0~30cm 进行施肥的影响。对于坝地来说，两个旗县的关系和前两个时期一样，仅在 10~20cm 土层的土壤有机碳差异，但相反的是这一时期又是准格尔旗的土壤有机碳含量显著高于清水河县，这可能是因为两地种植农作物施肥、作物种类、耕作方式不同导致的。对于林地来说，两个旗县的土壤有机碳在 0~30cm 无显著差异，其中 0~10cm、10~20cm 和 20~30cm 的土壤有机碳含量分别平均为 23.74g/kg、23.35g/kg 和 24.30g/kg。

根据图 8-19 可知，准格尔旗在 20 世纪 80~90 年代修建的坝地的土壤有机碳含量无显著差异，平均含量为 25.09g/kg。两个旗县的梯田和林地土壤有机碳含量存在显著差异，其中清水河县梯田的土壤有机碳为 23.98g/kg，比准格尔旗高 4%；准格尔旗林地的土壤有机碳含量为 23.80g/kg，比清水河县高 6%。

从分层土壤来看，两个旗县的梯田的关系和上一阶段相同，仅在 10~20cm 和 20~30cm 土壤有机碳都存在显著差异，但这一时期是准格尔旗的土壤有机碳高于清水河县，其中准格尔旗在 10~20cm 和 20~30cm 的土壤有机碳含量分别为 25.23g/kg 和 24.92g/kg，分别比准格尔旗高 10% 和 8%，这可能与准格尔旗梯田种植乔木的庞大的根系有关。对于坝地来说，两个旗县的关系仅在 0~10cm 土层的土壤有机碳差异，其中准格尔旗坝地的土壤有机碳含量为 24.80g/kg，比清水河县高 8%。对于林地来说，两个旗县的土壤有机碳在 0~30cm 均存在显著差异，其中清水河县在 0~10cm 的土壤有机碳含量平均为 23.46g/kg，比准格尔旗高 2%；准格尔旗 10~20cm 和 20~30cm 的土壤有机碳含量分别平均为 25.20g/kg 和 25.53g/kg，分别清水河县高 7% 和 6%。

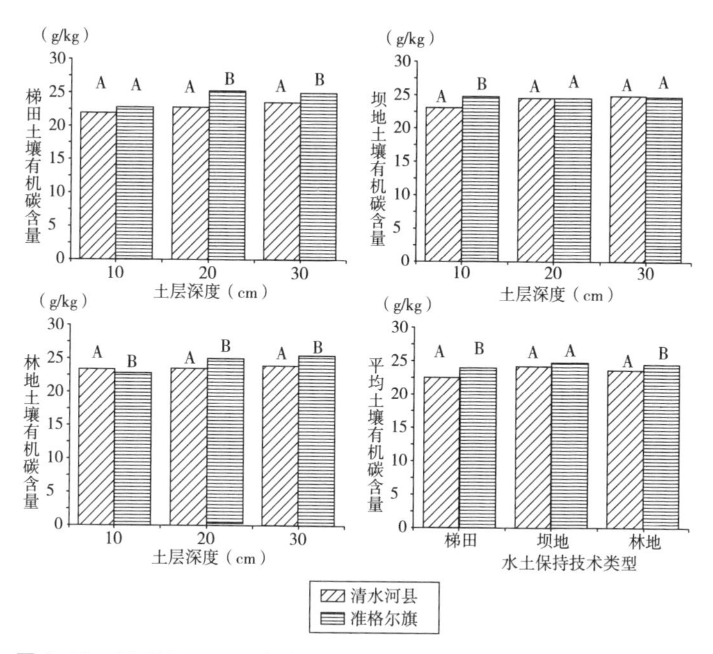

图 8-19　20 世纪 80~90 年代两旗县相同水土保持技术的土壤有机碳含量

根据图 8-20 可知，准格尔旗在 20 世纪 90 年代至 21 世纪修建的坝地的土壤有机碳含量无显著差异，平均含量为 24.97g/kg。两个旗县的梯田和林地土壤有机碳含量存在显著差异，其中准格尔旗梯田的土壤有机碳含量为 24.11g/kg，比准格尔旗高 8%；准格尔旗林地的土壤有机碳含量为 23.41g/kg，比清水河县高 18%。

从分层土壤来看，两个旗县梯田在 0~10cm 和 10~20cm 土壤有机碳含量都存在显著差异，其中准格尔旗在 0~10cm 和 10~20cm 的土壤有机碳含量分别为 24.05g/kg 和 24.05g/kg，均比准格尔旗高 9%，这可能与准格尔旗梯田种植乔木的枯枝落叶和庞大的根系有关。对于坝地来说，两个旗县在 0~30cm 的土壤有机碳含量均无显著差异，其中 0~10cm、10~20cm 和 20~30cm 的土壤有机碳含量分别为 25.74g/kg、24.95g/kg 和 24.24g/kg。对于林地来说，两个旗县的土壤有机碳在 0~30cm 均存在显著差异，其中准格尔旗林地在 0~10cm、10~20cm

和 20~30cm 的土壤有机碳含量分别为 24.04g/kg、21.53g/kg 和 24.66g/kg。分别比清水河县高 14%、12% 和 12%。

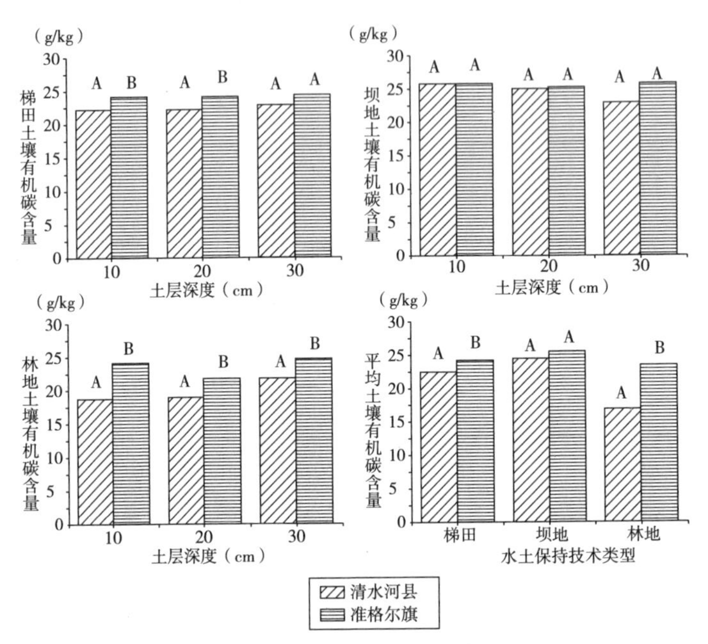

图 8-20　20 世纪 90 年代至 21 世纪两旗县相同水土保持技术的土壤有机碳含量

相同历史条件下不同水保技术下土壤有机碳含量的差异如表 8-11 所示。准格尔旗第 4 个历史阶段表现为三类技术不存在显著差异，因为其梯田种植作物的规律和清水河县在第 2~4 个历史阶段一致。准格尔旗在第 3 个历史阶段和第 5 个历史阶段土壤有机碳含量表现为坝地 > 梯田、林地，而第 2 个历史阶段则刚好相反，第 1 个历史阶段表现为梯田的土壤有机含量最大，由于准格尔旗梯田由以前的种植作物改为乔木，不确定种植乔木的年限和人为影响的强度，因而在不同历史阶段，三类水保技术的差异性规律变化复杂多样。

表 8-11　相同历史时期实施的不同水保技术的土壤有机碳含量

历史阶段	时间	水土保持技术	清水河县（g/kg）	准格尔旗（g/kg）
1	20 世纪 50~60 年代	梯田	21.01 ± 2.14a	23.73 ± 0.89a
		坝地	18.67 ± 1.49ab	22.29 ± 1.46b
		林地	17.16 ± 4.13b	21.95 ± 1.17b
2	20 世纪 60~70 年代	梯田	23.89 ± 30.99a	24.56 ± 0.51a
		坝地	24.84 ± 0.58a	22.83 ± 0.98b
		林地	24.43 ± 0.47a	24.29 ± 0.18a

续表

历史阶段	时间	水土保持技术	清水河县（g/kg）	准格尔旗（g/kg）
3	20 世纪 70~80 年代	梯田	23.98 ± 0.42a	23.00 ± 0.37a
		坝地	23.70 ± 0.75a	25.09 ± 0.68b
		林地	23.88 ± 0.78a	23.71 ± 1.39a
4	20 世纪 80~90 年代	梯田	22.57 ± 1.25a	23.88 ± 1.90a
		坝地	24.18 ± 0.86a	24.70 ± 0.39a
		林地	23.66 ± 0.33a	24.55 ± 0.42a
5	20 世纪 90 年代至 21 世纪	梯田	22.34 ± 0.51a	24.11 ± 0.26ab
		坝地	24.43 ± 1.72b	25.51 ± 0.43a
		林地	19.77 ± 1.76c	23.41 ± 2.26b

注：a、b、c 字母相同表示不同水土保持技术土壤含水量无显著差异，字母不同表现不同水土保持技术存在显著差异（$p<0.05$）。

清水河县在第 1 个历史阶段和第 5 个历史阶段土壤有机碳含量都表现为梯田、坝地 > 林地，按照正常情况，森林的土壤有机碳含量大于农地，这是因为第 1 个历史阶段中林地已经只是零星地保留，第 5 个历史阶段，林地在 2000 年刚种植，对土壤有机碳的影响较小。第 2 个、第 3 个和第 4 个历史阶段，梯田、坝地和林地土壤有机碳含量无显著差异，这可能是由于农业用地的施肥、留茬、秸秆覆盖的耕作方式影响了土壤有机碳。

综上所述，植物类型的变化会影响土壤有机碳的变化，假设以梯田种植农作物为准，如果林地成规模或存活时间较长（大于 20 年）的情况下，三类水保技术的土壤有机碳含量无显著差异；如果林地不成规模或栽种时间较短，土壤有机碳含量表现为梯田（种植作物）、坝地 > 林地。

8.1.3.2　土壤碱解氮

碱解氮（Available Nitrogen）包括无机态氮和结构简单、可以被作物直接吸收利用的有机态氮，可供作物近期吸收利用，它能反映土壤近期的供氮水平。

根据图 8–21 可知，清水河县在 20 世纪 50~60 年代修建的梯田、坝地和林地的土壤碱解氮含量都显著高于准格尔旗。其中，清水河县梯田、坝地和林地的土壤碱解氮为 0.05mg/kg、0.05mg/kg 和 0.07mg/kg，分别比准格尔旗高 40%、37% 和 62%。

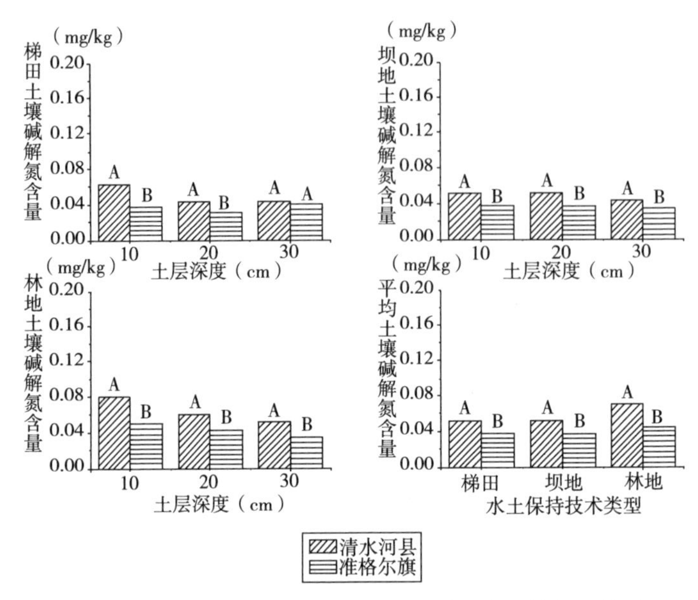

图 8-21　20 世纪 50~60 年代两旗县相同水土保持技术的土壤碱解氮含量

从分层土壤来看，两个旗县的梯田在 0~10cm 和 10~20cm 的土壤碱解氮含量存在显著差异，其中清水河县在 0~10cm 和 10~20cm 的土壤碱解氮含量分别为 0.06mg/kg 和 0.04gm/kg，分别比准格尔旗高 72% 和 44%。清水河县的坝地和林地三层土壤碱解氮含量都均显著大于准格尔旗，其中清水河县坝地在 0~10cm、10~20cm 和 20~30cm 的土壤碱解氮含量分别为 0.05mg/kg、0.04mg/kg 和 0.04gm/kg，分别比准格尔旗高 33%、45% 和 33%；清水河县林地在 0~10cm、10~20cm 和 20~30cm 的土壤碱解氮含量分别为 0.08mg/kg、0.07mg/kg 和 0.05mg/kg，分别比准格尔旗高 71%、61% 和 50%，这可能是因为在这个时期清水河县土壤施氮肥的量要高于准格尔旗。

根据图 8-22 和图 8-23 可知，清水河县在 20 世纪 60~70 年代和 20 世纪 70~80 年代梯田、坝地和林地的平均土壤碱解氮含量无显著差异。其中，两个时期修建的梯田、坝地和林地的土壤碱解氮均为 0.03mg/kg。

从分层土壤来看，在 20 世纪 60~70 年代和 20 世纪 70~80 年代两个旗县的梯田、坝地和林地三层土壤的碱解氮均无显著差异。其中 20 世纪 60~70 年代两旗县梯田在 0~10cm、10~20cm 和 20~30cm 的土壤碱解氮含量分别为 0.03mg/kg、0.02mg/kg 和 0.03gm/kg，坝地三层土壤碱解氮含量分别为 0.04mg/kg、0.03mg/kg 和 0.03mg/kg；林地三层土壤碱解氮含量均为 0.03mg/kg。20 世纪 70~80 年代两旗县梯田和坝地在 0~10cm、10~20cm 和 20~30cm 的土壤碱解氮含量均为 0.03mg/kg，林地三层土壤碱解氮含量分别为 0.04mg/kg、0.04mg/kg 和 0.03mg/kg。

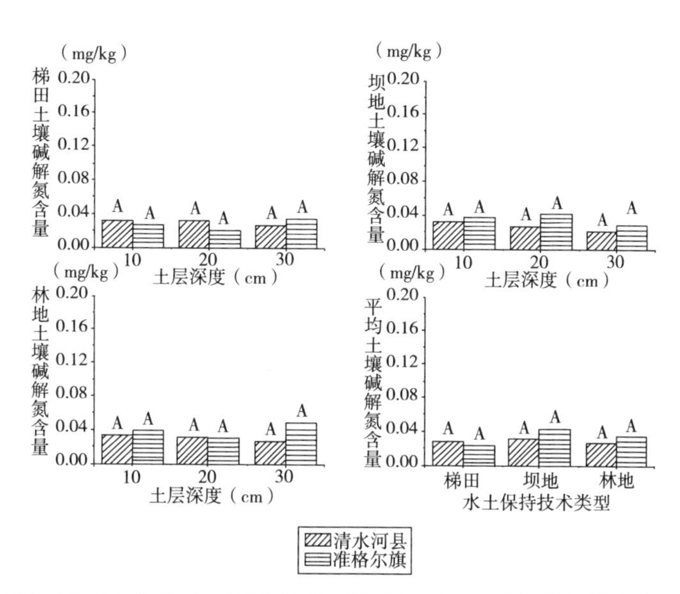

图 8-22　20 世纪 60~70 年代两旗县相同水土保持技术的土壤碱解氮含量

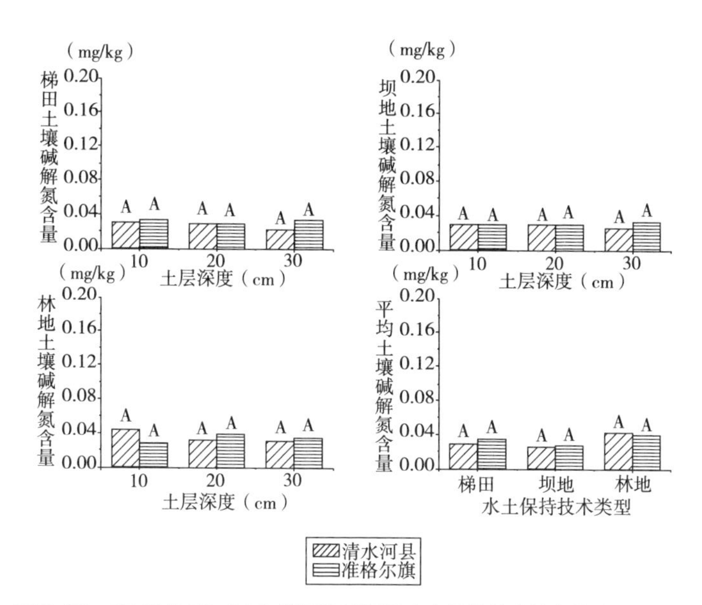

图 8-23　20 世纪 70~80 年代两旗县相同水土保持技术的土壤碱解氮含量

根据图 8-24 可知，两个旗县在 20 世纪 80~90 年代修建的坝地和林地的土壤碱解氮无显著差异，均为 0.03 mg/kg。在这一时期清水河县梯田的土壤碱解氮含量显著高于准格尔旗，其中，清水河县梯田土壤碱解氮为 0.05mg/kg，比准格尔旗高 71%。

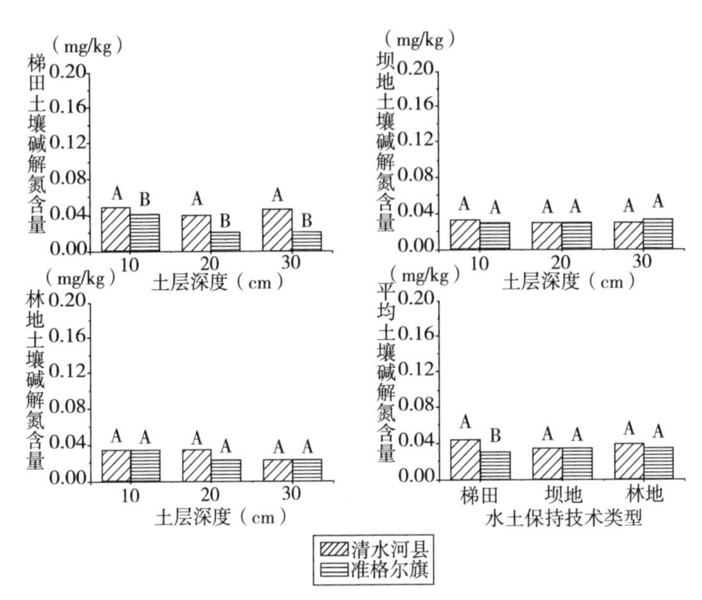

图 8-24　20 世纪 80~90 年代两旗县相同水土保持技术的土壤碱解氮含量

从分层土壤来看，两个旗县的梯田三层的土壤碱解氮都存在显著差异，其中清水河县 0~10cm、10~20cm 和 20~30cm 土壤碱解氮含量分别为 0.05mg/kg、0.04mg/kg 和 0.05mg/kg，分别比准格尔旗高 25%、100% 和 133%，这可能是因为清水河县的梯田是农地，耕作时进行施肥；而准格尔旗是林地，无施肥。两个旗县的坝地和林地三层的土壤碱解氮都无显著差异，其中两旗县坝地 0~10cm、10~20cm 和 20~30cm 的土壤碱解氮含量均为 0.03mg/kg，林地三层土壤碱解氮含量分别为 0.04mg/kg、0.03mg/kg 和 0.02mg/kg。

根据图 8-25 可知，两个旗县在 20 世纪 90 年代至 21 世纪的梯田土壤碱解氮无显著差异，为 0.04 mg/kg。两个旗县的坝地和林地的土壤碱解氮存在显著差异，其中准格尔旗坝地的土壤碱解氮含量为 0.04 mg/kg，比清水河县高 111%；清水河县林地的土壤碱解氮含量为 0.04 mg/kg，比准格尔旗高 110%。

从分层土壤来看，两个旗县的梯田三层的土壤碱解氮无显著差异，其中 0~10cm、10~20cm 和 20~30cm 土壤碱解氮含量均为 0.04mg/kg。准格尔旗坝地三层土壤碱解氮均显著高于清水河县，其中准格尔旗坝地 0~10cm、10~20cm 和 20~30cm 的土壤层碱解氮含量分别为 0.05 mg/kg、0.03 mg/kg 和 0.05 mg/kg，分别比清水河县高 133%、66% 和 133%。清水河县林地仅在 0~10cm 土层的碱解氮显著高于准格尔旗，其中清水河县 0~10cm 碱解氮为 0.05 mg/kg，比准格尔旗高 133%。

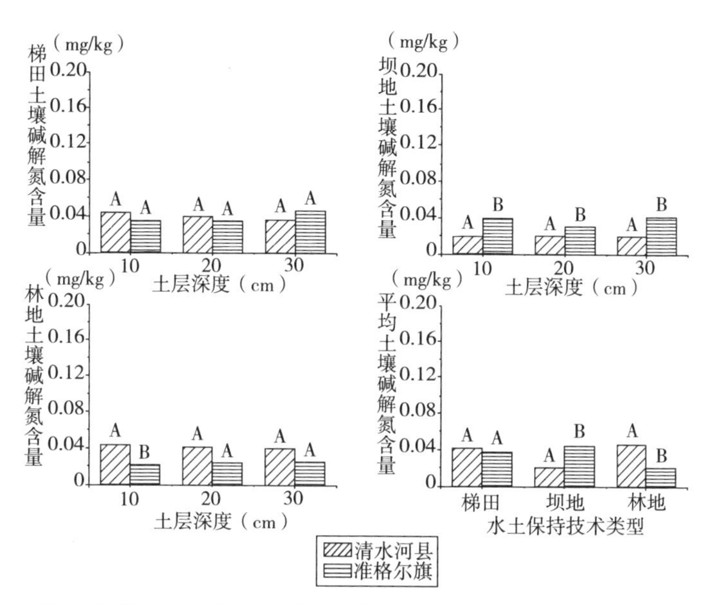

图 8-25　20 世纪 90 年代至 21 世纪两旗县相同水土保持技术的土壤碱解氮含量

相同历史条件下不同水保技术下土壤碱解氮含量如表 8-12 所示。准格尔旗在第 1~ 第 4 个历史阶段表现为三类水保技术土壤碱解氮无显著差异，在第 5 个历史阶段两个旗县也都表现为三类水保技术的碱解氮存在显著差异，且梯田、坝地 > 林地，因为农地在耕作中会施肥料，但在前四个阶段都表现为三类措施下无显著差异，表明经过长期的栽种乔灌木，会增加土壤的氮含量，提高土壤的肥力。

表 8-12　相同历史时期实施的不同水保技术的土壤碱解氮含量

历史阶段	时间	水土保持技术	清水河县（mg/kg）	准格尔旗（mg/kg）
1	20 世纪 50~60 年代	梯田	0.05 ± 0.01a	0.04 ± 0.01a
		坝地	0.05 ± 0.01a	0.04 ± 0.01a
		林地	0.07 ± 0.01b	0.04 ± 0.01a
2	20 世纪 60~70 年代	梯田	0.03 ± 0.01a	0.03 ± 0.01a
		坝地	0.03 ± 0.01a	0.04 ± 0.01a
		林地	0.03 ± 0.01a	0.04 ± 0.01a
3	20 世纪 70~80 年代	梯田	0.03 ± 0.01a	0.03 ± 0.01a
		坝地	0.03 ± 0.01a	0.03 ± 0.01a
		林地	0.03 ± 0.01a	0.03 ± 0.01a

续表

历史阶段	时间	水土保持技术	清水河县（mg/kg）	准格尔旗（mg/kg）
4	20 世纪 80~90 年代	梯田	0.05 ± 0.01a	0.03 ± 0.01a
		坝地	0.03 ± 0.01b	0.03 ± 0.01a
		林地	0.03 ± 0.01b	0.03 ± 0.01a
5	20 世纪 90 年代至 21 世纪	梯田	0.03 ± 0.01a	0.03 ± 0.01a
		坝地	0.02 ± 0.01b	0.04 ± 0.01b
		林地	0.04 ± 0.01c	0.02 ± 0.01c

注：a、b、c 字母相同表示不同水土保持技术土壤含水量无显著差异，字母不同表现不同水土保持技术存在显著差异（$p<0.05$）。

清水河县在第 1 个和第 4 个历史阶段土壤碱解氮表现为梯田、坝地 > 林地，表明农业施氮肥增加梯田和坝地土壤碱解氮的含量。在第 2 个和第 3 个历史阶段都表现为三类水保技术土壤碱解氮无显著差异，表明林地乔木数量多，生长状况好，会使三类水土保持技术下的土壤碱解氮无差异。第 5 个历史阶段两个旗县也都表现为三类水保技术的碱解氮存在显著差异，与准格尔旗第 1 个～第 4 个历史阶段相同。

综上所述，农作物的施肥量和林地的种植密度和种植时间会影响土壤碱解氮的变化，而且经过长时间的种植乔灌木，可以有效地提高土壤氮的含量。一般正常的施肥量和林地密度下，梯田、坝地和林地土壤碱解氮无显著；如果农地施肥量过多或者林地乔木存活率低或者种植年限短，土壤碱解氮表现为梯田、坝地 > 林地。

8.1.3.3　土壤速效磷

有效磷（Available Phosphorous）也称速效磷，是土壤中可被植物吸收的磷组分，包括全部水溶性磷、部分吸附态磷及有机态磷，有的土壤中还包括某些沉淀态磷。土壤有效磷含量高低在一定程度反映了土壤中磷素的贮量和供应能力。

根据图 8-26 可知，两个旗县在 20 世纪 50~60 年代的梯田土壤速效磷存在显著差异，而两个旗县的坝地和林地的土壤速效磷无显著差异。清水河县梯田的土壤速效磷为 345.33mg/kg，比准格尔旗高 380%。两个旗县坝地和林地的土壤速效磷分别为 401.40 mg/kg 和 85.97 mg/kg。

从分层土壤来看，两个旗县的梯田三层土壤速效磷均存在显著差异，且随着土层深度的增加，土壤速效磷的含量逐渐递减，其中清水河县在 0~10cm、

10~20cm 和 20~30cm 的土壤速效磷含量分别为 558.21mg/kg、292.54mg/kg 和 185.24 mg/kg，分别比准格尔旗高 380%、458% 和 294%，这主要是由于清水河县梯田种植农作物施磷肥导致其土壤速效磷显著高于准格尔旗种植乔木的梯田。两个旗县的坝地和林地三层的土壤速效磷含量均无显著差异，其中坝地在 0~10cm、10~20cm 和 20~30cm 的土壤速效磷含量分别为 682.19mg/kg、433.63mg/kg 和 88.39mg/kg；林地 0~10cm、10~20cm 和 20~30cm 的土壤速效磷含量分别为 102.01mg/kg、76.12mg/kg 和 79.79mg/kg。

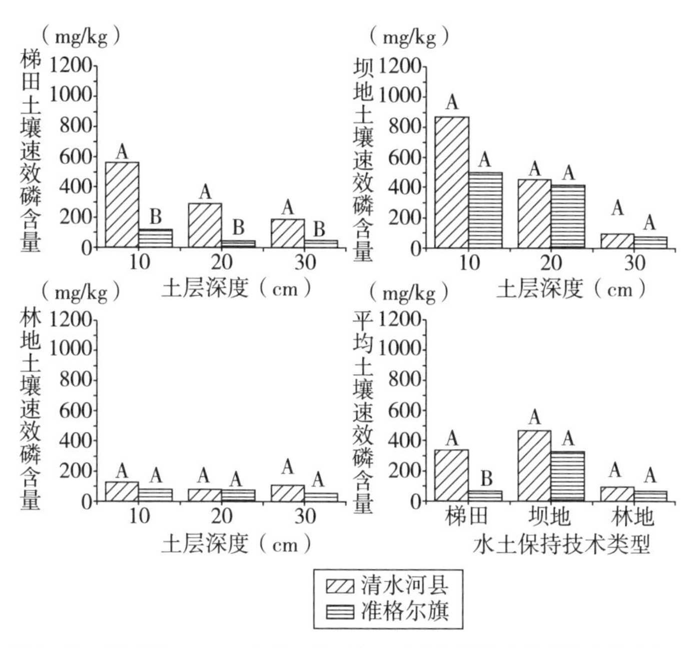

图 8-26　20 世纪 50~60 年代两旗县相同水土保持技术的土壤速效磷含量

根据图 8-27 可知，两个旗县在 20 世纪 60~70 年代的梯田和林地土壤速效磷含量存在显著差异，而两个旗县的坝地的土壤速效磷无显著差异。清水河县梯田和林地的土壤速效磷含量为 159.62 mg/kg 和 132.27mg/kg，分别比准格尔旗高 35% 和 64%。两个旗县坝地的平均土壤速效磷含量为 148.63mg/kg。

从分层土壤来看，差异性规律与 20 世纪 50~60 年代一致：两旗县梯田在 0~30cm 的土壤速效磷均存在显著差异，而坝地和林地则无显著差异。清水河县梯田在 0~10cm、10~20cm 和 20~30cm 的土壤速效磷含量分别为 195.62mg/kg、151.71mg/kg 和 131.52 mg/kg，分别比准格尔旗高 75%、25% 和 6%，两个旗县土壤速效磷含量的差异性也是随着土层深度的增加而逐渐缩小。两个旗县的坝地在 0~10cm、10~20cm 和 20~30cm 的土壤速效磷含量分别为 170.60mg/kg、

150.89mg/kg 和 124.41mg/kg；林地在 0~10cm、10~20cm 和 20~30cm 的土壤速效磷含量分别为 112.45mg/kg、109.85mg/kg 和 96.62gm/kg。

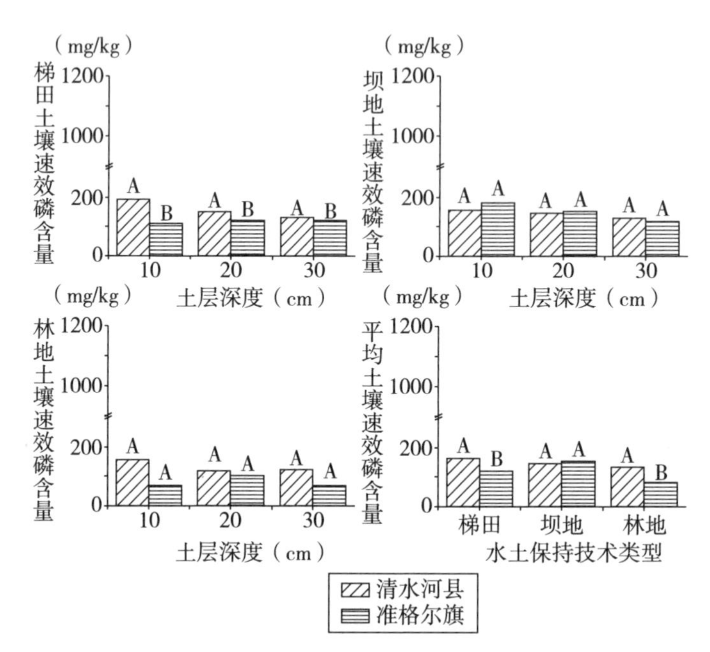

图 8-27　20 世纪 60~70 年代两旗县相同水土保持技术的土壤速效磷含量

根据图 8-28 可知，两个旗县在 20 世纪 70~80 年代的梯田、坝地和林地土壤速效磷均存在显著差异。清水河县坝地的土壤速效磷为 150.06mg/kg，比准格尔旗高 88%。准格尔旗的梯田和林地的土壤速效磷为 118.41 mg/kg 和 101.27 mg/kg，分别比清水河县高 42% 和 43%。

从分层土壤来看，两旗县梯田仅在 20~30cm 的土壤速效磷均存在显著差异，而坝地和林地则在三层都均无显著差异。其中准格尔旗梯田在 20~30cm 土壤速效磷含量为 140.60mg/kg，比清水河县高 106%。两个旗县的坝地在 0~10cm、10~20cm 和 20~30cm 的土壤速效磷含量分别为 130.25mg/kg、112.45mg/kg 和 101.57mg/kg；林地在 0~10cm、10~20cm 和 20~30cm 的土壤速效磷含量分别为 74.37mg/kg、92.93mg/kg 和 90.14mg/kg。

根据图 8-29 可知，两个旗县在 20 世纪 80~90 年代的梯田、坝地和林地土壤速效磷均存在显著差异。清水河县梯田、坝地和林地的土壤速效磷为 231.40mg/kg、183.54 mg/kg 和 121.90 mg/kg，分别比准格尔旗高 70%、20% 和 65%。

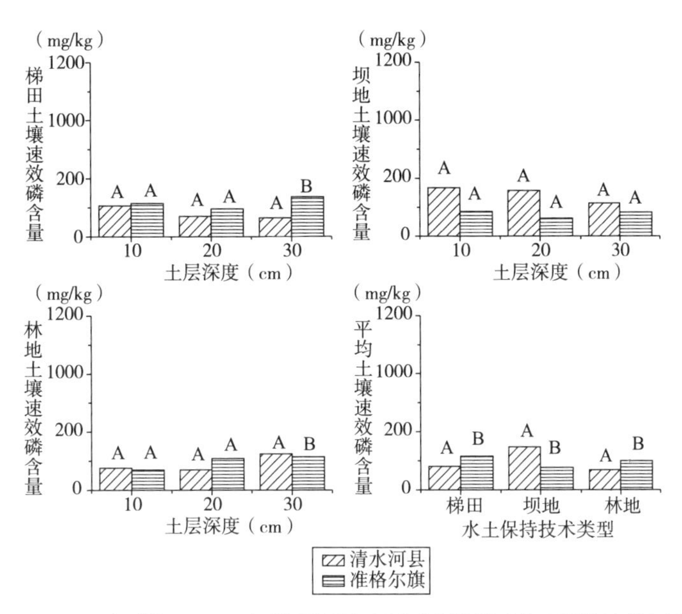

图 8-28　20 世纪 70~80 年代两旗县相同水土保持技术的土壤速效磷含量

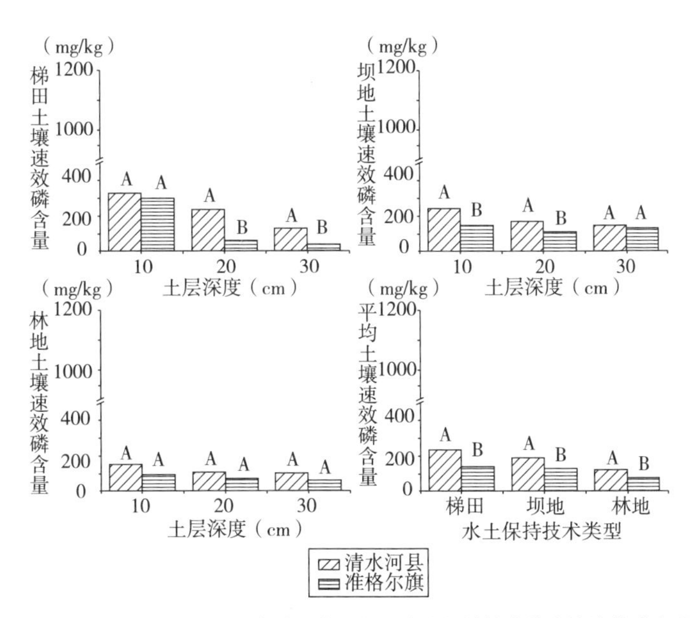

图 8-29　20 世纪 80~90 年代两旗县相同水土保持技术的土壤速效磷含量

从分层土壤来看，两旗县梯田在 10~20cm 和 20~30cm 的土壤速效磷含量均存在显著差异，坝地在 0~10cm 和 10~20cm 存在显著差异，而林地则在三层都均无显著差异。清水河县梯田在 10~20cm 和 20~30cm 土壤速效磷含量为

235.46 mg/kg 和 128.96mg/kg，分别比准格尔旗高 282% 和 197%。清水河县坝地在 0~10cm 和 10~20cm 的土壤速效磷含量分别为 238.95mg/kg 和 171.81 mg/kg，分别比准格尔旗高 60% 和 65%；林地在 0~10cm、10~20cm 和 20~30cm 的土壤速效磷含量分别为 119.31mg/kg、91.52mg/kg 和 82.53mg/kg。

根据图 8-30 可知，两个旗县在 20 世纪 90 年代至 21 世纪的梯田、坝地和林地土壤速效磷均存在显著差异，差异性规律与 20 世纪 80~90 年代一致。清水河县梯田、坝地和林地的土壤速效磷含量为 549.93mg/kg、128.61 mg/kg 和 165.30 mg/kg，分别比准格尔旗高 1041%、165% 和 254%。

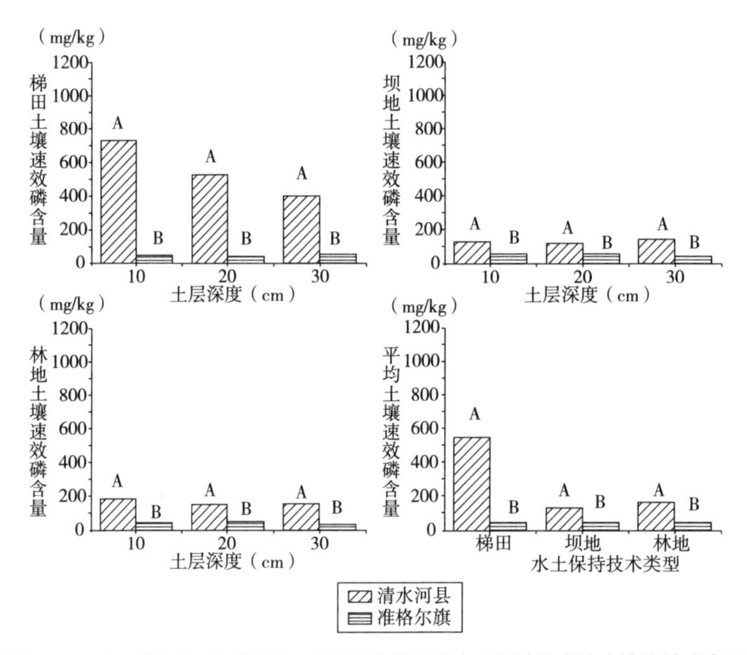

图 8-30　20 世纪 90 年代至 21 世纪两旗县相同水土保持技术的土壤速效磷含量

从分层土壤来看，两个旗县的三种水保技术在 0~30cm 的土壤速效磷存在显著差异，且均为清水河县的土壤速效磷含量高于准格尔旗。清水河县梯田在 0~10cm、10~20cm 和 20~30cm 的土壤速效磷含量为 732.24 mg/kg、522.52mg/kg 和 395.03mg/kg，分别比准格尔旗高 1346%、1160% 和 653%；清水河县坝地在 0~10cm、10~20cm 和 20~30cm 的土壤速效磷含量为 126.03 mg/kg、119.72mg/kg 和 140.09mg/kg，分别比准格尔旗高 136%、132% 和 244%；清水河县林地在 0~10cm、10~20cm 和 20~30cm 的土壤速效磷含量为 186.32 mg/kg、152.53mg/kg 和 157.06mg/kg，分别比准格尔旗高 289%、176% 和 324%。

相同历史时期实施不同水保技术下土壤速效磷含量如表 8-13 所示。准格尔旗在第 1 个、第 2 个和第 4 个历史阶段土壤速效磷都表现为坝地 > 林地，这是因为土壤速效磷主要来源于土壤施磷肥，作为农地在耕作时会施肥，因此坝地显著高于林地，而梯田表现为有时显著高于林地，而有时又与其无显著差异，这是因为梯田由农作物改为乔木，施肥量发生明显变化；在第 5 个历史阶段，三类水保技术的土壤速效磷无显著差异，这是由于刚修建的坝地并未开始耕作，也没有施肥；在第 3 个历史阶段，出现反常的变化，即坝地土壤速效磷含量显著低于梯田和林地，这可能是由于坝地耕作时未施肥导致。

表 8-13　相同历史时期实施不同水保技术下土壤速效磷含量

历史阶段	年份	水土保持技术	清水河县（mg/kg）	准格尔旗（mg/kg）
1	20 世纪 50~60 年代	梯田	345.33 ± 178.46a	71.80 ± 62.43a
		坝地	473.15 ± 363.83a	329.66 ± 319.50b
		林地	103.51 ± 39.02b	68.43 ± 12.53a
2	20 世纪 60~70 年代	梯田	159.62 ± 35.12a	118.62 ± 14.04ab
		坝地	144.88 ± 30.59a	152.38 ± 65.20a
		林地	132.27 ± 26.99a	80.34 ± 31.65b
3	20 世纪 70~80 年代	梯田	83.07 ± 21.60a	118.41 ± 23.97a
		坝地	150.06 ± 50.69b	79.45 ± 28.51b
		林地	70.36 ± 18.38a	101.27 ± 26.82ab
4	20 世纪 80~90 年代	梯田	231.40 ± 107.10a	135.36 ± 126.45a
		坝地	183.54 ± 65.03ab	149.50 ± 47.80a
		林地	121.90 ± 33.17b	73.67 ± 17.40b
5	20 世纪 90 年代至 21 世纪	梯田	549.93 ± 245.74a	48.17 ± 12.62a
		坝地	128.61 ± 18.18b	48.49 ± 9.45a
		林地	165.30 ± 22.29b	46.67 ± 9.21a

注：a、b、c 字母相同表示不同水土保持技术土壤含水量无显著差异，字母不同表现不同水土保持技术存在显著差异（$p<0.05$）。

清水河县除了第 2 个历史阶段表现为三类水保技术的土壤速效林无显著差异外，其他 4 个历史阶段土壤速效磷都表现为坝地、梯田 > 林地，这是因为农地施肥，而林地未施肥导致。

综上所述，人为给土壤施磷肥会明显地影响土壤速效磷的变化。大多数情况下土壤速效磷表现为梯田、坝地 > 林地。

8.1.3.4　土壤速效钾

速效钾（Available Potassium）亦称有效钾，主要有土壤溶液中游离的钾离子和胶体上吸附的交换性钾，可直接被作物吸收利用，其含量因受施肥、基质、气候条件等影响。

根据图 8-31 可知，两个旗县在 20 世纪 50~60 年代修建的梯田、坝地和林地的土壤速效钾含量都存在显著差异。其中，清水河县梯田和林地的土壤速效钾为 35.42mg/kg 和 64.66mg/kg，分别比准格尔旗高 62% 和 55%。准格尔旗坝地的土壤速效钾为 53.18mg/kg，比清水河县高 33%。

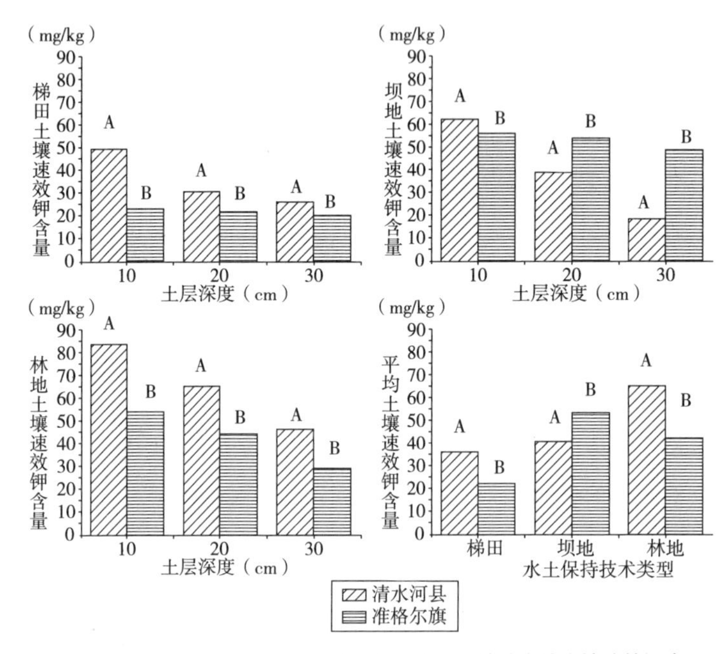

图 8-31　20 世纪 50~60 年代两旗县相同水土保持技术的土壤速效钾含量

从分层土壤来看，两个旗县三类水保技术的分层土壤速效钾含量均存在显著差异，其中清水河县梯田在 0~10cm、10~20cm 和 20~30cm 的土壤速效钾含量分别为 49.44mg/kg、30.66mg/kg 和 26.15mg/kg，分别比准格尔旗高 121%、40% 和 28%；清水河县林地 0~10cm、10~20cm 和 20~30cm 的土壤速效钾含量分别为 83.07mg/kg、64.93mg/kg 和 45.97mg/kg，分别比准格尔旗高 54%、50% 和 63%。清水河县坝地 0~10cm 的土壤速效钾含量为 62.33mg/kg，比准格尔旗高 11%；准格尔旗坝地 10~20cm 和 20~30cm 的土壤速效钾含量为 54.35mg/kg 和 49.06mg/kg，分别比清水河县高 40% 和 162%。

根据图 8-32 可知，两个旗县在 20 世纪 60~70 年代修建的梯田、坝地和林地的土壤速效钾含量也存在显著差异，规律和 20 世纪 50~60 年代一致。其中，清水河县梯田和林地的土壤速效钾含量为 24.37mg/kg 和 25.58mg/kg，分别比准格尔旗高 37% 和 8%。准格尔旗坝地的土壤速效钾含量为 38.95mg/kg，比清水河县高 130%。

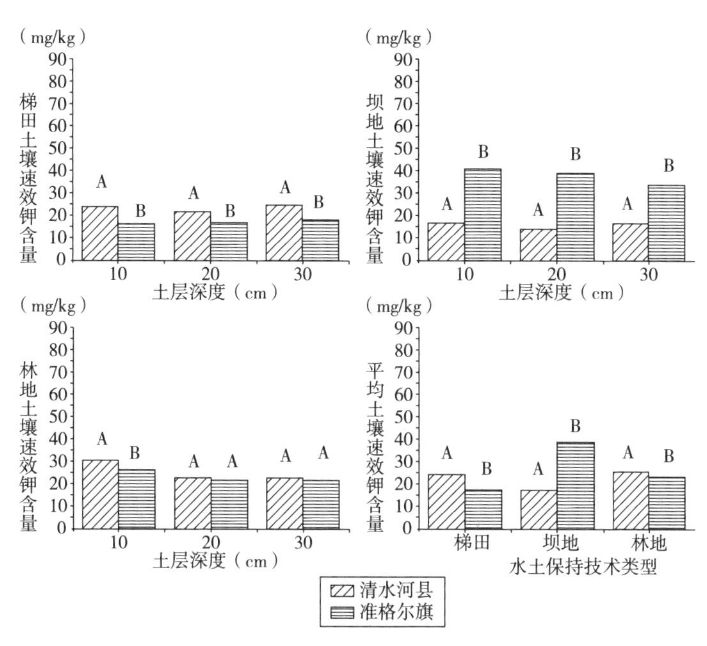

图 8-32　20 世纪 60~70 年代两旗县相同水土保持技术的土壤速效钾含量

从分层土壤来看，两个旗县梯田和坝地三层土壤速效钾均存在显著差异，而林地仅在 0~10cm 的土壤速效钾含量存在显著差异。清水河县梯田在 0~10cm、10~20cm 和 20~30cm 的土壤速效钾含量分别为 24.77mg/kg、22.76mg/kg 和 25.59mg/kg，分别比准格尔旗高 44%、30% 和 35%；准格尔旗坝地在 0~10cm、10~20cm 和 20~30cm 的土壤速效钾含量分别为 41.77mg/kg、40.19mg/kg 和 34.90mg/kg，分别比清水河县高 58%、166% 和 97%。清水河县林地在 0~10cm 的土壤速效钾含量为 30.73mg/kg，比准格尔旗高 16%。

根据图 8-33 可知，两个旗县在 20 世纪 70~80 年代修建的梯田和林地的土壤速效钾含量存在显著差异。其中，准格尔旗梯田和林地的土壤速效钾为 21.98mg/kg 和 23.78mg/kg，分别比清水河县高 29% 和 27%。两旗县坝地的土壤速效钾无显著差异，平均为 20.77mg/kg。

从分层土壤来看，两个旗县梯田三层土壤速效钾含量均存在显著差异，坝地仅在 20~30cm 土壤速效钾存在显著差异，林地在 10~20cm 和 20~30cm 的土壤速效钾含量存在显著差异。准格尔旗梯田 0~10cm、10~20cm 和 20~30cm 的土壤速效钾含量分别为 22.72mg/kg、20.32mg/kg 和 22.91mg/kg，分别比清水河县高 22%、23% 和 42%；清水河县坝地在 20~30cm 的土壤速效钾含量为 20.37mg/kg，比准格尔旗高 25%。准格尔旗林地 10~20cm 和 20~30cm 的土壤速效钾含量为 26.63mg/kg 和 25.04 mg/kg，比清水河县高 48% 和 50%。

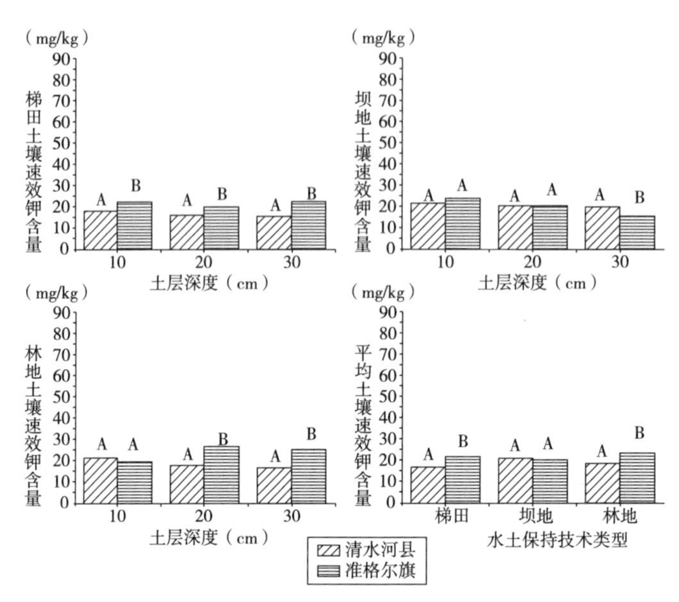

图 8-33　20 世纪 70~80 年代两旗县相同水土保持技术的土壤速效钾含量

根据图 8-34 可知，两个旗县在 20 世纪 80~90 年代的梯田和坝地的土壤速效钾含量均无显著差异，分别为 28.34mg/kg 和 19.87mg/kg。清水河县林地的土壤速效钾为 20.89 mg/kg，比准格尔旗高 14%。

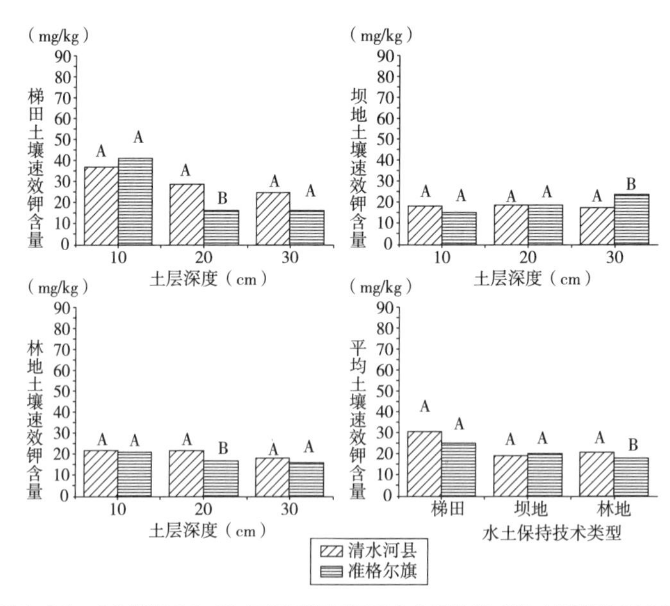

图 8-34　20 世纪 80~90 年代两旗县相同水土保持技术的土壤速效钾含量

从分层土壤来看，两个旗县梯田在 10~20cm 土壤速效钾含量均存在显著差异，坝地仅在 20~30cm 的土壤速效钾含量存在显著差异，林地在 10~20cm 的土壤速效钾含量存在显著差异。清水河县梯田在 10~20cm 的土壤速效钾含量分别为 29.81mg/kg，分别比清水河县高 70%；准格尔旗坝地在 20~30cm 的土壤速效钾含量为 24.81mg/kg，比清水河县高 33%。清水河县林地在 10~20cm 的土壤速效钾含量为 21.83mg/kg，比准格尔旗高 27%。

根据图 8-35 可知，两个旗县在 20 世纪 90 年代至 21 世纪的梯田、坝地和林地的土壤速效钾含量均存在显著差异。清水河县的梯田、坝地、林地的土壤速效钾含量为 35.58 mg/kg、16.58 mg/kg 和 27.19 mg/kg，分别比准格尔旗显著高 87%、22% 和 77%。

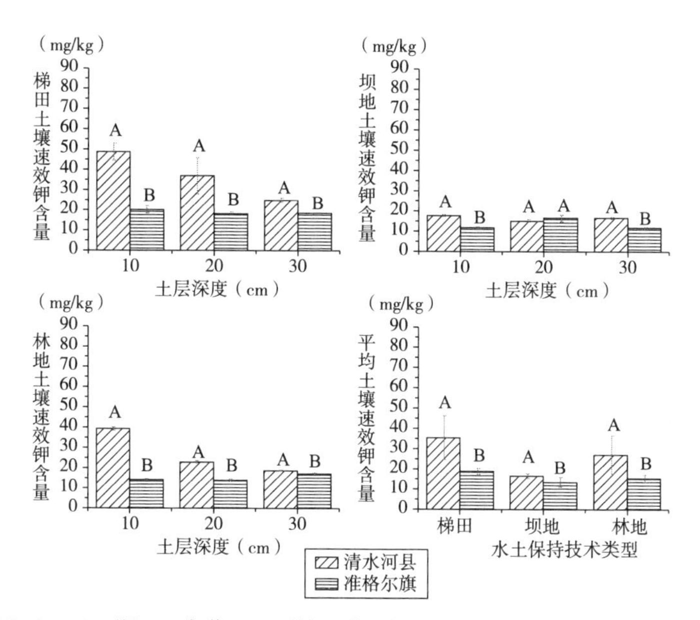

图 8-35　20 世纪 90 年代至 21 世纪两旗县相同水土保持技术的土壤速效钾含量

从分层土壤来看，两个旗县梯田和林地的三层土壤速效钾均存在显著差异，坝地在 0~10cm 和 20~30cm 的土壤速效钾含量存在显著差异。清水河县梯田在 0~10cm、10~20cm、20~30cm 的土壤速效钾含量分别为 48.78mg/kg、37.06 mg/kg、25.06 mg/kg，分别比准格尔旗高 138%、101% 和 36%；清水河县林地在 0~10cm、10~20cm、20~30cm 的土壤速效钾含量分别为 39.47mg/kg、23.07 mg/kg、19.04 mg/kg，分别比准格尔旗高 170%、65% 和 8%；清水河县坝地在 0~10cm 和 20~30cm 的土壤速效钾含量为 17.75mg/kg 和 16.69mg/kg，分别比准格尔旗高 46% 和 39%。

相同历史条件下不同水保技术下土壤速效钾含量如表8-14所示。准格尔旗在第1个、第2个和第4个历史阶段，土壤速效钾都表现为坝地 > 林地；在第3个历史阶段，表现为坝地 < 林地；在第5个历史阶段，两者无显著差异。

表8-14　相同历史时期实施的不同水保技术的土壤速效钾含量

历史阶段	时间	水土保持技术	清水河县（mg/kg）	准格尔旗（mg/kg）
1	20世纪50~60年代	梯田	35.42 ± 11.020a	21.85 ± 1.45a
		坝地	39.96 ± 19.40a	53.18 ± 6.06b
		林地	64.66 ± 16.19b	41.78 ± 11.51c
2	20世纪60~70年代	梯田	24.37 ± 1.67a	17.84 ± 1.03ab
		坝地	16.86 ± 1.43b	38.95 ± 4.020a
		林地	25.58 ± 3.94a	23.59 ± 2.27c
3	20世纪70~80年代	梯田	17.04 ± 1.32a	22.19 ± 1.55a
		坝地	21.03 ± 0.93b	20.52 ± 3.09a
		林地	18.72 ± 2.17c	23.79 ± 3.18b
4	20世纪80~90年代	梯田	31.15 ± 5.62a	25.53 ± 14.00a
		坝地	19.21 ± 1.21b	20.53 ± 3.73a
		林地	20.89 ± 1.77b	18.26 ± 2.44b
5	20世纪90年代至21世纪	梯田	35.58 ± 10.70a	19.00 ± 1.55a
		坝地	16.58 ± 1.14b	13.57 ± 2.36b
		林地	27.19 ± 9.38c	15.40 ± 1.76b

注：a、b、c字母相同表示不同水土保持技术土壤含水量无显著差异，字母不同表现不同水土保持技术存在显著差异（$p<0.05$）。

清水河县在第1个、第2个和第4个历史阶段，土壤速效钾表现为林地 > 坝地，在第3个和第5个历史阶段却又恰好相反，土壤速效钾表现为林地 < 坝地。两个旗县土壤速效钾存在显著差异，且在不同历史阶段变化很大，具体原因有待进一步考证。

8.1.4 两个旗县水土保持技术发展存在差异的根源

8.1.4.1 历时背景差异

准格尔（蒙语，语意为“左翼”），从新石器时期（距今七千年前至四千年前）开始，准格尔旗多为北方游牧部落所占据，以畜牧业为主的社会经济状态，到清康熙年间，准格尔旗的农田才逐步增大，牧地开始缩小。清顺治六年（公元 1649 年），鄂尔多斯蒙古部分为鄂尔多斯左翼前、中、后和鄂尔多斯右翼前、中、后 6 个札萨克旗，置伊克昭盟。伊克昭盟鄂尔多斯左翼前旗为现今的准格尔旗，至此，准格尔旗初建旗政。

清水河县因境内的清水河而得名。清乾隆元年（1736 年）设置清水河协理通判厅，光绪十年（1884 年）改为抚民通判厅。民国 3 年（1914 年）改厅为清水河县，隶属绥远特别区。1949 年起先后属萨县专区、集宁专区、平地泉行政区、乌兰察布盟管辖。1996 年划归呼和浩特市管辖。

纵观历史长河，准格尔旗在历史上属于牧区，而清水河县主要是农区，在漫长的历史过程中，前人的生活生产方式影响着后人，农区和牧区的差异可以合理地解释技术实施的数量和治理面积的差异，如 1956~2011 年，清水河县梯田的数量大于准格尔旗，而准格尔旗林草措施的实施数量又显著高于清水河县。

8.1.4.2 人口数量和乡村人口比例差异显著

根据图 8-36 可知，1978~1998 年两个旗县的乡村人口（户数）占总人口（户数）的比例相似，平均为 88%。从 1999 年开始，两个旗县的乡村人口比例直线下降，其中清水河县下降斜率为 3.24，准格尔旗为 3.98，表明随着时间的推移，准格尔旗乡村人口比例下降速度显著高于清水河县；到 2011 年，准格尔旗乡村户数占总户数的 27%，清水河县为 45%。乡村人口的急剧减少也解释了目前准格尔旗的梯田都种植了乔灌木，而清水河县梯田仍然种植农作物的现象。

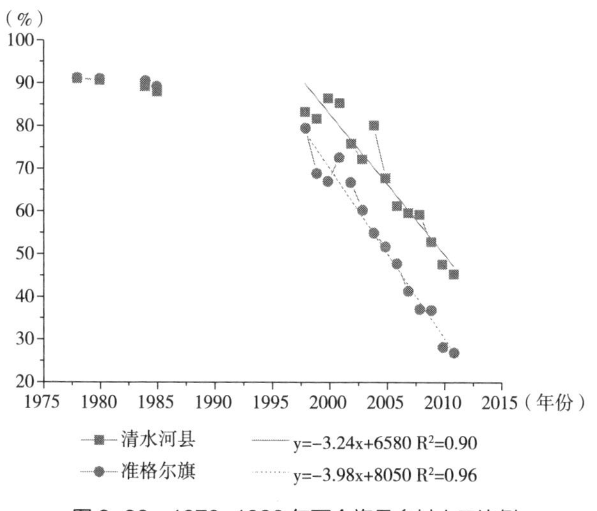

图 8-36 1978~1998 年两个旗县乡村人口比例

从两个旗县人口数量来看，1978~1998 年准格尔旗的总人口和农业人口数量均是清水河县的 2 倍（见表 8-15），1999~2011 年准格尔旗的总人口户数仍是清水河县的 2 倍，但是乡村户数逐渐减少，是清水河县的 1.4 倍（见表 8-16）。总体来说，1978~2011 年，准格尔旗的乡村人口数量大于清水河县，农民是实施水土保持技术如梯田、坝地、林地的主要劳动力，因此乡村农民数量多，可能是不同历史时期准格尔旗流域治理面积大于清水河县的一个原因。

表 8-15　1978~1998 年两个旗县总人口和农业人口　　单位：人

年份	清水河县		准格尔旗	
	总人口	农业人口	总人口	农业人口
1978	105102	95715	204517	186573
1980	108773	98742	210901	191879
1984	114796	102448	222061	201179
1985	115034	101419	224827	200790
1998	133200	111000	260300	207000

资料来源：《内蒙古旗县（市）经济和社会发展概况（1978—1985）》和《内蒙古统计年鉴》（2000 年）。

表 8-16　1999~2011 年两个旗县总户数和乡村户数　　单位：户

年份	清水河县		准格尔旗	
	总户	乡村户	总户	乡村户
1999	34776	28417	80994	55787
2000	36092	31231	82318	55234
2001	36742	31403	85189	61911
2002	37326	28337	85911	57443
2003	37453	27060	87459	52904
2004	37890	30398	91285	50279
2005	38151	25880	94811	49079
2006	40397	24820	101127	48319
2007	42075	25119	114281	47404
2008	43572	25845	129445	48118
2009	47357	25058	125140	46111
2010	52490	25029	130694	37085
2011	54096	24593	134555	36539

资料来源：《内蒙古统计年鉴》（2000~2012 年）。

8.1.4.3 地方实力悬殊

根据图 8–37、图 8–38 和表 8–17 可见，1978~2011 年两个旗县的生产总值和地方财政收入都是增加的，如准格尔旗 1978 年生产总值为 4395 万元，到 2011 年为 8300235 万元，增加了 1888 倍；清水河县 1978 年生产总值为 1796.7 万元，到 2011 年增加到 492813 万元，增加了 274 倍。同样，准格尔旗 1978 年财政收入为 318.41 万元，到 2011 年为 781531 万元，增加了 2454 倍；清水河县 1978 年生产总值为 63.4 万元，到 2011 年增加到 21187 万元，增加了 334 倍。地方实力的大幅度提升，也解释了 1956~2011 年两个旗县的水土保持治理面积逐年增加的驱动力。

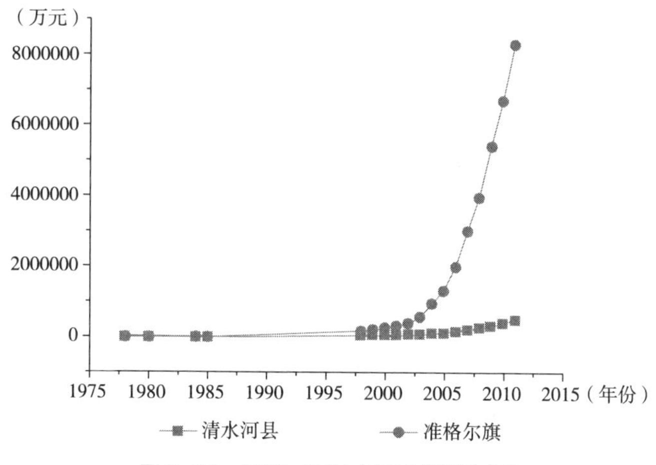

图 8–37 1978~2011 年两个旗县总产值

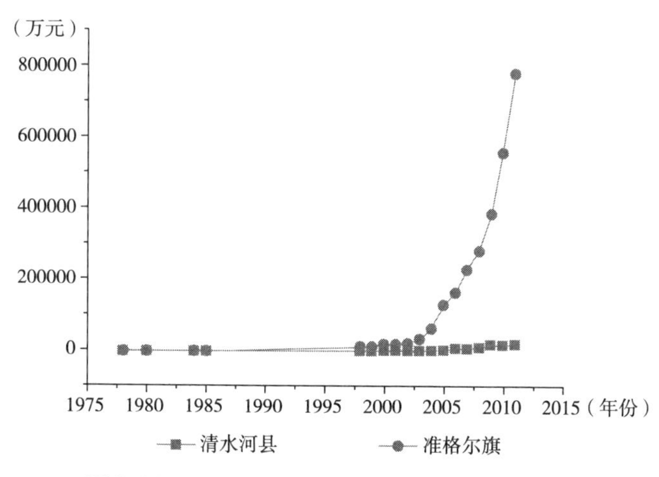

图 8–38 1978~2011 年两个旗县地方财政预算收入

表 8-17　两旗县地方生产总值和地方财政

年份	生产总值（万元）		准格尔旗 / 清水河县	地方财政一般预算收入（万元）		准格尔旗 / 清水河县
	清水河县	准格尔旗		清水河县	准格尔旗	
1978	1796.7	4395	2	63.4	318.41	5
1980	1961.9	4443	2	87.2	276.3	3
1984	3271	6364.5	2	174.2	271.7	2
1985	2612.2	5434	2	232.3	404.2	2
1998	51901	171508	3	1828	11660	6
1999	59905	212300	4	2015	13568	7
2000	68208	268358	4	2270	19685	9
2001	65501	318938	5	2186	20622	9
2002	75315	398000	5	2209	23448	11
2003	82213	570050	7	2725	35163	13
2004	113456	950100	8	3201	64111	20
2005	122987	1308235	11	4376	130105	30
2006	160008	2000027	12	8983	164355	19
2007	220976	3000267	14	8363	230183	28
2008	266913	3955000	15	11352	285492	25
2009	318810	5394800	17	18786	388116	20
2010	401469	6711362	18	18076	558462	31
2011	492813	8300235	17	21187	781531	37

1978~2011 年，生产总值和地方财政收入都表现为准格尔旗大于清水河县，只是在 1978~1985 年两个旗县差异小，而 1998 年后两个旗县的生产总值和财政收入的差距迅速地拉大，如 1978 年准格尔旗的生产总值是清水河县的 2 倍，财政收入是清水河县的 5 倍；到 2011 年，准格尔旗的生产总值是清水河县的 17 倍，财政收入是清水河县的 36 倍。地方实力的悬殊使水土保持技术的实施数量和治理面积受到客观的影响。

两个旗县的地方实力在 1998 年开始显著拉大，下面通过分析两个旗县三类产业的比值试着寻找拉动经济的推手。根据图 8-39 可知：1998 年两个旗县已经表现出差异，如第一产业清水河县占 44%，而准格尔旗只占 20%；清水河县仍以第一产业，主要是农业为主，而准格尔旗以第二产业，主要是工业为主。1998~2011 年两个旗县的第一产业的比例都在逐渐缩小，清水河县以第二产业和第三产业为主导，准格尔旗以第二产业为主导。根据当地实际情况可知，准格尔旗在这一时期，主要以煤矿的开采和工矿企业拉动了整个旗县的经济。

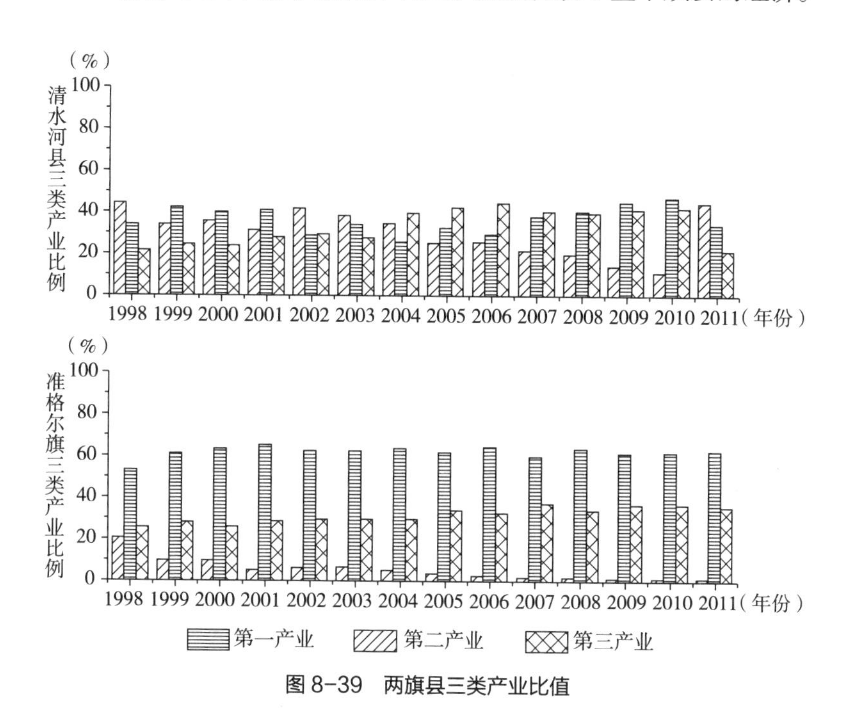

图 8-39　两旗县三类产业比值

8.1.4.4　国家扶持和地方投资力度悬殊

从 1984 年开始，国家大力推行的治沟骨干坝工程也属于国家基本建设项目一部分，因此，根据统计年鉴，试着分析两个旗县的基本建设投资情况。根据图 8-40 可知：1978 年两个旗县对基本建设投资的经费相近；到 1984 年，两个旗县基本建设投资差异显著，其中准格尔旗为 1728 万元，是清水河县的 36 倍。两个旗县基本建设投资的差异悬殊，可以作为解释从 1984 年开始准格尔旗治沟骨干坝的数量多于清水河县的原因之一。

通过分析 1978~1985 年的基本建设投资的资金来源可知（见图 8-41 和表 8-18）：1978~1985 年清水河县国家投资力度逐年缩小，地方自筹提高，而准格尔旗是国家投资力度逐年增加，地方自筹降低。如 1978 年国家对清水河县的投资为 316 万元，是准格尔旗的 2 倍；到 1985 年，国家对准格尔旗的投资为 1383 万元，是清水河县的 43 倍。国家加大了对准格尔旗的投资力度，表明国家开始注重准格尔旗基本建设发展，成为国家大力扶持的重点旗县。

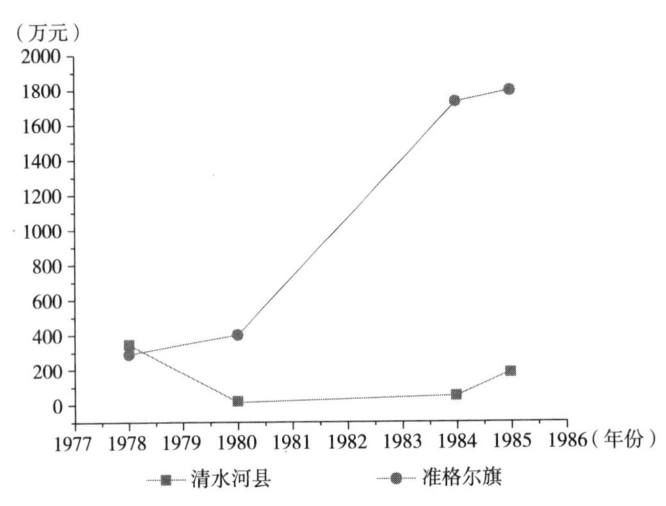

图 8-40　1978~1985 年两旗县基本建设投资情况

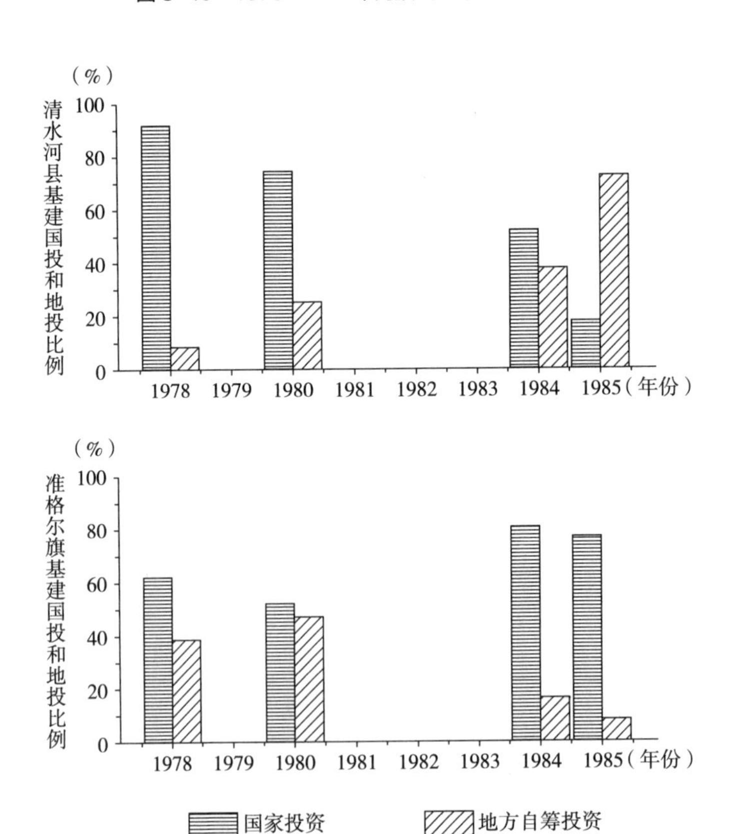

图 8-41　1978~1985 年两个旗县基本建设中国投和地方投资比例

表 8-18　1978~1985 年两旗县基本建设投资　　单位：万元

年份	基本建设投资		国家投资		地方自筹投资	
	清水河县	准格尔旗	清水河县	准格尔旗	清水河县	准格尔旗
1978	344.23	289.62	316	180.85	28.2	110.97
1980	123.53	397.2	92.15	207.39	31.3	187.81
1984	48	1728	25	1400	18	280
1985	182	1793	32	1383	132	142

另外，即便是 1978~1985 年准格尔旗以国家投资为主，但其自筹投资经费也是一直高于清水河县，如 1978 年自筹投资经费为 110.97 万元，是清水河县的 4 倍；到 1985 年自筹投资经费为 142 万元，清水河县是 132 万元。

综上所述，从国家层面来看，重视准格尔旗的基本建设，投入了大量的资金；从地方层面来看，准格尔旗地方财政也投入了大量的财力来建设，这些都可以解释在相似自然地貌条件下，准格尔旗水土保持工作发展优于清水河县的原因。

通过图 8-42 和表 8-19 来分析 2007~2011 年两个旗县财政支出的分配情况。受地方财政收入的影响，准格尔旗的财政支出显著高于清水河县，平均为清水河县的 6 倍。其中和水土保持工作息息相关的农林水事务的支出都表现为准格尔旗显著高于清水河县，平均为清水河县的 3 倍。农林水投资力度的差异，可以很好地解释在这一时期准格尔旗水土保持生态工程的发展迅猛，并在 2011 年被评为全国首个生态文明旗县。

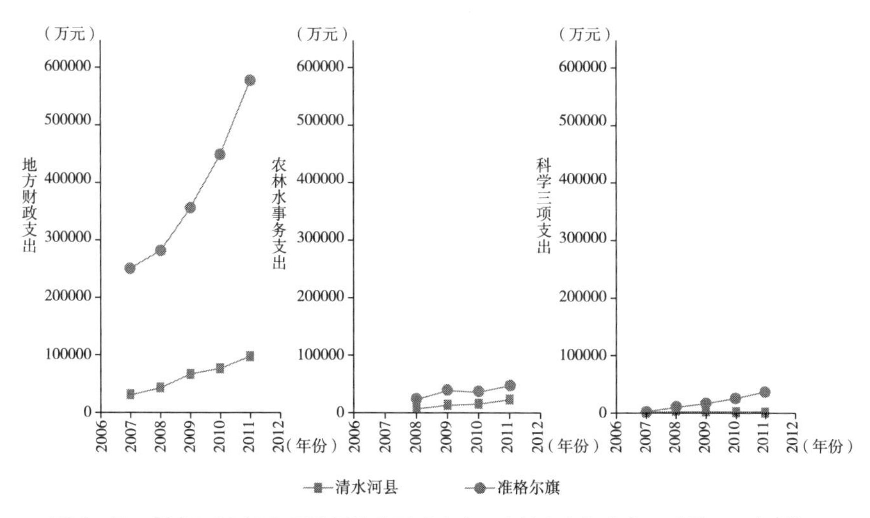

图 8-42　2007~2011 年两旗县地方财政支出、农林水事务支出、科学三项支出情况

表 8-19　2007~2011 年两旗县地方财政支出、农林水事务支出、科学三项支出情况

单位：万元

年份	财政支出		农林水事务支出		科学三项支出	
	清水河县	准格尔旗	清水河县	准格尔旗	清水河县	准格尔旗
2007	30586	249900	—	—	75	2004
2008	42596	282103	6701	22916	255	9380
2009	65653	355770	12447	37881	391	15921
2010	76003	449013	14729	35658	196	24967
2011	96653	578281	22313	47137	274	36148

科学三项的支出主要安排地方各级重点科技计划项目，从整个历史发展来看，科学研究项目有力地推动了水土保持技术发展。如在 1979 年国家科委下达给准格尔旗“皇甫川流域水土流失综合治理农林牧全面发展试验研究”的重点科研项目，在自治区科委和水利厅主持下，于同年 6 月成立皇甫川流域水土保持试验站进行科学研究工作。“七五”（1986~1990 年）、“八五”（1991~1995 年）期间，国家科委又将皇甫川列为“黄土高原综合治理”全国水保科研试验示范区之一，并在海子塔五分地沟流域开展了定点示范研究工作。1997~2011 年，国家实施了一系列水土保持工程，如内蒙古黄土高原地区水土保持淤地坝工程（2003~2010 年）、全国八片重点治理项目（1983~2007 年）、世界银行贷款项目（1994~2004 年）、砒砂岩地区沙棘生态工程、水土保持中央财政预算内专项项目（国债）、退耕还林工程等。根据表 8-19 可知，2007 年，准格尔旗科学三项投入 2004 万元，是清水河县的 27 倍；到 2011 年准格尔旗的科学三项投入为 36148 万元，是清水河县的 127 倍，科学三项投入的差异也可以作为解释准格尔旗水土保持技术迅速发展的原因之一。

综上所述，由于两个旗县的历史发展背景、乡村人口比例、地方实力和国家与地方的投资等多方的差异，使准格尔旗和清水河县在实施水土保持技术时有不同的侧重方向，同时也使准格尔旗的水土保持工作及技术的实施都显著优于清水河县。

8.2 不同历史时期水土保持技术的差异

8.2.1 不同历史时期水保技术标准的变迁

本书以梯田、淤地坝和造林三类水土保持技术为例，通过国家发行的技术

规范和标准出发，从技术的分类、布设和设计等方面来探讨半个多世纪以来，我国水土保持技术的变迁。

8.2.1.1 水保技术类型的变迁

根据表 8-20 可知：1957~2008 年，国家关于水土保持技术的规范和标准一共有四个，根据这四个技术文件，首先来探讨其技术分类及其布设方法。

表 8-20 不同历史时期三类水土保持技术分类

<table>
<tr><th>历史阶段</th><th>年份</th><th colspan="2">梯田</th><th colspan="2">淤地坝</th><th colspan="2">造林</th></tr>
<tr><td>1</td><td>1957</td><td>速成水平梯田</td><td>①土坎梯田
②石坎梯田</td><td colspan="2">①沟壑土坝
②中型坝、淤地坝</td><td colspan="2">①护坡林
②分水岭防护林
③沟底防冲林
④防风固沙林
⑤水库防护林
⑥水流调节林</td></tr>
<tr><td>3</td><td>1988</td><td colspan="2">①水平梯田
②石坎梯田
③隔坡梯田
④坡式梯田
⑤波浪式梯田</td><td>淤地坝</td><td>①小型淤地坝
②中型淤地坝
③大型淤地坝</td><td colspan="2">①护坡林
②分水岭防护林
③沟底防护林
④防风固沙林
⑤水库防护林
⑥沟头防护林
⑦沟坡防护林</td></tr>
<tr><td rowspan="3">3</td><td rowspan="3">1996</td><td>按梯田断面</td><td>①水平梯田
②坡式梯田
③隔坡梯田</td><td colspan="2" rowspan="3">同上</td><td>按不同用途</td><td>①水保型经济林
②水保型薪炭林
③水保饲料林
④水保型用材林</td></tr>
<tr><td>按田坎建筑材料</td><td>①土坎梯田
②石坎梯田</td><td rowspan="2">按不同地形部位</td><td rowspan="2">①丘陵、山地坡面水土保持林
②沟壑水土保持林
③河道两岸、湖泊水库四周、渠道沿线等水域附近水土保持林
④路旁、渠道、村旁、宅旁造林</td></tr>
<tr><td>按地面坡度</td><td>①陡坡区梯田
②缓坡区梯田</td></tr>
<tr><td></td><td></td><td colspan="2"></td><td colspan="2"></td><td colspan="2">固沙造林</td></tr>
<tr><td>4</td><td>2008</td><td colspan="2">同上</td><td colspan="2">同上</td><td colspan="2">同上</td></tr>
</table>

（1）梯田。1957 年国务院水土保持委员会初步整理出一个水土保持措施的名词解释，其中梯田（梯地、梯土、水平阶、台地、阶地）：就是把坡地修成水平的台阶地。20 世纪 50~70 年代，梯田主要以水平梯田为主，其中水平

梯田分为土坎梯田和石坎梯田。《水平梯田》规定，梯田修建的规划，梯田的修筑只考虑了坡地、土质因素，具体规定如下：

一般20°以下，土层比较厚的坡耕地修筑水平梯田，20°以上的陡坡耕地宜规划为牧场或林地。如果有些地方缓坡耕地较少，需要在陡坡耕地上修梯田，也要先修成缓坡耕地，再修成梯田。

1988年行标《水土保持技术规范》中只提到了梯田可分为：①水平梯田。②石坎梯田。③隔坡梯田。④坡式梯田。⑤波浪式梯田，并未明确指出如何规划梯田的布局。

1996年国标《水土保持综合治理　技术规范》中梯田按不同的角度划分为7类，国标中指出梯田根据修建所在地的土质、劳动力、坡度、降水量等因素选择梯田类型，具体方法如下：

8.4.1　对坡耕地土层深厚，当地劳力充裕的地区，尽可能一次修成水平梯田。

8.4.2　对坡耕地土层较薄，或当地劳力较少的地方，可以先修坡式梯田，经逐年向下方翻土耕作，减缓田面坡度，逐步变为水平梯田。

8.4.3　在地多人少，劳力缺乏，同时年降雨量较少、耕地坡度在15°~20°的地方，可以采用隔坡梯田，平台部分种庄稼，斜坡部分种牧草，暴雨中利用斜坡部分地表径流，增加平台部分的土壤水分

8.4.4　一般土质丘陵和塬、台地区修土坎梯田，在土石山区或石质山区，坡耕地中夹杂大量石块、石砾的，修梯田时，结合处理地中石块、石砾，就地取材修成石坎梯田。

8.4.5　丘陵区或山区的坡耕地（坡度一般为15°~25°），按陡坡地区梯田进行规划、设计。东北黑土漫岗区、西北黄土高原区的塬面，以及零星分布各地河谷川台地上的缓坡耕地（坡度一般在3°以下，少数可达5°~8°），按荒坡梯田进行规划、设计。

2008年国标《水土保持综合治理技术规范》中不再单一地规定不同类型梯田选择的具体方法，而是综合考虑更多因素：①优化位置，利于耕作。如8.1.1、8.2.3等。②综合工程，提高质量。如8.1.1和8.1.3。③道路布设，融于其中。如8.2.1。

8.1　陡坡区梯田的布设

8.1.1　选土质较好、坡度（相对）较缓、距村较近、交通较便、位置较低、邻近水源的地方修梯田。有条件的应考虑小型机械耕作和就地蓄水灌溉，并与坡面水系工程相结合。

8.1.2　田块布设需顺山坡地形，大弯就势，小弯取直，田块长度尽可能达

到 100~200m，以便利耕作。

8.1.3 梯田区不能全部拦蓄暴雨径流的地方，应布置相应的排、蓄工程，在山丘上部有地表径流进入梯田区处，应布置截水沟等小型蓄排工程，以保证梯田区的安全。

8.1.4 需有从坡脚到坡顶、从村庄到田间的道路。路面一般宽 2~3m，比降不超过 15%。在地面坡度超过 15% 的地方，道路采用“S”形，盘绕二行，减小路面最大比降。

8.2 缓坡区梯田的布设

8.2.1 以道路为骨架划分耕作区，在耕作区布置宽面（20~30m 或更宽）、低坎（1m）地埂的梯田，田面长 200~400m，便利大型机械耕作和自流灌溉。

8.2.2 对少数地形有波状起伏的，耕作区应顺总的地势呈扇形，区内梯田埂线亦随之略有弧度，不要求一律成直线。

8.2.3 一般情况下耕作区为矩形或正方形，四面或三面道路，路面宽 3m 左右，路旁与渠道、农田防护林网结合；耕作区道路两端与村、乡、县公路相连。

综上所述，梯田的分类和布设在半个世纪中发生明显变化，梯田类型逐渐增多，由最初 2 类增加到 7 类。从梯田的选择和布设角度来看，从最初只考虑自然因素，如土质、坡度；到 1996 年国标中考虑了人为因素的影响，如劳力的多少，再到现在综合考虑其他配套设施的相互融合，如修筑梯田时配合排蓄水工程、农田林网、道路等。

（2）淤地坝。淤地坝在 20 世纪 50~70 年代只相当于现在的中小型淤地坝，而大型的淤地坝不属于淤地坝，而称为沟壑土坝，同时给出淤地坝在支沟拦泥淤地，坝高为 5 米，大型的淤地坝主要分布在干沟，坝高 10 米，其具体定义如下：

①沟壑土坝（留淤土坝、大坝）：在干沟内以拦泥为主，结合蓄水、灌溉、修筑的较大型土坝，一般高度在 10 米以上。

②中型坝、淤地坝（打坝堰）：在支沟内专为拦泥淤地自上而下修筑的土坝，一般在 5 米左右，经逐年加高，可变成台阶川地。

1988 年行标《水土保持技术规范》中指出每个淤地坝工程一般由坝体、溢洪道、泄洪洞三部分组成，同时给出三级淤地坝的分级标准，包括坝高、库容、淤地面积，如表 8-21 所示。依据淤地坝的高度，在 20 世纪 50~70 年代修筑的沟壑土坝和淤地坝均属于小型淤地坝，因为这一时期淤地坝主要靠人力，在一年或者多年实践逐层夯实来修筑，也未提到溢洪道和泄洪洞等配套设施，其要求标准低。20 世纪 80 年代开始已经使用机械进行修筑淤地坝，淤地坝按照高标准要求进行修建。

表 8-21　淤地坝分级标准

分级标准	坝高（m）	库容（万 m^3）	淤地面积（亩）
大型	>25	>50	>100
中型	15~25	10~50	30~100
小型	5~15	1~10	3~30

1996 年和 2008 年国标《水土保持综合治理技术规范》也规定了三类淤地坝的坝高、库容淤地面积等标准，与 1988 年行标一致。同时，还具体提出不同类型淤地坝如何配套溢洪道和泄水洞，以及提到淤地坝与治沟骨干工程的关系。

16.1.1　小型淤地坝。一般坝高 5~15m，库容 1 万 ~10 万 m^3，淤地面积 0.2~2hm^2，修在小支沟或较大支沟的中上游，单坝集水面积 1km^2 以下，建筑物一般为土坝与溢洪道或土坝与泄水洞“两大件”，可以采用定型设计。

16.1.2　中型淤地坝。一般坝高 15~25m，库容 10 万 ~50 万 m^3，淤地面积 2~7hm^2，修在较大支沟下游或主沟上中游，单坝集水面积 1~3km^2，建筑物少数为土坝、溢洪道、泄水洞“三大件”，多数为土坝与溢洪道或土坝与泄水洞“两大件”。

16.1.3　大型淤地坝。一般坝高 25 以上，库容 50 万 ~500 万 m^3，淤地面积 7hm^2 以上，修在主沟的中、下游或较大支沟下游，单坝集水面积 3~5km^2 或更多，建筑物一般是“三大件”。

16.2.1　由国家投资支持修建的“水土保持骨干工程”，其坝高、库容、淤地面积等指标，与大型淤地坝相似，当其库容淤漫时，也与坝地同样种植生产，此时，其管理、利用等技术应按本标准要求执行。

16.2.2　有的大、中型淤地坝，根据坝系规划中的防洪调控要求，经过坝体的加高，库容增大，改作以防洪为主的“治沟骨干工程”。

综上所述，淤地坝名称随着时代的变迁，由最初的沟壑土坝、中型坝和淤地坝，到 20 世纪 80 年代都统称为淤地坝，且建设的标准属于现在的小型淤地坝，这与当时修建工具和技术有关。淤地坝的组成要素，由最初只有土坝坝体本身，到 20 世纪 80 年代，已经考虑土坝、溢洪道和泄水洞“三大件”的配套，再到 20 世纪 90 年代，增加了不同类型淤地坝布设位置、集水面积、“三大件”配套的方案、淤地坝和骨干工程的关系，在淤地坝类型的变化中更多体现的是技术方面的提升。

（3）造林。在 20 世纪 50 年代，我国的水土保持造林类型多种多样，包括坡地、沟底、分水岭、水库等防护林等共 6 种，1957 年国务院水土保持委员会给出 6 类水土保持造林的定义，这一时期，水土保持造林主要考虑了地貌部位，如坡地、沟底、分水岭等；还有两个风蚀严重的地方，如风沙地和水库附近。

护坡林：就是在适宜造林的山坡或沟坡上，挖鱼鳞坑、水平沟、水平阶、成片密植、丛状造林等，来拦蓄径流，固定和保护坡面的土壤，使它不受冲刷。

沟底防冲林：在有造林条件的沟底上营造的片状或网状的防冲林，以防止下切，固定沟底。

防风固沙林：在风沙严重的地区营造的带状、块状或成片的防风固沙林，目的在于固定和降低流砂，以迅速减轻流沙对农田的危害。

水流调节林：就是根据地形和土壤冲刷情况分别在沟边、沟头、塬边或丘陵坡面上沿水平方向营造拦截径流防止冲刷的水流调节林。

分水岭防护林：就是在主要分水岭上即两侧营造的防护林带，主要目的是拦蓄径流，调节气候保护丘陵的农作物。

水库防护林：为了避免水库的坍塌和减少水库的泥沙淤积，在水库周围所造的林，用以保护水库。

1988 年的行标将 20 世纪 50 年代的水流调节林，分开为沟头防护林和沟坡防护林两个，造林类型由 6 类变为 7 类。在这一时期，造林的类型和具体的布设不仅考虑到地貌部位，同时还考虑了其他因素：①土层厚度，如二、护坡林（2）土层深厚肥沃湿润地方，宜营造经济林。②与其他技术的配合，如三、沟头防护林与沟头防护工程相结合；四、沟头防护林（2）坡度大于 35° 的不稳定沟坡地应全面造林；崩塌严重的先封育后造林。

1996 年和 2008 年国标中按不同用途，将造林类型分为四类：①水保型经济林。②水保型薪炭林。③水保饲料林。④水保型用材林。按照地形位置分为四类：①丘陵。山地坡面水土保持林。②沟壑水土保持林。③河道两岸湖泊水库四周、渠道沿线等水域附近水土保持林。④路旁、渠道、村旁、宅旁造林。

相对于 1988 年行标，国标有两个特色：①新增 2 类水土保持林。如 4.1.2.3 河道两岸、湖泊水库四周、渠道沿线等水域附近水土保持林、4.1.2.4 路旁、渠道、村旁、宅旁造林；②注重和其他工程措施紧密结合。如 4.1.2.2 沟壑水土保持林。分沟头、沟坡、沟底三个部分，应与沟壑治理措施中的沟头防护、谷坊、淤地坝等紧密结合。

综上所述，造林类型的变化表明了我们对水土保持的关注，从农地、荒地慢慢地向水域、道路，开始不再只是关注生态脆弱区的水土流失，关注生态环境较好或经常受人为工程建设区影响的水土流失状况，改善生活区域的水土保持状况，同时重视林业措施和工程措施结合。

8.2.1.2 水保技术设计的变化

在半个多世纪中梯田、淤地坝和造林有许多类型，本书分别选择内蒙古黄土丘陵沟壑区中最典型的技术类型，分析水保技术在设计中的变化。

（1）水平梯田设计变化。依据不同历史时期的技术档案、技术规范和标准，分析水平梯田设计中的变化（见表 8–22）。

表 8–22 不同历史时期水平梯田的设计规定变化

历史时期	梯田规格表	断面计算公式	土方量计算公式	拦蓄设计
20 世纪 50~60 年代	有	无	有	无
20 世纪 60~70 年代	有	无	无	无
20 世纪 70~80 年代	无	有	无	有
20 世纪 80~90 年代	有	有	有	有
20 世纪 90 年代至 21 世纪	有	有	有	有

20 世纪 50 年代给出了梯田设计的规格，根据表 8–23 可知，在 5°~15° 坡度上修建梯田，一般地埂高度 1 米、1.5 米和 2 米三个高度，地坎外坡比均为 1：0.3，梯田的田面宽为 3~22.9 米，田面宽度随着坡度的增加降低，每亩梯田土方量随着坡度的增加而增加。

表 8–23 20 世纪 50~60 年代水平梯田规格

坡度	地埂高度（米）	地坎外坡	田面宽（米）	每亩梯田土方量（公方 / 亩）
5°	1.0	1：0.3	10.7	88.8
	1.5	1：0.3	16.3	128.5
	2.0	1：0.3	22.9	169.0
7.5°	1.0	1：0.3	6.8	92.0
	1.5	1：0.3	10.5	130.5
	2.0	1：0.3	14.3	170.5
10°	1.0	1：0.3	4.9	95.2
	1.5	1：0.3	7.6	132.5
	2.0	1：0.3	10.4	172.0
12.5°	1.0	1：0.3	3.7	99.0
	1.5	1：0.3	5.9	134.8
	2.0	1：0.3	8.1	173.6
15°	1.0	1：0.3	3.0	102.6
	1.5	1：0.3	4.7	137.2
	2.0	1：0.3	4.5	175.3

20 世纪 60~70 年代，在 3°~25° 坡度上修筑水平梯田（见表 8–24），随着坡度的增加，地埂高度从 0.5 米增加到 2 米，田面宽从 15.1 米降低到 3.5 米。

田坎坡度介于 68°~78° 。

水平梯田首先要决定田面宽度和田坎高度，其取决于原来耕地的地面坡度，土壤情况，还要考虑到省工，耕作方便，以及使用耕作机械的要求。根据我区各地的实践经验，梯田宽度的确定，应该根据坡度陡缓、土层薄厚、劳力多少，便于耕作，减少土方量等一系列情况而定。以 5~20 米宽为宜，最窄的不小于 3 米，田坎高度一般不超过 2 米。梯田长度应该根据不同地形，尽量取长以利于耕作[①]。

表 8-24　20 世纪 60~70 年代内蒙古水平梯田规格

地面坡度（度）	田坎高（米）	田面宽（米）	斜坡长（米）	田坎侧坡（度）
3~5	0.5	9.4~5.6	10.0~5.8	76~78
	0.8	15.1~8.9	16.0~9.0	76
6~10	1.0	9.2~5.4	10.0~5.8	74~76
	1.5	13.0~8.0	15.0~8.8	74~76
11~15	1.0	4.8~3.4	5.3~3.9	72~74
	1.5	7.2~5.6	7.9~5.9	72~74
16~20	1.5	4.7~3.6	5.2~4.4	70~72
	2.0	6.3~4.7	7.2~5.9	70~72
21~25	2.0	4.4~3.5	5.5~4.7	68

1988 年行标在梯田断面设计中首次给出水平梯田的断面设计的计算公式，同时，在设计水平梯田规格时，首次提到需要考虑防洪、灌溉、加固等方面的内容。

（1）断面设计。

$$B = H(\text{ctg}\,\alpha - \text{ctg}\,\beta)$$

$$B_L = \frac{H}{\sin\alpha}$$

式中，B——田面净宽（m）；B_L——田面斜宽（m）；H——田坎高度（m）；α——地面坡度（° ）；β——田坎侧坡坡角（° ），其中，北方黄土取 β = 70°~76° ，南方风化残丘积土取 β = 55°~70°

（2）水平梯田规格。

1）田面宽度应考虑作物需求。对于农耕地，坡度较缓（α = 3°~15° ）时，

---

① 清水河县档案馆. 乌兰察布公署水利水土保持局关于发送盟水利水土保持技术座谈会专题纪要的函［Z］. 1964（14-14）.

北方地区，田面宽不小于 8m，南方地区不小于 5m。坡度较陡（$\alpha = 15^\circ \sim 25^\circ$）时，北方地区不小于 4m，南方地区不小于 2m。

2）地边埂高度应能拦蓄设计频率暴雨，超标准暴雨应设排水沟、溢水口，排出田面。一般地边埂高度不小于 0.35m，顶宽大于 0.3 米，内坡 1∶1.5，外坡 1∶1，埂顶水平。

3）每隔 30~50m 加筑一道横档，其高度略低于地边埂。

4）田坎坚固稳定，干容重不低于 $1.4g/m^3$。

5）有灌溉要求时，田面纵坡为 1∶500 至 1∶300。

1996 年国标中首次提到在梯田的田边建立“蓄水埂”和“排水沟”。给出的水平梯田断面尺寸参考数值，其特色是分为中国北方和中国南方；详细给出了水平梯田工程量的计算公式，包括单位面积土方量的计算和单位面积土方移运量的计算。

10.1.2.3　田边应有蓄水埂，高 0.3~0.5m，顶宽 0.3~0.5m，内外坡比约为 1∶1，我国南方多雨地区，梯田内侧应有排水沟，其具体尺寸根据各地降雨量、土质、地表径流情况而定，所需土方量根据断面尺寸量算。

10.1.3　水平梯田断面主要尺寸参考数值见表 A1

表 A1　水平梯田断面尺寸参考数值

适应地区	地面坡度 θ（°）	田面净宽 B（m）	田坎高度 H（m）	田坎坡度 α（°）
中国北方	1~5	30~40	1.1~2.3	85~70
	5~10	20~30	1.5~4.3	75~55
	10~15	15~20	2.6~4.4	70~50
	15~20	10~15	2.7~4.5	70~50
	20~25	8~10	2.9~4.7	70~50
中国南方	1~5	10~15	0.5~1.2	90~85
	5~10	8~10	0.7~1.8	90~80
	10~15	7~8	1.2~2.2	85~75
	15~20	6~7	1.6~2.6	75~70
	20~25	5~6	1.8~2.8	70~65

注：本表中的田面宽度与田坎坡度适用于土层较厚地区和土质田坎。至于土质较薄地区其田面宽度应根据土层厚度适当减小；对石质田坎的坡度，将结合梯田的施工另作规定。

10.1.4　水平梯田工程量的计算

10.1.4.1　单位面积土方量的计算

$$V = \frac{1}{2}\left(\frac{B}{2} \times \frac{H}{2} \times L\right) = \frac{1}{8}BHL$$

式中，V——单位面积（公顷或亩）梯田土方量（m^3）；L——单位面积

（公顷或亩）梯田长度（m）；H——田坎高度（m）；B——田面净宽（m）。

10.1.4.2 单位面积土方移运量的计算

$$W = V \times \frac{2}{3}B = \frac{1}{12}B^2HL$$

式中，W——单位面积（公顷或亩）土方移运量，$m^3 \cdot m$。

综上所述，随着时代的迁移，水平梯田的设计有了全方位、多视角的改进。从只重视北方梯田慢慢开始关注南方梯田，同时也考虑到南方雨水多的地方修筑梯田的排水问题；从只关注修建梯田的形态和数量到慢慢注重梯田的质量，如防洪和防暴的性能。从最初只是给出死板的梯田规格表到后来给出具体的计算公式，因地制宜地修筑梯田，同时考虑到相应的成本（土方量）。

（2）淤地坝建筑物设计变化。淤地坝在建设时需要先进行勘测及规划、考虑工程的布局，给出建筑物的设计标准，本书仅对比不同历史时期淤地坝建筑物设计的变化趋势。

20 世纪 50~60 年代，淤地坝设计的要点如下：

沟壑土坝设计要点：就地取材，应以土石结构为主，坝型简单，容易施工和仿效，在可能的条件下尽量采用均质土坝为宜。管理方便。在淤积快的地区，要考虑到坝的加高方便。为流量不大，岸坡有坚硬土质或岩石时，溢洪道采用明渠陡坡式为宜。坝轴线应放在两岸坡度较缓而均匀，上下顺直且无大沟壑为宜，并且尽可能是溢洪道和输水渠分别布置在两岸。

计算：按水利厅勘测设计院所印的水库设计进行计算。

在内蒙古人民出版社出版的《水土保持技术画册》中给出沟壑土坝的集雨面积与溢洪道大小尺寸关系、坝顶宽的规定、坝坡的规定。

20 世纪 60~70 年代，开始考虑淤地坝的技术设计问题，包括坝址选择时需要勘测和分析、考虑大坝安全和库容等。

首先是坝址的选择，就比较复杂，经过多次勘测，又进行全面分析，最后将坝址选在大井沟的城沟梁和狼窝嘴交会处的下游 150 米处，因为那里沟窄肚大，沟道平缓，工程量少，淤地多，土料充足，来土方便，节省用工。

第一期坝高 25 米，坡比：迎水面为 1∶2.25，背水面为 1∶1.75、坝顶宽 5 米，坝底宽 105 米，坝顶长 123 米，坝底长 27.3 米。据测算，最大洪峰流量为 82 立方米 / 秒，总库容 129 万立米，控制流域面积 16 平方千米。

20 世纪 80 年代，关于淤地坝的工程水文计算、设计、施工按照水利电力部《水土保持治沟骨干工程暂行技术规范（SD 175–86）》执行。淤地坝工程应设计淤满以后安全泄洪的坝地排洪渠和防治盐碱化设施，发挥坝地效益。

第 7.8.7 排洪渠设计

一、坝地面积小，排洪渠应设在溢洪道一侧，坝地面积大，且另一侧有较大支沟汇入时，可两侧开渠。

二、排洪渠按 10 年一遇洪水设计。

三、排洪渠的比降视土质而定，一般为 1/200 至 1/500。

四、排洪渠断面尺寸按明渠流量公式计算。

五、渠堤高度等于排洪渠最大水深加 0.5m 超高。堤顶宽为 1~1.5m。

20 世纪 90 年代，国标中淤地坝的设计增加了很多方面的内容，其中仅建筑物的设计就分别详细地介绍了土坝设计、溢洪道设计、泄水建筑物设计、反滤体设计四个方面。首先针对坝高的设计，明确坝高包括拦泥坝高、滞洪坝高、安全超高三部分，并分别介绍其坝高的确定方法。

19　建筑物设计

19.1　土坝设计

19.1.1　坝高确定

$$H = H_1 + H_2 + H_3$$

式中，H——坝体总高（m）；H_1——拦泥坝高（m）；H_2——滞洪坝高（m）；H_3——安全超高（m）。

坝体总高由拦泥坝高、滞洪坝高、安全超高三部分组成。

这一时期淤地坝的建筑增加了水坠施工的方法，国标中针对不同的施工方法、不同的坝高，并结合坝体土质，给出了相应淤地坝的坝顶顶宽、坝坡比和边埂宽度。在淤地坝的坝体建设中还给出了坝体土方量的计算和坝体分期加高的设计方案。

随着时代的迁移，淤地坝的设计逐渐从单个淤地坝的设计变为淤地坝系作为一个整体工程设计，对于具体单个的淤地坝从最开始只注重土坝本身的修筑，到开始注重溢洪道和泄水洞的设计，到目前是必须配套的溢洪道、泄水洞和反滤体等建筑物的共同设计施工。对单独的土坝的设计从最初给出了固定的规格值，到现在根据不同施工方法，不同土质条件，因地制宜地给出相应的坝体高度和顶宽的设计方案。同时提供了相关的水文计算公式、坝体土方计算公式等，综上所述，淤地坝的设计更加完整同时具有更好的实操性。

（3）造林技术设计。1959 年 8 月 20 日，内蒙古自治区林业厅治沙造林综合勘察设计队典型设计分队给出《内蒙古自治区丘陵水土保持经济林区典型设计》，共 41 种类型。本书介绍了相关的 11 中造林设计，详见第 3 章 3.3.2 森林改良土壤措施（1）造林部分。表明在 20 世纪 50 年代，我国对造林的设计已经非常全面了。

仅造林的设计方面，1996 年和 2008 年的国标从造林密度设计、整地工程设计两方面给出了详细的规定。相对于半个世纪以前，造林在设计方面的进步表现在考虑了不同立地条件的造林密度。

5.1.3　不同立地条件的造林密度

5.1.3.1　我国南方水热条件好地区的造林密度可比北方水热条件较差的地区大些。

5.1.3.2　统一条件，立地条件较好地类的造林密度可比立地条件较差地类大些。

5.1.3.3　同样立地条件，计划间伐的造林密度比不计划间伐的大些。

5.1.3.4　农林间作、粮果间作等的造林密度，为了不影响农作物生长，造林应采取特小的密度，每公顷 30~40 株或 50~100 株。

5.1.4　附录中列出若干水土保持主要树种的初值密度，供各地设计中参考，由于全国各地立地条件差异很大，必须坚持因地制宜原则，对每一块地类的造林密度都应在具体分析立地条件的基础上，通过具体设计确定。

对于造林整地设计中，1996 年的国标较 1988 年行标中提高了造林整地工程防御标准。下面是新国标中的规定。

5.2.1.3　整地工程防御标准，按 10~20 年一遇 3~6h 最大雨量设计。根据各地不同降雨情况，分别采用不同的暴雨频率和当地最易产生严重水土流失的短历时、高强度暴雨。

综上所述，关于造林的设计在 20 世纪 50 年代时，研究区已经有了一套详细的技术标准，随着时代的变迁，植树造林更加注重因地制宜地设计造林密度、水土保持树种、防洪标准等，而不是一味地给出一个统一的技术标准。新时代的造林设计更具有适用性。

8.2.2　不同历史时期实施相同技术对土壤水分影响的差异

准格尔旗的梯田和清水河县的梯田由于其种植植被类型不同，分为两类：清水河的梯田（农地）和准格尔旗梯田（林地）。

由于水土保持技术具体修筑的历史久远，不能确定具体的年份，只能是大体的时间段，第一时间段为 20 世纪 50~60 年代，按 1958 年来推算，距今（2018 年）已经有 60 年，依次类推，第二时间段为 20 世纪 60~70 年代，距今约 50 年，第三时间段 20 世纪 70~80 年代，距今约 40 年，第四时间段为 20 世纪 80~90 年代，距今约 30 年，第五时间段为 20 世纪 90 年代至 21 世纪，距今约 20 年。以横坐标距今时间为轴线，试分析水土保持技术随着实施年份的增加，如何影响土壤水分和土壤养分的变化，哪些水保技术会显著改善土壤水分和土壤养分状况，从而为今后水土保持技术的实施提供更多数据支撑和科学依据。

8.2.2.1　土壤含水量

根据图 8-43 可知，不管是种植林地的梯田还是种植农地的梯田，土壤含水量都随着时间的增加而递增，符合线性拟合规律，但增加幅度非常小。清水河县梯田（农地）的线性拟合斜率为 0.08，R^2=0.60；准格尔旗梯田（林地）的线性拟合斜率为 0.03，R^2=0.89。在小幅度的递增过程中，修建了 50~60 年的梯田土壤含水量显著高于修建了 20~40 年的梯田，如清水河县距今 60 年的梯田（农地）土壤含水量为 12.01%，比距今 20 年的梯田（农地）土壤含水量高 20%，梯田的修建使平均每年土壤水分增加 0.05%。准格尔旗距今 60 年的梯田（林地）土壤含水量为 9.57%，比距今 20 年的梯田（林地）土壤含水量高 23%，平均每年土壤水分增加 0.06%。

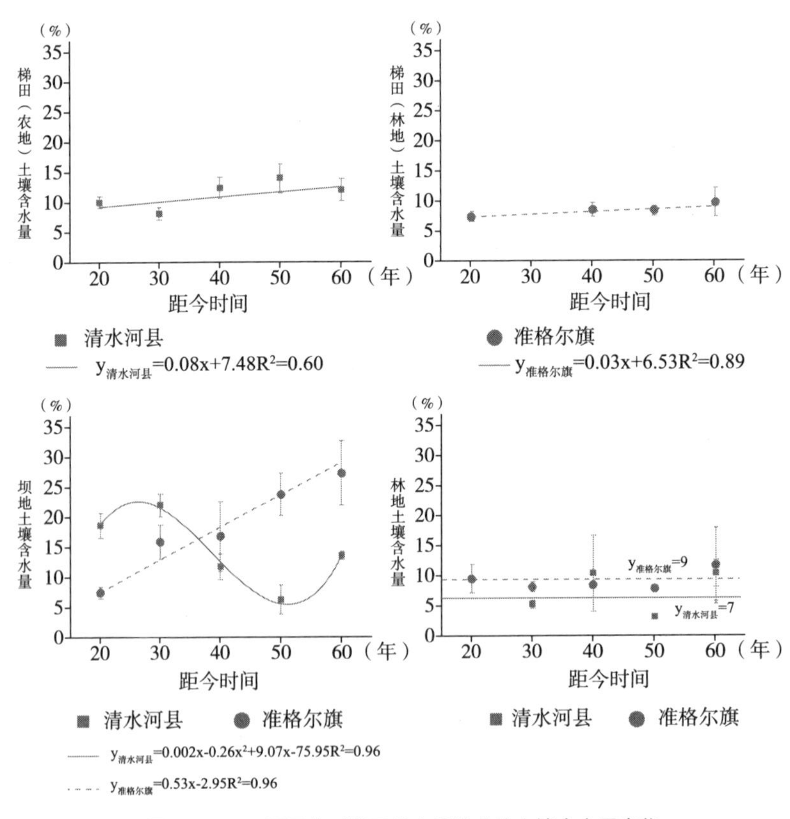

图 8-43　不同历史时期三类水保技术的土壤含水量变化

对于坝地来说，清水河县的坝地是一个大幅度的曲线变化，这是因为距今 20~40 年的梯田土壤是在一次降水之后采集的，降水量使得其土壤含水量偏高；距今 50 年的土壤含水量偏低，是因为坝地为荒地未种植，这些因素都导致不能客观分析其土壤水分随时间的变化。我们通过分析准格尔旗的坝地来探究坝地土壤含水量随时间的变化规律，通过图 8-46 可以清晰地看出，准格尔旗的坝地土壤含水量与距今时间之间也是呈线性正相关，其中斜率为 0.53，相关系数 R^2=0.96。距今 50~60 年的坝地土壤含水量也是显著高于修建了 20~40 年的坝地，这与梯田中的规律一致，准格尔旗距今 60 年的坝地土壤含水量为 27.58%，比距今 20 年的坝地土壤含水量高 262.9%，坝地的修建使平均每年土壤水分增加 0.5%，远远大于梯田和林地每年土壤水分的增加幅度。

对于林地来说，土壤含水量波动变化较大，不符合线性关系，依据五个阶段的平均值做了两条直线，其中准格尔旗林地土壤含水量平均为 9%，清水河县林地土壤含水量平均为 7%。通过单因素统计分析可知，两个旗县都表现为距今 60 年的林地土壤含水量显著高于其他历史阶段。其中清水河县林地距今 60 年土壤含水量为 10.54%，比距今 20 年的土壤含水量高 57%，大约平均每年增加 0.10%；准格尔旗林地距今 60 年土壤含水量为 12.02%，比距今 20 年的土壤含水量高 24%，大约平均每年增加 0.06%，与梯田（林地）每年增加幅度一致。

综上所述，不同历史阶段土壤含水量有以下特征：①总体来说，土壤含水量随着时间的增加呈递增趋势；②不同水土保持技术平均土壤含水量表现为：坝地 > 梯田（农地）> 梯田（林地）> 林地；③不同水土保持技术每年土壤含水量增加幅度表现为：坝地 > 梯田（农地）> 梯田（林地）、林地；④不同年份水土保持土壤含水量差异表现为：梯田和坝地的土壤含量为距今 50 年和 60 年的显著高于距今 40 年、30 年和 20 年的，林地为距今 60 年的显著高于其他四个历史阶段（距今 20~50 年）。

8.2.2.2 土壤田间持水量

根据图 8-44 可知，梯田（农地）的土壤田间持水量与距今时间呈线性正相关，其中斜率为 0.14，相关系数 R^2 =0.73。根据统计分析可得，距今 30 年、40 年、50 年和 60 年的梯田（农地）土壤田间持水量显著高于距今 20 年的，如清水河县距今 60 年的梯田（农地）土壤田间持水量为 24.00%，比距今 20 年的梯田土壤田间持水量高 34%，平均每年土壤田间持水量增加 0.05%。

梯田（林地）的土壤田间持水量随着时间波动变化，不符合线性拟合规律。距今 60 年的梯田（林地）土壤田间持水量显著高于其他四个阶段，其中距今 60 年的梯田（林地）土壤田间持水量为 24.29%，比距今 20 年的梯田土壤田间持水量高 21%。

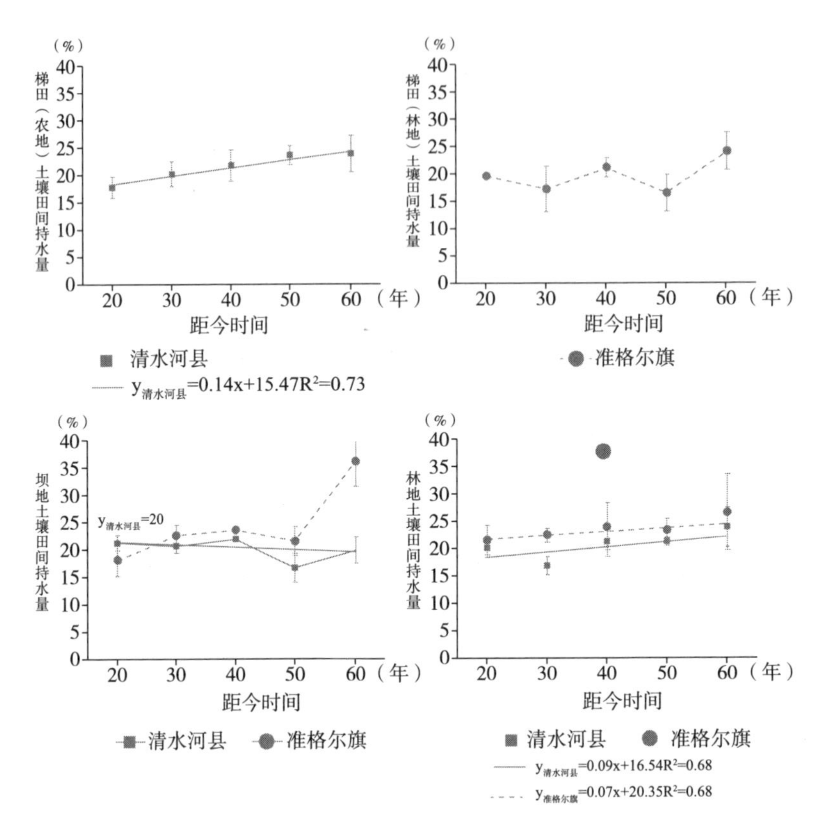

图 8-44　不同历史时期三类水保技术的土壤田间持水量变化

两个旗县坝地土壤田间持水量随时间的变化规律不一致。清水河县距今50年的土壤田间持水量略低于其他历史阶段，这是因为野外选取的20世纪60~70年代（距今50年）修建的坝地，现在是荒地，已经不种植了，其余的土壤田间持水量无显著差异，平均为20.14%。根据统计分析也得出，准格尔旗距今60年坝地的土壤田间持水量显著高于其他四个历史阶段，距今30~50年坝地土壤田间持水量又显著高于距今20年，表明土壤田间持水量在某个时间点由量变向质变转化。如距今60年坝地的土壤田间持水量为36.22%，从距今50~60年，短短的十年田间持水量比距今50年的田间持水量增加了68%。清水河县没有出现显著增加的质变点，既可能是由于选择的坝地的时间尺度是大约60年，恰好没到质变点，也可能是清水河县坝地种植农作物为玉米和土豆，两种作物根系的影响不同导致。

对于林地来说，两个旗县的规律一致，都表现为土壤田间持水量与时间呈正相关，其中清水河县的斜率为0.09，相关系数 R^2 为0.68；准格尔旗的斜率为0.07，相关系数 R^2 也为0.68。清水河县距今60年林地的土壤田间持水量显著高于前四个历史阶段，距今30~50年无差异，却显著高于距今20年的。如距今60年的林地土壤田间持水量为24.01%，比距今50年的田间持水量高13%。准格尔旗距今60年的林地土壤田间持水量为26.69%，与距今30~50年的土壤田间持水量无显著差异，比距今20年的林地显著高23%。两个旗县的差异可能是由于准格尔旗在20世纪50~60年代就重视林草措施，对造林的密度、选择的林种、造林的位置等技术都有详细的规范，而清水河县在这方面比较薄弱。这就使得准格尔旗距今30~60年的土壤田间持水量无显著差异，而距今20年由于其耕作时间短，对土壤孔隙度的影响较小，因而会和其他阶段有差异。

综上所述，不同历史阶段土壤田间持水量有以下特征：①总体来说，土壤田间持水量随着时间的增加呈递增趋势；②不同水土保持技术平均土壤田间持水量表现为：坝地、林地 > 梯田（农地）、梯田（林地）；③不同水土保持技术土壤田间持水量质变增加幅度表现为：坝地 > 梯田（农地）> 林地、梯田（林地）；④不同年份水土保持技术的土壤田间持水量差异表现为：梯田距今30~ 60年的 > 距今20年的，准格尔旗坝地距今60年的 > 距今20~50年的，清水河县坝地无显著差异。清水河县林地距今60年的 > 距今30~50年的 > 距今20年的，准格尔旗林地距今30~60年的 > 距今20年的。修筑林地和梯田30年就会显著提高土壤田间持水量，修筑坝地60年才会提高土壤田间持水量，但是提高幅度明显大于梯田和林地。

8.2.2.3 土壤饱和含水量

梯田、坝地土壤饱和含水量随时间的变化规律与田间持水量相似，而林地略有些差异。根据图8–45可知，梯田（农地）的土壤饱和含水量与距今时间也呈线性正相关，其中斜率为0.34，相关系数 R^2 =0.80，依据线性拟合的斜率来看，土壤饱和含水量随时间变化幅度大于田间持水量。清水河县距今60年的梯田（农地）土壤含水量为36.96%，比距今20年的梯田土壤饱和含水量高49%，平均每年土壤饱和含水量增加0.3% 。与田间持水量相同，也是距今30~60年的梯田（农地）土壤饱和含水量显著高于距今20年。

梯田（林地）的土壤饱和含水量随着时间波动变化，不符合线性拟合规律。距今60年的土壤饱和含水量显著高于距今20年的。距今40年的土壤饱和含水量突然增加是因为该样地种植土豆。距今60年的梯田（林地）土壤饱和含水量显著高于其他三个阶段，其中距今60年的梯田（林地）土壤饱和含水量为24.29%，比距今20年的梯田土壤含水量高14%。

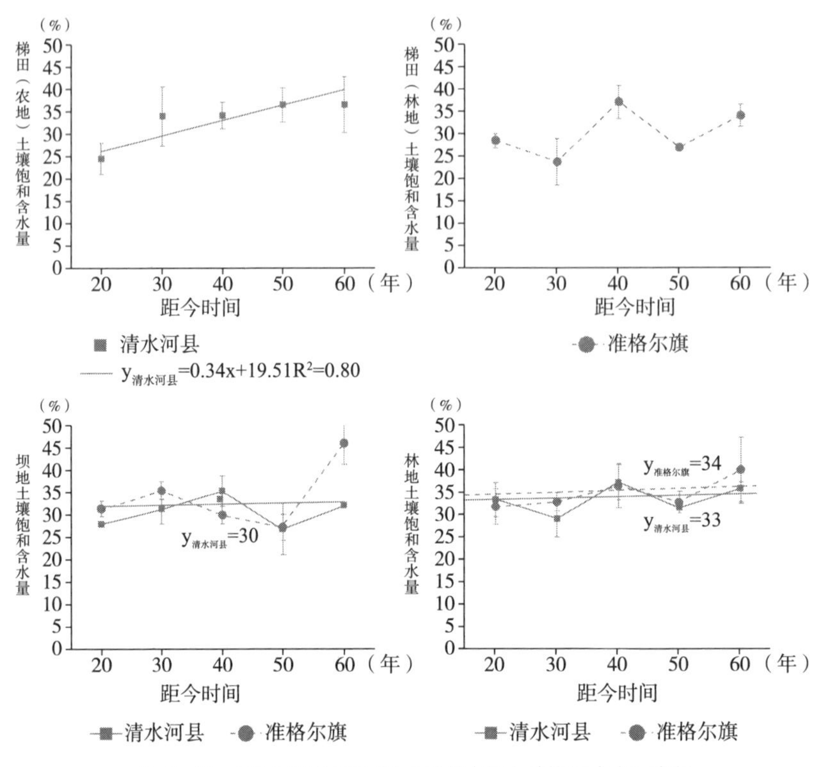

图 8-45　不同历史时期三类水保技术的土壤饱和含水量变化

对于坝地来说，清水河县距今 50 年的饱和含水量也略低于其他历史阶段，原因同上（田间持水量），其余的土壤饱和含水量无显著差异，平均为 30.37%。准格尔旗距今 60 年坝地的土壤饱和含水量显著高于其他四个历史阶段，其中距今 60 年的土壤饱和含水量为 45.77%，比其他四个阶段的平均土壤饱和含水量高 52%。两个旗县土壤饱和含水量规律的差异原因同上（田间持水量）。

对于林地来说，两个旗县的规律一致，都变现为土壤饱和含水量随时间小幅度波动。清水河县距今 60 年林地的土壤饱和含水量与距今 20 年的无显著差异，准格尔旗恰好相反。这可能是由于清水河县距今 60 年的林地保留的植株数量少，对土壤饱和含水量的影响与种植 20 年的林地无差异。清水河县和准格尔旗林地的平均土壤饱和含水量分别为 33.12% 和 34.49%，其中准格尔旗距今 60 年的林地土壤饱和含水量为 39.72%，比距今 20 年的土壤饱和含水量高 26%。

综上所述，不同历史阶段土壤饱和含水量有以下特征：①总体来说，土壤饱和含水量随着时间的增加呈递增趋势；②不同水土保持技术平均土壤饱和含水量无显著差异；③不同水土保持技术土壤饱和含水量增加幅度表现为：坝地 >

梯田（农地）> 林地 > 梯田（林地）；④不同年份水土保持技术的土壤保持含水量差异表现为：梯田（农地）距今 30~60 年的 > 距今 20 年的；梯田（林地）和准格尔旗坝地为距今 60 年的 > 距今 20~50 年的，清水河县坝地无显著差异；清水河县林地距今 60 年的与距今 20 年的无差异，准格尔旗林地距今 60 年的 > 距今 20 年的。修筑梯田 30 年会显著提高土壤饱和含水量，修筑坝地 60 年才会提高土壤饱和含水量，林地变化大，主要与植物种植密度和生长状况有关。

8.2.3 不同历史时期实施相同技术对土壤养分影响的差异

8.2.3.1 土壤有机碳含量

根据图 8-46 可知，梯田（农地）土壤有机碳随时间增加出现递减现象，距今 60 年的梯田（农地）土壤有机碳为 21.01g/kg，比距今 20 年的显著低 6%。平均土壤有机碳为 22.75g/kg。梯田（林地）土壤有机碳随时间无显著变化，平均土壤有机碳为 23.85g/kg。

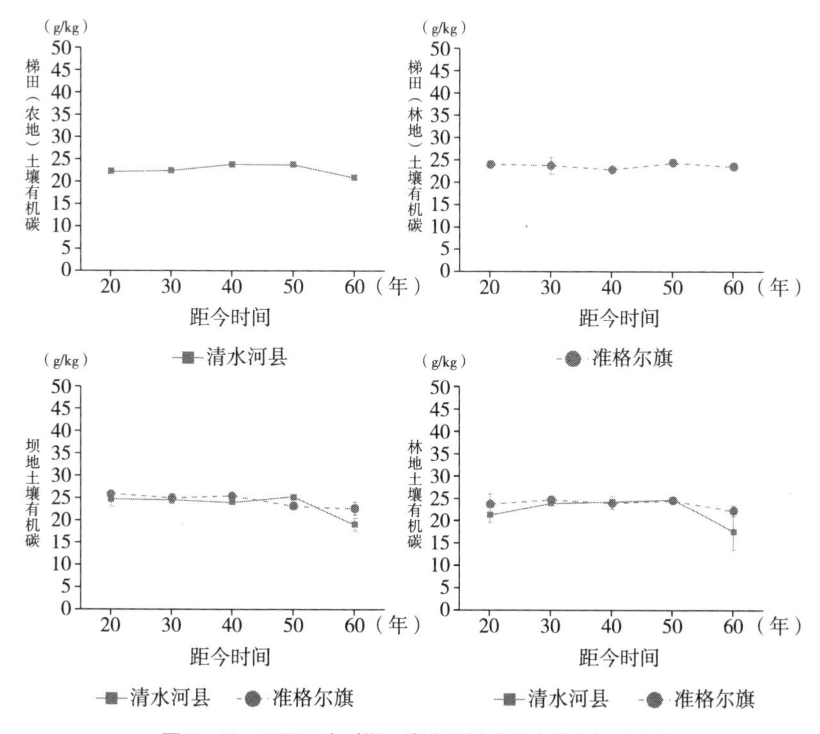

图 8-46　不同历史时期三类水保技术的土壤有机碳变化

对于坝地来说，土壤有机碳随着时间增加也出现递减现象，清水河县距今60年的坝地土壤有机碳显著低于其他四个阶段，准格尔旗距今50~60年的坝地土壤有机碳显著低于距今20~40年的。其中，清水河县距今60年的坝地土壤有机碳为18.67g/kg，比前四个阶段的平均土壤有机碳低30%，准格尔旗距今50~60年的坝地土壤有机碳为22.56g/kg，比距今20~40年的显著低11%。

对于林地来说，也同样存在土壤有机碳随时间增加而递减现象，距今60年的林地土壤有机碳显著低于其他四个阶段。其中，清水河县和准格尔旗距今60年的林地土壤有机碳分别为17.16g/kg和21.95g/kg，分别比前四个阶段的平均土壤有机碳低37%和10%。

综上所述，不同历史阶段土壤有机碳有以下特征：①总体来说，土壤有机碳随着时间的增加呈现递减趋势；②不同水土保持技术平均土壤有机碳无显著差异；③不同水土保持技术土壤有机碳递减幅度表现为：坝地、林地 > 梯田（农地）；④距今60年的梯田（农地）、坝地、林地土壤有机碳 < 距今20~50年的；梯田（林地）土壤有机碳随时间增加无显著变化。修筑梯田、坝地和林地60年的土壤有机碳会降低，也就是土壤本身肥力会降低。

8.2.3.2 土壤碱解氮

根据图8-47可知，无论是梯田（农地）还是梯田（林地）都表现为距今60年的土壤碱解氮显著高于前面四个阶段，前面四个阶段土壤碱解氮含量相同。其中梯田（农地）距今60年的土壤碱解氮含量为0.05mg/kg，比前面四个历史阶段土壤碱解氮含量高67%；梯田（林地）距今60年的土壤碱解氮含量为0.04mg/kg，比前面四个历史阶段土壤碱解氮含量高33%。

对于坝地来说，两个旗县存在差异。清水河县距今60年的坝地土壤碱解氮 > 距今30~50年的 > 距今20年的，其中距今60年的土壤碱解氮含量为0.05mg/kg，比距今20年土壤碱解氮含量高150%。准格尔旗坝地距今50~60年的土壤碱解氮含量 > 距今20~40年的，其中距今60年土壤碱解氮含量为0.04mg/kg，比距今20年的土壤碱解氮含量显著高33%。

对于林地来说，清水河县距今60年的林地土壤碱解氮含量 > 距今20~50年的，其中距今60年的土壤碱解氮含量为0.07mg/kg，比距今20年的土壤碱解氮含量高130%。准格尔旗距今50~60年林地土壤碱解氮含量 > 距今30~40年的 > 距今20年的，其中距今60年的土壤碱解氮含量为0.04mg/kg，比距今20年的土壤碱解氮含量高100%。

综上所述，不同历史阶段土壤碱解氮特征：①总体来说，土壤碱解氮含量随着时间的增加呈递增趋势；②不同水土保持技术平均土壤碱解氮含量无显著差异；③不同水土保持技术土壤碱解氮含量递增幅度表现为：林地 > 坝地 >

梯田；④距今 60 年的梯田和清水河县坝地、林地的土壤碱解氮含量 > 距今 20~50 年的土壤碱解氮含量；准格尔旗距今 50~60 年的坝地和林地的土壤碱解氮含量 > 距今 20~40 年的，表明土壤碱解氮需要经过长时间，至少是 50 年的时间才会显著提高。

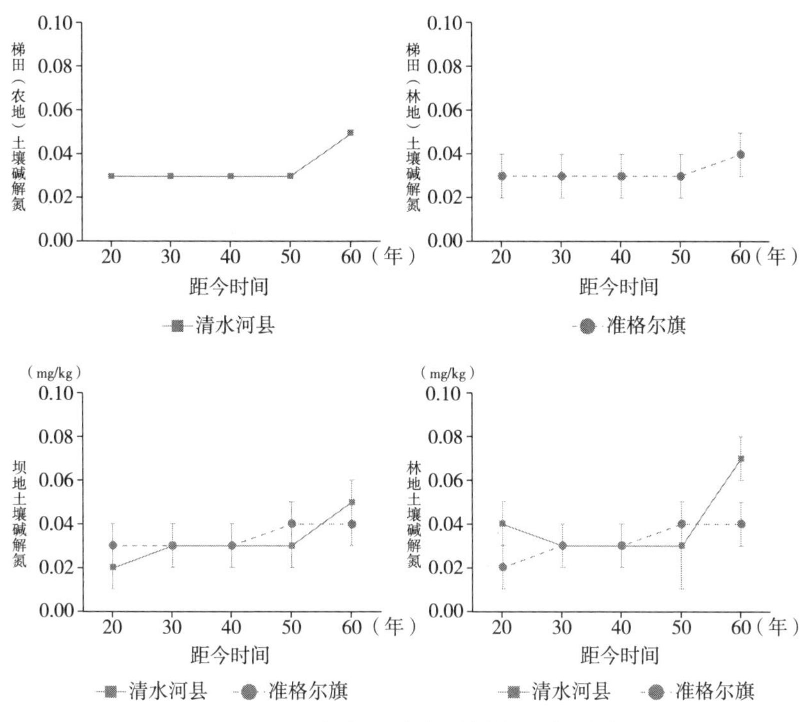

图 8-47　不同历史时期三类水保技术的土壤碱解氮变化

8.2.3.3　土壤速效磷

根据图 8-48 可知，梯田（农地）土壤速效磷含量随着时间的增加先减少后增加，而梯田（林地）恰好相反，表明梯田的土壤速效磷含量受时间影响较小，无明显规律。其中，梯田（农地）的平均土壤速效磷含量为 273.87mg/kg，梯田（林地）的平均土壤速效磷含量为 98.47mg/kg。

林地中也同样出现这种现象，清水河县林地土壤速效磷含量随着时间的增加先减少后增加，而准格尔旗恰好相反，林地土壤速效磷与时间之间也没有很好的相关性，两旗县平均土壤速效磷含量为 96.37mg/kg。

对于坝地来说，两个旗县都表现为土壤速效磷含量随着时间的增加而递增的趋势，且距今 60 年的坝地土壤速效磷含量 > 距今 20~50 年的，其中清水河县距今 60 年的坝地土壤速效磷含量为 473.15mg/kg，比距今 20 年的土壤速效磷含量高 267%。准格尔旗距今 60 年的坝地土壤速效磷含量为 329.66mg/kg，比距今 20 年的土壤速效磷含量高 579%。

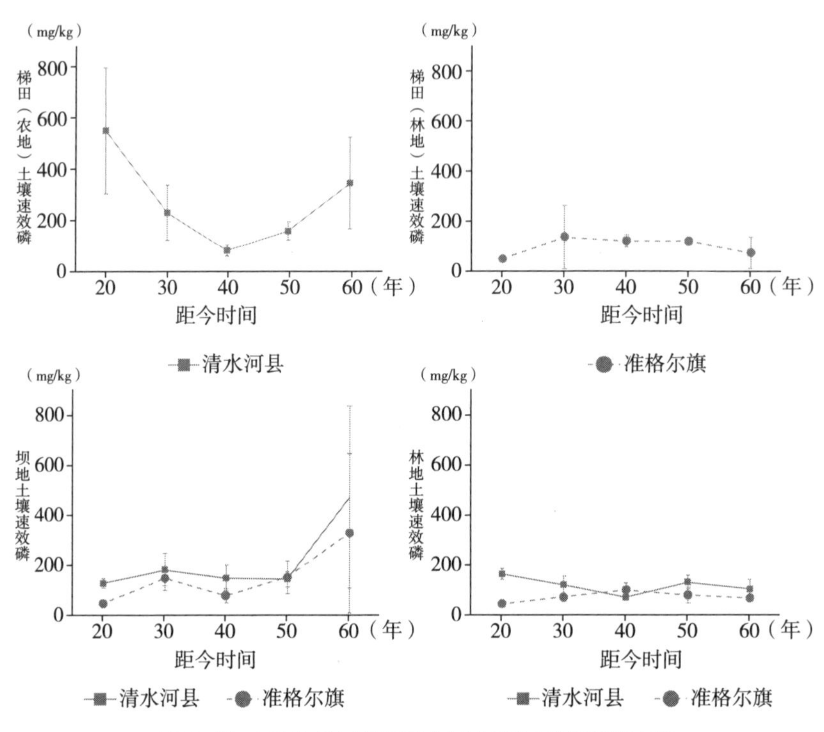

图 8-48　不同历史时期三类水保技术的土壤速效磷变化

综上所述，不同历史阶段土壤速效磷含量有以下特征：①坝地的土壤速效磷含量随着时间的增加呈现递增趋势，梯田和林地无规律；②不同水土保持技术平均土壤速效磷含量：梯田（农地）> 坝地 > 梯田（林地）、林地，可能是施肥量导致的；③距今 60 年的坝地土壤速效磷含量 > 距今 20~50 年的土壤速效磷含量，表明土壤速效磷含量经过 60 年的保肥过程才会显著增加。

8.2.3.4　土壤速效钾

根据图 8-49 可知，梯田（农地）土壤速效钾随着时间的增加而缓慢增加，距今 60 年的梯田（农地）土壤速效钾含量为 35.42mg/kg，比距今 20 年土壤速效钾含量显著高 69%。梯田（林地）土壤速效钾含量随时间的增加无显著差异，平均土壤速效钾含量为 21.28mg/kg。

对于坝地来说，两个旗县都表现为土壤速效钾含量随着时间的增加而递增的趋势。清水河县距今 60 年坝地土壤速效钾含量 > 距今 20~50 年的，准格尔旗距今 60 年的坝地土壤速效钾含量 > 距今 50 年的 > 距今 30~40 年的 > 距今

20 年的。其中清水河县距今 60 年的坝地土壤速效钾含量为 39.96mg/kg，比距今 20 年的土壤速效钾含量高 141%。准格尔旗距今 60 年的坝地土壤速效钾含量为 53.18mg/kg，比距今 20 年的土壤速效钾含量高 291%。

对于林地来说，两个旗县也都表现为土壤速效钾含量随着时间的增加而递增的趋势。清水河县距今 60 年的林地土壤速效钾含量 > 距今 20~50 年的，准格尔旗距今 60 年的林地土壤速效钾含量 > 距今 30~50 年的 > 距今 20 年的，两个旗县不同年份林地土壤速效钾含量的差异规律和坝地基本一致。其中清水河县距今 60 年的林地土壤速效钾含量为 66.66mg/kg，比距今 20 年土壤速效钾含量高 138%。准格尔旗距今 60 年的林地土壤速效钾含量为 41.78mg/kg，比距今 20 年土壤速效钾含量高 171%。

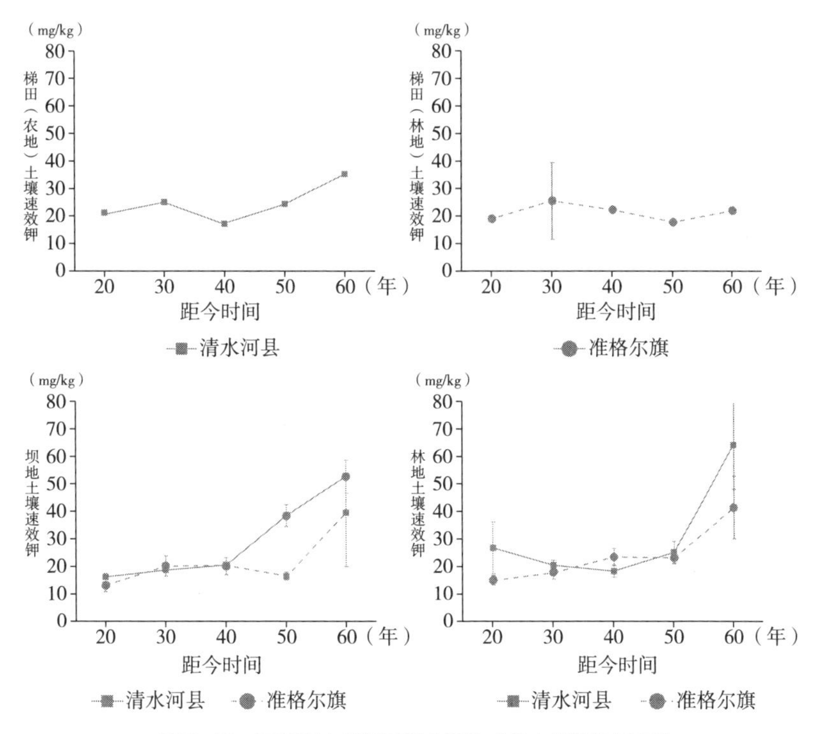

图 8-49　不同历史时期三类水保技术的土壤速效钾变化

综上所述，不同历史阶段土壤速效钾含量有以下特征：①总体来说，土壤速效钾含量随着时间的增加呈现递增趋势；②不同水土保持技术平均土壤速效钾含量：林地 > 坝地 > 梯田（农地）> 梯田（林地）；③不同水土保持技术土壤速效钾含量递增幅度表现为：坝地 > 林地 > 梯田；④距今 60 年的坝地土壤速效钾含量 > 距今 20~50 年的土壤速效钾含量，规律与速效磷一致。

8.2.4 推动不同时期内蒙古黄土丘陵沟壑区水保技术发展的原因

8.2.4.1 国家宏观决策和全国水土保持工作会议的推动

新中国成立后，围绕治理江河和发展山区生产等需要，党和政府很快就将水土保持作为一项重要工作来抓，大力号召开展水土保持工作。1952 年 12 月，政务院发布了《关于发动群众继续开展防旱抗旱运动并大力推广水土保持工作的指示》，这是新中国成立以来有关水土保持工作的一个比较早的重要文件，对水土保持工作做了较系统的阐述和要求。文件强调："水土保持工作是一种长期的改造自然的工作。由于各河流治本和山区生产的需要，水土保持工作目前已刻不容缓。"同时指出："水土保持是群众性、长期性和综合性的工作。必须结合生产的实际需要，发动群众组织起来长期进行，才能收到预期的功效"，要"选择重点进行试办，以创造经验，逐步推广"。随着农业合作化运动逐渐进入高潮，从 1955 年下半年开始，水土保持工作迎来了一个较快的发展时期。

随着全国政治经济形势的发展，从 1960 年下半年开始，水土保持形势急转直下，由高峰跌入低谷。为了扭转不利的工作局面，从 1962 年到 1963 年初，国务院连续发出了《关于开荒挖矿、修筑水利和交通工程应注意水土保持的通知》《关于加强水土保持工作的报告》《关于汛前处理好挖矿、筑路和兴修水利遗留下来的弃土、塌方、尾沙的紧急通知》《关于奖励人民公社兴修水土保持工程的决定》《关于迅速采取有效措施严格禁止毁林开荒陡坡开荒的通知》5 个文件，国务院水土保持委员会发出了《关于加强水土保持科学试验工作的几点建议》。

1963 年 4 月，国务院发出了《关于黄河中游地区水土保持工作的决定》，将黄河流域作为全国水土保持工作的重点，同时指出水土保持是山区综合发展农业、林业和牧业生产的根本措施；对水土保持工程设施，应该贯彻"谁治理，谁受益，谁养护"的原则，坚决制止陡坡地开荒和毁林开荒。黄河中游地区一直是全国水土保持的重点。1963 年 1 月，经周恩来总理批准，陕西、山西、内蒙古 3 省区在地广人稀、水土流失严重的地区，开始建立水土保持专业队，以吸收城市知青投入水土保持治理工作。

20 世纪 60 年代初期，面对国民经济严重的困难局面，中央强调要贯彻执行国民经济以农业为基础。此后，"以粮为纲"的方针一直贯穿于六七十年代农业生产的始终。为适应这一形势，各级水土保持部门在制止各地滥垦开荒等破坏行为的同时，适时引导群众将基本农田建设作为水土保持工作的中心内容，大力建设梯田、坝地、滩地、水地等高产稳产的基本农田，更多地、直接地为当地农业生产服务。"以土为首"、建设高标准的基本农田，成为20世纪70年代水土保持的主要工作方针。

1979~1980年，水利部分别召开了华北5省（区）、东北3省、华东6省、中南5省（区）水土保持座谈会，国家科委、农业部、水电部、国家林业总局联合在西安召开了"黄土高原水土保持农林牧综合发展科研工作讨论会"，中国水利学会在郑州召开了"黄河中下游治理规划学术讨论会"，国家科委、国家农委、中国科学院联合在西安召开了"黄土高原水土流失综合治理科学讨论会"。在各种形式的座谈会、讨论会上，广大专家学者和水土保持工作者都呼吁，要提高认识，加强组织领导和宣传教育，加强科研。1979年4月，水利部向各省水利部门发布了《关于加强水土保持工作的通知》，要求各级水利部门，切实加强对水土保持工作的领导，各省（市、区）对水土保持机构、科研单位、试验站、工作站要加以整顿、充实力量，积极开展试验研究和治理工作。

1980年4月，水利部在山西省吉县召开了历时8天的"13省区小流域综合治理座谈会"。会议在总结过去经验的基础上，提出了小流域综合治理，认为这是水土保持工作的新发展，符合水土流失规律，能够把治坡与治沟、植物措施与工程措施有机结合起来，更加有效地控制水土流失；能够更加有效地开发利用水土资源，按照自然特点合理安排农林牧业生产，改变农业生产结构，最大限度地提高土地利用率和劳动生产率，加速农业经济的发展，使农民尽快富裕起来；有利于解决上下游、左右岸的矛盾，正确处理当前与长远、局部与全局的关系，充分调动群众的积极性，团结一致，加快水土保持工作的步伐，便于组织农林牧水农机和科技等各方面的力量打总体战。

国务院于1982年4月批转了财政部、水电部《关于水土保持经费问题的请示》，同意从小型农田水利补助费中划出10%~20%的经费用于水土保持，水土流失严重、治理任务大的地方，比例可以大些。这个政策对解决水土保持多年来存在的经费问题、推动面上水土保持工作有重要意义。

1993年1月，国务院以发出《关于加强水土保持工作的通知》（国发〔1993〕5号文），要求各级人民政府和有关部门必须从战略高度认识水土保持是山区发展的生命线，是国土整治、江河治理的根本，是国民经济和社会发展的基础，是我们必须长期坚持的一项基本国策，进一步增强对水土流失治理的紧迫感，把水土保持工作列入重要的议事日程，加快水土流失防治的速度。确立了水土保持的基本国策地位，规定了政府水土保持工作报告制度和政府领导任期内目标考核制度，明确了预防、监督和管护资金来源，还提出了生态补偿机制等，对水土保持工作起到了重要的指导性作用。

2001年11月，水利部发出了《关于加强封育保护，充分发挥生态自然修复能力，加快水土流失防治步伐的通知》，要求积极适应新形势，进一步调整工作思路，因地制宜，为生态修复创造条件，采取措施，加大封育保护工作的力度。这是首次以文件形式正式提出开展水土保持生态修复的设想和要求。2003年6月，水利部发布了《关于进一步加强水土保持生态修复工作的通知》，再次对水土保持生态修复从认识、规划、政策、监管等方面进行了部署。同年，水利部组织编制了《全国水土保持生态修复规划》（2004~2015年），汪恕诚部长做出重要批示："生态自我修复和小流域综合治理一样，都是水土保持工作的重大举措，国家同样要给予资金和政策支持。"

2004年9月，水利部与农业部联合发出《关于加强水土保持促进草原保护与建设的通知》，明确了水利、农牧部门之间的分工与协作，以联合推动生态修复和草原保护工作。同年，水利部和中国科学院联合举办召开"全国水土保持生态修复研讨会"，水土保持生态修复的理论、技术路线、标准和相关政策措施不断完善。2004年，为加强水土保持从业人员队伍建设，制定了《水土保持从业人员培训纲要》。

2005年，水利部鄂竟平副部长在全国水土保持工作会议上明确提出了水土保持的"两个可持续"目标，即"实现水土资源的可持续地利用和生态环境的可持续地维护"。"两个可持续"目标的提出是对新的历史形势做出的历史回应，是水土保持落实科学发展观的战略选择，是新时期水土保持工作的重要指导思想。

1956~2011年，我国一共召开了13次全国水土保持工作会议，1955~1958年召开了3次，时隔25年后在1982年召开了第四次全国水土保持工作会议，接下来1982~2003年，大约每隔10年召开一次，从2005年开始每一年都召开一次全国水土保持工作会议。可见，国家对水土保持工作的重视（见表8–25）。本书分别介绍13次全国水土保持工作会议的基本情况以及对今后水土保持工作提出的工作目标和方针。

表8–25　20世纪50年代至21世纪全国水土保持工作会议

编号	时间	水土保持工作方针
第一次全国水土保持工作会议	1955年10月	在统一规划、综合开发的原则下，紧密结合合作化运动，充分发动群众，加强科学研究和技术指导，并且因地制宜，大力蓄水保土，努力增产粮食，全面地发展农林牧业生产，最大限度地合理利用水土资源，以实现建设山区、提高人民生活、根治河流水害、开发河流水利的社会主义建设的目的

续表

编号	时间	水土保持工作方针
第二次全国水土保持工作会议	1957 年 12 月	治理与预防兼顾，治理与养护并重，水土流失地区在依靠群众发展生产的基础上，实行全面规划，因地制宜，集中治理，连续治理，综合治理，坡沟兼治，治坡为主的方针
第三次全国水土保持工作会议	1958 年	山区园林化、坡地梯田化、沟壑川台化、耕地水利化
第四次全国水土保持工作会议	1982 年 8 月	“两个转变”的指示（一是从单纯抓粮食生产转到同时狠抓多种经营；二是从单纯抓农田水利建设转到同时大力抓水土保持改善大地植被）
第五次全国水土保持工作会议	1992 年 5 月	贯彻《水土保持法》，建立健全水土保持预防监督体系，建立领导“任期内水土保持目标考核制”，多渠道增加投入和制定优惠政策，搞好重点治理，以点带面，逐步推进
第六次全国水土保持工作会议	1997 年 4 月	研究如何加大水土保持工作力度，认真落实国务院批准的《全国水土保持规划纲要》，保护水土资源，实施可持续发展战略
全国水土保持工作会议	2003 年 3 月	围绕“三大目标”，认真落实“四项任务”，切实抓好“六项措施”，以水土资源的可持续利用和维系良好的生态环境为全面建设小康社会提供支撑和保障
全国水土保持工作会议	2005 年 3 月	研究水土保持工作贯彻落实科学发展观的思想与举措，总结交流近年来水土保持重点工程建设管理工作的成绩、经验
全国水土保持工作会议	2006 年 5 月	以水土资源的可持续利用和生态环境的可持续维护为根本目标，完善机制，依靠科技，推动水土保持生态建设快速、健康发展
全国水土保持工作会议	2007 年 3 月	强化监督执法、推动和实施各级重点工程建设、提高生态自我修复工作、积极推进水土保持机构体制转型、加大水土保持宣传力度
全国水土保持工作会议	2008 年 4 月	把监督执法工作引向深入；以建设生态补偿机制为重点，多渠道增加水土保持投入；以狠抓制度落实为手段，进一步加强重点工程管理；以国策宣教活动为载体，提高全社会的水土保持意识；以强化基础工作为依托，提升全行业服务水平
全国水土保持工作会议	2009 年 4 月	提出了六大战略举措，即保护优先战略、综合治理战略、分区防治战略、项目带动战略、生态修复战略、科技支撑战略，为水土保持工作指明了方向
全国水土保持工作会议	2010 年 4 月	坚持“全面规划、统筹兼顾、预防为主、保护优先、因地制宜、分区防治”的方针，以保障和改善民生为着力点，以体制机制和法律建设为保障，以科技创新和科技进步为支撑，以水土资源的可持续利用和生态环境的有效保护，促进经济社会的可持续发展

1955 年 10 月，参加第一次全国水土保持工作会议的有全国除新疆、西藏外的 23 个省（区），北京市以及黄河、淮河、长江 3 个流域机构，包括农林水和科研部门代表 124 人，连同中央各有关参加会议的代表共 180 人。会议听取了水利部部长傅作义、林业部部长梁希、中国科学院副院长竺可桢、黄河

水利委员会主任王化云所做的报告，国务院副总理邓子恢到会讲话，最后由水利部副部长冯仲云作会议总结，会后部分代表赴山西省阳高县和甘肃省天水地区参观了水土保持典型。会议提出了水土保持工作的方针："在统一规划、综合开发的原则下，紧密结合合作化运动，充分发动群众，加强科学研究和技术指导，并且因地制宜，大力蓄水保土，努力增产粮食，全面地发展农林牧业生产，最大限度地合理利用水土资源，以实现建设山区、提高人民生活、根治河流水害、开发河流水利的社会主义建设的目的。"这个方针紧跟形势发展要求，指出了开展水土保持工作的方式方法，明确了开展水土保持工作的目的，是符合当时水土保持工作发展需要的。经过重点试办、典型带动和大力推广，省、地、县以至乡、社都有了不同类型的典型，积累了丰富的经验；不少地区经过综合治理后，扩大了耕地面积，改良了土壤，促进了农业生产的恢复和发展，使各级政府及部门对水土保持工作有了更高的认识，并鼓舞了建设山区的信心，水土保持工作大大向前发展。

1957 年 12 月召开了全国第二次水土保持工作会议，全国各省（区）水利水保部门的负责人和科技人员参加了会议，朱德副主席、邓子恢副总理、谭震林书记到会讲话，水土保持委员会主任陈正人做报告，林业部部长梁希、农业部副部长刘瑞龙、水利部副部长何基沣、黄河水利委员会副主任赵明甫、苏联专家札斯拉夫斯基等也做了报告。会议总结交流了 1955 年以来全国的水土保持工作，对水土保持工作面临的形势和特点做了分析，在此基础上提出了水土保持工作方针，即在全国"治理与预防兼顾，治理与养护并重"，水土流失地区"在依靠群众发展生产的基础上，实行全面规划，因地制宜，集中治理，连续治理，综合治理，坡沟兼治治坡为主的方针"。

1958 年，国务院水土保持委员会在甘肃省武山县召开了全国第三次水土保持会议。会议开了将近 1 个月，参观了 3 个省、15 个县市的治理现场，是一个规模较大的现场会议。会议提出的水土保持工作方针是："继续贯彻全面规划，综合治理，集中治理，连续治理，坡沟兼治治坡为主的方针……在依靠群众、发展生产的基础上，要做到治理与预防并重，治理与巩固结合，数量与质量并重，达到全面彻底保持水土，保证农业稳定，保证高产。"会议还提出了水土保持的最高标准，即"山区园林化、坡地梯田化、沟壑川台化、耕地水利化"。

全国第四次水土保持会议于 1982 年 8 月在北京召开，各省（市、区）农、林、水、牧和水土保持部门的代表以及重点地、县负责人，各流域机构，国务院有关部委、科研、宣传、教育等部门的代表共 250 多人参加了会议，会议确定了"两个转变"的指示：一是从单纯抓粮食生产转到同时狠抓多种经营；二是从单纯抓农田水利建设转到同时大力抓水土保持改善大地植被。

1992 年 5 月，全国第五次水土保持工作会议在北京隆重召开。参加会议的有全国 30 个省（区、市）和计划单列市、科研、大专院校、流域机构以及国务院有关部委局办的负责人，共计 250 人。下一步目标主要是：贯彻《水土保持法》，建立健全水土保持预防监督体系，建立领导“任期内水土保持目标考核制”，多渠道增加投入和制定优惠政策，搞好重点治理，以点带面，逐步推进。

1997 年 4 月 28~29 日，国务院在北京召开了全国第六次水土保持工作会议。全国第六次水土保持工作会议系统地总结了我国水土保持工作 40 多年来取得的成就和经验，分析了水土流失的严峻形势以及防治工作的重要性和紧迫性，阐述了“九五”防治水土流失的目标、任务和对策；同时这次会议也是一次倡导改革的会议，对推动全国水土保持改革、适应市场经济发展要求起到了积极的作用。

2003 年 3 月 23 日召开了全国水土保持会议，11 个单位进行了典型经验交流。其中，黄河水利委员会建设高水平水土保持生态示范工程，内蒙古巴林右旗加快生态修复，建设秀美草原。今后水土保持工作思路紧紧围绕“三大目标”：一是有效减轻水土流失、减少进入江河泥沙，加强面源污染的控制和对重点江河湖库周边的水源保护及生态改善。二是大力改善农业生产条件，突出促进农村产业结构调整和产业开发，集约、高效、可持续利用水土资源。三是在改善生态环境，减轻干旱、洪涝灾害的同时，重视城乡人居环境质量的改善，促进人与自然的和谐，建设美好家园。

2005 年 3 月 22 日，全国水土保持工作会议在四川广安胜利召开，本次会议的主要任务是研究水土保持工作贯彻落实科学发展观的思想与举措，总结交流近年来水土保持重点工程建设管理工作的成绩、经验，部署 2005 年及近期全国水土保持工作。

2006 年 5 月全国水土保持会议在甘肃召开，来自国家水利部、七大流域管理机构以及全国各省自治区的 100 多名代表参加会议。今后，我国以水土资源的可持续利用和生态环境的可持续维护为根本目标，遵循自然规律和经济规律，全面做好预防监督、综合治理、生态自我修复、监测评价、面源污染控制和秀美家园六项工作，依靠科技，推动水土保持生态建设快速、健康发展。

2007 年 3 月 30~31 日，全国水土保持工作会议在福建省福州市召开。会上命名了第一批水利部水土保持科技示范园区。会议指出，水利水保部门以科学发展观为指导，认真贯彻中央建设社会主义新农村和构建和谐社会的一系列重大战略部署，积极推进水土资源的可持续利用和生态环境的可持续维护，水土流失综合科学考察取得重大研究成果，监督执法、重点防治工程建设、生态修复、监测网络与信息系统建设等各项水土保持工作取得了新的进展。

2008年4月16~18日，全国水土保持工作会议在贵州毕节召开。会上指出了今后的工作重点：一是以执法专项行动为契机，把监督执法工作引向深入；二是以建设生态补偿机制为重点，多渠道增加水土保持投入；三是以狠抓制度落实为手段，进一步加强重点工程管理；四是以国策宣教活动为载体，提高全社会的水土保持意识；五是以强化基础工作为依托，提升全行业服务水平。

2009年4月12日，全国水土保持工作会议在重庆召开。通过此次会议，大家更加明确了水土保持在我国经济社会发展中的重要地位与作用，认清了水土保持工作所面临的机遇和挑战，更加坚定了开创中国特色水土保持新局面的信心和决心。

2010年4月16~18日，全国水土保持工作会议在线召开，水土保持司司长刘震做了题为《新时代我国水土保持工作的主要特征》的报告，来自流域机构、各级省区市和新疆生产建设兵团、黑龙江农垦总局，水土保持局（处）长150多人参加了会议。各地深入贯彻落实科学发展观，紧紧围绕国家经济社会发展和生态文明建设大局，积极践行可持续发展治水思路，坚持“全面规划、统筹兼顾、预防为主、保护优先、因地制宜、分区防治”的方针，以保障和改善民生为着力点，以体制机制和法律建设为保障，以科技创新和科技进步为支撑，大力实施水土保持，以水土资源的可持续利用和生态环境的有效保护，促进经济社会的可持续发展。

8.2.4.2 配套法律法规和技术标准的健全

1957年7月，国务院发布《中华人民共和国水土保持暂行纲要》，这是我国第一部从形式到内容都比较系统、全面、规范的水土保持法规。纲要明确划分了各业务部门担负水土保持工作的范围，并指出山区应该在水土保持的原则下，使农、林、牧、水密切配合，全面控制水土流失，同时对水土保持规划和防治水土流失的具体方法、要求以及奖惩等内容做了明确规定。

1982年6月，国务院发布《水土保持工作条例》，要求全国各地遵照执行。《水土保持工作条例》是继1957年《中华人民共和国水土保持暂行纲要》后又一部水土保持重要法规，条例分水土流失的预防、水土流失的治理、教育与科学研究等共33条，提出了“防治并重，治管结合，因地制宜，全面规划，综合治理，除害兴利”的水土保持工作方针，明确了水土保持工作的主管部门为水利电力部，增加了关于水土流失的预防的内容，提出了“以小流域为单元，实行全面规划、综合治理”等内容，对推动20世纪80年代的水土保持工作发挥了重要作用。

1988 年 10 月，经国务院批准，国家计委、水利部联合发布了《开发建设晋陕蒙接壤地区水土保持规定》，促进该地区经济建设的发展和生态环境的保护。为贯彻落实这一规定，国家计委和水利部于 1989 年 3 月联合召开会议成立了晋陕蒙接壤地区水土保持工作协调小组（协调小组设在黄河中游治理局，1992 年 9 月成立晋陕蒙接壤地区水土保持监督局，1998 年 3 月正式组建机构）。

1991 年 6 月 29 日，第七届全国人民代表大会常务委员会第二十次会议通过了《中华人民共和国水土保持法》并正式颁布实施，这是水土保持发展史上的一座里程碑，它第一次用法律形式将水土保持工作固定下来，标志着我国水土保持工作由此进入依法防治的新阶段。《水土保持法》颁布后，一系列配套法律法规也随之逐步建立。作为水土保持法最重要的一个配套法规，《中华人民共和国水土保持法实施条例》于 1993 年 8 月由国务院正式颁布实施。

1992 年 6 月，水利部农村水利水土保持司发出《关于开展水土保持监督执法试点的通知》，在全国确定了 108 个县（市、区）作为第一批水土保持监督执法试点县。

为推动水土保持方案制度的顺利执行，1994 年水利部、国家计委、国家环保局联合颁布了《开发建设项目水土保持方案管理办法》，使水土保持方案制度成为开发建设项目立项的一个重要程序和内容。1995 年，水利部又根据此办法及相关法律法规，发布了《开发建设项目水土保持方案编报审批管理规定》，对水土保持方案的编制、审批等做了更为详细的规定。同年，水利部又制定颁布了《开发建设项目水土保持方案资格证书管理办法》，以加强对开发建设项目水土保持方案编制单位的管理，保证开发建设项目水土保持方案的编制质量。

1998 年，国务院批准实施《全国生态环境建设规划》，并将其纳入国民经济和社会发展计划，要求各地结合本地区的具体情况，因地制宜地制定本地区的生态环境建设规划，同年，国家还批准了《全国生态环境保护纲要》。

2000 年，水利部颁布了《开发建设项目水土保持方案编制技术规范》《开发建设项目水土保持方案大纲编制规定》《规范水土保持方案编报程序、编写格式和内容的补充规定》等技术文件，并印发了《水土保持方案编制资格证单位考核办法》。

为加强水土保持监测工作的规范管理，水利部于 2001 年发布了《水土保持生态环境监测网络管理办法》、2002 年制定并发布了《水土保持监测技术规程》，水利部水土保持监测中心编制了《水土保持信息管理技术规范》《水土保持监测设施通用设备条件》等技术文件，一些流域机构和省（区、市）水利水保部门也编制了相应的管理办法与规定。

2002年6月，水利部、国家发展计划委员会、国家经济贸易委员会、国家环境保护总局、铁道部、交通部6部委局联合印发了《关于联合开展水土保持执法检查活动的通知》，对一批重点开发建设项目开展了水土保持联合执法检查，地方水利部门也积极争取各级人大、政府和有关部门的支持，开展了不同级别的联合执法检查。

2010年12月25日，中华人民共和国第十一届全国人民代表大会常务委员会第十八次会议修订通过了《中华人民共和国水土保持法》，自2011年3月1日起执行。

水土保持标准化是水土流失防治发展到一定阶段的必然要求。随着我国水土流失防治技术的日益完善，逐步实施了相应的标准规范。自1987年颁发《水土保持试验规范》和《水土保持技术规范》以来，陆续颁布了一系列专业技术规范与标准，与其他相关规范一起，构成了水土保持标准规范体系，对水土保持前期工作、综合防治工作、监督管理工作起到了宏观把握与微观指导作用。

（1）国家水土保持专业标准。主要有《水土保持综合治理规划通则（GB/T 15772–1995）》《水土保持综合治理技术规范（GB/T 16453.1–16453.6–1996）》《水土保持综合治理验收规范（GB/T 15773–1995）》《水土保持综合治理效益计算（GB/T 15774–1995）》。

（2）水土保持行业技术标准。主要有《水坠坝设计施工暂行规定（SD122–1984）》《水土保持治沟骨干工程暂行技术规范（SD175–1986）》《水土保持试验规范（SD239–1987）》《土壤侵蚀分类分级标准（SL190–1996）》《开发建设项目水土保持方案技术规范（SD204–1998）》《水土保持规划编制暂行规定（2000年）》《水土保持工程项目建议书编制暂行规定（2000年）》《水土保持工程项目建议书编制暂行规定（2000年）》《水土保持工程初步设计编制暂行规定（2000年）》《水利水电工程制图标准水土保持图（SL73.6–2001）》《水土保持监测技术规程（SL277–2002）》《水土保持工程概（估）算编制规定（2003年）》《水土保持工程概算定额（2003年）》。

8.2.4.3　水土保持国家级工程项目的推动

20世纪80年代，随着国家将经济建设作为工作重点并实行改革开放政策，水土保持工作得以恢复并加强，同时由基本农田建设为主转入以小流域为单元进行综合治理的轨道。八片国家水土流失重点治理工程、长江上游水土保持重点防治工程等重点工程的实施，推动了水土流失严重地区和面上的水土保持工作，现分别介绍从20世纪80年代到21世纪，在内蒙古黄土丘陵沟壑区实施的国家级工程项目。

（1）八片国家水土流失重点治理。1983年，经国务院批准，黄河流域、辽河流域、长江流域8个水土流失重点区被列入重点治理区，由财政部每年安排3000万元进行治理，由此拉开了八片国家水土流失重点治理工程的序幕。这8个地区水土流失严重，群众生活贫困，生态环境恶化，区域土地总面积11万平方千米，水土流失面积达10万平方千米，约占区内土地总面积的90%，涉及9省（区、市）的43个县（市、区、旗），其中有35个属国家重点扶持的贫困县。

截至2007年，该工程已实施了三期，长达25年。一期工程（1983~1992年），中央财政每年补助3000万元。二期工程（1993~2002年），第一阶段（1993~1997年），中央财政每年补助4000万元；第二阶段（1998~2002年），中央财政每年补助5000万元。三期工程（2003~2007年），中央财政每年补助5000万元。八片国家水土流失重点治理工程是我国第一个国家列专款、有规划、有步骤、集中连片大规模开展水土流失综合治理的国家生态建设重点工程，取得了较好的生态效益、经济效益和社会效益，为全国大规模生态环境建设提供了宝贵的经验，在我国生态建设中发挥了示范带动作用 。

（2）黄土高原水土保持沟道治理。1985年8月，国家计委同意将规划中的水土保持治沟骨干工程列入国家基建计划，所需投资在国家分配给水电部的水利投资中统筹安排，从1986年开始，经国家计委、水利部批准，黄河中游地区治沟骨干工程开始专项建设。治沟骨干工程相对于一般淤地坝而言，建设规模大，防洪标准高，在小流域中起着“上拦下保、骨干控制”作用，成为黄土高原地区治理水土流失的重要工程措施，为减少入黄泥沙、加快黄河流域水土流失治理、促进区域经济的发展发挥了巨大作用。

（3）黄土高原水土保持世界银行贷款项目。黄土高原水土保持世界银行贷款项目，是我国利用外资治理水土流失的第一个大型项目。为水土保持引用外资和使用银行资金做了一次有益的尝试。同时，项目在执行过程中，建立了一套统一协调的管理体系，建立了一支素质较高的管理队伍，建立了科学、统一、完善的规划体系，建立了严格的投资监管体制和财务管理制度等，为我国实施水土保持重点治理项目提供了有益的经验和借鉴。项目从1990年9月开始论证，于1993年11月正式通过评估，于1994年5月获得世行董事会批准正式实施。世行水保项目分两期实施：一期工程1994年正式启动实施，执行期为8年（1994~2001年），利用世界银行贷款1.5亿美元，加上国内配套资金，总投资折合人民币21亿元。二期工程1999年正式启动实施，执行期为6年（1999~2004年），共利用外资1.5亿美元，其中国际复兴银行贷款1亿美元，国际开发协会信贷5000万美元，加上国内配套资金，项目总投资21亿元人民币。该项目取得了显著的经济、生态和社会效益，被世界银行称为农业项目的“旗帜工程”。

（4）中央财政预算内专项资金水土保持项目。1997年以来，为了扩大内需，拉动经济，增强水利基础设施的抗灾能力，根据《中共中央关于灾后重建、整治江湖、兴修水利的决定》（中发〔1998〕15号）和国务院印发《全国生态环境建设规划》的精神，党中央、国务院把大江大河上中游地区水土流失治理作为生态环境建设和江河治理的一项重要任务，国家在财政十分紧张的情况下，在中央财政预算内，通过发行债券的形式筹集资金，专门用于水土保持生态环境建设，故把此项目简称“国债水保项目”。国债水保项目实施以长江上中游和黄河中上游为重点，坚持以小流域为单元，集中连片，山水田林路统一规划，综合治理，坚持把水土流失治理同改善当地农业生产条件、促进群众脱贫致富紧密结合。注重发挥生态的自我修复能力，加大封育保护、封禁治理力度。

（5）晋陕蒙砒砂岩区沙棘生态工程。1998年在国家发改委的支持下，水利部启动实施了“晋陕蒙砒砂岩沙棘生态工程”。“十五”期间晋陕蒙砒砂岩区沙棘种植面积达1996平方千米，完成投资18950万元，其中中央投资16500万元。沙棘成为该地区继柠条、沙柳之后的第三大灌木。

（6）“十百千”示范工程。为深入贯彻党中央、国务院关于加强生态环境建设的战略部署，加快水土保持生态环境建设，充分发挥典型样板的示范作用，从1999年2月起，水利部、财政部联合发出通知，决定在全国范围内建设10个示范城市、100个示范县、1000条小流域作为全国水土保持生态环境建设示范工程（以下简称“十百千”示范工程）。“十百千”示范工程建设是加快水土保持生态环境建设的一项重大举措，通过建设一批高标准、高质量、高效益的示范样板，有效地宣传了水土保持生态环境建设事业。

（7）黄土高原地区水土保持淤地坝工程。2003年1月，中央召开了全国农村工作会议，把淤地坝建设作为解决山区农业、农村、农民问题的重要措施写进了会议文件。2003年初，在水利部召开的全国厅局长会议上，把淤地坝建设作为2003年水利工作的三大亮点工程之一提了出来。2003年，水利部编制了《黄土高原地区水土保持淤地坝规划》，提出了2003~2020年黄土高原地区淤地坝建设的指导思想、目标任务、总体布局，以及近期实施意见和保障措施。规划近期（2003~2010年）在黄土高原地区建设淤地坝6万座，投资299.50亿元。

8.2.4.4 水土保持专门机构的成立

（1）水土保持专门管理机构。1957年5月，国务院全体会议决定成立“国务院水土保持委员会”，任命陈正人为主任，水利部部长傅作义、林业部部长梁希、中国科学院副院长竺可桢、农业部副部长刘瑞龙为副主任，罗玉川等8人为委员，并下设办公室负责日常工作。水土保持委员会的成立加强了水土保持工作的统一领导及有关部门的协作配合。同期，山西、甘肃、内蒙古、陕西4个省（区）先后建立了水土保持局，陕西等6个省成立了水土保持委员会，还有几个省建立水土保持处。水土流失严重的地区大都成立了水土保持专管机构，或指定了专人负责。

国务院水土保持委员会也在这次精简机构中于1961年8月被撤销（同年11月，国务院恢复并充实了水土保持委员会）。

1979年，水利部恢复农田水利局，下设水土保持处（1986年，农田水利司更名为“农村水利水土保持司”）；1980年，国家农委恢复黄河中游水土保持委员会，并新建了黄河水利委员会黄河中游治理局；1982年，国务院成立全国水土保持工作协调小组。

1979年，水利部设立农田水利局，下设水土保持处；1990年，水利部设立农村水利水土保持司；1991年，水利部设立水土保持司，下设规划协调处、生态建设处和监督管理处，负责管理全国的水土保持日常工作。

（2）水土保持科研机构。国家级水土保持科研机构：中国科学院水利部水土保持研究所成立于1956年2月，是在原中国科学院植物研究所西北工作站和中国科学院南京土壤研究所黄土试验站的基础上组建成立的一个多学科的综合性研究机构。

当时内蒙古设立了2个水土保持研究所，即伊克昭盟水土保持科学研究所和呼伦贝尔盟水土保持中心试验站。

（3）水土保持教育机构。20世纪50年代中期，为了适应大规模开展水土保持工作的需要，黄河流域各地以开办短期训练班的方式培养了一批水土保持人员；山西、甘肃、陕西、内蒙古等省（区）委托水土保持试验站开办水土保持中等技术学校，多是招收农村知识青年，半农半读，为水土保持第一线培养技术人才起到了很好的作用。20世纪50年代后期，我国在北京林业大学（原北京林学院）首次设置了水土保持专业，开创了水土保持高等教育的先河。

1960年8月，经内蒙古自治区人民委员会批准，成立了内蒙古水电学院附属水土保持学校，隶属自治区水土保持工作局，由试验站站长兼任校长，1961年更名为内蒙古水土保持学校，教职工从水保局和试验站抽调专人担任，招收学生150名，原定学制五年。1962年8月学校被撤销，学生大部分回乡，少量安置工作。

20世纪80年代，随着国家的重视和水土保持工作的深入推进，水土保持科技教育事业在经历了“文化大革命”10多年的停滞后得到了恢复和振兴。

从1984年开始，水利部科技司、农水司、遥感中心联合有关流域机构、大专院校开展了全国水土流失遥感普查，以落实国家计委下达的“应用遥感技术调查我国水土流失现状编制全国土壤侵蚀图”的工作，这是自20世纪50年代统计调查以后，我国首次利用遥感技术普查全国水土流失情况，并由国务院正式公布，对摸清全国水土流失状况、促进新技术在水土保持领域的应用都起到了积极的作用。

1983年后，内蒙古农业大学相继设立了水土保持系或水土保持专业，为我国的水土保持事业培养了一大批专业技术人才。内蒙古林学院于1983年在治沙系增设水土保持专业，学制四年。1985年经自治区水利厅、教育厅和计委联合批准，内蒙古水利职工大学增设水土保持专业，同年秋开始招生，学制三年，主要招收内蒙古水利水保部门具有两年工龄以上的在职人员，经全国成人高校统考后录取入学 。

1984年，内蒙古自治区包头农牧学校招收一届水土保持中专班，定向招生，定向分配，生员限于包头地区，1988年停招。1985年8月，呼和浩特水利学校设立水土保持专业，主要招收内蒙古自治区水土保持单位的在职职工（职工大专班），学制三年。1988年停招。

1985年北京林业大学成立了水土保持系，西北农业大学、山西农业大学、甘肃农业大学等一批大专院校增设了水土保持专业；同期，《中国水土保持》等一批有影响力的水土保持刊物创刊，中国水土保持学会经国家体改委和中国科学技术协会批准正式成立，一些省也先后成立了省水土保持学会，进一步加强了学术交流，科学技术培训和科普宣传工作专著也出版发行。

8.3 小结

1956~2011年，内蒙古黄土丘陵沟壑区水土保持技术的数量和面积都在逐年增加。其中，从1979年小流域综合治理开始，准格尔旗每年新增的水土保持治理面积几乎都为清水河县的4倍左右。1986~1996年，准格尔旗每年新增的治沟骨干工程平均为16处，而清水河县为3处，仅是准格尔旗的20%。对于水土保持技术来说，1956~1962年准格尔旗重视造林和人工种草等林草措施，而清水河县更注重梯田和坝地等农田水利措施。1963年以后准格尔旗继续加大林草技术措施的实施力度，而清水河县在修建梯田的基础上，也开始陆续新增林草措施，1986年研究区水土保持技术中开始新增了大量的骨干坝。从20

世纪 90 年代末期开始，准格尔旗加强了生态工程项目，从 2010 年开始将水保生态建设列入党政重点工作，成立了生态建设领导小组，2011 年 9 月 29 日准格尔旗为全国水土保持生态文明县（旗），而这一时期的清水河县以小流域综合治理和骨干坝系为依托，进行水土保持生态建设，水土保持工作隶属于清水河县水务局，工作分量有所降低。

两个旗县在半个多世纪间水土保持技术选择和实施存在一些差异，原因可能是：①历史背景差异：准格尔旗历史上属于牧区，而清水河县是农区，因而在技术选择上清水河县侧重梯田，准格尔旗侧重林草措施。②人口数量和乡村人口比例差异：准格尔旗的总人口和农业人口数量均是清水河县的 2 倍，水土保持技术实施主要是当地农民，这也从侧面反映出准格尔旗水土保持质量面积高于清水河县。两个旗县 1978 年乡村人口比例为 88%，到 2011 年准格尔旗乡村户数占总户数的 27%，清水河县为 45%，准格尔旗乡村人口比例少，导致目前梯田都改种乔灌木，而清水河县仍种植农作物。③ 1978~2011 年，生产总值和地方财政收入都表现为准格尔旗大于清水河县，从 1998 年之后两个旗县的生产总值和财政收入的差距迅速拉大，2011 年准格尔旗的生产总值是清水河县的 17 倍，财政收入是清水河县的 36 倍。地方实力的悬殊使水土保持技术投资和治理面积受到影响。④国家扶持和地方投资力度悬殊。从国家层面来看，重视准格尔旗的基本建设，投入了大量的资金；从地方层面来看，准格尔旗地方财政也投入了大量的财力来建设。

不同类型水土保持技术下土壤水分特征：土壤含水量表现为坝地 > 梯田（农地）> 林地、梯田（林地）；由于农作物的换茬和人为的翻耕无法确定坝地和梯田土壤田间持水量的关系，以准格尔旗为例，土壤田间持水量表现为坝地、林地 > 梯田（林地）；如果人为干扰较少的条件下，土壤饱和含水量表现为林地 > 坝地、梯田，植被生长时间越长，土壤饱和含水量的差异越明显；在人为翻耕耕作频繁的情况下，梯田、坝地 > 林地。

不同类型水土保持技术下土壤养分特征：土壤养分的变化主要和施肥、林地种植时间、密度有关。假设林地成规模且栽种时间长，三类水保技术的土壤有机碳含量无显著差异；如果林地不成规模或栽种时间较短，土壤有机碳含量表现为梯田（农地）、坝地 > 林地。农作物的施肥量与林地的种植密度和种植时间会影响土壤碱解氮的变化，而且经过长时间地种植乔灌木，可以有效地提高土壤的氮的含量。一般正常的施肥量和林地密度下，梯田、坝地和林地土壤碱解氮无显著差异；如果农地施肥量过多或者林地乔木存活率低或者年限短，土壤碱解氮表现为梯田（农地）、坝地 > 林地。人为施磷肥会影响土壤速效磷的变化，在大多数情况下土壤速效磷表现为梯田（农地）、坝地 > 林地。土壤速效钾在不同历史时期和两个不同旗县变化大，三种水保技术无明显规律。

纵观 1956~2011 年水土保持技术标准的变化：①梯田：半个多世纪梯田类型逐渐增多（从 2 类增加到 7 类），梯田的设计从最初只考虑自然因素（土质、坡度）到 1996 年国标中考虑了人为因素（劳力的多少）再到现在综合考虑了其他配套设施的相互融合（修筑梯田时配合排蓄水工程、农田林网、道路等）。梯田从只重视保水到逐步考虑雨水多时梯田的排水问题，从只关注形态和数量到慢慢注重梯田的质量，由最初死套规格表到后来给出具体的计算公式，因地制宜地修筑梯田。②淤地坝：淤地坝由最初的沟壑土坝、中型坝和淤地坝，20 世纪 80 年代统称为淤地坝，淤地坝的组成要素，由最初只有土坝坝体本身；20 世纪 80 年代已经考虑土坝、溢洪道和泄水洞“三大件”的配套，再到 20 世纪 90 年代，增加了不同类型淤地坝布设位置、集水面积、“三大件”配套的方案、淤地坝和骨干工程的关系，在淤地坝类型的变化中更多地体现技术方面的提升。淤地坝的设计从单个淤地坝的设计变为淤地坝系作为一个整体工程设计，对单独的土坝的设计从最初给出了固定的规格值，到根据不同施工方法、不同土质条件，因地制宜地给出相应的坝体高度和顶宽的设计方案。同时提供了相关的水文计算公式、坝体土方计算公式。③造林类型从农地、荒地慢慢地向水域、道路扩大，不再只是关注生态脆弱区的水土流失，开始关注生态环境较好或经常受人为工程建设区的水土流失状况，改善生活区域的水土保持状况，同时重视林业措施和工程措施结合，造林更加注重了因地制宜地设计造林密度、水土保持树种、防洪标准等，而不是一味地给出一个统一的技术标准。

三类水土保持技术下土壤水分随时间的变化特征：①土壤含水量：随着时间的增加呈递增趋势，增加幅度表现为坝地 > 梯田（农地）> 梯田（林地）、林地，不同年份水土保持土壤含水量差异表现为梯田和坝地的土壤含水量为距今 50 年的和 60 年的显著高于距今 40 年的、30 年的和 20 年的，林地为距今 60 年的显著高于其他四个历史阶段（距今 20~50 年）。②土壤田间持水量：随着时间的增加呈递增趋势，增加幅度表现为坝地 > 梯田（农地）> 林地、梯田（林地），不同年份水土保持技术的土壤田间持水量差异表现为梯田距今 30~60 年的 > 距今 20 年的，准格尔旗坝地距今 60 年的 > 距今 20~50 年的，清水河县坝地无显著差异。清水河县林地距今 60 年的 > 距今 30~50 年的 > 距今 20 年的，准格尔旗林地距今 30~60 年的 > 距今 20 年的。修筑林地和梯田 30 年就会显著提高土壤田间持水量，修筑坝地 60 年才会提高土壤田间持水量，但是提高幅度明显大于梯田和林地。③土壤饱和含水量：随着时间的增加呈递增趋势，增加幅度表现为：坝地 > 梯田（农地）> 林地 > 梯田（林地），不同年份水土保持技术的土壤保持含水量差异表现为：梯田（农地）为距今30~60年的>距今20年的；梯田（林地）和准格尔旗坝地为距今60年的>距今20~50年的，清水河县坝地无显著差异；清水河县林地距今60年的与距今20年的无差异，准格尔旗林地距今60年的>距今20年的。修筑梯田30年会显著提高土壤饱和含水量，修筑坝地60年才会提高土壤饱和含水量。

三类水土保持技术下土壤养分随时间的变化特征：①土壤有机碳：随着时间的增加呈现递减趋势，递减幅度表现为坝地、林地>梯田（农地），距今60年的梯田（农地）、坝地、林地土壤有机碳<距今20~50年的，梯田（林地）土壤有机碳随时间增加无显著变化。②土壤碱解氮：随着时间的增加呈递增趋势，递增幅度表现为林地>坝地>梯田，清水河县距今60年的梯田和坝地、林地的土壤碱解氮>距今20~50年的土壤碱解氮，准格尔旗距今50~60年的坝地和林地的土壤碱解氮>距今20~40年的，表明土壤碱解氮需要经过长时间，至少是50年的时间才会显著提高。③土壤速效磷：坝地的土壤速效磷随着时间的增加呈递增趋势，梯田和林地无规律，距今60年的坝地土壤速效磷>距今20~50年的土壤速效磷，表明土壤速效磷经过60年才会显著增加。④土壤速效钾：随着时间的增加呈递增趋势，递增幅度表现为坝地>林地>梯田，距今60年的坝地>距今20~50年的，规律与速效磷一致。

本书结合我国水土保持发展历程，提炼出推动不同历史时期内蒙古黄土丘陵沟壑区水保技术发展的原因：①国家宏观政策和全国水土保持工作会议的推动。1956~2011年，国家根据当时具体的社会经济发展需求，提出了多项水土保持广泛应用、水保技术围绕建设基本农田为主、综合应用水保技术治理小流域、水保技术以治沟骨干坝为主、以生态环境建设为主全面发展水保技术等6个水土保持国家宏观决策思想，同时这一时期，我国一共召开了13次全国水土保持工作会议，可见国家对水土保持工作都非常重视。②配套法律法规和技术标准的健全。为了推动水土保持工作，1956~2011年配套了许多法律法规；其中非常重要的有14项，如1957年7月的《中华人民共和国水土保持暂行纲要》，1982年6月的《水土保持工作条例》，1988年10月的《开发建设晋陕蒙接壤地区水土保持规定》，1991年6月29日的《中华人民共和国水土保持法》，1995年的《开发建设项目水土保持方案编报审批管理规定》，1998年的《全国生态环境建设规划》，2000年的《开发建设项目水土保持方案编制技术规范》《开发建设项目 水土保持方案大纲编制规定》《规范水土保持方案编报程序、编写格式和内容的补充规定》，2001年的《水土保持生态环境监测网络管理办法》，2002年的《水土保持监测技术规程》《水土保持信息管理技术规范》《水土保持监测设施通用设备条件》等技术文件，2010年12月25日修订了《中华人民共和国水土保持法》。此外，国家还颁布了17项水土保持技术标准，其中国标4项：《水土保持综合治理规划通则（GB/T15772-1995）》《水土保持综合治理　技术规范（GB/T16453.1-16453.6-1996）》《水土保持综合治理　验收规范（GB/T15773-1995）》,《水土保持综合治理　效益计算》（GB/T15774-1995）。③水土保持国家级工程项目的推动：1956~2011年国家在内蒙古黄土丘陵沟壑区实施了7项国家级水土保持工程，包括八片国家水土流失重点治理、黄土高原水土保持沟道治理、黄土高原水土保持世界银行贷款项目、中央财政预算内专项资金水土保持项目、晋陕蒙础砂岩区沙棘生态工程、“十百千”示范工程、黄土高原地区水土保持淤地坝工程。④水土保持专门机构的设立：从国家到内蒙古自治区再到两个旗县都设置了专门的管理机构和科研机构，同时还有相关的教育机构，1960年经内蒙古自治区人民委员会批准，成立了内蒙古水电学院附属水土保持学校，1961年更名为内蒙古水土保持学校。1983年后，内蒙古农业大学相继设立了水土保持系或水土保持专业；1985年经自治区水利厅、教育厅和计委联合批准，内蒙古水利职工大学增设水土保持专业；1984年，内蒙古自治区包头农牧学校招收一届水土保持中专班；1985年8月，呼和浩特水利学校设立水土保持专业，为内蒙古水土保持事业培养了一大批专业技术人才。

结论与展望

本书从水土保持相关历史档案作证材料入手，依据水土保持技术指导思想的不同，将 1956~2011 年划分为 5 个历史阶段（1956~1962 年、1963~1978 年、1979~1985 年、1986~1996 年、1997~2011 年），首先对不同历史阶段全国水土保持技术的指导思想进行梳理，清晰地反映全国水土保持工作的历史文脉和结构机理；其次对每个历史阶段内蒙古黄土丘陵沟壑区水土保持工作背景、技术规范和标准等情况进行详细梳理；然后对比相同历史阶段国内外不同地区水土保持技术的发展情况，探讨其与研究区的差异性，同时分析相同技术在两个相邻历史阶段的差异，提炼不同历史阶段水土保持技术的进步；最后选择典型的梯田、坝地和林地，从时间和空间两个角度分析水土保持技术的差异性及其对土壤保水保肥的影响，以此反映内蒙古黄土丘陵沟壑区半个多世纪水土保持技术的变迁、历史价值和现实意义。

本书尽可能地根据历史档案、实地考察、实验数据、人物访谈等方法，分析每个历史时期内蒙古黄土丘陵沟壑区有关水土保持技术发展的真实面貌，对水土保持技术发展中存在的一些共性问题进行分析，以期对内蒙古乃至全国水土保持技术的变迁提供有价值的参考。

9.1 结论

9.1.1 水土保持技术经历了“分久必合，合久必分”的曲折过程

纵观历史长河，内蒙古黄土丘陵沟壑区水土保持技术在国家宏观政策的

推动和全国水土保持工作指导思想的引领下，经历了“分久必合，合久必分”的曲折过程。根据表 9-1 可知，1956~1962 年以多项水土保持技术广泛发展为主，这一时期研究区实施了 19 项水土保持技术，如种草、改良牧场、改良耕作等措施、造林、封山育林、谷坊、淤地坝、沟壑土坝、沟头防护、旱井、蓄水池、鱼鳞坑、引洪漫地等，19 种水保技术每年都会在清水河县和准格尔旗的各乡镇实施，是属于将所有水土保持技术都合在一起同时进行应用的阶段，但短短的 7 年里，水土保持工作经历了曲折变化，从 1956 年开始，高峰出现在 1958 年左右，两三年内国家召开了三次全国水土保持工作会议，足见国家和地方当时对水土保持治理的重视程度。从 1961 年起，中央对国民经济实行了“调整、巩固、充实、提高”的八字方针，水土保持部门紧缩编制。在这一阶段，准格尔旗档案中没有水土保持工作的历史记录，清水河县水土保持工作主要是开展春季和秋季水保造林。

表 9-1　1956~2011 年水土保持技术发展情况

时间	1956~1962 年	1963~1978 年	1979~1985 年	1986~1996 年	1997~2011 年
水土保持技术	多项技术同时使用	侧重农田水利技术	小流域综合治理	侧重骨干坝修建	生态综合建设
分 / 合	合	分	合	分	合
技术发展历程	⌒	∽	─	／	／

20 世纪 60 年代初期，面对国民经济严重困难的局面，中央强调要贯彻执行国民经济以农业为基础，全党全民大办粮食的方针。此后，“以粮为纲”的方针一直贯穿于六七十年代农业生产。因此，1963~1978 年水土保持技术从上一阶段的 19 种水土保持技术锐减到 4 种（水平梯田、打坝澄地、水土保持林、种草）。1963~1965 年，水土保持工作在以农田水利技术发展的基础上缓慢复苏，随着“文化大革命”的开始，水土保持事业受到很大干扰和破坏。1973 年 4 月，在延安召开了黄河中游水土保持工作会议，提出“以土为首，土水林综合治理，为发展农业生产服务”的方针，同时要求把农、林、牧三者放在同等地位，在一定程度上纠正了片面强调建设基本农田的偏颇。1973 年，研究区对水利、水保工程进行了全面检查，将水土保持技术放在水利工程中，当时 30 项水利工程措施中水土保持技术只有 4 项，1973~1978 年水土保持工作再次恢复到 20 世纪 60 年代初的状况。水土保持技术的锐减和侧重农田水利，导致这一时期水土保持技术分割，技术的发展经历了两次起伏变化，总体技术发展处于低迷状态。

1980 年 4 月，水利部在山西省吉县召开了小流域综合治理座谈会，提出了小流域综合治理，把治坡与治沟、植物措施与工程措施有机结合起来，更加有效地控制水土流失，小流域综合治理将逐步发展完善并最终成为我国水土保持的一条基本技术路线。1979~1985 年，准格尔旗在小流域综合治理的思想下，通过大量的科学试验，按照因地制宜的原则，初步确定试点小流域的治理方针是以林草措施为主，工程措施为辅，林草和工程相结合，草灌先行，大力种植以柠条为主的灌木林和多年生牧草苜蓿等，达到了高标准的预期目标。治理总原则是防治管理相结合，以防为主，彻底改变了重治理轻管护，忽视预防的错误倾向。

20 世纪 90 年代，社会主义市场经济逐步确立并完善，水土保持的指导思想随之发生了相应变化，发展小流域经济是水土保持在适应市场经济过程中的一种治理措施，它由过去单纯的防护性治理转到重点将小流域治理同区域经济发展相结合，突出小流域治理的经济效益。在此基础上，研究区位于黄河流域中游，在国家和地方的支持下，选择实施大量的治沟骨干工程，主要目的是拦洪减灾，降低了洪水、暴雨和泥石流对当地经济财产造成的损失。国家扶持的力度和地方的重视程度使 1986~1996 年水土保持技术处于分割状态，以建设骨干坝为主，但水土保持工作整体上是区域平稳上升的阶段。

1997 年 9 月，国务院召开了水土保持、生态建设现场会，并将《全国水土保持生态建设规划》纳入《全国生态环境建设规划》。1998 年，国务院批准实施《全国生态环境建设规划》，并将其纳入国民经济和社会发展计划，要求各地因地制宜地制定本地区的生态环境建设规划，投入生态环境建设。1997~2011 年，国家实施了一系列水土保持生态工程，其中涉及研究区内蒙古黄土丘陵地区的水土保持项目有内蒙古黄土高原地区水土保持淤地坝工程（2003~2010 年）、全国八片重点治理项目（1983~2007 年）、世界银行贷款项目（1994~2004 年）、砒砂岩地区沙棘生态工程、水土保持中央财政预算内专项项目（国债）、退耕还林工程 6 项工程，其中包括工程技术措施和植被技术措施，表明这一时期研究区水土保持技术又一次回归到综合应用多项技术的阶段，通过大规模的国家级水土保持生态工程项目的实施，研究区水土保持发展进一步飞速发展。

9.1.2 水土保持技术取得了从地方规定到行业标准再到国家标准的阶梯式进步

1956~2011 年，水土保持技术从地方规定到行业标准再到国家标准逐渐进步，在这个漫长的过程中，水土保持技术从最初的简单施工方法，到现在的详细设计、施工、用途、管理等权威系统的技术标准，其具体内容也从重视技术实施到注重后期管理，从给定统一技术模板到注重因地制宜地制定技术设计方案，整个过程中水土保持技术更加注重技术的质量和实效。现在简单介绍各阶段水土保持技术规范和标准的主要著作以及当时的特色（见表 9–2）。

1956~1962 年，内蒙古黄土丘陵农牧业改良土壤措施和水利改良土壤措施主要是 1958 年内蒙古水利厅水土保持工作局编写的《水土保持技术措施》和 1960 年内蒙古水利厅水土保持局编写的《水土保持技术画册》，森林改良土壤措施主要是内蒙古治区林业厅治沙造林综合勘测设计队典型设计分队编写的《内蒙古自治区丘陵水土保持经济林区典型设计》。水土保持技术主要以介绍类型为主，通过图文并茂的形式，给出了不同水土保持技术的基本实施方法。当时国家没有统一的水土保持技术规范，主要以当地自创和借鉴其他区域的水土保持技术为主，由于技术消息的闭塞，即使当时我国在黄河流域其他黄土丘陵沟壑区已经有较先进的水土保持技术设计和施工方法，如 1959 年国科学院黄河中游水土保持综合考察队的《黄河中游黄土地区水土保持手册》、1958 年国务院水土保持委员会办公室的《黄河中游水土保持技术手册》都没有推广到内蒙古黄土丘陵沟壑区。

1963~1978 年，水土保持技术明确规定水土保持治理面积应该等于梯田、地埂、造林、封山育林（育草）、种草、坝地面积之和。1973 年，内蒙古自治区革命委员会水利局编写了三本关于水土保持技术的专著：《水土保持丛书之一水平梯田》《水土保持丛书之二草木栖》《水土保持丛书之三柠条》。与 1956~1962 年相比，水土保持技术虽减少，但对水土保持技术的规划、施工、作用、布设方法等方面都进行了详细介绍，可操作性增强。

1979~1985 年，水土保持以小流域综合治理为主，大量的水土保持技术通过科学研究确定实施和布设的方法，但没有相关技术规范和技术标准。

1986~1996 年有两套水土保持技术标准：① 1988 年水利电力部农村水利水土保持司发布由水利电力部批准的中华人民共和国水利电力部标准《水土保持技术规范（SD 238–1987）》，技术规范介绍了水土保持耕作措施、水土保持林草措施、水土保持工程措施。这是我国第一部水土保持技术标准，标志着我国从最初只适用于地方的水保技术，迈入了成熟的行业技术体系。② 1996 年由国家技术监督局发布的《水土保持综合治理技术规范（GB/T 16453–1996）》，其中包括 6 项技术：坡耕地治理技术、荒地治理技术、沟壑治理技术、小型蓄排引水工程、风沙治理技术、崩岗治理技术。1996 年，国标版本的水土保持综合治理技术规范在内容上全部取代了 1988 年行标的水土保持技术规范。这是我国第一套水土保持技术的国家级标准，相对于 1988 年行标有很大的进步，如新增大量技术内容、新增技术示意图、新增机械工具的配套适用，注重水保技术的经济效益等。

随着我国社会经济的发展和农村产业结构的变化，在水土保持工作的内容、性质等方面也发生了深刻的变化。2008年，在水利部国际合作与科技司、水土保持司的统一安排下，对水土保持技术的国标进行了修订，修订后的《水土保持综合治理技术规范（GB/T 16543–2008）》代替了《水土保持综合治理技术规范（GB/T 16543–1996）》，相对于1996年版国标，新的国标在质量和应用上有了更高的提升，如注重引用其他领域的技术规范文件，强调因地制宜，结合时代需求，采用高标准的建筑材料，提高操作的准确性。

表9–2　1956~2011年水土保持技术标准情况

时间	水土保持技术规范 / 标准	来源	优势
1956~1962年	《水土保持技术措施》 《水土保持技术画册》 《内蒙古自治区丘陵水土保持经济林区典型设计》	地方规定	图文并茂，简单介绍技术类型和施工方法
1963~1978年	《水土保持丛书之一水平梯田》 《水土保持丛书之二草木栖》 《水土保持丛书之三柠条》	地方规定	详细介绍水保技术的规划、施工、价值、布设方法
1979~1985年	—	—	小流域综合治理，没有单独水保技术规范
1986~1996年	《水土保持技术规范（SD238–19–87）》	行业标准	①新增大量技术内容，且技术描述更翔实；②新增技术示意图，更容易理解技术的实施方法；③技术实施中使用机械工具，注重技术质量和速度的提升；④技术注重经济效益
	《水土保持综合治理技术规范（GB/16453–1996）》	国家标准	
1997~2011年	《水土保持综合治理技术规范（GB/T16543–1996）》	国家标准	①新增水土保持技术，考虑技术实施细节；②国标更规范，且注重引用其他领域的技术规范文件；③强调因地制宜，注重技术的综合应用；④提高质量，采用高标准的建筑材料；⑤删除赘述内容，提高描述的准确性

9.1.3 社会人文因素导致水土保持技术实施数量和侧重方向有所差异

从国家层面来看，国家对水土保持的重视程度、宏观政策、社会经济水平等社会人文因素，是半个多世纪我国水土保持工作得以快速发展的主要驱动力，如在国家特殊历史时期，水土保持技术类型的锐减；当国家投入大量经费实施水土保持工程后，我国水土保持治理面积逐年增加等。

本书主要是探讨相同地貌条件下的清水河县和准格尔旗，在漫长的半个多世纪里水土保持技术的差异及其根源。通过研究发现在1956~2011年清水河县和准格尔旗每年水土保持技术新增的数量和面积都逐年增加，但准格尔旗增加的幅度大于清水河县，尤其是从1979年小流域治理开始，准格尔旗每年新增的水土保持治理面积几乎都为清水河县的4倍左右。两个旗县水土保持技术的数量和面积差异在于：首先，准格尔旗的总人口和农业人口数量均是清水河县的2倍，水土保持技术实施主要是当地农民，这也可是从侧面反映准格尔旗水土保持质量面积高于清水河县；其次，20世纪80年代，清水河县流域治理以集体和国家少部分补助和个人承包完成，而准格尔旗试点小流域主要担负着国家小流域治理的试验研究，主要以国家投资为主；最后，1997年后两个旗县的生产总值和财政收入的差距迅速拉大，2011年准格尔旗的生产总值是清水河县的17倍，财政收入是清水河县的36倍。地方实力的悬殊使水土保持技术投资和治理面积受到客观的影响。

1956~1978年，准格尔旗重视造林和人工种草等林草措施，而清水河县更注重梯田和坝地等农田水利措施。1979~1996年，准格尔旗水土保持技术主要侧重水土保持林、种草和治沟骨干坝工程，而清水河县仍侧重于梯田。两个旗县水土保持技术侧重方向的差异原因在于：首先两旗县的历史背景不同，准格尔旗历史上属于牧区，而清水河县是农区，因而在技术选择上清水河县侧重梯田，准格尔旗侧重林草措施。其次两个旗县1978年乡村人口比例为88%，到2011年准格尔旗乡村户数占总户数的27%，清水河县为45%，准格尔旗乡村人口比例少，导致目前梯田都改种乔灌木，而清水河县仍种植农作物。最后，水土保持技术的主导思想有偏差，如从20世纪90年代末期开始，准格尔旗加强了生态工程项目，积极申请全国水土保持生态文明县，于2011年9月29日正式获得批准，而这一时期的清水河县以小流域综合治理和骨干坝系为依托，进行水土保持生态建设，水土保持工作隶属于清水河县水务局，工作分量有所降低。

9.1.4 水土保持技术会显著提高土壤的保水能力，而保肥能力不确定

本书选择梯田、坝地和林地三类典型的水土保持技术，其中梯田分为两类：一类是种植作物的梯田（农地），另一类种植乔灌木的梯田（林地）。水土保持技术具体实施年份不确定，只能确定大体时间段。第一时间段为20世纪50~60年代，按1958年来推算，距今（2018年）已经有60年，依次类推；第

二时间段为 20 世纪 60~70 年代，距今约 50 年；第三时间段为 20 世纪 70~80 年代，距今约 40 年；第四时间段为 20 世纪 80~90 年代，距今约 30 年；第五时间段为 20 世纪 90 年代至 21 世纪，距今约 20 年。

三类水土保持技术的土壤含水量、土壤田间持水量和土壤饱和含水量均随着实施时间的增加呈递增趋势，增加幅度都表现为坝地 > 梯田（农地）> 梯田（林地）、林地，但不同年份下土壤含水量与土壤田间持水量、土壤饱和含水量的差异性不同。梯田和坝地的土壤含水量为距今 50~60 年的 > 距今 20~40 年的，林地为距今 60 年的 > 距今 20~50 年的；梯田（农地）的土壤田间持水量和饱和含水量表现为距今 30~60 年的 > 距今 20 年的，而梯田（林地）为距今 60 年的 > 距今 20~50 年的，坝地（准格尔旗）的土壤田间持水量和饱和含水量也表现为距今 60 年的 > 距今 20~50 年的，而清水河县无显著差异；对于林地来说，土壤田间持水量为距今 30~60 年的 > 距今 20 年的，而土壤饱和含水量清水河县林地距今 60 年的与距今 20 年的无差异，准格尔旗林地距今 60 年的 > 距今 20 年的。

实施水土保持技术可以有效地改善土壤保水的能力，土壤含水量和土壤田间持水量都表现为坝地 > 梯田（农地）> 林地、梯田（林地），这可能是由于农地在耕作的翻耕、换茬、秸秆覆盖等措施，疏松土壤，从而提高保水能力。对于饱和含水量来说，若林地植被生长良好，林地土壤饱和含水量 > 坝地、梯田，若林地植被状况不好，结果恰好相反。三类水土保持技术都表现出随着实施的时间越长，其保水能力逐渐增强的趋势，其中增强的强度为坝地 > 梯田（农地）> 梯田（林地）、林地，实施 50 年的梯田和坝地可以显著提高土壤含水量，而林地需要实施 60 年才可显著提高土壤含水量。修筑 30 年的梯田可以有效地改善土壤的田间持水量和饱和含水量，而坝地需要修筑 60 年，这可能是由于坝地在淤地开始的 10~15 年是不能耕作造成的。造林 30 年的土壤田间持水量显著提高，而饱和含水量在不同地区差异大，可能与林地的种植密度、成活率、种植品种的根系有关。

土壤有机碳随着时间的增加呈现递减趋势，递减幅度表现为坝地、林地 > 梯田（农地），梯田（农地）、坝地。林地的土壤有机碳距今 60 年的 < 距今 20~50 年的。土壤碱解氮和速效钾含量随着三类水土保持技术实施时间的增加呈现递增趋势，其中土壤碱解递增表现为林地 > 坝地 > 梯田，土壤速效钾表现为坝地 > 林地 > 梯田，而土壤速效磷只有坝地随着修筑时间的增加而递增，林地和梯田无变化。土壤速效磷和土壤速效钾都表现为距今 60 年的 > 距今 20~50 年的。清水河县梯田和坝地、林地的土壤碱解氮为距今 60 年的 > 距今 20~50 年的，准格尔旗为距今 50~60 年的 > 距今 20~40 年的，表明土壤碱解氮需要经过长时间，至少 50 年才会显著提高，而土壤速效钾和土壤速效磷需要至少 60 年才会显著提高。

从土壤养分情况来看，若林地植被生长良好，三类水保技术的土壤有机碳含量、土壤碱解氮、土壤速效磷无显著差异；反之，若植被生长不好，或农地施肥量增加，表现为梯田（农地）、坝地 > 林地。土壤速效钾在不同历史时期和两个不同旗县变化大，无明显规律，表明土壤养分主要受人为施肥的干扰和林地植被生长状况的影响。

9.2 展望

本书主要采用历史文献分析和土壤理化实验相结合的方法对 1956~2011 年内蒙古黄土丘陵沟壑区水土保持技术发展及其差异进行系统的研究。但是，由于笔者学术能力、时间和精力问题，关于内蒙古黄土丘陵沟壑区水土保持技术变迁还有很多其他问题值得继续深入探讨，后续工作有：①要想进一步还原当时水土保持技术实施的历史真实性，还需要进一步对当时参与水土保持治理规划的人物进行访谈，获得大量访谈材料后，进一步深化内容，真实反映历史价值。②虽然分析了不同历史时期，国内外其他区域水土保持技术与研究区的差异，但由于收集的资料少，不能全面、客观地反映其他区域的真实技术状况，需要进一步补充历史资料，进行横向对比。③由于受人为施肥因素的干扰，需要进行进一步的控制试验，以研究不同水土保持技术的实施对土壤养分的影响。④水土保持技术的实施和社会人文因素的影响，只停留在现象的解释层面，因数据缺失的问题，没有办法运用统计学，探讨社会人文因素与技术水平之间的因果关系，有待进一步研究。⑤目前鲜有研究内蒙古水土保持技术历史变迁的图书，本书只是研究了内蒙古黄土丘陵沟壑区一个小的区域，由于实施的水土保持技术存在差异，对不同地貌条件下的内蒙古草原区、内蒙古黑土区、内蒙古沙漠区等有待今后进一步划分为不同的地貌区域，进行更加全面、系统的研究。

本书的结论和展望是基于系统研究内蒙古黄土丘陵沟壑区水土保持技术的基础上提出的，由于笔者能力所限，可能有些观点或看法不一定完全正确，有不足之处，望读者给予指正。

附 录

APPENDIX

附录1 《中华人民共和国水土保持暂行纲要》

1957年5月24日国务院全体会议第四十九次会议通过，在1957年7月25日国务院发布《中华人民共和国水土保持暂行纲要》。

第一条

为了开展水土保持工作，合理利用水土资源，根治河流水害，开发河流水利，发展农、林、牧业生产，以达到建设山区，建设社会主义的目的，制定本纲要。

第二条

为了加强统一领导和使有关部门密切配合，在国务院领导下成立全国水土保持委员会，下设办公室，进行日常工作。有水土保持任务的省，都应该在省人民委员会领导下成立水土保持委员会，下设办公室，任务繁重的省还可以成立水土保持工作局。水土流失严重地区的专区、县也应该成立水土保持委员会和专管机构或社专职干部（人员由农、林、水等有关部门抽调，不另增加编制）；一般地区的专区、县仍由原农林水利局或建设科负责。专区、县以下的农业技术推广站、造林站、水土保持试验推广站，都应该积极帮助农业生产合作社进行水土保持工作。

流域机构应该同流域内各省水土保持委员会在工作上保持密切的联系，并对流域内各省水土保持局保持技术和业务上的指导关系。

第三条

各有关业务部门，在统一领导下，必须密切配合，分工负责。

各业务部门担负水土保持工作的范围，划分为：

（一）省水土保持委员会负责统一规划、布置、检查推动各有关部门进行工作。

（二）省水土保持工作局负责特定的水土保持任务，如水土保持全面情况的掌握、总结工作、领导地方试验站，并且负责水土流失严重地区的梯田、淤地坝、谷坊、沟头防护以及水土保持有直接关系的水利工程的修筑。

（三）地方农业（农牧）部门负责水土流失地区农业土壤改良措施，农业技术措施，及改善管理天然牧场、草籽供应等工作。

（四）地方林业部门负责采种育苗、造林、封山育林、育草、护林防火等工作。

（五）森工部门采伐森林必须兼顾水土保持，并为森林更新创造有利条件，在采伐迹地上要采取有效的措施以防水土冲刷。

（六）交通、铁道、工矿部门，应在当地水土保持委员会的统一规划领导下，分贝负责公路、铁道邻近地区和工矿区所属地面有关的水土保持工作。

（七）地方水利部门负责山区的小型水利和一般水土流失地区的谷坊等工作。

（八）科学研究部门负责综合性水土保持试验研究工作的技术指导。

（九）流域机构负责流域性的查勘规划及流域内有关测验研究工作。

第四条

在水土流失地区，各级人民委员会应该将水土保持工作规划列入农业生产和土地利用规划以内，根据水土流失程度，制定水土保持工作的分期实施计划，统一安排各项水土保持措施。

国营农、林、牧场和农业生产合作社，应该根据统一的水土保持规划，制定全场、全社分期实施的水土保持计划，采用一切有效的水土保持措施，以防治水土流失的危害，提高各种作物的产量，保质保量地完成任务。

第五条

水土保持应该列为山区的主要工作。山区应该在水土保持的原则下，根据当地自然条件和群众生产的实际需要合理规划生产，使农、林、牧、水密切结合以全面控制水土流失。

第六条

各地应该在合理规划山区生产的基础上，有计划地进行封山育林、育草，保护林木和野生树草等护山护坡植物。为了照顾群众对燃料、饲料、肥料的需要，各地应该根据适当条件，制定定期封山、定期开山、轮封轮放和保护树苗、草根的具体办法。

第七条

25 度以上的陡坡，一般应该禁止开荒。各省可以根据当地土壤结构、降雨强度和降雨量，森林、耕地和人口分布等具体情况，规定各种不同的禁止开垦的坡度，但不论坡度大小，均不得毁林开荒。在开荒时，必须同时做好水土保持的必要措施。以后合作社或个人开垦荒地，应报请县水土保持委员会审查，并经县人民委员会或经县委托的乡人民委员会批准。

第八条

原有陡坡耕地在规定坡度以上的，若是人多地少地区，应该按照坡度大小、长短，规定期限，修成梯田，或者进行保水保土的田间工程和耕作技术措施；若是人少地多地区，应该在平地和缓地增加单位面积产量的基础上，逐年停耕，进行造林种草。在规定坡度以下的耕地，也应该进行必要的水土保持措施。轮歇地应该终止牧草，以增加地面被覆。

第九条

高山和陡坡水土流失严重地区的水土保持林、农田防护林、固沙林、大水库周围一千米和大江河以及主要支流两岸各宽一千米范围以内的森林、在通过山区和水土流失区的铁路两侧的森林，一般都应该规定为禁伐林。对于禁伐林，只许抚育性的采伐，禁止全部采伐。省（自治区）人民委员会可根据具体情况划定伐林的地区范围。

第十条

林区、山区和水土流失地区的山林所有者，必须根据政府规定，积极保护森林，禁止滥伐林木破坏水土保持。如果因为生产、生活上的需要，必须采伐较大面积森林时，应该报经所属县级以上人民委员会批准，并进行必要的水土保持措施。

第十一条

林区、上去和山林附近地区的机关、部队、企业、农业生产合作社和全体居民，必须积极负责地保护森林，防治发生山林火灾。应该逐步改用不会引起山林火灾的各种办法来替代烧垦、烧荒等生产性用火习惯，如果确有必要进行生产性用火时，必须报请当地乡人民委员会批准，在安全时期，采取必要的防火措施，有组织有领导地进行。在山林火灾危险期间，禁止进行各种生产性用火。

第十二条

县级以上人民委员会，对当地经营的挖药材、烧木炭、采木耳、采蘑菇等副业生产，应该结合山区生产规划，制定具体办法，有组织有领导地进行，防止破坏山林，引起水土流失。

第十三条

各工程、事业、企业等机构，为了修筑水利、公路、铁路及其他工程必须开山和开采土、石、沙料和开采矿山占用土地的时候，均应该负责做好必要的水土保持措施，防止水土流失；同时应该接受当地人民委员会与水土保持机构的指导和检查。

第十四条

农业生产合作社如果愿意在国有荒山荒地，采用水土保持措施以发展农、林、牧业生产，可以提出使用土地的面积、界址和经营方案，经县人民委员会批准后长期使用，土地经营所得的效益，归合作社所有。

在本纲要发布前承领的国有荒山荒地，也应该遵照本纲要，逐年做好水土保持措施。

第十五条

国营农、林、牧场或者农业生产合作社承领国有荒山荒地进行农、林、牧业生产，在没有收益或者收益不多的时候，或者因为停耕还林、改种牧草的土地，以及农业生产合作社举办的坝埝工程所淤出的土地，应该分别收益情况照章减免农业税。

第十六条

公闸谷坊交当地农业生产合作社管理养护的，收益归合作社所有。国家投资兴修的较大工程所淤出的土地，由当地县级以上人民委员会掌握，分配给国营农场或者农业生产合作社耕种。

第十七条

对于已修建的大、中、小型水库和原有森林、新造幼林、护山护坡植物以及各种水土保持工程等，当地的国营农、林、牧场，农业生产合作社和全体居民，都有保护的义务。

第十八条

对于水土保持工作有成绩的，由县人民委员会给予荣誉或者物质奖励，成绩卓著或者有创造的，由省人民委员会给予荣誉或者物质奖励。

第十九条

对于违反本纲要的规定，而滥垦、滥伐、滥牧、烧山、开矿、在陡坡上铲草皮和挖草根等破坏水土保持的，应该给予教育制止，情节严重的依法惩处。

第二十条

各省人民委员会可以根据本纲要的劲射和当地的具体情况，制定实施细则，各乡、村、社可以制定各种防护公约。

第二十一条

各自治区、州、县人民委员会，可以参照本纲要的精神和当地民族习惯，自行制定当地的水土保持办法，自治区报国务院备案，自治州、县报上一级人民委员会批准转报国务院备案。

1957 年 9 月 8 日《人民日报社论》“中华人民共和国水土保持暂行纲要”的制定和公布，对于开展山区生产，根治河流水患，都有极其重大的意义。

我国许多山区和丘陵区，由于森林被破坏，山坡被滥垦，土壤缺乏植被庇护，长期以来发生了严重的水土流失现象，而且愈演愈烈。据初步估计，全国水土流失面积约达一百五十多平方千米。黄河流域情况最严重，占五十八万平方千米。黄河中游地区平均每年每平方千米被冲刷的土壤达三千七百吨。这些地区由于地面的土壤大量冲蚀，土壤肥力日益减退，土壤蓄水能力降低，所以平时干旱，遇雨又暴发山洪，因此自然灾害很多，严重妨碍了农业生产。

至 1956 年底，全国已初步控制水土流失面积十四万多平方千米。

水土保持史关系山区生产建设的一项综合措施，只有全面规划，合理利用土地，才能有效解决农业、林业、牧业、副业的矛盾。水土保持规划应该以农业合作社为单位。在一个农业合作社的范围内，应该从分水岭到坡脚，从支毛沟到干沟，由上而下，由小到大，节节蓄水，分段拦沙，成坡成沟治理。在治理过程中，要把修筑工程（如淤地坝、谷坊、梯田、地埂等）同农林生物措施（如改善农业耕作技术、造林、种草等）密切结合起来，逐步改造地形，改良土壤，以达到蓄水保土，增加生产的目的。

技术力量薄弱是目前水土保持工作中普遍遇到困难问题之一。土坝在暴雨后被水冲毁，有点水平沟断面太大，占地太多，群众不满意。许多地筑成梯田、地边埂不合规格，不但没有起到蓄水拦泥的作用，反而加重了山水的冲刷。有些地区植树成活率很低，所有这些，都说明加强技术指导和提高工作质量的重要性。为了解决这种问题，一方面要加强水土保持工作干部的培养，另一方面要在群众中加强技术传授，特别要注意总结和推广群众中已有的成功经验。

附录 2　水土保持名词统一解释（草稿）

按语：水土保持措施的名词在各地的叫法很不一致，往往同样措施而叫法不同，给统计工作和技术经验交流带来很多困难，为了今后的名词逐步得到统一，我们初步整理出一个水土保持名词统一解释（草稿），现印发供参考。

国务院水土保持委员会办公室

1957 年 11 月

一、农业改良土壤措施

（一）梯田（梯地、梯土、水平阶、台地、阶地）

就是把坡地修成水平的台阶地。

（二）地埂（埂状梯田、培地埂、拍畔、迭地埁、培地塄、地坎子、横土埂）

就是在较陡坡地上（一般在15° 以上）沿着等高线隔相当距离，培修土埂。经过逐年淤平加高，最后形成梯田。

（三）台阶川地

是沟内用谷坊淤积小块台地。

（四）地边埂（封沟埂）

就是在原地、阶地上沿地块或沟壑边缘，为控制地表径流而修筑的土埂。

（五）等高沟埂（宽埂沟、软堰、宽堰梯田、连片堰）

这是陕南、关中等地群众采用很久的一种措施。就是在10° 以下的原地、阶地上，做高50公分的土埂和深40~50公分，宽60~70公分的沟。沟内和土埂上都可以种植物。

（六）截水沟（水平沟、地坎沟、开横沟、等高横沟、引水沟、排水沟、天沟、品字沟）

就是在梯田或坡耕地的上端开挖的横沟，用以拦蓄和排出雨水。

（七）土谷坊（小土坝、堰窝地、水簸箕、土谷坊群）

就是在坡地浅沟或在小支沟内，自上而下每隔50~70米，修筑高约1~2米的土堰，来拦蓄水流，防止沟冲。

（八）涝池（蓄水池）

就是在原面和村庄道路附近挖坑塘，或用石砌成水池，来蓄积该处流来的一部分径流。

（九）沉沙池（沉沙坑、卧牛坑、蓄水坑、截流坑）

是在坡地的潜凹地间、坡地道路旁或坡地排水沟下，拦截径流沉积泥沙所挖的坑池。

二、农业技术措施

（一）沟垄种法（等高沟垄种法、垄作区田）

是陇南地区推行的一种耕作方法。其法即在耕种时先沿坡地下边等高线犁一道，把土向下翻，接着把种子和肥料撒在犁沟里，然后再在上边浅犁一道，翻土盖好种子。跟着空一、二犁的距离，再犁一犁，撒籽施肥，继续按上述方法进行，最后形成垄和沟，再在沟内做些小横挡。

（二）横坡开行（捆山行子、横行子）

是四川推行的一种保土耕作方法。就是沿着等高线稍斜一点开横沟，即叫横行子。使行子里多余的水分容易流出，不致过多地停在地里，影响庄稼生长，行子坡度较大或水分较少的地区，可在行子内隔相当距离做些小横档。

（三）横坡耕作（倒壕种法、等高横耕）

就是顺等高线进行耕作，耕作时最好是自坡地上方开始，按横坡方向逐渐向下耕犁，这样便不致使上面犁沟翻下来的土将下面犁沟盖住。

（四）按种

是陕北米脂、绥德推行的一种方法，就是在整好的地上，用锄头挖成一个个浅穴，使穴拍列成三角形。

（五）壕种

是绥德农民在陡坡上耕种的一种方法，按照径流线垂直方向挖宽 20 公分，深 30 公分的壕，在壕内种庄稼。

（六）掏钵种法

是陕北群众种瓜的一种方法，即在坡地上挖成长 70 公分，宽 60 公分，深 40 公分的坑，在坑内填入熟土，种庄稼。

（七）等高带状间作（横坡带状间作、条作带、草皮带）

就是疏生作物和弥生作物（或牧草）横坡成带状相隔种植。

（八）防冲草带

就是在农田四周，沟壑边缘种植防冲草带。陕北农民常用苜蓿或柠条种植在沟壑边缘，以防沟壑扩展，保护农田。

三、水利改良土壤措施

（一）沟壑土坝（留淤土坝、大坝）

在干沟内以拦泥为主，结合蓄水、灌溉、修筑的较大型土坝，一般高度在 10 米以上。

（二）中型坝、淤地坝（打坝堰）

在支沟内专为拦泥淤地自上而下修筑的土坝，一般在 5 米左右，经逐年加高，可变成台阶川地。

（三）谷坊（闸山沟、沙土坝）

在支沟上游坡度较陡的沟底上修筑的谷坊，一般高 1 米以上，5 米以下，用以固定河床。由于使用材料和修筑方法不同，主要分布石谷坊、柳谷坊、土石谷坊、柳石谷坊等。

（四）沟头防护

就是在有一定受水面积的沟头上，修建防护工程，拦截部分径流，防止沟头继续前进，常用的有封沟埂、围堰、台阶式跌水等形式。

（五）水窖（旱井）

是高原或缺水区的一种蓄水方法，挖在地边、路旁径流集中的地方，可抗旱保苗或供人畜饮水。

四、森林改良土壤措施

（一）护坡林

就是在适宜造林的山坡或沟坡上，挖鱼鳞坑、水平沟、水平阶、成片密植、丛状造林等，来拦蓄径流，固定和保护坡面的土壤，使它不受冲刷。

（二）沟底防冲林

在有造林条件的沟底上营造的片状或网状的防冲林，以防止下切，固定沟底。

（三）防风固沙林

在风沙严重的地区营造的带状、块状或成片的防风固沙林，目的在于固定和降低流砂，以迅速减轻流沙对农田的危害。

（四）水流调节林

就是根据地形和土壤冲刷情况分别在沟边、沟头、塬边或丘陵坡面上沿水平方向营造拦截径流防止冲刷的水流调节林。

（五）分水岭防护林

就是在主要分水岭上即两侧营造的防护林带，主要目的是拦蓄径流、调节气候、保护丘陵谷物的农作物。

（六）水库防护林

为了避免水库的坍塌和减少水库的泥沙淤积，在水库周围所造的林，用以保护水库。

五、其他

（一）人工牧场

就是在荒坡、撂荒地（长期休闲地和黑色休闲地）和停耕地，播种牧草，建立人工割草地和放牧场。放牧场设置在安定的土地上。

（二）改良天然牧场

就是在牧区和牧业比重较大的地区，有大片天然牧场，实施牧场划管、轮牧和人工补种优良牧草等。

（以上括弧内的各名词是各地通用的水土保持名词）

附录3 《国务院关于黄河中游地区水土保持工作的决定》

1963年4月18日国水电292号文件《国务院关于黄河中游地区水土保持工作的决定》

（一）水土保持是山区生产的生命线，是山区综合发展农业、林业和牧业生产的根本措施。积极开展水土保持工作，是山区人民的迫切要求。

黄河流域是全国水土保持工作的重点，其中，从内蒙古河口镇到山西龙门，这一段黄河两岸约十一万平方千米的地区，包括陕西、山西和内蒙古三省（区）的四十二个县（旗），水土流失尤为严重，三门峡入库泥沙的百分之六十来自这块地区，因此，应该以这块地区作为黄河流域水土保持工作的重点。集中力量把这块地区治理好，就能够在很大程度上减轻泥沙对三门峡水库的威胁。同时，这块地区是光山秃岭、风沙严重、土地贫瘠的低产区，集中力量把这块地区的水土流失治理好，就能够在很大程度上发展农、林、牧业生产，改善人民生活，根本改变这块地区的贫瘠落后面貌。就黄河中上游而言，这块地区是人烟比较稠密的地区，有人、有劳动力，并且已经积累了一些控制水土流失的成功经验，这又为治理这块地区的水土流失提供了便利条件。

（二）保持水土，不单纯是点和线上的工作，而主要是面上的工作。点和线的治理，在沟口和支流上修筑河库，拦蓄淤泥，只能对泥沙流入干河起一定的控制作用，并没有解决山头山坡广大面上的水土流失，并不能做到土不下山。点线的治理和面的治理必须同时并举，配合进行；并且应该更加强调面的治理的重要作用，治山、治坡，根本控制和防止水土冲刷，保持广大面积的荒山、荒坡和坡耕地上的水土，不使流失，真正做到土不下山。

（三）治理水土流失，必须依靠群众，依靠生产队，以群众集体的力量为主，国家支援为辅。为此，就必须与当地群众的生产、生活相结合，从当地群众的生产、生活着手，调动广大群众的积极性，来开展水土保持工作。只有这样，才能多快好省地兴办起保持水土的工程设施。也只有这样，才能使已经兴办的工程设施得到群众经常的管护维修，免遭破坏。

（四）治理水土流失，要以坡耕地为主，把坡耕地的治理提高到水土保持工作的首要地位。逐步改坡耕地为坡式梯田和水平梯田，采取等高植等耕作措施，保持水土。黄河上中游地区的一些典型调查表明，荒野无人的老山区，水土流失的程度比较轻；居民点附近，山林破坏、水土流失就比较严重；坡耕地的水土流失，比同等坡度的荒坡更为严重，一般大0.6~1倍。某些新开垦的荒坡地，在开荒的头一年之内，水土流失量合一平方千米三点一八公顷，严重程度，十分惊人。同时，坡耕地越种越瘦，亩产量越来越低。为了增产粮食，群众也迫切要求治理坡耕地。治理坡耕地，与群众当前的生产、生活是密切结合的，更有利于广泛地调动群众开展水土保持工作的积极性。

（五）当然，也不能放松荒坡治理、沟壑治理和风沙治理。荒坡、沟壑和风沙的治理，应该以造林种草和封山育林育草为主。在荒山荒坡上种树种草，牧羊人是一支潜在力量，应该很好把他们组织起来，调动他们的积极性，发挥他们的作用。在封山育林育草的时候，也要考虑到牧业的需要，分期分批进行。在荒坡地上，特别是在坡度较大的荒坡地上，种树种草，应该采取挖坑插栽和挖眼点种的办法，不宜翻耕。否则，将造成更大的冲刷，树苗草籽也存不住。

总之，治理的措施必须因地制宜，多种多样，不同地区要采取不同的治理措施，不能千篇一律，工程措施、生物措施和耕作措施结合施行。在一个县、一个社、一个队的范围内，先治理哪一块，后治理哪一块，要根据人力、物力、财力的可能和效益的大小快慢，合理安排，次第进行。

（六）现有的各项水土保持工程和设施（包括植的树、种的草在内），应该贯彻“谁治理、谁受益、谁养护”的原则，认真地管理养护起来。山区的人民公社、生产大队和生产队，应该组织有关干部、有水土保持经验的农民和牧羊人等，成立管理养护组织，制定管理养护的公约，负责督促检查水土保持工程设施的管理养护工作。对用于管理养护水土保持工程设施的劳动，也要像其他农活一样，制定合理的劳动定额，给以应得的劳动报酬；并且要建立一定的责任制度，做到专人负责，经常养护，随坏随修。对于负责管理养护的单位和个人，成绩显著的，还应该给予表扬或者物质奖励。

（七）陡坡开荒，毁林开荒，破坏水土极为严重，必须坚决制止。无论是个人、集体，或者是机关单位和国营农场开垦的陡坡荒地，都要严肃处理，停止耕种；毁林开荒的，还要由开荒的单位和个人负责植树造林，并且保证成活。今后，在水土流失严重的地区开垦荒地，一定要按照开垦规模的大小，分别报经各级水土保持委员会批准。

在山区修筑铁路、公路和露天采矿，都要事先规划好相应的水土保持措施，筑路和采矿的裸土也要有妥善的安排，避免水土被冲刷，河道被淤塞。在山区采伐林木的时候，也要先做好更新的规划，切实执行“谁采伐、谁更新”的规定，认真做好迹地更新，避免由于采伐林木而招致水土流失。

（八）加强水土保持工作的领导。在水土流失严重的地区，各级党政领导，都应该把水土保持工作列入议事日程，放在重要地位，并且要有主要干部具体负责水土保持工作。要总结以往的经验，抓住那些保持水土成效显著的典型，加以推广，依靠重点，推动全面工作的开展。要广泛宣传水土流失的严重危害，宣传保持水土的重要作用和经济效益，做到家喻户晓，使广大群众和干部自觉地积极参加水土保持工作。

省、专、县水土保持委员会和它的办事机构，以及水土保持试验站，都要充实和加强，没有建立和没有恢复的要迅速建立和恢复起来。各地的林业工作指导站、农业技术推广站和科学研究机构，应该协同水土保持试验站，加强水土保持的试验研究工作，为发展山区生产和保持水土的措施提供科学依据和技术指导。黄河中游重点治理地区和各县（旗）可以用精减的职工和大中城市下放的人员，建立水土保持站和国营林场，搞水土保持和造林示范，并担负对水土保持工作的技术指导。建站、建场的具体计划由各省（区）提出，报国务院水土保持委员会批审。

（九）黄河中游重点治理地区的四十二个县（旗），都要制定自己的水土保持规划，根据本县（旗）的人口、劳力、水土流失的面积和程度，以及治理的难易等情况，制定长期的（比如二十年的）、近期的（比如五年的、十年的）和今明两年的治理规划。长期的规划可以是纲要式的，近期的规划要详细些，今明两年的规划更要详细些。这块地区的人民公社、生产大队和生产队也要制定自己的水土保持规划。制定规划的时候，首先要安排好现有的水土保持工程设施的加工配套和维修养护工作，使之发挥效益，而后再根据可能条件，安排新的工程设施的兴修。不要只贪图搞新的，丢了现有的。制定规划的时候，要从下而上，从上而下，上下结合。县（旗）、社、队制定规划的时候，还要照顾到本县（旗）、社、队境内的中小河流的上下游关系。涉及几个生产队的，由大队负责主持平衡；涉及几个大队的，由公社负责主持平衡；涉及几个公社的，由县负责主持平衡；涉及几个县的，由专、省水土保持委员会负责主持平衡。各省（区）的农业、林业、水利等有关业务部门、试验场站和黄河水利委员会都要派出人员，主要是科学技术人员，重点帮助县（旗）、社、队做好规划。一定要实行领导、技术干部和群众三结合的原则，保证水土保持规划做得更好，更有科学根据，更切合实际。要求各县（旗）在今年六月底以前，最迟在第三个季度内，把规划做好，同时报送专、省和国务院水土保持委员会。

（十）本决定是为黄河中游水土流失的重点治理地区指定的，其他省（区）也可以根据本决定的精神，选择水土流失严重的地区，作为自己的治理重点，做好规划，加强领导，积极治理，并且坚持不懈，力争在若干年内，制止水土流失，使山区的农业、林业和牧业生产获得更好更快的综合发展。

附录 4 《1963 年旗县贯彻水土保持规划参考提要》

一、规划的原则

应按照国民经济发展的要求和本地的自然条件、社会经济情况以及群众生产生活的特点和习惯，从发展生产的长远利益着眼，从解放群众当前生产生活需要入手。达到合理利用水土资源，保持水土，因地制宜地配置各项水土保持措施，使局部利益和正体利益结合起来，眼前利益和长远利益结合起来。

二、规划的方法

各旗县应先就现有资料，将全旗县的水土流失地区，按照水土流失的程度，特点以及社会经济、自然等具体情况，区划出几个类型区，在每个类型区选择一个有代表性的公社或大队，由上而下地进行全面规划。据此进一步做出初步规划，然后将规划中的主要部分，如各阶段抽调的劳力比例，完成的治理面积及主要措施指标（梯田、地埂、造林、种草、洪水淤漫地），由各有关公社生产队讨论，修正，落实，最后经旗县人民委员会审批定案正式上报。

有条件的旗县也还可以在抓代表点进行全面规划的同时，召集与代表点同类型的公社和大队，进行现场讨论总结，然后一方面旗县先就代表点的规划推算出全旗总的规划意见，另一方面各公社大队就劳力、进度和主要措施工作量由下而上的进行规划，逐级上报汇总，最后由旗县调整平衡，修正，经人民委员会审定后上报。

三、规划的具体内容

（一）基本情况的说明：包括自然情况、社会经济情况和几年来水土保持发展情况三部分，文字力求简明，主要以表格形式反映。

1. 自然情况方面

（1）全旗县总土地面积，各种农、牧、林用地面积，黄土丘陵、土石山区、草地、平原、沙漠等各种土地利用类型区面积，各主要河流及流域面积。列为有水土保持治理任务的规划地区面积，其次，牧农业、林业土地利用现状如何。

（2）水土流失面积、风蚀面积，其中水土流失耕地面积、荒山、荒坡、荒沟面积。水土流失按不同流域的分布情况。

（3）水土流失的程度，如每平方千米流失的沙量、沟密度等，以及水土流失对群众生产生活的危害。

（4）雨量、风力、风向、土壤类型、肥力、植物复被度以及主要自然灾害等情况。

2. 社会经济情况

（1）全旗县和水土保持规划地区的公社、大队、生产队、人口、劳力、大小牲畜等基本数字。

（2）水土保持规划地区的主要生产经营情况，农业单产。

3. 几年来开展水土保持情况

（1）完成的落实面积其中目前未被冲毁和破坏失效的面积。

（2）完成的梯田、地埂、洪水淤漫地、水土保持造林，水土保持种草、封山育林草等面积和小型水库，淤地坝谷坊等数量。

（3）现有水土保持的治理典型及其面积，目前水土保持机构人员情况。

（二）进行水土流失地区内的土地利用规划，确定农、牧、林业的生产用地。

1. 土地利用规划应按照农村人民公社工作条件规定。在水土流失的山区、丘陵区应当农牧林生产紧密结合，发展多种经营。根据本地具体情况，宜农则农，宜林则林，宜牧则牧来拟定各项生产用地和土地利用规划。

2. 结合当前情况，拟定近十年的农牧林业用地和第三个五年（1963~1967 年）计划内的农田、牧场。

（三）进行水土流失地区内劳力规划。

1. 劳力增长每年按 2% 累增，算到 1967 年止，五年内的总人口和到 1972 年十年内总劳力。每劳力每年按出工 180 天计算出五年和十年总出工。

2. 五年内各项农、牧、林业水利等生产建设的用工，计划投入水土保持建设的工，占总劳力的百分比。

3. 十年内投入水土保持的劳力百分比，其中五年为多少。

（四）拟定水土保持进度和各项措施工作量。

1. 根据水土保持治理原则：生产发展和群众生活的需要拟定出十年内各项水土保持措施，以及各项措施在 1 平方千米面积各占的比重，其具体项目是：梯田、地埂、洪水淤漫地（坝地）、造林、种草、封山育林育草以及其他沟壑水利工程面积。1963~1967 年定出梯田、地埂、洪水淤漫地的绝对数字。

2. 根据群众经验和科学研究部门的资料拟定各项措施工作量每完成 1 平方千米的兴修和维修养护用工量，然后按照既定的各项措施在 1 平方千米的比重，推算出综合治好 1 平方千米的总用工。

3. 算出搞好现有水土保持设施，使之发挥效益时总用工数。

4. 根据不同阶段投入水土保持劳力出工总数算出在搞好现有的设施基础上，还能在五年内搞多少治理面积、十年搞多少，全部完成需要多少年。前五年和十年的主要措施工作量为多少。

（五）经营器材规划：依靠群众，国家投资仅是部分，其主要开支项目是贫困山区灾区的苗木、种子及其他工程器材费的补助，搞当年或近期不能收益的措施时的工资差额补助，以及试验研究，机构人员经费的开支等。这一项制作十年的具体列出项目和款数。

（六）效益计算。

1. 提出由于水土保持的实施，使农业单产提高的数量每人达到的粮食产量，解决燃、饲、肥三料和建筑用材的程度，畜牧业发展情况。

2. 增加副业生产及其收入。

3. 烂泥数量（一般可按各阶段达到的治理面积乘以每平方千米流失泥沙量的 40%~60% 求得）。

（七）保证实施规划和治理任务的必要措施。包括组织领导、开展方式、布局、贯彻方针政策，制定规章制度等。

附录 5 《1980 年准格尔旗皇甫川流域水土落实综合治理试点办法细则（试行草案）的报告》

为了在皇甫川流域搞好小流域治理试点工作，使之有章可循，根据中央颁布的《水土流失小流域治理办法（草案）》，结合本地区具体情况，制定本细则。

一、总则

1. 小流域综合治理的目的，是按自然规律办事，以产生水土流失的基本单位元综合治理单位急速改变水土流失地区低产贫困面貌，改善生态环境，控制水土流失，减少入黄泥沙，为农、林、牧业全面发展，实现农业现代化和根治黄河任务。

2. 选择试点小流域的条件是：流域面积一般在 30 平方千米以下，当地领导重视，社会积极性高，群众干劲足，经过 3~5 年治理可有明显成效的小流域应择优支持先行进步。

3. 小流域治理应贯彻“在粮食自给的基础上，逐步过渡到以牧为主，农林牧全面发展，多种经营”的生产建设方针；并贯彻综合治理，集中治理、连续治理、沟坡兼治、林草措施工程措施相结合的治理方针。

4. 小流域治理的原则是防、治、管相结合，以防为主，彻底改变重治理轻管护忽视预防的错误倾向。

5. 小流域治理目标：

（1）治理面积应达到 70% 以上；林草面积应达到宜林宜草面积的 80%

以上。

（2）为了做到逐步向“以牧为主”过渡，要建好高产稳产基本农田，变广种薄收为少种高产多收，退耕还林还牧。实现农田下川、林牧上山。平均人均基本田4亩。

（3）人均粮食达到800斤以上，人均肉蛋达到60~80斤，人均收入80元以上。

（4）水土保持效益显著。坡面在24小时降雨100毫米时可就地拦蓄径流泥沙，全流域应减少泥沙下沟70%。

6. 小流域综合治理实施步骤：从目前社队生产水平低，群众生活贫困的实际出发，近期以林、草措施为主，做到“草灌先行”大力种植柠条。工程方面主要搞现有工程的加固，配套挖潜工作。也可适当上一些省钱、省工、见效快的工程。

7. 小流域综合治理工作，要依靠集体力量，自力更生。国家在经费、物资、技术方面给予必要的支持。

8. 小流域治理工作内容应包括勘测规划设计阶段，治理施工阶段和管理养护阶段，要按阶段有计划进行不可仓促上阵盲目施工，做到有始有终。

二、有关技术规定

9. 小流域治理工作，应仿照基建程序编报技术文件，并履行审批手续，加强管理，建立岗位责任制。

10. 开展小流域治理，首先要搞好规划，确定因地制宜切实可行的方案，规划要报盟批准，内蒙古水利局和黄委水保处备案。

11. 小流域治理工作，在规划批准后，应按照月份年度做出工程或林草设计单项设计，编报设计任务书或设计说明书，并需经旗水保治理站批准。

12. 治理工作应由旗水保治理站（甲方）和治理的社队乙方签订合同进行施工。经甲乙双方签订的合同，具有法律约束力，未经协商续签合同，任何人不能擅自变动。

13. 为了搞好技术管理工作，必须以小流域为单元建立小流域治理技术档案。

14. 小流域治理各项工程措施和技术标准：

（1）小型水利工程主要包括10万立方米以下库容的塘坝、淤地坝及效益在200亩以下（或投资在万元以下）的梯田、坝地、滩川地灌溉工程。其设计标准按5年一遇洪水设计20年一遇洪水校核。

（2）坡面水保工程，可按24小时连续降雨100毫米的标准设计。

（3）农田基建包括水平梯田，坝地建设：滩川地渠造林田匹配套等。产量要求达到梯田 300 斤 / 亩，坝地 500 斤 / 亩，滩地 400 斤 / 亩。

15. 林草措施和标准：

（1）灌木林主要有柠条、酸刺、羊柴等。

播种前，在黏性较硬的坡梁上应搞整地工程，按等高线每隔 10~20 米修一道水平沟（上宽 100 厘米，下宽 40 厘米，深 60 厘米）；沙化梁坡不必整地。

播种时，要沿着等高线种植，每隔 2.5~3 米可播种一耧，每亩播种子 2.5~3 斤，当年出苗后应成行均匀，不缺苗断垄，成活率在次年春季应达到 80% 以上。

（2）乔木林造林，采取栽植和插条方法。主要树种有杨、柳、榆、槐、油松等。

一般乔木在坡面造林要先按等高线挖鱼鳞坑或水平沟，鱼鳞坑规格是（长 120 厘米，宽 80 厘米，深 50 厘米），水平沟同前。工程数量可按种植要求确定，一般每亩是 222 米，株行距（2 米 ×1.5 米）。

（3）经济林，先整地后造林。果树要挖坑（直径 70 厘米 ×深 60 厘米），每亩种 25 株。另外，枣、杏、文冠果等经济林可按具体设计定植，要求成活率在 80% 以上。

（4）种草包括苜蓿、草木栖、沙打旺等。要求先耕翻地，后按季节适时适量进行耧播或撒播，出苗后如有缺苗断垄，应补播，成活率应达到 80% 以上。

（5）草、灌混交和乔灌混交，是重要的林草技术措施，应经过试验推广。

三、检查验收和管理维护

16. 小流域治理的检查验收工作分单项检查和年度验收两方面，单项验收是在每个治理项目完成一阶段或全部完成后进行，年度验收是在每年治理工作基本结束后，对整个小流域的治理工作进行一次全面的验收。验收后应分别填写验收单或验收书。

17. 检查验收工作的主要作用是对治理工作按照合同要求起到监督作用，以求保证质量完成治理任务。防治弄虚作假，不切实际的现象发生。因此，检查验收时应有主管部门（甲方）、治理社队（乙方）和管理养护方面的组成验收小组，按照规定进行验收工作。

18. 治理工作经过检查验收后，应基于实事求是的评定，一般可分优、良、合格、差四种等级。对保质保量超额完成任务的，要按补标准增加补助费；对质量差没有完成任务的，应酌情扣减补助费。

并应按评定等级给予表扬、奖励、批评、惩罚，对个别情节恶劣后果严重的，可提交给监察部门追究责任，给予处理。

19. 凡经监察验收后的治理项目或已完成的整个小流域治理工作，要从验收后即交付管理养护方面，按管护规定进行管护。

四、经费投资使用

20. 小流域综合治理的经费，按择优支持的原则，使用经济办法管理经济，采取签订协议书、合同书的方式。

21. 经费使用范围主要是对工程材料、苗条籽种、工具设备、劳力用工、机械耗油耗电等进行补助。

22. 经费使用要有严格的财务制度。应分期分批支付经费，一般分为预支、结算两种。预支经费是在治理初期或治理期间根据进度情况，分期预支部分经费 30%~50%；预支时应由领款单位（治理社队）填写预支经费单，由主管技术员和主管领导签批后交财务人员办理。

结算分单项结算和年度结算，是在治理项目完成后，根据协议书或合同户的规定经过验收合格者可进行结算，结算清全部经费。结算清单应附有验收书、预支经费单等有关手续单据。结算清单应由甲方、乙方、主管技术员、主管领导、财会人员的签字。

23. 对经费使用财会人员的监督责任。凡属手续不健全，开支不符合规定的，财会人员有权拒付。

五、其他

24. 在小流域治理中，要加大科研，大量引用先进技术和先进机具开展实验、示范、推广工作。通过科研成果的杠杆作用，加快治理速度。

25. 培训农牧技术员，建立旗、公社、队三级技术领导网。

26. 建立种益既定，引进繁育优良草、树种，并发动社队自采、自育、自栽、自种，逐步实现自力更生。

参考文献

REFERENCES

一、历史档案

［1］准格尔旗档案馆．内蒙古自治区人民委员会转发《内蒙古自治区一九五六年水土保持工作计划任务》的指示［Z］．1956（23–2–36）．

［2］准格尔旗档案馆．水土保持各厅局首长在内蒙古生产规划骨干培训课程上的报告［Z］．1956（23–1–10）．

［3］清水河县档案馆．为布置填报1957年水土保持统计报告表的通知［Z］．1957（14–8）．

［4］清水河县档案馆．关于报送秋季水土保持造林、水利座谈会总结的报告［Z］．1957（14–8）．

［5］清水河县档案馆．清水河县1957年水土保持工作计划（草案）［Z］．1956（14–8）．

［6］清水河县档案馆．关于报送1957年水土保持工作的初步总结和典型经验总结的报告［Z］．1957（14–8）．

［7］准格尔旗档案馆．关于报送我旗一九五六年上半年控制水土流失面积［Z］．1956（23–1–10）．

［8］准格尔旗档案馆．水利、水土保持训练班总结［Z］．1957（23–2–54）．

［9］准格尔旗档案馆．黑岱沟区水利、水土保持训练班总结［Z］．1957（23–2–54）．

［10］清水河县档案馆．关于使用水保费的计划的函［Z］．1957（40–2–37）．

［11］清水河县档案馆．平地泉行政区人民委员会水土保持办公室关于调整1957年水土保持事业费的通知，1957（40–2–37）．

［12］准格尔旗档案馆．伊克昭盟水土保持委员会为汇黄河流域水土保持费及开展水土保持工作的通知［Z］. 1957（23–4–48）.

［13］清水河县档案馆．清水河县57年上半年水土保持工作检查提纲［Z］. 1957（14–8）.

［14］清水河县档案馆．清水河县第五届农牧林水利水土保持劳动模范代表大会总结［Z］. 1957（14–8）.

［15］准格尔旗档案馆．大不连沟常胜农业社水土保持模范资料［Z］. 1957（23–2–54）.

［16］准格尔旗档案馆．东孔兑区大塔乡常胜农业社水土保持个人模范材料［Z］. 1957（23–2–54）.

［17］准格尔旗档案馆．纳林三和农业社水土保持积极分子材料［Z］. 1957（23–2–54）.

［18］准格尔旗档案馆．纳林五色浪乡永兴农业社劳模材料［Z］. 1957（23–2–54）.

［19］准格尔旗档案馆．乌兰沟乡水图保持个人模范先进材料［Z］. 1957（23–2–54）.

［20］准格尔旗档案馆．关于征发57年水土保持奖励条件报送模范成绩材料［Z］. 1957（23–2–54）.

［21］准格尔旗档案馆．水土保持劳模登记表［Z］. 1957（23–2–54）.

［22］清水河县档案馆．关于成立水利、水土保持、山区建设委员会的报告［Z］. 1958（40–1–50）.

［23］清水河县档案馆．清水河县人民委员会成立祁家沟农牧林综合试验站初步计划报告［Z］. 1958（40–1–50）.

［24］准格尔旗档案馆．水土保持技术措施［Z］. 1958（23–4–21）.

［25］准格尔旗档案馆．内蒙古自治区丘陵水土保持经济林区典型设计［Z］. 1959（23–4–26）.

［26］准格尔旗档案馆．内蒙古自治区鄂尔多斯防护林区造林典型设计［Z］. 1959（23–4–26）.

［27］清水河县档案馆．关于报送我县水土保持部门统计表的报告［Z］. 1959（40–2–85）.

［28］准格尔旗档案馆．准格尔旗人民委员会关于农、牧、林、水统计报表［Z］. 1958（23–4–24）.

［29］准格尔旗档案馆．关于开展全区群众性土壤普查鉴定及土地利用规划方案［Z］. 1959（23–4–29）.

［30］清水河县档案馆．清水河县土壤改良和工作统计表［Z］. 1959（40-1-71）.

［31］准格尔旗档案馆．准格尔旗人民委员会关于送去土壤普查鉴定及土地利用规划方案［Z］. 1959（23-4-27）.

［32］清水河县档案馆．关于上报我县 1961 年春季水保造林总结的报告［Z］. 1961（40-2-114）.

［33］清水河县档案馆．关于秋季造林水保运动安排意见［Z］. 1961（40-2-114）.

［34］清水河县档案馆．内蒙古水土保持局清水河县工作组工作情况总结［Z］. 1961（40-2-114）.

［35］准格尔旗档案馆．黄河中游准格尔旗水土保持十八年规划（草案）（1963-1980 年）［Z］. 1964（23-4-42）.

［36］准格尔旗档案馆．铧尖乡人民公社关于下达 1963-1980 年水保规划的通知［Z］. 1963（23-4-41）.

［37］准格尔旗档案馆．东孔兑公社水土保持二十年规划附表［Z］. 1963（23-4-38）.

［38］准格尔旗档案馆．常胜店大队水土保持十八年规划［Z］. 1963（23-4-41）.

［39］准格尔旗档案馆．准格尔旗马栅公社十八年水土保持规划［Z］. 1963（23-4-41）.

［40］准格尔旗档案馆．沙镇公社不拉大队水土保持二十年规划说明书［Z］. 1963（23-4-41）.

［41］准格尔旗档案馆．准格尔旗五子湾公社水土保持二十年规划试点方案［Z］. 1963（23-4-42）.

［42］准格尔旗档案馆．长滩乡公社十八年水土保持规划草案的报告［Z］. 1964（23-4-38）.

［43］准格尔旗档案馆．魏家峁人民公社关于报送我社十八年水土保持规划草案［Z］. 1964（23-4-38）.

［44］准格尔旗档案馆．黑岱沟公社管理委员会关于 1963-1982 年水土保持 20 年规划方案的前五年规划草案［Z］. 1964（23-4-38）.

［45］准格尔旗档案馆．准格尔旗垚沟公社阳塔大队十八年水土保持规划草案［Z］. 1964（23-4-38）.

［46］清水河县档案馆．1963-1990 年水土保持规划情况［Z］. 1963（14-1-9）.

［47］清水河县档案馆．内蒙古自治区水利电力厅关于下发“清水河县王桂窑公社八楞湾大队水土保持规划试点小结”的函［Z］. 1963（14–1–9）.

［48］准格尔旗档案馆．关于启用纳林水土保持专业队、忽吉兔水土保持站公章的通知［Z］. 1964（23–4–45）.

［49］清水河县档案馆．关于我县国办水保专业队、站安置职工情况的报告［Z］. 1964（40–2–243）.

［50］清水河县档案馆．清水河县农牧林局关于我县已成立水土保持委员会的报告［Z］. 1964（14–14）.

［51］清水河县档案馆．清水河县水利水保局关于我县清查整顿工作成果汇总的报告［Z］. 1965（40–1–277）.

［52］中华人民共和国国家计划委员会，中华人民共和国农业部，中华人民共和国水利电力部，中华人民共和国财政部和中国农业银行．关于小型农田水利补助费（包括水土保持费）和抗旱经费的使用管理试行规定的通知［Z］. 1963（60–1–1）.

［53］清水河县档案馆．清水河县水保水利运动大会决议［Z］. 1964（14–14）.

［54］清水河县档案馆．清水河县水保水利运动大会简报［Z］. 1964（14–14）.

［55］清水河县档案馆．清水河县农牧林水局关于我县 1964 年农田水利、水土保持年度报表的报告［Z］. 1964（14–14）.

［56］清水河县档案馆．清水河县五良太公社三十一号生产队以水利为中心大搞农田基本建设［Z］. 1965（40–2–295）.

［57］清水河县档案馆．喇嘛湾公社小石夭扬水站施工总结及今后施工安排意见［Z］. 1965（60–1–3）.

［58］清水河县档案馆．白旗窑水库 1965 年施工总结［Z］. 1965（60–1–3）.

［59］清水河县档案馆．白旗窑水库灌区清查整顿工作小结［Z］. 1965（60–1–4）.

［60］清水河县档案馆．清水河县白旗窑和五良太水库设计说明书［Z］. 1965（60–1–5）.

［61］清水河县档案馆．清水河县农牧林水局关于报送我县 1964 年工程设计任务书［Z］. 1964（14–10）.

［62］清水河县档案馆．关于报送我县 1963 年农业生产措施统计报表的报告［Z］. 1964（14–14）.

［63］清水河县档案馆．关于报送我县一九六三年农业基础资料卡片的报告［Z］．1964（14–14）．

［64］清水河县档案馆．关于下达1964年农业增产技术措施意见的通知［Z］．1964（40–1–226）．

［65］清水河县档案馆．清水河县农牧林水局关于我县土壤改良工作情况的报告［Z］．1964（40–1–226）．

［66］清水河县档案馆．清水河县农牧林办公室关于我县一九五六年“三田”建设工作概况的报告［Z］．1965（40–1–279）．

［67］清水河县档案馆．造林规划指示说明［Z］．1966（40–1–362）．

［68］准格尔旗档案馆．关于加强水土保持工作的通知［Z］．1973（96–1–1）．

［69］清水河县档案馆．关于恢复小庙子水土保持站请予备案并核发经费的报告［Z］．1973（60–1–12）．

［70］清水河县档案馆．关于大井沟等四座大型拦泥淤地坝试点工程建设的报告［Z］．1976（60–1–33）．

［71］清水河县档案馆．关于报送我县水利大检查的总结报告［Z］．1973（40–1–460）．

［72］清水河县档案馆．清水河县水利工程大检查汇总表［Z］．1973（40–1–460）．

［73］清水河县档案馆．关于进行一次全盟水保工作大检查的通知［Z］．1976（60–1–33）．

［74］清水河县档案馆．1976年清水河县水利数据汇总表［Z］．1976（60–1–24）．

［75］清水河县档案馆．1977年清水河县水利主要指标统计年报［Z］．1977（60–1–31）．

［76］清水河县档案馆．1978年清水河县水利主要指标统计年报［Z］．1978（60–1–35）．

［77］准格尔旗档案馆．1977年准格尔旗水利主要指标统计年报［Z］．1977（96–1–5）．

［78］准格尔旗档案馆．1978年准格尔旗水利主要指标统计年报［Z］．1978（96–1–6）．

［79］清水河县档案馆．关于今冬明春大搞农田牧区水利建设的通知［Z］．1974（40–1–460）．

［80］清水河县档案馆．请示批准配备亦农亦水水保技术人员充实农田基

本建设技术力量的报告［Z］. 1975（60–1–26）.

［81］清水河县档案馆 . 做好农田、牧草基本建设全面规划问题的通知［Z］. 1975（60–1–19）.

［82］清水河县档案馆 . 做好农田基本建设规划的通知［Z］. 1975（60–1–19）.

［83］清水河县档案馆 . 关于农田基本建设中加强安全施工的通知［Z］. 1976（60–1–33）.

［84］清水河县档案馆 . 做好农田水利造林绿化的通知［Z］. 1976（60–1–33）.

［85］清水河县档案馆 . 王桂窑万亩滩设计任务［Z］. 1978（60–1–52）.

［86］清水河县档案馆 . 王桂窑公社元子湾大队农田基本建设计划任务书［Z］. 1978（60–1–52）.

［87］清水河县档案馆 . 喇嘛湾万亩滩设计任务［Z］. 1978（60–1–52）.

［88］清水河县档案馆 . 关于上报"清水河县五良太万亩滩工程设计任务书"的报告［Z］. 1978（60–1–52）.

［89］清水河县档案馆 . 我县四个万亩滩规划设计说明书报告［Z］. 1977（60–1–42）.

［90］清水河县档案馆 . 内蒙古自治区革委会转发了《黄河内蒙古河套灌区近期建设与远景规划会议纪要》［Z］. 1974（40–1–460）.

［91］清水河县档案馆 . 小缸房公社、畔卯子大队喷灌工程设计书［Z］. 1978（60–1–50）.

［92］清水河县档案馆 . 清水河县东庄滴灌工程设计任务书［Z］. 1978（60–1–52）.

［93］清水河县档案馆 . 单台子公社生产队滴灌试点报告［Z］. 1978（60–1–50）.

［94］清水河县档案馆 . 大井沟、老牛湾、畔卯子三项重点喷灌工程的报告［Z］. 1978（60–1–50）.

［95］清水河县档案馆 . 档阳桥水库干渠配套工程投资报告［Z］. 1977（60–1–24）.

［96］清水河县档案馆 . 二道河流水坝工程设计任务书［Z］. 1977（60–1–42）.

［97］清水河县档案馆 . 档阳桥、清水河县水泉洪水库设计任务书［Z］. 1978（60–1–52）.

［98］清水河县档案馆 . 清水河县康圣庄饮水工程设计任务书［Z］. 1978

（60–1–52）.

［99］清水河县档案馆．乌兰察布公署水利水土保持局关于发送盟水利水土保持技术座谈会专题纪要的函［Z］. 1964（14–14）.

［100］清水河县档案馆．关于收购水保用草树籽的通知［Z］. 1976（60–1–33）.

［101］清水河县档案馆．关于迅速掀起机器修梯田新高潮的通知［Z］. 1976（60–1–33）.

［102］清水河县档案馆．关于报送八龙湾大队发展苜蓿生产的经验总结的报告［Z］. 1965（96–2–35）.

［103］准格尔旗档案馆.关于上报“水土保持小流域治理和科研会议工作”总结的报告［Z］. 1981（96–2–35）.

［104］清水河县档案馆．关于北堡川小流域治理经费调整后的通知［Z］. 1981（60–1–99）.

［105］清水河县档案馆．关于呈报正峁沟试点流域综合治理一九八五年工作总结报告［Z］. 1985（60–1–151）.

［106］准格尔旗档案馆．关于准格尔旗皇甫川流域开展水土保持综合治理试验研究报告的批复［Z］. 1979（96–2–17）.

［107］准格尔旗档案馆．关于下达一九八零年水利事业经费及安排的通知［Z］. 1980（96–2–22）.

［108］准格尔旗档案馆.关于上报“水土保持小流域治理和科研会议工作”总结的报告［Z］. 1981（96–2–35）.

［109］清水河县档案馆．关于下拨水利、水保工程机电井经费补助的通知［Z］. 1980（60–1–95）.

［110］准格尔旗档案馆.关于上报“水土保持小流域治理和科研会议工作”总结的报告［Z］. 1981（96–2–35）.

［111］清水河县档案馆．关于北堡川小流域治理经费调整后的通知［Z］. 1981（60–1–99）.

［112］准格尔旗档案馆．关于上报皇甫川重点流域“一九八三新增治理经费的预算”的报告［Z］. 1983（96–2–51）.

［113］清水河县档案馆．关于一九八三年水利工作总结［Z］. 1983（60–1–63）.

［114］准格尔旗档案馆．关于上报 1985 年水土保持事业费预算的报告［Z］. 1985（96–2–60）.

［115］准格尔旗档案馆．关于呈报一九八五年工作总结的报告［Z］. 1985

（96–1–32）.

［116］清水河县档案馆 . 关于上报一九八五年水利水保工作总结的报告［Z］. 1985（60–1–73）.

［117］准格尔旗档案馆 . 关于皇甫川试验站改成的通知［Z］. 1979（96–2–14）.

［118］准格尔旗档案馆 . 成立准格尔旗水土保持委员会办公室［Z］. 1980（96–1–11）.

［119］准格尔旗档案馆 . 关于启用“准格尔旗皇甫川水土保持试验站”公章［Z］. 1980（96–1–11）.

［120］准格尔旗档案馆 . 关于启用“准格尔旗水土保持委员会办公室”公章［Z］. 1980（96–1–10）.

［121］准格尔旗档案馆 . 关于水保局增设下属单位和改称的通知［Z］. 1984（96–1–28）.

［122］准格尔旗档案馆 . 关于下达《皇甫川试验站经费开支标准》的通知［Z］. 1980（96–2–22）.

［123］准格尔旗档案馆 . 关于下达 1981 年经费指标及财务管理的若干规定的通知［Z］. 1981（96–2–34）.

［124］准格尔旗档案馆 . 关于印发准格尔旗水保系统工作制度和工作人员岗位责任制的通知［Z］. 1981（96–1–16）.

［125］准格尔旗档案馆 . 关于下达《皇甫川试验站经费开支标准》的通知［Z］. 1980（96–2–22）.

［126］准格尔旗档案馆 . 关于下达 1981 年经费指标及财务管理的若干规定的通知［Z］. 1981（96–2–34）.

［127］准格尔旗档案馆 . 关于印发准格尔旗水保系统工作制度和工作人员岗位责任制的通知［Z］. 1981（96–1–16）.

［128］准格尔旗档案馆 . 关于呈报《一九八五年工作要点及改革意见》的报告［Z］. 1985（96–2–58）.

［129］准格尔旗档案馆 . 报请批转关于“准格尔旗皇甫川流域水土保持小流域综合治理试点办法细则（试行草案）”的报告［Z］. 1980（96–2–24）.

［130］准格尔旗档案馆 . 关于上报黑岱沟公社不连沟流域综合治理规划设计报告［Z］. 1980（96–2–25）.

［131］准格尔旗档案馆 . 关于上报黑岱沟公社南坪沟流域综合治理规划设计报告［Z］. 1980（96–2–25）.

［132］准格尔旗档案馆 . 关于上报准格尔旗皇甫川流域十个重点小流域中

和治理规划报告［Z］. 1980（96–2–24）.

［133］清水河县档案馆 . 关于报送我县 1980 年水土保持小流域治理规划设计报告［Z］. 1979（60–1–69）.

［134］清水河县档案馆 . 关于上报北堡川一九八一年流域治理施工计划报告［Z］. 1980（60–1–99）.

［135］清水河县档案馆 . 关于上报我县 1983 年水保流域治理设计的报告［Z］. 1983（60–1–131）.

［136］清水河县档案馆 . 关于转报清水河县厂子背流域规划报告［Z］. 1984（60–1–147）.

［137］清水河县档案馆 . 梨尔沟小流域规划说明书［Z］. 1984（60–1–147）.

［138］清水河县档案馆 . 芦苇湾流域规划说明书［Z］. 1984（60–1–145）.

［139］清水河县档案馆 . 牛毛凹小流域规划说明书［Z］. 1984（60–1–144）.

［140］清水河县档案馆 . 舍尔沟小流域规划说明书［Z］. 1984（60–1–146）.

［141］清水河县档案馆 . 阳畔沟流域规划说明书［Z］. 1984（60–1–145）.

［142］清水河县档案馆 . 转报清水河县范四窑流域规划报告［Z］. 1984（60–1–147）.

［143］清水河县档案馆 . 关于呈报正峁沟试点流域水保试验计划的报告［Z］. 1985（60–1–151）.

［144］准格尔旗档案馆 . 准格尔旗皇甫川流域小流域综合治理试点工作小结［Z］. 1980（96–2–24）.

［145］准格尔旗档案馆 . 关于报送一九八一年准格尔旗皇甫川试点小流域治理验收报告的报告［Z］. 1981（96–2–35）.

［146］准格尔旗档案馆 . 关于准格尔旗皇甫川流域小流域综合治理试点工作安排情况的汇报，1980（96–2–22）.

［147］准格尔旗档案馆 . 准格尔旗皇甫川流域小流域综合治理试点工作小结［Z］. 1980（96–2–24）.

［148］准格尔旗档案馆 . 关于上报“水土保持小流域治理和科研会议工作”总结的报告［Z］. 1981（96–2–35）.

［149］准格尔旗档案馆 . 皇甫川流域水土流失综合治理农林牧全面发展试验研究［Z］. 1985（96–2–61）.

［150］准格尔旗档案馆 .1980 年水土流失综合治理科研工作及经费安排情

况的汇报［Z］. 1980（96-2-22）.

［151］准格尔旗档案馆 . 关于报送“一九八一年试验研究工作总结”的报告［Z］. 1981（96-2-34）.

［152］准格尔旗档案馆 . 关于报送“一九八二年试验研究工作总结”的报告［Z］.1982（96-2-44）.

［153］准格尔旗档案馆 . 皇甫川流域水土流失综合治理农林牧全面发展试验研究［Z］. 1985（96-2-61）.

［154］准格尔旗档案馆 . 关于上报黄河中游一九八八年治沟骨干工程扩大初步设计书的报告［Z］. 1988（96-2-73）.

［155］清水河县档案馆 . 关于上报一九八八年治沟骨干工程总结的报告［Z］. 1988（60-1-92）.

［156］准格尔旗档案馆 . 关于水土保持治沟骨干工程预算投资的批复暨1986 年建设计划任务安排的通知［Z］. 1986（96-1-36）.

［157］准格尔旗档案馆 . 转发“关于一九八七年黄河中游水土保持治沟骨干工程计划任务书的批复”［Z］. 1987（96-2-70）.

［158］准格尔旗档案馆 . 关于下达一九八八年第一次旧骨干坝加固配套投资的通知［Z］. 1988（96-2-74）.

［159］准格尔旗档案馆 . 关于下达一九八八年水土保持治沟骨干工程投资计划的通知［Z］. 1988（96-2-74）.

［160］准格尔旗档案馆 . 关于下达一九八九年第一批水保治沟骨干工程计划任务的批复［Z］. 1989（96-2-78）.

［161］准格尔旗档案馆 . 关于下达一九八九年第二批水保治沟骨干工程计划任务的批复［Z］. 1989（96-2-78）.

［162］准格尔旗档案馆 . 关于再次下达一九九〇年水保治沟骨干工程计划任务的通知［Z］. 1990（96-2-84）.

［163］准格尔旗档案馆 . 关于下达内蒙古自治区一九九一年水保治沟骨干工程基建计划的通知［Z］. 1991（96-2-89）.

［164］准格尔旗档案馆 . 关于下达一九九一年水保治沟骨干工程基建计划（第二批）的通知［Z］. 1991（96-2-89）.

［165］准格尔旗档案馆 . 关于下达小石等五座水保治沟骨干工程一九九二年基建计划任务的通知［Z］. 1992（96-2-96）.

［166］准格尔旗档案馆 . 关于再次下达一九九二年年水保治沟骨干工程续建项目基建投资计划的通知［Z］. 1992（96-2-96）.

［167］准格尔旗档案馆 . 关于下达 1996 年水保治沟骨干工程续建项目基

建投资的通知 [Z]. 1996 (96–2–114).

[168] 准格尔旗档案馆 . 关于印发"内蒙古自治区准格尔旗治沟骨干工程经费使用方向及效益审计报告"的通知 [Z]. 1991 (96–2–89).

[169] 准格尔旗档案馆 . 关于水土保持治沟骨干工程预算投资的批复暨 1986 年建设计划任务安排的通知 [Z]. 1986 (96–1–36).

[170] 准格尔旗档案馆 . 关于召开黄河中游地区水土保持治沟骨干工程财务和统计工作会议的通知 [Z]. 1990 (96–2–84).

[171] 准格尔旗档案馆 . 关于下发治沟骨干工程基本建设年终财务决算送审的通知 [Z]. 1990 (96–2–84).

[172] 准格尔旗档案馆 . 转发黄委会关于加强中游水保治沟骨干工程基本建设投资管理的通知 [Z]. 1990 (96–2–84).

[173] 准格尔旗档案馆 . 关于下达 1994 年水保治沟骨干工程管理和前期工作等补助经费的通知 [Z] .1994 (96–2–106).

[174] 准格尔旗档案馆 . 关于上报黄河中游一九八八年治沟骨干工程扩大初步设计书的报告 [Z]. 1988 (96–2–73).

[175] 准格尔旗档案馆 . 转报我旗治沟骨干工程指挥部《关于治沟骨干工程防洪渡汛工作情况的报告》的报告 [Z]. 1988 (96–2–73).

[176] 准格尔旗档案馆 . 关于上报《薛家湾水保监督局九七年工作安排》的总结 [Z]. 1997 (96–2–17).

[177] 准格尔旗档案馆 . 关于薛家湾水保监测局九三年矿区治理计划的报告 [Z]. 1993 (96–2–101).

[178] 准格尔旗档案馆 . 薛家湾水保监督局一九九六年工作总结 [Z]. 1996 (96–1–63).

[179] 清水河县档案馆 . 关于举办黄河中哟地区第二期沙棘栽培技术讲习班的通知 [Z]. 1987 (60–1–161).

[180] 准格尔旗档案馆 . 关于下达秋季蒙古沙棘造林任务的通知 [Z]. 1989 (92–2–77).

[181] 准格尔旗档案馆 . 关于下达利用沙棘治理础砂岩示范区补助经费的通知 [Z]. 1990 (96–2–84).

[182] 准格尔旗档案馆 . 关于上报我旗沙棘示范区建设工作总结的报告 [Z]. 1997 (96–2–120).

[183] 准格尔旗档案馆 . 关于上报我旗近年来人为活动造成新的水土流失的调查报告 [Z]. 1989 (96–2–79).

[184] 准格尔旗档案馆 . 关于建设准格尔煤田 2 号公路注意水土保持的通

知［Z］. 1990（96-2-84）.

［185］准格尔旗档案馆 . 关于薛家湾水保监测局九三年矿区治理计划的报告［Z］. 1993（96-2-101）.

［186］准格尔旗档案馆 . 薛家湾水保监督局一九九六年工作总结［Z］. 1996（96-1-63）.

［187］清水河县档案馆 . 关于举办黄河中游地区第二期沙棘栽培技术讲习班的通知［Z］. 1987（60-1-161）.

［188］准格尔旗档案馆 . 关于下达秋季蒙古沙棘造林任务的通知［Z］. 1989（92-2-77）.

［189］准格尔旗档案馆 . 关于下达利用沙棘治理砒砂岩示范区补助经费的通知［Z］. 1990（96-2-84）.

［190］准格尔旗档案馆 . 关于上报我旗沙棘示范区建设工作总结的报告［Z］. 1997（96-2-120）.

［191］准格尔旗档案馆 . 关于要求继续研究准格尔旗丘陵沟壑区水土流失综合治理为农林牧持续发展课题的报告［Z］. 1995（92-2-110）.

［192］准格尔旗档案馆 . 关于报送“黄土高原综合治理定位研究——准格尔旗五分地沟流域示范工作第二次座谈会纪要”的报告［Z］. 1986（96-2-65）.

［193］准格尔旗档案馆 . 关于报送“《黄土高原综合治理》准格尔旗五分地沟流域示范区课题论证报告书”的报告［Z］. 1986（96-2-65）.

［194］准格尔旗档案馆 . 关于报送“内蒙古准格尔旗皇甫川流域水土流失综合治理农林牧全面发展试验研究”七五期间续研究方案的报告［Z］. 1986（96-2-65）.

［195］准格尔旗档案馆 . 关于印发《小流域综合治理实施及管护奖励办法》的通知［Z］. 1995（96-2-109）.

［196］准格尔旗档案馆 . 关于一九八七年水土保持治沟骨干工程可研计划的批复暨下拨补助经费的通知［Z］. 1987（96-2-70）.

［197］准格尔旗档案馆 . 关于下达 1996 年治沟骨干工程建设科研费的通知［Z］. 1996（96-2-113）.

［198］准格尔旗档案馆 . 关于报送“内蒙古准格尔旗皇甫川流域水土流失综合治理农林牧全面发展试验研究”七五期间续研究方案的报告［Z］. 1986（96-2-65）.

［199］准格尔旗档案馆 . 关于印发《小流域综合治理实施及管护奖励办法》的通知［Z］. 1995（96-2-109）.

［200］准格尔旗档案馆．关于一九八七年水土保持治沟骨干工程可研计划的批复暨下拨补助经费的通知［Z］. 1987（96–2–70）.

［201］准格尔旗档案馆．关于下达 1996 年治沟骨干工程建设科研费的通知［Z］. 1996（96–2–113）.

［202］准格尔旗档案馆．关于下达第一批、第二批国家生态环境重点县（示范区）1998 年基建投资计划的通知［Z］. 1998（96–2–124）.

［203］准格尔旗档案馆．关于上报我旗哈拉川流域薛家湾镇区水土保持生态环境建设 2000 年治理计划的报告［Z］. 2000（96–2–135）.

［204］准格尔旗档案馆．关于转发第一批、第二批国家生态环境重点县 1998 年基建投资计划的通知［Z］. 1998（96–2–124）.

［205］准格尔旗档案馆．鄂尔多斯市水土保持局关于转发《内蒙古自治区水利厅转发黄委关于黄河水土保持生态工程施工质量评定规程（试行）的通知》的通知［Z］. 2005（96–2005–107）.

［206］准格尔旗档案馆.关于黄河水土保持生态工程浑河流域呼和浩特市、乌兰察布盟及窟野河流域伊克昭盟项目区建设 2000 年实施计划批复的函［Z］. 2001（96–2001–4）.

［207］准格尔旗档案馆．鄂尔多斯市水土保持局关于转发内蒙古自治区水利厅转发黄河上中游管理局关于黄河水保生态工程浑河 2 条重点支流项目区中期调整实施方案复函的通知的通知［Z］. 2005（96–2005–119）.

［208］准格尔旗档案馆.关于《准旗黄河流域沙棘资源建设项目二期工程》项目区位置边埂及重新规划设计的报告［Z］. 2001（96–2001–72）.

［209］准格尔旗档案馆．关于上报我旗础砂岩区沙棘生态工程建设 1998 年度工作总结的报告［Z］. 1999（96–2–129）.

［210］准格尔旗档案馆．关于上报我旗黄河流域沙棘资源建设二期工程项目 2001 年度工程造林自查验收的报告［Z］. 2001（96–2001–76）.

［211］准格尔旗档案馆．关于上报《准格尔旗沙棘生态建设工程项目 2000 年度工作总结》的报告［Z］. 2001（96–2–135）.

［212］准格尔旗档案馆．关于呈报我旗础砂岩沙棘生态减沙项目 2001 年度实施工作总结的报告［Z］. 2001（96–2001–75）.

［213］准格尔旗档案馆．关于上报我局年初自报项目——沙圪堵高原圣果沙棘开发项目实施情况的报告［Z］. 2001（96–2001–70）.

［214］准格尔旗档案馆．关于编制黄河水土保持生态工程生态修复项目［Z］. 2004（96–2004–135）.

［215］准格尔旗档案馆．内蒙古自治区水利厅转发黄河上中游管理局关于

黄河水土保持生态工程内蒙古自治区准格尔旗生态修复项目初步设计的复函的通知［Z］. 2004（96–2004–133）.

［216］准格尔旗档案馆 . 关于呈报我旗《黄河水土保持生态工程内蒙古准格尔旗生态修复实施方案》的报告［Z］. 2004（96–2004–197）.

［217］准格尔旗档案馆 . 关于上报我局 1999 年水土保持监督执法工作总结的报告［Z］. 1999（96–2–104）.

［218］准格尔旗档案馆 . 关于下达 2001 年黄河水土保持生态工程窟野河流域项目区小流域综合治理 2002 年秋季实施计划的通知［Z］. 2002（96–2002–85）.

［219］准格尔旗档案馆 . 准格尔旗人民政府关于印发矿区环境治理办法的通知，2005（96–2005–159）.

［220］准格尔旗档案馆 . 内蒙古自治区水利厅关于大同至准格尔铁路线扩能改造工程水土保持方案报告书的批复［Z］. 2004（96–2004–9）.

［221］准格尔旗档案馆 . 内蒙古自治区水利厅关于新建地方铁路呼和浩特市至准格尔铁路工程水土保持方案报告书的批复［Z］. 2004（96–2004–14）.

［222］准格尔旗档案馆 . 鄂尔多斯水土保持局关于内蒙古准格尔旗井刘煤炭有限责任公司井刘煤矿水土保持方案报告书的批复［Z］. 2004（96–2004–25）.

［223］准格尔旗档案馆 . 准格尔旗水土保持局关于鄂尔多斯市泰宝投资有限责任公司石料场水土保持方案报告书的批复［Z］. 2004（96–2004–150）.

［224］准格尔旗档案馆 . 准格尔旗水土保持局关于准旗奋欣采石场水土保持方案报告书的批复［Z］. 2004（96–2004–155）.

［225］准格尔旗档案馆 . 准格尔旗水土保持局关于准旗聚能化工有限责任公司杜家峁采石场水土保持方案报告书的批复［Z］. 2004（96–2004–160）.

［226］准格尔旗档案馆 . 准格尔旗水土保持局关于准格尔旗荣丰石料场水土保持方案报告书的批复［Z］. 2004（96–2004–165）.

［227］准格尔旗档案馆 . 准格尔旗水土保持局关于对内蒙古满世每台运销有限责任公司石料一场水土保持方案报告书的批复［Z］. 2004（96–2004–170）.

［228］准格尔旗档案馆 . 准格尔旗水土保持局关于对准格尔旗山河煤炭有限责任公司补连沟煤矿技改工程水土保持方案报告书的批复［Z］. 2004（96–2004–175）.

［229］准格尔旗档案馆 . 准格尔旗水土保持局关于对鄂尔多斯市瑞德煤化有限责任公司第二煤矿水土保持方案报告书的批复［Z］. 2004（96–2004–

180）.

［230］准格尔旗档案馆 . 准格尔旗水土保持局关于对东胜明智煤焦运销有限责任公司高家坡煤矿水土保持方案报告书的批复［Z］. 2004（96-2004-185）.

［231］准格尔旗档案馆 . 准格尔旗水土保持局关于对准格尔旗羊市塔乡阳堡渠煤矿水土保持方案报告书的批复［Z］. 2004（96-2004-190）.

［232］准格尔旗档案馆 . 内蒙古自治区水利厅关于准格尔工业园区大饭铺自备电厂 2×300MW 机组工程水土保持方案报告书的批复［Z］. 2004（96-2004-13）.

［233］准格尔旗档案馆 . 鄂尔多斯水土保持局关于准格尔旗窑沟乡创新煤炭有限责任公司创新煤矿水土保持方案报告书的批复［Z］. 2004（96-2004-23）.

［234］准格尔旗档案馆 . 准格尔旗水土保持局关于对准旗云飞矿业有限责任公司石料厂水土保持方案报告书的批复［Z］. 2004（96-2004-149）.

［235］准格尔旗档案馆 . 准格尔旗水土保持局关于对准旗民强矿业有限责任公司魏家峁采石场水土保持方案报告书的批复［Z］. 2004（96-2004-154）.

［236］准格尔旗档案馆 . 准格尔旗水土保持局关于对准格尔鑫葆化工有限责任公司鑫葆石场水土保持方案报告书的批复［Z］. 2004（96-2004-159）.

［237］准格尔旗档案馆 . 准格尔旗水土保持局关于准格尔旗红石炮湾顺发片石场水土保持方案报告书的批复［Z］. 2004（96-2004-164）.

［238］准格尔旗档案馆 . 准格尔旗水土保持局关于内蒙古西蒙科工贸有限责任公司白灰采石场水土保持方案报告书的批复［Z］. 2004（96-2004-169）.

［239］准格尔旗档案馆 . 准格尔旗水土保持局关于准格尔旗乡镇企业局实验煤矿技改工程水土保持方案报告书的批复［Z］. 2004（96-2004-174）.

［240］准格尔旗档案馆 . 准格尔旗水土保持局关于准格尔旗食联煤炭有限责任公司煤矿水土保持方案报告书的批复，2004（96-2004-179）.

［241］准格尔旗档案馆 . 准格尔旗水土保持局关于鄂尔多斯市准旗西营子镇付家阳坡煤矿水土保持方案报告书的批复［Z］. 2004（96-2004-184）.

［242］准格尔旗档案馆 . 准格尔旗水土保持局关于准格尔旗西营子镇徐家梁煤矿水土保持方案报告书的批复［Z］. 2004（96-2004-184）.

［243］准格尔旗档案馆 . 内蒙古自治区水利厅关于蒙达煤矿水土保持方案报告书的批复［Z］. 2004（96-2004-12）.

［244］准格尔旗档案馆 . 鄂尔多斯市水土保持局关于准格尔旗永胜煤炭有限责任公司水土保持方案报告书的批复［Z］. 2004（96-2004-22）.

[245] 准格尔旗档案馆 . 准格尔旗水土保持局关于准旗云飞矿业有限责任公司白云岩石料厂水土保持方案报告书的批复 [Z]. 2004（96–2004–148）.

[246] 准格尔旗档案馆 . 准格尔旗水土保持局关于鄂尔多斯市永昌煤焦经营有限公司马栅采石场水土保持方案报告书的批复 [Z]. 2004（96–2004–153）.

[247] 准格尔旗档案馆 . 准格尔旗水土保持局关于内蒙古准格尔北强化工有限责任公司石场水土保持方案报告书的批复 [Z]. 2004（96–2004–158）.

[248] 准格尔旗档案馆 . 准格尔旗水土保持局关于准格尔旗庆峰矿业有限责任公司石料场水土保持方案报告书的批复 [Z]. 2004（96–2004–168）.

[249] 准格尔旗档案馆 . 准格尔旗水土保持局关于对准旗张家圪堵村闫毛联办煤矿水土保持方案报告书的批复 [Z]. 2004（96–2004–173）.

[250] 准格尔旗档案馆 . 准格尔旗水土保持局关于对准格尔旗聚鑫煤焦有限责任公司高西沟煤矿水土保持方案报告书的批复 [Z]. 2004（96–2004–178）.

[251] 准格尔旗档案馆 . 准格尔旗水土保持局关于对内蒙古伊东煤炭有限公司安家坡煤矿水土保持方案报告书的批复 [Z]. 2004（96–2004–183）.

[252] 准格尔旗档案馆 . 准格尔旗水土保持局关于对准格尔旗西营子镇赵二成渠煤矿水土保持方案报告书的批复 [Z]. 2004（96–2004–188）.

[253] 准格尔旗档案馆 . 内蒙古自治区水利厅关于鄂尔多斯市汇能煤业投资有限责任公司蒙南煤矸石热电厂工程水土保持方案报告书的批复 [Z]. 2004（96–2004–11）.

[254] 准格尔旗档案馆 . 鄂尔多斯市水土保持局关于内蒙古满世煤炭运销有限责任公司四道柳忽鸡图煤矿改扩建工程水土保持方案报告书的批复 [Z]. 2004（96–2004–21）.

[255] 准格尔旗档案馆 . 准格尔旗水土保持局关于准格尔煤田龙王沟永兴煤矿水土保持方案报告书的批复 [Z]. 2004（96–2004–147）.

[256] 准格尔旗档案馆 . 准格尔旗水土保持局关于内蒙古三维铁合金有限责任公司魏家峁采石二场水土保持方案报告书的批复 [Z]. 2004（96–2004–152）.

[257] 准格尔旗档案馆 . 准格尔旗水土保持局关于准格尔旗准格尔召乡哈拉庆村闫家沟煤矿水土保持方案报告书的批复 [Z]. 2004（96–2004–157）.

[258] 准格尔旗档案馆 . 准格尔旗水土保持局关于准格尔旗果园煤炭有限责任公司杜家峁采石场水土保持方案报告书的批复 [Z]. 2004（96–2004–162）.

［259］准格尔旗档案馆．准格尔旗水土保持局关于鄂尔多斯市蒙能振兴化工有限公司石料白灰厂水土保持方案报告书的批复［Z］. 2004（96–2004–167）.

［260］准格尔旗档案馆．准格尔旗水土保持局关于准旗窑沟乡阳坡沟石料厂水土保持方案报告书的批复［Z］. 2004（96–2004–172）.

［261］准格尔旗档案馆．准格尔旗水土保持局关于内蒙古天之娇高岭土有限责任公司高岭土厂水土保持方案报告书的批复［Z］. 2004（96–2004–170）.

［262］准格尔旗档案馆．准格尔旗水土保持局关于准格尔旗欣发达煤矿水土保持方案报告书的批复［Z］. 2004（96–2004–182）.

［263］准格尔旗档案馆．准格尔旗水土保持局关于鄂尔多斯市龙宇工贸公司光裕煤矿水土保持方案报告书的批复［Z］. 2004（96–2004–187）.

［264］准格尔旗档案馆．准格尔旗水土保持局关于准格尔煤田牛连沟矿区大伟煤矿水土保持方案报告书的批复［Z］. 2004（96–2004–192）.

［265］准格尔旗档案馆．内蒙古自治区水利厅关西蒙煤矿水土保持方案报告书的批复［Z］. 2004（96–2004–10）.

［266］准格尔旗档案馆．鄂尔多斯市水土保持局关于准格尔旗闹羊渠煤炭有限责任公司煤矿改扩建项目水土保持方案报告书的批复［Z］. 2004（96–2004–20）.

［267］准格尔旗档案馆．鄂尔多斯市水土保持局关于内蒙古准格尔旗城坡煤炭有限责任公司城坡煤矿水土保持方案报告书的批复［Z］. 2004（96–2004–27）.

［268］准格尔旗档案馆．准格尔旗水土保持局关于准格尔煤田牛连沟矿区大伟煤矿水土保持方案报告书的批复［Z］. 2004（96–2004–151）.

［269］准格尔旗档案馆．准格尔旗水土保持局关于准旗裕昌石灰场水土保持方案报告书的批复［Z］. 2004（96–2004–156）.

［270］准格尔旗档案馆．准格尔旗水土保持局关于准旗聚能化工有限责任公式范家峁采石场水土保持方案报告书的批复［Z］. 2004（96–2004–161）.

［271］准格尔旗档案馆．准格尔旗水土保持局关于准格尔旗李家渠煤炭公司石厂水土保持方案报告书的批复［Z］. 2004（96–2004–166）.

［272］准格尔旗档案馆．准格尔旗水土保持局关于内蒙古满世煤炭运销有限责任公司石料二场水土保持方案报告书的批复［Z］. 2004（96–2004–171）.

［273］准格尔旗档案馆．准格尔旗水土保持局关于准旗荣达煤矿技改工程水土保持方案报告书的批复［Z］. 2004（96–2004–176）.

［274］准格尔旗档案馆．准格尔旗水土保持局关于内蒙古伊东煤炭有限责

任公司致富煤矿水土保持方案报告书的批复［Z］. 2004（96-2004-181）.

［275］准格尔旗档案馆 . 准格尔旗水土保持局关于准格尔旗长滩煤矿水土保持方案报告书的批复［Z］. 2004（96-2004-186）.

［276］准格尔旗档案馆 . 关于报送准格尔旗水土保持综合检测站初步设计审查意见报告［Z］. 2004（96-2004-206）.

［277］准格尔旗档案馆 . 准格尔旗人民政府关于启用水土保持工作站水保监测站印章的通知［Z］. 2005（96-2005-102）.

［278］准格尔旗档案馆 . 关于报送我局一九九八年终工作总结的报告［Z］. 1998（96-1-69）.

［279］准格尔旗档案馆 . 鄂尔多斯市水土保持局关于转发《内蒙古自治区水利厅转发黄委关于黄河水土保持生态工程施工质量评定规程（试行）的通知》的通知［Z］. 2005（96-2005-107）.

［280］准格尔旗档案馆 . 关于报送《准旗水保局专业技术岗位设置方案》的报告［Z］. 2000（96-2-132）.

［281］准格尔旗档案馆 . 关于下发《准格水保局二〇〇一年承包流域治理项目技术人员目标管理实施办法》的通知［Z］. 2001（96-2001-27）.

二、期刊文章

［1］赵兴华 . 古人论森林的防护作用［J］. 内蒙古林业，1983（7）：32.

［2］贾恒义 . 中国古代引浑灌淤初步探讨［J］. 农业考古，1984（1）：96-100.

［3］汪子春，罗桂环 . 我国古代对毁林恶果的认识［J］. 植物学通报，1985（3）：17-20.

［4］刘忠义 . 我国古代水土保持思想体系的形成［J］. 中国水土保持，1987（6）：56-58.

［5］刘忠义 . 我国古代水土保持法制的内容［J］. 中国水土保持，1987（12）：59.

［6］王满厚 . 我国古籍中关于战国时期水土保持的记述［J］. 中国水土保持，1987（5）：50-51.

［7］朱光远 . 区田，我国古代丰产、保持水土的耕作措施［J］. 中国水土保持，1988（11）：25，57.

［8］贾恒义 . 北宋引浑灌淤的初步研究［J］. 农业考古，1989（1）：242-247.

［9］宋湛庆．我国古代田间管理中的抗旱和水土保持经验［J］．农业考古，1991（3）：155–161.

［10］姚云峰，王礼先．我国梯田的形成与发展［J］．中国水土保持，1991（6）：54–56.

［11］张波，张伦．陕西古代水土保持成就概述［J］．古今农业，1992（1）：1–7.

［12］杨抑．中国南方丘陵山区水土保持史考略［J］．农业考古，1995（1）：111–116.

［13］李凤，陈法扬．我国南方农作保土技术综述［J］．中国水土保持，1995（6）：33–36.

［14］张芳．清代南方山区的水土流失及其防治措施［J］．中国农史，1998（2）：50–61.

［15］张宇辉．浅议我国历史上的水土保持技术［J］．山西水土保持科技，1998（1）：15–17.

［16］张宇辉，牛师东．我国古代水土保持理论的产生与发展［J］．山西水土保持科技，2000（4）：91，95–96.

［17］孔润常．古代保持水土的生物措施［J］．文史杂志，2001（4）：69.

［18］贾恒义．中国古代植被与抗蚀性及抗冲刷性之探讨［J］．农业考古，2001（3）：163–166，177.

［19］郑本暖，聂碧娟．福建历史上的洪涝灾害与水土保持［J］．福建水土保持，2002（3）：6–9.

［20］贾乃谦．明代名臣刘天和的“植柳六法”［J］．北京林业大学学报，2002（Z1）：76–79.

［21］樊宝敏，李智勇，李忠魁．中国古代利用林草保持水土的思想与实践［J］．中国水土保持科学，2003（2）：91–95.

［22］杨才敏．古代水土保持浅析［J］．水土保持科技情报，2004（4）：10–12.

［23］关传友．论中国古代对森林保持水土作用的认识与实践［J］．中国水土保持科学，2004（1）：105–110.

［24］张志勇．我国古代的水土保持［J］．山西水土保持科技，2007（3）：5–7.

［25］张蜜．中国古代梯田的起源与发展［J］．农村农业农民，2015（5）：58–59.

［26］姜德文，张德峰，刘志刚．皇甫川流域十年重点治理技术措施及其

成效初探［J］. 内蒙古水利，1993（2）：8-10.

［27］周德春 . 晋陕蒙接壤地区的水保执法经验总结［J］. 人民黄河，1993（1）：42-43，56.

［28］周文凤 . 晋陕蒙接壤地区水土保持的忧思［J］. 中国水土保持，1993（2）：6-10.

［29］刘东海，赵廷宁 . 黄土丘陵沟壑区水平梯田改土培肥增产技术措施体系［J］. 生态学杂志，1995（14）：44-51.

［30］刘东海 . 浅析新修水平梯田的增产技术［J］. 水土保持科技情报，1995（2）：42-43.

［31］卫正新，李树怀，梁象武，郭百平 . 晋西黄土丘陵沟壑区沟坡防护林造林技术［J］. 中国水土保持，1997（3）：40-42.

［32］王晓，白志刚，刘立斌，白平良 . 黄土丘陵沟壑区第一副区山坡地土壤侵蚀特征及其对土地生产力影响研究［J］. 水土保持研究，1998（4）：6-10.

［33］郭廷辅，段巧甫，王学东 . 内蒙古水土保持生态环境建设调研报告［J］. 中国水土保持，2001（2）：8-11.

［34］景亚安，张富 . 甘肃黄土丘陵沟壑区水土流失及控制技术与效益研究［J］. 中国水土保持，2002（11）：21-22.

［35］杨光，丁国栋，屈志强 . 中国水土保持发展综述［J］. 北京林业大学学报（社会科学版），2006（5）：72-77.

［36］林长松，程序，杨新国 . 半干旱黄土丘陵沟壑区引种能源植物柳枝稷生态适宜性分析［J］. 西南大学学报（自然科学版），2007（7）：125-132.

［37］党维勤，郑妍，卜晓锋，马竹娥 . 谈黄土丘陵沟壑区红枣产业的发展［J］. 中国水土保持，2007（5）：52-54.

［38］上官周平，刘国彬，李敏 . 黄土高原地区水土保持技术的发展与创新［J］. 中国水土保持，2008（12）：34-36.

［39］张晓明，曹文洪，余新晓，张满良，王向东，朱毕生 . 黄土丘陵沟壑区典型流域径流输沙对土地利用 / 覆被变化的响应［J］. 应用生态学报，2009（1）：121-127.

［40］国务院水土保持委员会及浙江省联合工作组 . 浙江省淳安县琴溪社的水土保持措施［J］. 人民黄河，1958（2）：20-22.

［41］程万里，沈廷厚，刘竟良 . 山地果园水土保持试验［J］. 湖北农业科学，1958（1）：40-44.

［42］赵秦丹 . 感谢苏联专家对我们水土保持工作的指导［J］. 新黄河，

1956（2）：34–37.

［43］M. H. 扎斯拉夫斯基 . 对黄河中游水土保持工作的报告［J］. 人民黄河，1956（10）：35–45.

［44］M. H. 扎斯拉夫斯基 . 中国的水土侵蚀及其防治——苏联专家 M. H. 扎斯拉夫斯基在全国第二次水土保持会议上的报告［J］. 人民黄河，1958（1）：44–59.

［45］П. С. 巴宁 . 坡地灌溉及水土流失地区土壤改良措施方面的几个问题：苏联专家 П. С. 巴宁在全国第二次水土保持会议上的报告［J］. 人民黄河，1958（1）：41–44.

［46］A. 普列斯尼亚科娃，蒋长树 . 全苏水土保持会议［J］. 人民黄河，1957（A1）：54–56.

［47］С. С. 索保列夫，И. Ф. 萨多夫尼科夫 . 苏联防止水蚀和风蚀的措施［J］. 人民黄河，1958（2）：39–46.

［48］陈康宁 . 对四川紫色土遂宁地区农业（技术）水土保持措施的初步探讨［J］. 农田水利与水土保持，1964（3）：10–15.

［49］刘志刚 . 广西都安县石灰岩地区土壤侵蚀的特点和水土保持工作的意见［J］. 林业科学，1963（4）：354–360.

［50］日本水土保持动态三则［J］. 林业快报，1966（1）：12.

［51］苏联营造洋槐林的经验［J］. 人民黄河，1966（1）：12.

［52］其明 . 坡地水土保持新法［J］. 科学大众，1963（5）：14.

［53］方华荣 . 台湾省的水土保持概括和科研动向［J］. 水土保持科技情报，1985（3）：50–51，58.

［54］李锐 . 在水土保持研究中应用遥感技术的尝试［J］. 中国水土保持，1980（3）：13–18.

［55］李壁成 . 建立水土保持数据库的探讨［J］. 水土保持通报，1985（4）：52–58.

［56］徐强 . 我国派员参加国际水土保持学会探讨会［J］. 中国水土保持，1980（2）：40.

［57］黄海清 . 联合国联农组织水土保持考察组来我国考察［J］. 中国水土保持，1980（2）：25.

［58］王遵亲，胡纪常 . 澳大利亚水土保持考察组来中国科学院南京土壤研究所访问［J］. 土壤，1980（5）：196–197.

［59］刘春元 . 我国赴美水土保持考察团回国［J］. 中国水土保持，1980（1）：12.

［60］苏联水土流失和水土保持研究简况［J］. 水土保持科技情报，1982（2）：42–43.

［61］陈德基 . 美国农田水利和水土保持工作简介［J］. 人民长江，1983（3）：58–61.

［62］澳大利亚水土保持工作经验［J］. 水土保持科技情报，1981（1）：40–41.

［63］王礼先 . 新西兰水土保持工作的几点经验［J］. 中国水土保持，1983（3）：50–52.

［64］林树彬 . 日本的水土保持概括［J］. 水土保持科技情报，1985（1）：55–56.

［65］朱兴昌 . 伊拉克水土保持及管理状况［J］. 水土保持科技情报，1983（2）：24–25.

［66］利科齐B.S.，路群鸿 . 埃及水土保持与管理［J］. 水土保持科技情报，1984（1）：4–6.

［67］Axel，Dourojeanni，吴浩然 . 秘鲁的水土管理与水土保持［J］. 水土保持科技情报，1985（4）：40–42.

［68］B.Bensalem，杨鸿义 . 北非阿尔及利亚、摩洛哥、突尼斯水土保持实践经验［J］. 水土保持科技情报，1985（1）：44–49.

［69］黄宝林 . 拉丁美洲的水土保持及经营管理［J］. 水土保持科技情报，1983（3）：28.

［70］阎文哲 . 水土保持治沟骨干工程技术讲座——第一讲概论［J］. 水土保持研究，1987（1）：48，55–57.

［71］阎文哲 . 水土保持治沟骨干工程技术讲座——第五讲土坝设计（上）［J］. 中国水土保持，1987（5）：59–63，14.

［72］李畅 . 西北黄土丘陵沟壑区水土保持生态农业建设探讨［J］. 安徽农业科学，2011（32）：20002–20004.

［73］赵帮元，马宁，杨娟，李志华，王秦湘 . 基于不同分辨率遥感影像提取的水土保持措施精度分析［J］. 水土保持通报，2012（4）：155–157.

［74］苏超，薛忠民，焦锋 . 陕北黄土高原适生桑树种质资源及栽培特点和生态防护作用［J］. 蚕业科学，2012（1）：146–151.

［75］杨浩，聂森 . 黄土半干旱区水土保持试验林规划设计［J］. 河北林业科技，2013（5）：60–62，68.

［76］安布克，马连彬，王生明 . 黄土丘陵沟壑区坡面不同造林配置模式的生长状况研究［J］. 内蒙古林业调查设计，2014（3）：63–65，17.

［77］霍贵中．柠条在黄土丘陵沟壑区生态建设中的示范研究［J］．山西水土保持科技，2014（3）：36–37.

［78］代富强．水土保持技术的适宜性评价［J］．江苏农业科技，2014（12）：8–12.

［79］李旭．内蒙古生态环境恶化对黄河的危害及治理对策［J］．中国水土保持，2006（2）：12–14.

［80］中共清水河县委办公室通讯小组．清水河县春季造林翻番跃进［J］．内蒙古林业，1960（5）：7.

［81］苏廷．贫瘠山区的优良牧草——草木栖［J］．中国畜牧杂志，1965（2）：24–26.

［82］张义．优良固土植物——蒙古岩黄蓍［J］．人民黄河，1964（4）：35–36.

［83］高博文，项玉章．清水河县水土保持工作［J］．中国水土保持，1985（1）：38–39.

［84］内蒙古水利经济研究会．内蒙古自治区召开“水土保持经济效益学术讨论会”［J］．水利经济，1986（1）：54.

［85］张孝亲，侯福昌，张德峰．准格尔旗皇甫川流域重点治理及其效益浅析［J］．人民黄河，1989（5）：54–57.

［86］吴德，陈永乐．水土保持生态文明县（旗）：准格尔旗［J］．中国水土保持，2012（1）：1–4.

［87］花东文，温仲明，杨士梭，苗连明．黄土丘陵沟壑区土地利用景观格局变化分析——以延河流域为例［J］．水土保持研究，2015（5）：86–91.

［88］徐善根．水土流失畦试验法之探讨［J］．农业推广通讯，1943，5（3）：44–46.

［89］施成熙．水土保持常识［J］．行政水土院委会季刊，1942，2（4）：5–13.

［90］任承统．水土保持与治黄［J］．中农月刊，1945，6（8）：99–101.

［91］退思．何为水土保持［J］．现代农民，1944，7（3）：4–6.

［92］傅焕光．水土保持与水土保持事业［J］．东方杂志，1945，41（6）：31–33.

［93］张任．水土保持——考察美国水利报告［J］．水利委员会季刊，1945，3（4）：7–24.

［94］鲍迪之．水土流失与保持［J］．安徽农讯，1947（6）：8–10.

［95］罗德民．行政院顾问罗德民考察西北水土保持初步报告［J］．行政

水利院委会月刊，1944，1（4）：36-48.

［96］高芸．“以粮为纲”政策的实施对陕北黄土丘陵沟壑区水土保持工作的影响［D］．陕西师范大学硕士学位论文，2007.

［97］马琳．黄土高原几种水土保持措施的效益价值量分析［D］．西安理工大学硕士学位论文，2007.

［98］张富．黄土高原丘陵沟壑区小流域水土保持措施对位配置研究［D］．北京林业大学博士学位论文，2008.

［99］田兴明．宁夏黄土丘陵沟壑区第五副区水土保持实践与探索［D］．西北农林科技大学硕士学位论文，2009.

［100］刘瑞霞．地理信息系统和遥感技术在小流域水土保持综合治理中的应用研究［D］．内蒙古农业大学硕士学位论文，2011.

［101］王振．青海省黄土丘陵沟壑区沟壑侵蚀状况研究［D］．陕西科技大学硕士学位论文，2012.

［102］丁少君．水土保持优良植物引进与推广［D］．西北农林科技大学硕士学位论文，2012.

［103］李国会．晋西黄土区农田水土流失防治措施水土保持效应研究［D］．中国林业科学研究院博士学位论文，2013.

［104］张元星．流域水沙变化对水土保持梯田措施的响应研究［D］．西北农林科技大学博士学位论文，2014.

［105］周钦泽，林心炯，阮作宽，吴华造．茶园水土保持的初步研究［J］．茶叶研究，1965（3）：24-31.

［106］谢庆梓．谈以水土保持为中心的新茶园垦殖措施［J］．茶叶科学技术，1974（3）：4-5.

三、著作

［1］内蒙古水利厅水土保持工作局．水土保持技术画册［M］．呼和浩特：内蒙古人民出版社，1960.

［2］中国科学院黄河中游水土保持综合考察队．黄河中黄土地区水土保持手册［M］．北京：科学出版社，1959.

［3］湖南省农业厅，林业厅，水利厅．水土保持［M］.（出版社不详）1957.

［4］吉林省水土保持委员会办公室．水土保持简易技术手册［M］.（出版社不详）1958.

［5］河北省水利厅农业田水利局．水土保持综合治理方法［M］．石家庄：

河北人民出版社，1957.

[6] 陕西省水利厅 . 陕西省水土保持技术画册 [M] . 西安：陕西人民出版社，1958.

[7] 黄河水利委员会水土保持处 . 水土保持技术教材 [M] . 郑州：河南人民出版社，1960.

[8] 云南省水土保持委员会 . 怎样进行水土保持 [M] . 昆明：云南人民出版社，1957.

[9] 黄河水利委员会水土保持处 . 水土保持技术教材 [M] . 郑州：河南人民出版社，1960.

[10] 准格尔旗志编纂委员会 . 准格尔旗志 [M] . 呼和浩特：内蒙古人民出版社，1993.

[11] 清水河县志编纂委员会 . 清水河县志 [M] . 呼和浩特：内蒙古文化出版社，2001.

[12] 田德民 . 水土保持的治理方法 [M] . 沈阳：辽宁人民出版社，1958.

[13] M.H. 扎斯拉夫斯基 . 关于中国水土保持农业技术措施的作用 [M] . 北京：中国水利电力出版社，1958.

[14] 苏科乌捷 . 水土保持林的栽种 [M] . 北京：科学出版社，1959.

[15] 陕西省水土保持局 . 水土保持 [M] . 北京：中国农业出版社，1973.

[16] 赵羽，金争平，史培军，郝允充等 . 内蒙古土壤侵蚀研究——遥感技术在内蒙古土壤侵蚀研究中的应用 [M] . 北京：科学出版社出版，1989.

[17] 本书编委会 . 水土保持工程技术标准汇编 [M] . 北京：中国水利水电出版社，2010.

[18] 水利部水利示范工程处 . 蓄水保土浅说 [M] . 书林书局，1947.

[19] 陈恩凤 . 水土保持学概论 [M] . 北京：商务印书馆，1949.

[20] 黄文熙 . 黄河流域之水土保持 [M] . 北京：中央人民政府水利部南京水利实验处，1950.

[21] 李积新 . 水土保持 [M] . 北京：商务印书馆，1950.

[22] 张含英 . 土壤之冲刷与控制 [M] . 北京：商务印书馆，1950.

[23] 水利电力黄河水利委员会 . 水土保持（上）[M] . 北京：科学普及出版社，1953.

[24] 苏伟 . 水土保持 [M] . 西安：陕西人民出版社，1954.

[25] 中央人民政府农业部水土利用局 . 水土保持工作的政策与实践 [M]. 北京：中华书局股份有限公司，1954.

[26] 西北行政委员会水利局 . 水土保持图解 [M] . 西安：西北人民出版

社，1954.

［27］西北黄河工程局．水土保持工作讲话［M］．西安：陕西人民出版社，1955.

［28］江西省水利厅．水土保持工作手册［M］．南昌：江西人民出版社，1956.

［29］河北省水利厅．水土保持［M］．石家庄：河北人民出版社，1956.

［30］陈康宁．水土保持浅说［C］．四川省科学技术普及协会，1956.

［31］山东省水利厅．怎样保持水土［M］．济南：山东人民出版社，1956.

［32］安徽省水土保持委员会．怎样做好水土保持工作［M］．合肥：安徽人民出版社，1956.

［33］中华人民共和国农业部土地利用局．保持水土发展农业生产［M］．北京：财政经济出版社，1956.

［34］陕西省水土保持局．淤地坝［M］．西安：陕西人民出版社，1957.

［35］陕西省水土保持局．怎样修梯田［M］．西安：陕西人民出版社，1957.

［36］广西水土保持委员会．水土保持工作讲话［R］.1957.

［37］国务院水土保持委员会办公室．水土保持技术措施［M］．北京：中国水利电力出版社，1958.

［38］水利电力黄河水利委员会．水土保持（下）［M］．北京：科学普及出版社，1958.

［39］科兹缅科．水土保持原理［M］．北京：科学出版社，1958.

［40］中华人民共和国国务院水土保持委员会办公室．水土保持典型经验［M］．北京：中国水利电力出版社，1958.

［41］陕西省水利厅．谷坊［M］．西安：陕西人民出版社，1958.

［42］M. M. 札斯拉夫斯基．关于中国水土保持农业技术措施的作用［M］．北京：中国水利电力出版社，1958.

［43］山东省水利厅．平原水土保持的经验［M］．济南：山东人民出版社，1958.

［44］中共湖南省委水利规划会议．湖南的水土流失及其防治措施［M］．北京：中国水利电力出版社，1958.

［45］国务院水土保持委员会办公室．黄河中游水土保持技术手册［M］．北京：中国水利电力出版社，1958.

［46］田德民．水土保持的治理方法［M］．沈阳：辽宁人民出版社，1958.

［47］王英才．水土保持与林业技术［M］．太原：山西人民出版社，1958.

［48］吉林省水土保持委员会办公室．水土保持简易技术手册［M］．长春：长春新生印刷厂，1958.

［49］国务院水土保持委员会办公室．山东、河南水土保持技术措施［M］．北京：中国农业出版社，1958.

［50］于殿友．水土保持［M］．长春：吉林人民出版社，1958.

［51］华东华中区高等林学院教材编委会．水土保持学（初稿）［M］．北京：中国林业出版社，1959.

［52］中国科学院黄河中游水土保持综合考察队．黄河中游黄土地区水土保持手册［M］．北京：科学出版社，1959.

［53］水利电力部黄河水利委员会水土保持处．水土保持规划工作经验汇编［M］．北京：科学技术出版社，1959.

［54］国务院水土保持委员会办公室．水土保持的红旗［M］．北京：中国农业出版社，1959.

［55］中共甘肃省甘谷委员会．甘谷县的水土保持工作典型经验［M］．北京：中国农业出版社，1959.

［56］中共河北省青龙县委员会．青龙县的水土保持工作典型经验［M］．北京：中国农业出版社，1959.

［57］苏科乌捷．水土保持林的栽种［M］．北京：科学出版社，1959.

［58］中国共产党甘肃省武山县委员会．武山县的水土保持工作典型经验［M］．北京：中国农业出版社，1959.

［59］国务院水土保持委员会办公室．水土保持综合治理的效益［M］．北京：中国农业出版社，1959.

［60］中国共产党甘肃省武山县委员会．泰安县的水土保持工作典型经验［M］．北京：中国农业出版社，1959.

［61］中国河南省禹县县委委员会．禹县的水土保持工作典型经验［M］．北京：中国农业出版社，1959.

［62］山东省水利厅农田水利局．怎样开发地下自流水［M］．济南：山东人民出版社，1959.

［63］黄河水利委员会水土保持处．水土保持技术教材［M］．郑州：河南人民出版社，1960.

［64］杭载瑾．小流域水土保持勘测技术［M］．北京：科学技术出版社，1960.

［65］北京林学院森林改良土壤科研组．水土保持学［M］．北京：中国农业出版社，1961.

[66] 河北农业大学园林化分校中专部．水土保持学［M］．北京：中国农业出版社，1961.

[67] 河北农业大学园林化分校中专部．水土保持学（第2版）［M］．北京：中国农业出版社，1962.

[68] 方城县水利局．水土保持——水利工程技术教材［M］．方城县水利局印，1964.

[69] 河南省水土保持委员会办公室．怎样打水窖［M］．郑州：河南人民出版社，1966.

[70] 陕西省水土保持局．水土保持［M］．北京：中国农业出版社，1973.

[71] 陕西省榆林地区水土保持站．引水拉沙修渠［M］．北京：中国水利电力出版社，1974.

[72] 陕西省水土保持局．陕西省农田定向爆破实例汇编［C］．陕西省水土保持局西安冶金建筑学院，1976.

[73] 毛寿彭．水土保持学［M］．国立编译馆，1978.

[74] 陕西省水土保持局，西北水土保持生物土壤研究所．水土保持林草措施［M］．北京：中国农业出版社，1979.

[75] 福斯特．实用水土保持学［M］．徐氏基金会，1979.

[76] 李醒民．水土保持工程学［M］．徐氏基金会，1980.

[77] 北京林学院．水土保持林学［M］．北京：北京林学院，1980.

[78] 温上保．推土机修筑窄梯田的试验［M］．山西省雁北行署大泉山水土保持试验站，1980.

[79] 方有清．遥感技术简介及其在水土保持工作中的应用［M］．北京：北京林学院水土保持科学研究训练班，1980.

[80] 郭廷辅，高博文．水土保持［M］．北京：中国农业出版社，1982.

[81] 国务院．水土保持工作条例［M］．北京：中国水利电力出版社，1982.

[82] 甘肃省水利厅水土保持局．水土保持技术［M］．兰州：甘肃人民出版社，1983.

[83] 于丹．水土保持技术手册［M］．长春：吉林人民出版社，1983.

[84] 朱安国．水土流失与水土保持［M］．贵阳：贵州人民出版社，1986.

[85] 驹村富士弥．水土保持工程学［M］．沈阳：辽宁科学技术出版社，1986.

[86] 窦玉青．水土保持工程［M］．西安：西北大学出版社，1988.

[87] 水利电力部农村水利水土保持司．水土保持技术规范［M］．北京：

中国水利电力出版社，1988.

［88］刘兴昌 . 水土保持原理与规划［M］. 西安：西北大学出版社，1989.

［89］雷明德 . 水土保持林草［M］. 西安：西北大学出版社，1990.

［90］刘松林 . 水土保持工程［M］. 北京：中国水利电力出版社，1990.

［91］唐德富 . 水土保持［M］. 北京：中国水利电力出版社，1991.

［92］王汉存 . 水土保持原理［M］. 北京：中国水利电力出版社，1992.

［93］王玉德 . 水土保持工程［M］. 北京：中国水利电力出版社，1992.

［94］辛永隆 . 水土保持林学［M］. 北京：中国水利电力出版社，1992.

［95］黄河水利委员会黄河中游治理局 . 黄河水土保持志［M］. 郑州：河南人民出版社，1993.

［96］张家齐 . 三晋水土保持纪略［M］. 太原：山西经济出版社，1994.

［97］魏淑梅 . 水土保持农牧技术措施［M］. 北京：中国水利电力出版社，1994.

［98］于怀良 . 小流域水土流失综合防治［M］. 太原：山西科学技术出版社，1995.

［99］中国水土保持学会 . 水土保持持续发展［M］. 北京：中国林业出版社，1995.

［100］李壁成 . 小流域水土流失与综合治理遥感监测［M］. 北京：科学出版社，1995.

［101］王礼先 . 水土保持学［M］. 北京：中国林业出版社，1995.

［102］李壁成 . 小流域水土流失与综合治理遥感监测［M］. 北京：科学出版社，1995.

［103］孟庆枚 . 黄土高原水土保持［M］. 郑州：黄河水利出版社，1996.

［104］李文银 . 工矿区水土保持［M］. 北京：科学出版社，1996.

［105］高志义 . 水土保持林学［M］. 北京：中国林业出版社，1996.

［106］郭廷辅 . 水土保持的发展与展望［M］. 北京：中国水利水电出版社，1997.

［107］福建农业大学水土保持研究室 . 实用水土保持技术［M］. 厦门：厦门大学出版社，1998.

［108］齐仲正 . 小流域综合治理［M］. 北京：中国农业出版社，2001.

［109］吴启发 . 水土保持学概论［M］. 北京：中国农业出版社，2003.

［110］唐克丽 . 中国水土保持［M］. 北京：科学出版社，2004.

［111］王礼先 . 中国水利百科全书·水土保持分册［M］. 北京：中国水利水电出版社，2004.

［112］王礼先．水土保持学［M］．北京：中国林业出版社，2005.

［113］高辉巧．水土保持［M］．北京：中央广播电视大学出版社，2005.

［114］李智广．水土保持监测技术指标体系［M］．北京：中国水利水电出版社，2006.

［115］水利部水土保持监测中心．水土保持监测技术指导体系［M］．北京：中国水利水电出版社，2007.

［116］江玉林．公路水土保持［M］．北京：科学出版社，2008.

［117］吴发启．水土保持技术［M］．北京：中央广播电视大学出版社，2008.

［118］水利部，中国科学院，中国工程院．中国水土流失防治与生态安全［M］．北京：科学出版社，2010.

［119］文俊．水土保持学［M］．北京：中国水利水电出版社，2010.

［120］《水土保持工程技术标准汇编》编委会．水土保持工程技术标准汇编［M］．北京：中国水利水电出版社，2010.

［121］欧洲水土保持项目指导委员会．欧洲水土保持［M］．武汉：长江出版社，2011.

［122］李贵宝．水土保持知识问答［M］．北京：中国质检出版社，2011.

［123］黄百顺．农村水土保持技术［M］．南京：河海大学出版社，2011.

［124］郑守仁．水土保持知识手册［M］．武汉：长江出版社，2011.

［125］毕华兴．水土保持读本［M］．北京：中国水利水电出版社，2012.

［126］范昊明．水土保持信息系统［M］．北京：中国农业科学技术出版社，2012.

［127］吴发启．水土保持农业技术［M］．北京：科学出版社，2012.

［128］李凯荣．水土保持林学［M］．北京：科学出版社，2012.

［129］雷廷武．水土保持学［M］．北京：中国农业大学出版社，2012.

［130］张胜利．水土保持工程学［M］．北京：科学出版社，2012.

［131］余明辉．水土流失与水土保持［M］．北京：中国水利水电出版社，2013.

［132］鲍士旦．土壤农化分析［M］．北京：中国农业出版社，2000.

［133］余新晓，毕华兴．水土保持学［M］．北京：中国林业出版社，2013.

［134］孟庆枚．黄河水利科学技术丛书：黄土高原水土保持［M］．郑州：黄河水利出版社，1998.

［135］唐克丽．中国水土保持［M］．北京：科学出版社，2004.

［136］傅伯杰，陈利顶，邱扬，王军，梦庆华．黄土丘陵沟壑区土地利用

结构与生态过程［M］. 北京：商务印书馆，2002.

四、法律、标准、统计年鉴

［1］全国人民代表大会常务委员会 . 中华人民共和国水土保持法［M］. 北京：法律出版社，1991.

［2］水利电力部农村水利水土保持司 . 水土保持技术规范［S］. 北京：中国水利电力出版社，1988.

［3］中华人民共和国水利电力局 . 水土保持治沟骨干工程暂行技术规范（SD 175–86）［S］. 北京：中国水利电力出版社，1986.

［4］法律出版社 . 中华人民共和国水土保持暂行纲要［M］. 北京：法律出版社，1959.

［5］中华人民共和国水利电力部 . 水土保持试验规范（SD239–87）［S］. 北京：中国水利电力出版社，1988.

［6］中华人民共和国水利电力部 . 水土保持技术规范（SD238–87）［S］. 北京：中国水利电力出版社，1988.

［7］国家技术监督局 . 水土保持综合治理规划通则（GB/T 15772–1996）［S］. 北京：中国标准出版社，1996.

［8］国家技术监督局 . 水土保持综合治理技术规范（GB/T 16453–1996）［S］. 北京：中国标准出版社，1996.

［9］国家技术监督局 . 水土保持综合治理验收规范（GB/T 15773–1996）［S］. 北京：中国标准出版社，1996.

［10］国家技术监督局 . 水土保持综合治理效益计算方法（GB/T 15774–1996）［S］. 北京：中国标准出版社，1996.

［11］国家技术监督局 . 水土保持综合治理　技术规范（GB/T 16543–2008）［S］. 北京：中国标准出版社，2008.

［12］内蒙古自治区统计局 . 内蒙古旗县（市）经济和社会发展概况（1978–1985）［M］. 北京：中国统计年鉴出版社，1986.

［13］内蒙古统计局 . 内蒙古统计年鉴［M］. 北京：中国统计年鉴出版社，2000–2012.

［14］国家统计局内蒙古调查总队 . 内蒙古经济社会调查年鉴［M］. 北京：中国统计年鉴出版社，2007–2012.

［15］中华人民共和国国家标准——水土保持［S］. 北京：中国标准出版社，1997.